환경실험실
QA/QC 가이드

최성헌 · 홍태기 지음

자유아카데미

머리말

환경분야 실험실은 ISO 17025를 바탕으로 한 품질시스템을 구축하고 그에 따라 이행하여야 하며, 국립환경과학원에서는 이 품질시스템의 운영상태를 주기적으로 검증하고 평가하도록 「환경분야 시험·검사등에 관한 법률」과 그와 관련된 규정에 명시되어 있다. 때문에 그러한 규정에 따라 환경분야 실험실은 품질문서를 마련하고 품질시스템을 운영하고 있다.

하지만 환경분야 실험실에서 활동하는 개개인의 정확도, 정밀도 향상 등을 위한 QA/QC 자료들이 부분적으로는 존재하나 종합적으로 정리된 것은 사실상 국내에 없다고 보아도 무방할 것이다. 환경오염공정시험기준에 QA/QC 파라미터가 제공되고 있어 정확도, 정밀도, 교정곡선, 바탕시료 등에 대한 이해를 할 수 있으나 보다 다양한 파라미터가 부족하며 그에 대한 설명도 아쉬운 형편이다.

그러던 중 국립환경과학원에서 "환경시험·검사 QA/QC 핸드북"을 발간하여 일선 실험실에 배포함으로써 보다 정확하고 신뢰성 있는 데이터를 생산할 수 있도록 지원한 것은 매우 고무적이다. 또한 환경측정분석사 제도의 도입으로 환경측정분석사 시험에 '정도관리'란 과목을 두고 시험·검사 전반에 대한 이해 여부를 위해 동 핸드북에서 절반 이상의 문제를 출제하는 것도 무척 다행스럽게 생각한다.

"환경시험·검사 QA/QC 핸드북"이 2005년에 처음 발간되고 그 내용을 보완하여 2011년에 제2판이 발간되었지만 여전히 오탈자가 있으며, 서술이 간단명료하지 못하고 중복적으로 되어 있는 등의 문제로 인하여 활용하기 불편하다는 점이 아쉬웠다. 이에 「공공데이터의 제공 및 이용 활성화에 관한 법률」에 의거하여 국립환경과학원으로부터 "환경시험·검사 QA/QC 핸드북"(2011년판) 원고를 제공받아 그 내용을 수정·개선 및 보완하여 "환경시험·검사 QA/QC 가이드"를 발간하게 되었다.

이 책이 환경분야 실험실에서의 QA/QC에 대한 이해와 실행, 그리고 환경측정분석사 자격 취득을 위해 노력하시는 분들에게 많은 도움이 되기를 기대한다.

출간 후에라도 수정 사항이 있을 경우에는 자유아카데미 홈페이지(www.freeaca.com) 자료실에 제공할 예정이다.

차 례

I. QA/QC 일반

II. 시료 채취에서의 QA/QC

III. 결과 보고

부록

표 차 례

그 림 차 례

I

QA/QC 일반

1 QA/QC

1.1 서론

품질경영시스템(QMS, quality management system)이란 분석을 담당한 실험실에서 믿을 수 있는 분석자료와 신뢰성 높은 결과를 얻기 위해 표준화된 순서에 따라 인력과 장비를 효율적으로 운용한다는 것을 규정하고 책임을 담보하는 장치이다. 환경분야 실험실에서 품질경영시스템이 공식적으로 인정받기 위해서는 ISO 17025를 바탕으로 한 품질관리 약관, 실험실(분석실) 기구 및 조직의 역할과 책임한계, 품질관리 절차, 결과의 보고 및 문서화 등에 대한 국제적으로 인정받는 표준화된 기준이 정립되어 있어야 한다.

품질경영시스템은 품질경영(QM, quality management), 품질보증(QA, quality assurance), 품질관리(QC, quality control) 등을 통하여 실행된다. QA와 QC는 서로 중복적으로 관련되어 있기 때문에 때때로 혼용되어 적용될 때도 있으나 품질경영시스템의 QA는 관리(management)를 담당하는 특성을 띄고 있으며, QC는 실제로 수행하는 기능적(functional)인 특성을 띄고 있다.

1.1.1 품질보증(QA, quality assurance)

QA(quality assurance)는 믿을 수 있는 분석 자료와 신뢰성 높은 결과를 얻을 수 있도록 표준화된 순서를 규정하는 실험실 운용계획이다. 따라서 QA는 실험실에서 양질의 분석 자료와 결과를 얻을 수 있는 지침을 제공해 준다. QA 프로그램은 모든 업무에 잘 적용되도록 쉽게 이해될 수 있어야 한다. 이러한 프로그램은 실험실별로 오직 한 가지 지침으로 정해져야 하지만, 프로젝트별로 정할 수 있으나, 절차가 강력히 준수되도록 규정되어야 한다. 또한 QA 프로그램은 계속 보완하고 필요 시 개정해야 하며, 일반적으로 QA에는 품질관리(QC, quality control)와 품질평가(QAs, quality assessment)가 포함된다.

1.1.2 품질관리(QC, quality control)

실험실의 분석자는 시험 결과의 신뢰성을 확보하기 위해 QC(quality control) 규정에 따라 분석을 수행해야 하며 보다 나은 정확도와 정밀도를 확보하기 위해 적용 가능한 QC 절차와 기술을 확보해야 한다.

QC를 위해서는 시료 채취, 운송, 보관에 따른 시료의 오염과 손실에 대한 검토, 시료 분석 절차에서의 바탕시료·시료·표준물질·QC용 시료를 이용한 정확도와 정밀도 검토,

교정곡선 작성, 방법 검출한계 도출, 분석기기 검·교정, 유리기구와 시험기구의 검·교정, 기기 검출한계와 정량범위의 도출, 매질 간섭에 대한 검토 등이 이루어져야 한다.

QC 수행계획은 실제 시료의 분석에 앞서 세워져야 하며 새로운 시험 방법, 새로운 분석장비, 새로운 분석자에 대해서는 사전에 능력평가가 이루어져야 한다. QC는 모든 실험실, 분석자, 분석장비, 시료에 대해 모두 똑같이 적용할 수는 없지만 기술적, 경제적 상황에 따라 실험실 혹은 분석자가 수용 가능한 범위에서 행하여야 한다.

1.1.3 품질평가

품질평가(QAs, Quality Assessment)는 내부 QC, 외부 QC, 실험실간 QC 등의 평가를 통하여 실험실 분석능력의 정확도와 정밀도를 평가하는 과정이다. Quality Assessment는 측정과정에서 측정결과의 품질을 추론할 수 있는 방법들로 구성되며 내부 Quality Assessment와 외부 Quality Assessment로 구분된다.

내부 Quality Assessment는 내부표준물질, 분할시료(split sample), 첨가시료(spiked sample), 혼합시료를 이용한 측정시스템(시료 채취, 측정절차 등)에서의 재현성 평가가 주된 목적이며 동일 시료를 나누어(분할시료) 사용함으로써 분석에서의 정밀도를 확인할 수 있다. 외부 Quality Assessment는 공동 시험·검사에의 참여, 동일 시료의 교환측정, 외부 제공 표준물질의 분석 등으로 측정의 정확도를 확인할 수 있는 특징을 갖는다.

1.1.4 품질감사

품질감사(Quality Audits)는 품질보증 프로그램의 필수적인 요소로서 시스템감사(system audits)와 작업감사(performance audits)의 두 가지로 구분된다. 시스템감사는 QA 프로그램의 절차에 대한 질적인 평가를 하는 것이며, 작업감사는 측정시스템의 결과에 대한 양적인 평가를 하는 것이다.

또한 Quality Audits에는 내부감사(internal audits)와 외부감사(external audits)가 있으며 내부감사 중 내부시스템감사(internal system audits)는 QA 주관 감독자에 의해서 주기적으로 혹은 비주기적으로 QA 수행을 모니터링하기 위한 감독행위이다.

Quality Audits의 빈도는 결과에 대한 비판(의심)의 정도, 잘못에 연관되었을 위험성 등에 의해서 좌우된다. 내부 Quality Audits는 실험실의 품질평가 프로그램 수행의 재검토를 포함하며 모든 측정자료의 정확도를 평가하고자 하는 것이 주된 목적이다. 최근의 측정결과나 특정 기간에 측정된 결과를 검토하기 위하여 관리차트(control chart)를 재검토할 수 있다. 외부감사도 본래의 내부감사 형식에 따르며 일반적으로 인증(certification)을 위한 규칙(rules), 규제(regulation), 혹은 평가기준(criteria)을 준수하는지 여부를 판단하게 되며 내부감사보다 형식을 중요시한다.

1.2 품질관리 시스템

국제 사회는 세계무역자유화를 위하여 시험·검사기관 등에 대한 표준의 국제화 및 투명성 확보가 보편적 추세이며 또한 우리나라는 OECD 회원국가로서 국가 표준화계획을 제출할 의무가 있다. 때문에 국제 규정에 부응하는 환경 시험·검사제도의 운영과 이를 통한 환경분야 시험·검사 결과의 국가간 상호인정을 획득하고 나아가 무역장벽을 제거하는 것은 국가적으로도 매우 중요한 일이다. 또한 도하 개발 아젠다(DDA)에 따른 시장개방(2005년)으로 인하여 국내 환경서비스(시험·검사 결과 등)의 국제적 신뢰도 확보가 필요한 시점이다.

따라서 종합적이고 체계적인 환경분야 국가 표준화 시스템을 구축하여 환경오염 시험·검사기관의 능력 및 기술 향상을 도모하고, 환경 시험·검사작업의 표준화를 통한 데이터의 신뢰도 향상 및 국가 공신력을 제고하는 것이 환경분야 정도관리(精度管理) 제도의 목적이다.

정도관리는 결국 오차를 최소화하여 신뢰성 있는 자료를 만들고자 하는 제반 노력이다. 기업에서는 같은 의미로서 정도관리보다는 품질관리란 용어를 사용하여 왔다. 품질관리란 단순히 생산되는 제품에 하자가 없도록 하는 것이 아니라 소비자가 원하는 우수한 제품을 생산하기 위한 전체 과정의 관리를 말하는데 점차적으로 그 개념이 변화되어 왔다.

초기의 품질관리는 생산품 개개에 대하여 관리자가 이상 유무를 확인하는 전품검사(全品檢査)였다. 전품검사는 모든 생산품에 대해 그 품질을 확인하기 때문에 많은 시간과 노력 그리고 많은 경비가 요구된다. 그러나 산업이 발달하여 생산품이 자동화 시스템에 따라 대량생산되면서 전품검사는 거의 불가능해졌기 때문에 통계적 기법을 적용한 발취검사(拔取檢査)인 통계적 품질관리(SQC, statistical quality control)의 필요성이 대두되었다. 즉, 많은 생산품(모집단) 중 일부 생산품(표본)을 임의로 추출하고 검사함으로써 시간과 비용을 절약하였다. 이에 비해 품질표준의 설정에서 기본적으로 중요한 것은 품질의 최종판정자는 소비자이므로 품질표준에 소비자의 의견과 동향을 반영하는 일이다. 제품이 소비자의 요구를 만족시키기에 충분한 성능을 지니고 있는지의 여부에서 살펴 본 품질가치와 그것을 달성하는 데 소요되는 비용, 즉 품질비용(불량품비용·평가비용·예방

비용)의 면에서 볼 때 균형이 잡힌 것인가 아닌가 하는 것이 문제이다. 따라서 생산자는 원료의 선택에서부터 제품의 생산, 나아가 고객만족을 위한 서비스까지 포함한 품질관리를 하게 되었는데 이를 A.V. Feigenbaum은 통합품질관리(TQC, total quality control)라 하였다.

이런 품질관리는 환경분야도 예외가 아니어서 예전에는 기기분석에 대한 능력 확인을 통하여 시험·검사 결과에 대한 품질관리를 하였다면 이제는 통합품질관리(TQC)의 개념을 도입하여 시료의 채취과정에서부터 운송, 전처리, 기기분석, 결과의 보고 등 시험·검사 전체 과정에 대한 품질관리로의 전환이 필요하게 되었다.

또한 국제 사회에서도 환경오염물질의 시험·검사에 대한 품질관리가 더욱 요구되고 있으며, 국가가 점차적으로 발전하고 세계가 지구촌화되면서 품질관리는 세계화의 대열에 합류하기 위한 기본적인 요소로 자리하게 되었다.

A.V. Feigenbaum은 품질관리 제도의 발달 과정을 다음과 같이 정리하였다(그림 Ⅰ-1).

작업자 품질관리 (Operator QC)	1800년대 말까지	생산자가 직접 품질관리를 책임짐
↓		
조장 품질관리 (Foreman QC)	1900년대부터	조장이 품질을 책임짐
↓		
검사품질관리 (Inspection QC)	1차 세계대전 경	제품생산과 품질검사가 분리됨
↓		
통계적 품질관리 (Statistical QC, SQC)	1930~2차 대전	대량생산에 따라 통계적 기법을 적용
↓		
통합 품질관리 (Total QC, TQC)	1950년대	원료구입에서 A/S까지 관리

▶그림 Ⅰ-1◀ 품질관리의 발달 과정(A.V. Feigenbaum)

이러한 품질관리를 체계면에서 살펴보면 다음과 같이 표현할 수 있다. 즉, QA, QC, QAs를 통해 품질시스템(Quality System)이 구성되며 이는 표준물질 관리기관, 시험·검사기관 등이 운영하는 것으로 시험·검사 계획의 수립, 시험·검사 과정의 관리 및 평가를 위한 수단으로 이용된다. 그러나 품질관리의 정의가 품질의 목표를 설정하고 그것에 도달하기 위해 강구하는 모든 수단 체계라고 할 때, 모든 실험실은 이러한 Quality System을 통한 Quality Management가 상시 운영되어야 한다. 품질시스템에서는 품질문서를 작성하여 대내적으로 선포하고 모든 직원들이 그 시스템을 올바로 이해하고 운용하도록 하고 있다(그림 Ⅰ-2).

따라서 ISO 17025에 의해 인정받은 실험실이라 하면 ISO 17025에 따른 품질시스템이 유지되고 있다는 것이며, 국제 사회에서도 그러한 품질시스템이 유지되고 있는 실험실에서 생산된 시험 성적서를 인정하고 있는 것이다. 그러므로 오늘날 실험실이 갖는 하나의 목표는 품질시스템의 유지라고도 볼 수 있다.

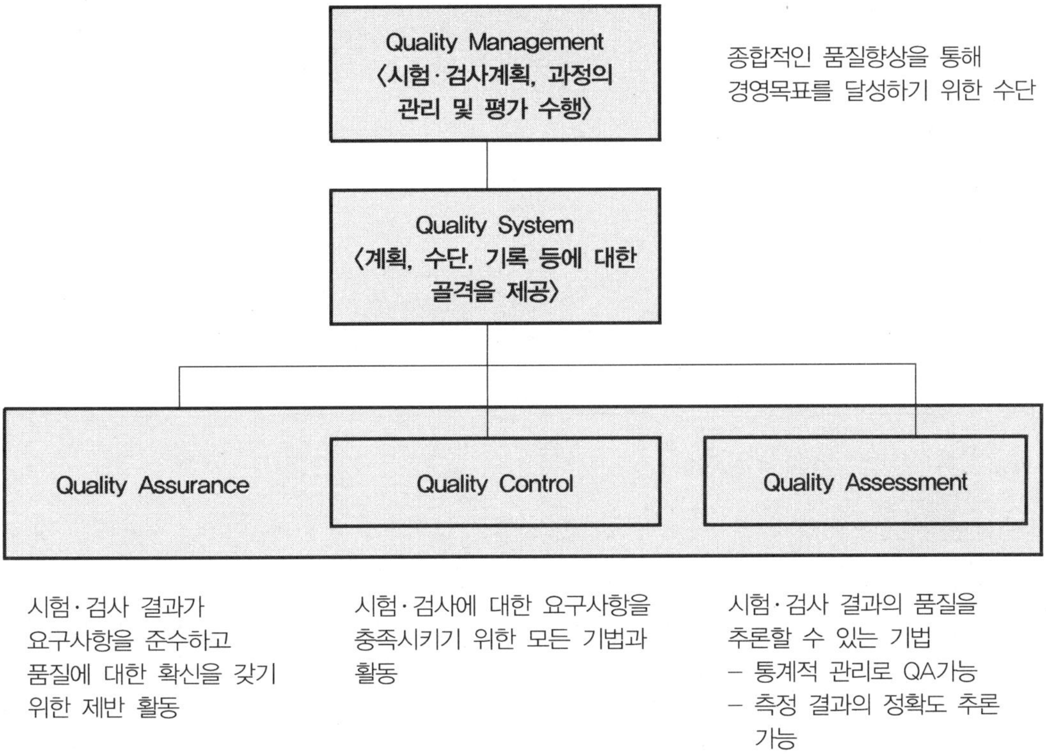

▶그림 Ⅰ-2◀ 품질관리 체계도

1.3 용어 정의

환경오염공정시험기준을 비롯하여 각종 법령 등에서 사용되는 화학물질명과 QA/QC 용어들이 표준화되어 있지 않아 각 분야별로 다양한 용어로 사용되어 왔다. 이에 국립환경과학원에서는 '환경시험·검사용어집'을 발간(2011)하여 이들에 대해 표준화를 요구하였으며 그를 통하여 지금은 상당히 일관된 용어를 사용하고 있는 실정이다.

1.3.1 시료 용어

1.3.1.1 시료군(batch)

동일한 절차로 시험·검사할 20개 미만의 비슷한 시료 그룹을 말한다. 시료 채취나 시험 검사에 관계된 비슷한 시료들의 그룹들은 시험·검사계획에 따라 동일한 절차에 따라 수행해야 한다. QC 절차 수행 시 한 그룹의 시료수가 20개를 넘을 경우 가능하면 각 그룹의 시료를 20개나 그 미만으로 조절해야 한다.

1.3.1.2 분취시료(aliquots)

균질화된 하나의 시료로부터 나눈 여러 개의 시료로, 시험수행 확인과 정밀도 등의 평가를 위해 사용할 수 있다.

1.3.1.3 매질(matrix)

시험 측정항목을 포함하는 고유한 환경 매체 또는 기질을 말한다. 대기, 토양, 먹는 물과 같은 환경 매질이 있다.

1.3.1.4 매질첨가(matrix spike)

해당 시험 항목의 알고 있는 농도를 가진 물질을 분석하고자 하는 시료에 첨가하는 것을 말한다. 이 매질첨가는 시료의 전처리나 분석 이전에 수행해야 하며, 주어진 시료매질(sample matrix)이 측정 항목의 시험에 대한 간섭현상을 일으키는지, 전처리와 시험 방법에 문제가 없는지를 설명하는 데 사용된다.

1.3.1.5 바탕시료(blank sample)

시험과정의 바탕값(background value)을 보정하고 시험과정 중 발생할 수 있는 오염을 파악하기 위해 사용되는 시료이다. 용도에 따라서 다양한 바탕시료를 필요로 한다.

1.3.1.6 반복시료(replicate sample)

반복시료는 둘 또는 그 이상의 시료를 같은 지점에서 동일한 시각에 동일한 방법으로 채취한 것을 말하며, 동일한 방법으로 독립적으로 분석된다. 반복시료를 분석한 결과로 시료의 대표성을 평가한다. 예를 들어 하천 수질을 모니터링하는 과정에서 시료 채취 시 채취 지점의 대표성을 확인하기 위해 같은 수심의 다른 위치, 또는 같은 위치의 다른 수심 등에서 반복시료를 채취한다. 각 시료의 분석결과가 차이가 없다면 해당 채취 지점은 하천 수질 모니터링의 대표성을 갖는다고 할 수 있다.

시료가 단지 2개만 채취되었다면, 이를 이중시료(duplicate sample)라고 한다. 이중시료는 동일한 환경조건에서 대표성을 갖는다. 반복(또는 이중)시료는 현장에서의 자연적인 차이와 현장 시료 채취 방법상의 차이를 찾는 데 사용할 수 있다.

1.3.1.7 이중시료(duplicate sample)

(가) 현장이중시료(field duplicate sample)

현장이중시료는 시료분석에 있어서 반복성을 평가할 수 있는 시료로서 같은 지역에서 같은 시간대에 수집한 시료 또는 같은 시간에 준비되고 분석되는 같은 시료의 나눔을 말한다. 각각의 독립적인 5 ~ 10개의 시료 채취 동안 최소한 한 개의 이중시료를, 총 시료수가 10개 이상인 경우는 총 시료수의 10 %에 해당하는 이중시료를 수집해야 한다. 이 요건은 각각의 분석물질과 시료 매질에 따라 적용하며 분석자는 이것이 이중시료임을 안다.

(나) 눈가림현장이중시료(blind field duplicate sample)

이 시료는 동일한 시각에 동일한 장소에서 채취된 이중시료이지만 별도의 시료로서 관리·분석되지 않기 때문에 분석자는 이것이 이중시료라는 것을 인식하지 못한다. 따라서 분석자의 분석 정밀도를 평가할 수 있는 시료이다.

1.3.1.8 분할시료(split sample)

분할시료는 하나의 시료가 각각의 다른 분석자 또는 분석실로 공급되기 위해 둘 또는 그 이상의 시료용기에 나뉜 것을 말한다. 이 분할시료는 분석자간 또는 실험실간의 분석 정밀도를 평가하거나 시험 방법의 재현성(reproductivity)을 평가하기 위해 사용되며 여러 개의 시료로 나뉘기 전에 충분히 혼합되어야 한다. 분석하고자 하는 물질이 동일하게 분포되어 있지 않다면 가장 큰 오차를 유발할 수 있다. 시료 채취 현장에서 분리되는 것을 현장분할시료(field split sample)라고 하고, 분석실에서 분리된 것을 실험실분할시료(lab split sample)라고 한다. 실험실분할시료는 분석의 정밀도를 위해 분석되며, 현장분할시료는 분석의 정밀도와 시료 채취의 정밀도를 위해 분석된다. 부가적으로 현장에서 시료를 분할하고 그에 대한 설명 없이 주어진 시료를 눈가림현장분할시료(blind field split sample)라고 한다.

1.3.1.9 첨가시료(spiked sample)

첨가시료는 관심을 갖고 있는 항목의 물질을 첨가한, 농도를 알고 있는 시료로서 정확도 확인에 이용된다. 이 시료를 만들기 위해 통상 소량의 고농도 저장용액(stock solution)이 주입되며 이 정도 양의 주입으로 발생하는 원 시료의 부피 변화는 무시해도 좋다. 그리고 분석 전에 시료용기 내에서 완전히 혼합한다. 토양, 퇴적물, 폐기물 등의 고형시료는 유리막대로 혼합하거나 유리용기에 따라 붓고 분석 전에 혼합한다.

저장용액은 분석에 사용하고자 하는 기기 검출한계(IDL, instrument detection limit)의 10배(최소)와 100배(최대) 농도범위로 만들어 주입한다. 따라서 첨가시료의 농도는 저장용액의 농도가 원 시료 농도의 약 3배 ~ 5배 정도가 되도록 한다. 첨가되는 저장용액은 시료를 준비하기 전에 주입되어야 하며, 이 시료가 현장에서 만들어졌다면, 그 분석결과는 시료의 저장, 운송, 실험실의 준비 및 분석에 대한 영향을 반영한다. 만약 이 시료가 실험실에서 준비되었다면 관심을 갖고 있는 항목의 물질을 첨가한 때부터 분석에 이르기까지의 영향을 반영한다. 첨가된 물질의 회수율(%)은 분석 정확도 계산에 이용된다. 첨가되는 저장용액은 아래와 같은 방식으로 그 양이 계산되어 시료에 주입된다.

$$C_1V_1 = C_2V_2$$

여기서, C_1 = 저장용액의 농도

V_1 = 저장용액의 양

C_2 = 원하는 첨가시료의 농도

V_2 = 원 시료의 양

(가) 시약첨가시료(reagent spike sample)

분석하고자 하는 물질이 없는 물(analyte-free water)에 분석하고자 하는 물질을 추가하기도 하는데 이를 시약첨가시료라고 한다. 이는 일반시료와 같은 방법으로 준비한다. 이 시료는 분석 방법을 효과적으로 확인하며 전체 시료의 5 % 범위의 수만큼 준비한다. 농도와 준비는 매질첨가시료와 같은 방법으로 결정하고, 추가하는 물질의 농도는 정량한계의 5배 범위로 조절한다.

(나) 현장첨가시료(field spiked sample)

현장첨가시료는 시료매질로부터 간섭물질을 포함한 분석 시스템의 수행내용을 검증하기 위해 사용한다. 현장준비와 실험실로의 운반은 일반시료와 비슷하고 별도의 시료명(예, FS_p로 표시한 후 번호 명기)을 기입한다. 첨가이중시료를 수집하는 경우도 역시 별도의 시료명(예, FS_{p1}, FS_{p2}로 표시한 후 번호 명기)을 기입한다. 첨가되는 시료는 특정 요건을 만족하여야 하고, 현장시료의 양에 따라 계산하여 구한 양을 첨가한다.

1.3.1.10 분석 QC를 위한 첨가시료

시험기관은 시험·검사를 하는 모든 일상의 시료들과 그 외의 시료들에 대해서 정확도를 검증해야 한다. 만일 검증 결과가 설정된 관리기준(control limit)을 벗어난다면, 시료의 시험결과는 매질의 영향을 받는다고 할 수 있다. 따라서 이러한 영향을 최소화할 수 있는 방법을 모색하여 올바른 시험·검사를 수행할 수 있도록 관리해야 한다. 이 검증은 첨가시료로 평가할 수 있다. 첨가시료에는 실험실첨가시료(LFS, laboratory fortified sample), 실험실매질첨가시료(LFSMD, laboratory fortified sample matrix), 실험실매질첨가이중시료(LFSMD, laboratory fortified sample matrix duplicate), 내부표준물질(IS, internal standard), 대체표준물질(surrogate standard) 등이 있다.

(가) 실험실첨가시료(LFS, laboratory fortified sample)

용매(일반적으로 정제수)에 분석하고자 하는 성분의 물질을 일정량 주입한 시료로서 첨가바탕시료(spiked blank)라고도 하며, 실험과정의 정확도와 분석성분의 회수율 평가를 목적으로 사용한다. 첨가되는 성분의 주입량은 일반적으로 방법 검출한계(MDL)의 약 10배 또는 기기 검출한계(IDL)의 약 100배 농도[1]를 넣는 것이 바람직하다.

(나) 실험실매질첨가시료(LFSM, laboratory fortified sample matrix)

시료의 매질 간섭을 확인하기 위해 분석하고자 하는 성분을 포함하지 않은 매질에 분석하고자 하는 물질의 알고 있는 양을 주입한 시료로 매질첨가시료(matrix spike)라고도 한다. 분석하고자 하는 성분을 포함하지 않은 매질을 확보하기 어려운 경우 환경시료 중의 하나를 선택하여 사용한다. 첨가되는 성분의 주입량은 실험실첨가시료와 같은 농도로 MDL의 약 10배 또는 기기 검출한계(IDL)의 약 100배 농도를 넣는 것이 바람직하다.

(다) 실험실매질첨가이중시료(LFSMD, laboratory fortified sample matrix duplicate)

실험실매질첨가시료(LFSM)와 같은 방법으로 1개 또는 그 이상으로 준비한 시료로서, 실험과정의 반복성과 매질 간섭의 반복성을 확인하기 위해 사용한다.

1.3.1.11 QC 시료(QCS, quality control sample)

시험·검사 수행 시 실험실 검증의 일환으로 전처리 과정, 사용하는 유리기구와 분석기기

1) Chunlong Carl Zhang, Fundamentals of environmental sampling and analysis, 2007, pp. 118-119

의 이상 유무와 측정 오염물질의 오염·손실을 평가하기 위해 준비하는 시료로, 방법 검출한계의 10배 또는 검정 표준용액의 중간 농도로 제조하여 일상적인 시료의 시험·검사와 같이 수행하며, 정밀도와 정확도 자료는 계산하여 관리차트를 작성한다.

(가) 칼럼 QC 시료(column quality control sample)

QC 시료의 한 종류로서 분석하고자 하는 물질이 칼럼을 통과한 후에도 회수율을 유지하는지를 확인하기 위한 시료로서 용출 패턴은 흡착 칼럼의 활성화 또는 비활성화 후에 표준물질의 칼럼 확인으로 확립한다. 이들 표준물질은 각 용출 분류에 대해 표본이 된다.

(나) 눈가림 QC 점검시료(blind quality control verification sample)

분석자가 농도값을 알지 못하는 시료로서 분석시스템과 분석자의 분석능력을 측정하고 확인하기 위해 사용한다. 이 시료는 반년에 한 번씩 분석하며 QC 결과 보고의 한 부분이다.

1.3.1.12 실험실관리시료(LCS, laboratory control sample)

교정곡선을 비롯하여 분석시스템에서의 분석 능력을 평가하고 분석자 및 실험실의 정밀도나 편향을 확인하는 데 사용하는 표준물질을 말한다.

실험실관리시료의 종류로는 첨가바탕시료, QC 확인시료, 실험실첨가시료 등이 있으며 반드시 교정곡선 또는 QC 수행에 사용한 표준물질의 제조사와 다른 제조사(또는 기관)의 표준물질을 사용하여 교정곡선, QC에 사용한 표준물질을 교차 확인해야 한다. 방법 검출한계의 3배~10배 또는 교정 표준용액의 중간 농도로 실험실관리시료를 제조하여 일상적인 시료의 시험·검사와 같이 수행한다. 실험실 또는 분석자는 주기적인 실험실관리시료의 분석 계획을 수립하고 계획에 따라 수행해야 하며, 분석 QC 결과가 관리기준을 벗어났거나 표준물질의 농도가 의심스러울 때 즉시 수행해야 한다. 수행 결과에 대해 정확도와 정밀도를 계산하여 관리차트를 작성한다.

표 Ⅰ-1에는 캐나다 ETC(environmental technology centre)에서 제안하고 있는 폐수 실험실 QC 시료의 종류별 수량을 예로 나타내었다.

▶표 Ⅰ-1◀ ETC(environmental technology centre)의 QC 시료 종류와 수량

항 목	시험바탕시료	참고시료	이중시료	매질첨가
pH	–	20개마다 1 이상	20개마다 1 이상	–
전기 전도도, 알칼리도, 경도	20개마다 1 이상	20개마다 1 이상	20개마다 1 이상	–
음이온 물질	20개마다 1 이상	20개마다 1 이상	20개마다 1 이상	–
플루오린, 사이아나이드, 암모니아	20개마다 1 이상	20개마다 1 이상	20개마다 1 이상	–
총질소, 총인	20개마다 1 이상	20개마다 1 이상	20개마다 1 이상	–
COD, BOD	20개마다 1 이상	20개마다 1 이상	20개마다 1 이상	–
중금속	20개마다 1 이상	20개마다 1 이상	20개마다 1 이상	20개마다 1 이상
수산화물	20개마다 1 이상	20개마다 1 이상	20개마다 1 이상	20개마다 1 이상
VOCs	20개마다 1 이상		20개마다 1 이상	20개마다 1 이상
PAHs	20개마다 1 이상	20개마다 1 이상	20개마다 1 이상	-
PCBs	10개마다 1 이상	10개마다 1 이상	10개마다 1 이상	10개마다 1 이상
유기염소계	10개마다 1 이상	10개마다 1 이상	10개마다 1 이상	10개마다 1 이상

1.3.1.13 교정검증표준물질(CVS, calibration verification standard)

교정검증표준물질은 교정곡선이 실제 시료에 정확하게 적용할 수 있는지를 검증하고, 교정곡선의 정확도를 확인하기 위한 표준물질이다. 이 용액은 인증표준물질(CRM, certified reference material)을 사용하거나 다른 교정곡선으로 검증한 표준물질을 사용한다. 교정검증표준물질에 대한 관리일지는 표 Ⅰ-2와 같이 작성하여 기록한다. 회수율은 90 %~110 %이어야 한다.

▶표 Ⅰ-2◀ 교정검증표준물질(CVS) 관리일지(예시)

시료명 및 농도:
저장 방법 :

외부 제조

제조사 :
보증 가능 항목 :
수령 일자 :
유효 일자 :
저장 방법 :

실험실 제조

이름, 분자식, 시약등급 :
일련 번호 :
수령 일자 :
오픈 일자 :
유효 기간 :
준비 과정 :

작성자 사인 : 날짜 :
감독관 사인 : 날짜 :

1.3.2 표준물질 용어

1.3.2.1 내부표준물질(IS, internal standards)

내부표준물질은 시료를 분석하기 직전에 바탕시료, 교정곡선용 표준물질, 시료 또는 시료추출물에 첨가되는 농도를 알고 있는 화합물로서 머무름 시간(retention time), 상대적 감응(relative response), 그리고 각 시료 중에 존재하는 분석물의 양(amount of analyte)을 점검하기 위해서 사용한다. 때문에 이 화합물은 대상 분석물질의 특성과 유사한 크로마토그래피 특성을 가져야 한다.

내부표준물질법(internal standard methode)에 의해 정량할 때, 내부표준물질의 감응과 비교하여 모든 분석물질의 감응을 측정한다. 내부표준물질 감응은 교정곡선의 감응에 비해 오차가 ± 30 % 이내에 있어야 한다. 이 화합물의 머무름 시간은 모든 분석대상물질과 분리되어야 하며 크로마토그램의 전형적인 면적 안으로 용리되어야 한다. 만약 단일 화합물이 이들 기준을 만족할 수 없다면 다른 화합물을 사용한다.

1.3.2.2 대체표준물질(surrogate standards)

대체표준물질은 분석하고자 하는 물질과 화학적 조성, 추출, 크로마토그래피가 유사한 유기 화합물이다. 하지만 일반 환경에서 통상적으로 검출되는 물질은 아니다. 대체표준물질은 모든 바탕시료, 표준물질, 시료에 주입되어 각 시료에 대한 시험 방법의 효율을 모니터하기 위하여 시료의 전처리부터 추출과 분석에 이르기까지 전반적인 과정을 조사할 수 있어 GC, GC/MS로 분석하는 미량유기물질의 분석에 이용된다. 이 물질이 주입된 시료는 특별한 방법에 따라 퍼징(purging)하거나 추출 전에 주입되고 대체첨가물질의 회수율이 수용한계를 벗어나면 적절한 수정이 이루어진 후, 재분석해야 하지만 특정 시험 방법에서 대체표준물질과 허용기준에 대한 사항을 지정하고 있으면 그에 따라 사용해야 한다.

1.3.3 분석 용어

1.3.3.1 교정(calibration)

교정은 측정에 사용되는 방법이나 측정기기가 정확한 결과를 산출할 수 있도록 보장하는 행위로서 영어로 calibration이라 표기하고, 초기교정과 수시교정으로 구분되며 그 방법은 아래와 같다.

(가) 초기교정

분석대상 항목에 대한 표준물질의 최소 5개 농도(예를 들어 1, 5, 10, 20, 40)로 초기

교정을 수행하며 가장 낮은 농도는 최소정량한계(LOQ, limit of quantification)여야 한다. 즉, 최소정량한계가 1이라면 가장 낮은 농도는 1이어야 한다. 가장 높은 농도는 정량범위의 가장 높은 농도이거나 그와 비슷한 농도이어야 하고, 농도 범위에는 실제 시료에 존재하는 농도가 내포되어야 한다. 농도 간의 차이는 10배수 이하로 한다. 예를 들어, 1 ~ 1000의 정량범위에 대해서는 1, 10, 100, 그리고 1000의 농도를 선택한다.

교정곡선은 선형 또는 이차함수일 수 있고 원점을 통과하거나 통과하지 않을 수 있다. 내부표준물질 교정을 위한 감응인자(response factor), 외부표준물질 교정 또는 교정곡선을 위한 교정인자(calibration factor)에 따라 여러 교정곡선이 있으며, 다음과 같이 추천되는 허용기준을 사용한다. 즉, 감응인자 또는 교정인자가 사용된다면, 분석물질 각각의 농도에 대한 상대표준편차백분율(%RSD)은 20 % 이하여야 하며 상대표준편차백분율(%RSD)이 20 %보다 크다면 시료 정량 전에 직선성의 부족 원인을 확인하고 보정한다. 감응인자를 사용할 때 감응인자에 대한 최소 허용값을 위한 기기의 성능 또는 감도를 점검한다. 감응인자에 대한 허용기준은 사용하고자 하는 시험 방법에 규정된 바를 적용한다.

선형회귀방법을 사용한다면 결정계수는 0.995 이상이어야 한다. 만일 교정곡선이 작성되었다면 각각의 교정점들의 상대표준편차백분율(%RSD)은 20 % 내에 존재해야 한다. 다시 계산된 값들 중 어느 한 점이라도 20 % 내에 존재하지 않는다면 시료를 정량하기 전에 벗어난 값(outlier)의 원인을 확인하고 보정한다.

시료 중에 존재하는 분석물질의 정량을 위한 위의 함수(감응인자, 교정인자 또는 교정곡선의 상관계수) 중 한 방법으로 초기교정을 한다. 시료정량을 위한 것이 아니라 단지 초기교정에 대한 점검을 위해서는 아래 '수시교정'을 사용한다. 기기가 설치되고 수시교정 기준이 없을 때는 '초기교정'을 수행한다.

(나) 수시교정

수시교정은 교정표준용액을 분석함으로써 기기 성능이 초기교정으로부터 심각하게 변하지 않았다는 것을 주기적으로 검증하는 것이다. GC 분석의 경우 매 10개의 시료마다, GC/MS 분석의 경우 매 20개의 시료마다 또는 매 12시간마다 또는 더 자주 수시교정을 수행한다. 정량범위에 있는 수시교정 표준용액의 농도를 변화시키면서 초기교정에서 사용되었던 분석 표준용액의 한 개 이상의 농도를 사용하여 수시교정을 수행한다. 수시교정에 대한 허용기준은 교정 표준용액의 알고 있는 값이나 기대되는 값에 비하여 ± 20 %(80 % ~ 120 % 회수율) 이내에 있어야 한다. 만일 허용기준을 만족하지 않는다면 수시교정 표준용액을 다시 분석하거나 초기교정을 다시 한다.

감응인자를 사용할 때는 감응인자에 대한 최소 허용값에 대하여 분석물질에 대한 기기의 성능 또는 감도를 점검한다. 각각의 분석물질에 대한 감응인자의 허용기준에 대한 구체적인 분석 방법이 제시되어야 한다.

1.3.3.2 교정곡선(calibration curve)[2)]

지시값과 이에 해당하는 측정값 사이의 관계를 나타내는 표현으로 교정곡선은 1:1 관계를 나타내며, 측정불확도(measurement uncertainty)에 관한 정보는 포함하지 않으므로 측정결과를 나타내는 것은 아니다.

시험 방법에 교정곡선에 대한 요구사항이 구체적으로 제시되어 있을 경우, 실험실은 반드시 그 요구사항을 따라야 한다. 만일 시험 방법에 정의되어 있지 않다면 교정곡선은 시료를 분석할 때마다 매번 수행해야 하며, 부득이하게 한 개 시료군(batch)의 분석이 하루를 넘기더라도 가능한 2일을 초과하지 않아야 하며, 3일 이상 초과한다면 교정곡선을 새로 작성한다. 오염물질 분석에 사용할 교정곡선은 QA/QC 시료와 실제 시료에 존재하는 오염물질 농도 범위를 모두 포함할 수 있는 범위여야 한다. 이러한 교정곡선은 실험실에서 환경오염공정시험기준 또는 검증된 시험 방법을 토대로 작성한 표준작업절차서(SOPs)에 따라 수행한다.

교정곡선은 최소한 바탕시료와 표준물질 1개 이상을 사용하여 단계별 농도로서 작성해야 하고 특정 유기 화합물질 분석에서는 표준물질을 7개의 단계별 농도로 작성하도록 권장한다. 일반적인 몇몇 무기물질 시험 방법은 최소한 각 오염물질 바탕시료와 표준물질 3개의 단계별 농도를 권장한다.

교정곡선 검증표준물질은 실험실관리시료(LCS) 표준물질과 다른 제조사여야 한다. 초기능력검증(IDC, initial demonstration of capability) 또는 시험 방법의 유효화(method validation)를 통해 시험결과의 정밀도에 비례하여 교정곡선 작성을 위한 표준물질 수를 정하기도 한다. 교정곡선의 상관계수(correlation coefficient)는 1에 가까울수록 좋으므로 0.999 이상[3)] 되어야 하며, 0.9998 이상[4)]이 바람직하다.

1.3.3.3 교정곡선 검증(CCV, calibration curve verification)

교정곡선 검증은 측정 장비와 시험 방법의 교정곡선 확인을 위해 시료분석 시마다 실시

---

2) 수질오염공정시험기준 ES 04001.b에 의하면 교정곡선을 검정곡선이라 하며 다음과 같이 설명하고 있다. 검정곡선(calibration curve)은 분석물질의 농도변화에 따른 지시값을 나타낸 것으로 시료 중 분석 대상 물질의 농도를 포함하도록 범위를 설정하고, 검정곡선 작성용 표준용액은 가급적 시료의 매질과 비슷하게 제조해야 한다.

3) 식품의약품안전청, 의약품 등 시험 방법 밸리데이션에 대한 가이드라인 적용을 위한 해설서, 2008

4) MARIA CSUROS, Environmental Sampling and Analysis for Technicians, pp. 106 ~ 109

한다. 교정곡선 확인에 필요한 시료는 바탕시료와 측정항목의 표준물질 한 개 농도로 최소 2개 시료(예, method blank와 1개의 standard)로 검증해야 한다. 모든 확인은 시료의 분석 이전에 수행하여 시스템을 재검정하고, 검정결과는 시험 방법에 명시되어 있는 자세한 관리기준 이내여야 한다. 세부관리기준은 각 실험실별로 설정하거나 환경오염공정시험기준을 따르며, 그렇지 않은 일반적인 관리기준은 정확도 90 % ~ 110 %이다.

한 개의 다성분 오염물질(예; 유기인계 농약과 같은 준휘발성 유기물질)의 분석에 사용되는 검정 표준물질도 시료의 분석 시 매일 분석하거나 작업 변동이 이루어질 때마다 분석하는 것을 권장한다. 만일 시료의 다성분 오염물질의 정성 확인이 이루어지면 곧바로 검정 수행하여 정량 확인한다.

실험 수행 중에는 초기 교정곡선 확인 이후 주기적으로 교정곡선 검증(calibration curve verification)을 실시한다. 이는 표준용액의 이상 발생, 측정 장비의 편차나 편향(bias)을 확인하기 위한 것으로 대개 분석 중에 실시한다. 최초 교정곡선 검증용 표준시료(표준용액)를 시료 10개 또는 20개 단위로 검증하거나 시료군(batch)별로 실시한다. 교정곡선 확인은 실험실의 능력에 맞는 주기를 선택하여 교정곡선 확인절차를 수립하여 운영한다.

만약 교정곡선 검증에서 기준값을 초과한 경우는 다시 교정곡선을 작성하며, 이상이 발견되지 않은 경우에 교정곡선 검증 이후 시료부터 이어서 분석한다.

1.3.3.4 직선성(linearity)과 범위(range)

직선성이란 일정한 범위 내에 있는 시료 중 분석대상물질의 양(또는 농도)에 대하여 직선적인 측정값을 얻을 수 있는 능력을 말한다. 적어도 검출하고자 하는 양(또는 농도)의 범위에서 입증해야 한다.

범위란 시험 방법이 적절한 정밀도, 정확도 및 직선성을 충분히 제시할 수 있는 분석대상물질의 양(또는 농도)의 하한값 및 상한값 사이의 영역을 말한다.

직선성과 범위를 입증하기 위해서는 표준원액을 농도별로 희석하여 최소한 5개의 농도로 각 농도에 대한 직선성이 있다는 것을 증명해야 한다.

1.3.3.5 검출한계(LOD, limit of detection)

검출한계란 검출 가능한 최소량을 의미하며, 정량 가능할 필요는 없다. 검출한계는 일반적으로 분석기기에 직접 시료를 주입하여 분석하는 경우의 기기 검출한계(IDL, instrument detection limit), 전처리 또는 분석과정이 포함된 경우의 방법 검출한계(MDL, method detection limit)로 구분하기도 한다.

1.3.3.6 정량한계(LOQ, limit of quantification)

교정농도(calibration points)와 질량분광(mass spectra)을 완전히 확인할 수 있는 최소수준을 말한다. 미국환경보호청(EPA)에 따르면 최소정량수준(MLQ)은 "시험항목을 측정하는 데 있어 측정 가능한 교정 농도(calibration point)와 측정 신호를 완전히 확인할 수 있는 분석 시스템의 최소 수준"으로 정의하고 있다.

1.3.3.7 낮은 수준의 정량

실험실의 방법 검출한계는 자료를 통해 의뢰인에게 보고되어야 한다. 계산된 시험결과에 대해 방법 검출한계 농도 근처에서는 통계학적으로 시료에 존재하는 오염물질의 50 %가 불검출될 수 있으므로 모든 측정값이 방법 검출한계 이상으로 보고되는 것은 쉽지 않다. 또한 검출된 미량의 오염물질이 제2시험법, 또는 다른 시험 방법에 의해 확인할 수 없을 경우가 많아 역시 불검출로 보고될 수도 있다. 따라서 어떠한 경우에는 실험실에서 일상적으로 분석하는 검정 표준물질 농도의 가장 낮은 농도 이하 수준(예를 들어 최소수준) 또는 방법 검출한계의 2배 ~ 3배보다 낮은 수준의 오염물질 농도는 보고하지 않는 것이 좋을 것이다.

과학적으로 시험·검사를 수행하는 동안에 허용 가능한 방법 검출한계(MDL)와 실제 최소정량수준(MLQ) 사이에서 이론과 현실에 많은 괴리가 발생할 수 있다. 이것은 시험자료의 사용자와 시험자료 작성자 사이에 자료의 통계적, 정량적 의의를 이해하기 위해 중요하다. 그러므로 실험실은 QA/QC 지침에 따라 방법 검출한계를 작성하되 이 방법 검출한계가 환경기준 또는 시험 방법에서 주어진 정량한계보다 더 엄격한(낮은 농도) 정량한계 또는 더 낮은 방법 검출한계에 도달할 수 있도록 노력해야 한다.

1.3.3.8 완성도(completion)

일련의 시료군(batch)들에 대해 적용할 때, 모든 분석결과에 대한 유효한 분석결과의 비율을 나타낸다. 100 %가 되지 않으면 그 원인을 분석해야 한다.

$$\% \text{ 완성도} = \frac{\text{검증 확인된 분석결과의 수}}{\text{총 분석결과의 수}} \times 100\%$$

1.3.3.9 QA(quality assurance)

시험·검사결과가 품질목표를 만족하고 있음을 보증하기 위한 제반적인 활동을 말한다. 측정결과의 정확도를 알고 사용목적에 적합함을 증명하기 위해 측정과정에서 오차를 관리하는 QC(quality control)와 얻어진 결과의 정확도를 평가하는 Quality Assessment를 포함한다.

1.3.3.10 QC(quality control)

시험·검사결과의 정확도 목표를 달성하기 위한 구체적인 기술과 관리를 의미하며, 시험·검사결과의 정확도를 확보하기 위해 수행하는 모든 검정, 교정, 교육, 감사, 검증, 유지·보수, 문서, 관리를 포함한다.

QA/QC 관련 수식

QA/QC와 관련된 계산식을 표 Ⅰ-3에 나타내었다.

▸표 Ⅰ-3◂ QA/QC 관련 수식

용어	표기	계산	비고
평균	X	$\frac{1}{n}\sum_{i=1}^{n}Xi$	측정값의 중심. 서로 더하여 평균한 값
중앙값		n개 측정값의 오름차순 중 n이 짝수일 경우는 $\frac{n}{2}$ 번째와 $\frac{n+2}{2}$ 번째의 평균값이며 n이 홀수일 경우는 $\frac{n+1}{2}$ 번째 측정값	일련의 측정값 중 최솟값과 최댓값의 중앙에 해당하는 크기를 가진 측정값
표준편차	s	$\sqrt{\frac{\sum_{i=1}^{n}(x_i-\bar{x})^2}{n-1}}$	자료의 상관 분산 측정
편차율	% D	$\frac{x_1-x_2}{x_1}\times 100\ \%$	2개 관측값의 차이 측정
상대표준편차 백분율	%RSD	$\frac{s}{\bar{x}}\times 100\ \%$	관찰값을 수정하기 위한 상대표준편향
상대차이 백분율	RPD	$\frac{\lvert x_1-x_2\rvert}{\bar{x}}\times 100\ \%$	관찰값을 수정하기 위한 변이성 측정
회수율	%R	$\left(\frac{X_{meas.}}{X_{true}}\right)\times 100\ \%$	
		$\frac{\text{첨가된 시료의 질량(spiked value) − 원 시료의 질량}}{\text{첨가물질의 질량(spike value)}}$	시료 매질에 첨가한 성분 회수율
상한관리기준	UCL	평균 + 3s	
하한관리기준	LCL	평균 - 3s	
상한경고기준	UWL	평균 + 2s	
하한경고기준	LWL	평균 - 2s	
관측범위	R	$R = \lvert X_{max} - X_{min} \rvert$	측정값의 최댓값과 최솟값의 차

1.3.3.11 정확도(accuracy)

정확도는 시험·검사결과가 얼마나 참값에 근접하는가를 나타내는 척도로서, 임의오차(random error)와 계통오차(systemic error) 요소들을 포함한다. 시험·검사결과 값이 참값 또는 기지의 첨가농도와 차이가 나지 않을 때 이 시험·검사는 정확하다고 할 수 있다. 정확도는 정제수 또는 시료 매질로부터 % 회수율(% R)을 측정하여 평가한다.

$$\%R = \frac{\text{측정값}}{\text{기준값(또는 참값)}} \times 100\ \%$$

$$= \frac{\text{첨가된 시료의 질량 − 첨가되지 않은 원시료의 질량}}{\text{첨가물질의 질량}} \times 100\ \%$$

1.3.3.12 정밀도(precision)

정밀도란 균질한 시료로부터 여러 차례 채취하여 얻은 시료를 정해진 조건에 따라 측정하였을 때 각각의 측정값들 간의 근접성(분산정도) 즉, 일치도 또는 재현성을 나타내는 것으로 조건의 변화에 따라 크게 반복성(병행정밀도, repeatability, intra-assay precision), 중간정밀도(intermediate precision, 실험실 내 정밀도), 재현성(reproducibility, 실험실 간 정밀도)으로 구분된다.

또한 정밀도는 시료의 분석결과로부터 상대표준편차백분율(%RSD, relative standard deviation)나 변동계수(CV, coefficient of variation), 상대차이백분율(RPD, relative percent difference)의 계산에 의해 표현된다.

1.3.3.13 정제(cleanups)

기기분석 과정에서 분석 대상물질에 대한 간섭작용 등을 제거하기 위하여 흡수제를 사용하여 간섭물질을 제거하는 것을 말한다. 시료의 불순물을 제거하는 정제는 고정상 흡수제(실리카겔, Florisil, 알루미나 등), 목적성분(표준물질), 이동상(용매)을 가지고 칼럼크로마토그래피를 통해 이루어진다. 목적 성분과 동일한 표준물질을 제조된 칼럼에 처리하고 용매로 용출시키면서 표준물질의 용출패턴을 확인하고 실제시료에서도 동일한 절차로 같은 분획을 얻어 농축한 정제시료를 기기분석용 시료로 한다. 정제에서는 목적성분을 최대한 회수하고 불순물을 최대한 배제하기 위한 최적의 방법으로 실행하는 것이 필요하다.

1.3.3.14 정제수(free-organic reagent water)

분석하고자 하는 물질이 들어 있지 않은 깨끗한 시험수를 말한다. 정제수(free-organic

reagent water)는 증류장치, 탈이온 장치, 합성수지 여과장치, 활성탄 흡착장치 등을 사용하여 제조하며 시험 방법의 측정항목이 방법 검출한계 수준에서 검출되지 않는지 정기적으로 확인해야 한다. 특별히 휘발성 유기 화합물 분석을 위해서는 이미 제조한 정제수를 15분간 끓이고 1시간 동안 발생된 기체를 날려 버리고 90 °C를 유지한 정제수를 이용할 수 있다.

참고로, 증류수(distilled water)란 물을 끓여서 발생한 증기를 농축하여 얻은 시험수로서 모든 고형물과 대부분의 무기물질은 제거되지만 일부 불순물은 제거되지 않을 수 있다. 탈이온수(deionized water)란 합성수지 여과를 통하여 이온물질과 무기물질을 제거한 시험수로서 이온성분이 아닌 용존 불순물은 제거되지 않는다. 통상적으로는 고형물과 산화물을 제거하기 위해 여과과정을 먼저 거쳐서 생산한다.

1.3.3.15 참값(true value)

측정량의 정의와 일치하는 값 또는 모집단(population)의 실제 값을 의미한다. 특별한 경우를 제외하고 참값은 관념적인 값이며 실제로는 구할 수 없다. 그러므로 참값으로 간주할 수 있는 값을 추정하여 이용한다. 표준기의 참값이란 표준기가 현실적으로 가진 값을 말한다.

1.3.3.16 편향(bias)

계통오차(systematic error)의 추정값 또는 평균값으로부터 참값을 뺀 값으로 계통오차의 추정값을 말한다. 온도효과 혹은 추출의 비효율성, 오염, 검정오차 등과 같은 시험 방법에서의 계통오차(systematic error)로 인해 발생되는 것으로 평균의 오차가 영(0)이 되지 않을 경우, 측정의 결과가 편향되었다고 한다.

1.3.3.17 초기능력검증(IDC, initial demonstration of capability)

일반적으로 처음 시험·검사를 시작하는 분석자, 처음 수행하는 시험 방법, 처음 사용하는 분석기기에 대해 실제 시료의 시험·검사를 시작하기에 앞서 반드시 초기능력검증을 수행해야 한다. 또한 분석자의 교체, 시험 방법의 변경, 분석 장비의 교체와 같은 중요한 변경 사항이 발생하였다면 초기능력검증을 실시해야 한다. 초기능력검증은 각 분석자와 분석기기, 시험 방법의 올바른 수행을 위해 반드시 필요하다. 초기능력검증은 복합적인 시료 전처리와 분석 기술이 사용될 때 다양한 경험을 쌓기 위해 필요하다. 분석자는 초기능력검증을 통해 시험 방법 수행에 있어 전처리 방법 선택과 수행, 사용 유리기구·장치의 선택, 분석기기 운전에 대한 최적의 조건과 설정을 찾아 정하고 기록한다.

실험실은 환경오염공정시험기준 또는 검증된 시험 방법을 표준작업절차서(SOPs)로 만들어 갖추어야 하고 표준작업절차에 따라 정밀도, 정확도, 방법 검출한계(MDL)를 각 분석자와 분석기기마다 수행해야 한다. 그러므로 초기능력검증 방법으로 시험 방법(환경오염공정시험기준 또는 표준작업절차)에 의한 정확하고 안정된 바탕 값, QA/QC 지침에 주어진 절차에 따른 정밀도와 정확도, 방법 검출한계를 달성할 수 있는 능력을 검증해야 하고, 눈가림시료(인정기관의 숙련도시험 시료, 수행평가 시료 또는 표준물질 제조사의 눈가림표준물질)에 대한 분석을 안정적으로 수행하는지 확인해야 한다.

중요하지 않은 분석자·장비·시험 방법의 교체나 변경 시에는 정밀도, 정확도, 감도가 유지되는지 신속하게 조사하여 확인한다.

초기능력검증의 예

수질 유기인계 농약(EPN)에 대한 GC/MS 시험 방법 초기능력검증(시험 방법검증)의 예는 다음과 같다.

1) 수질시료의 매질에 따라 전처리 방법을 선정한다.
   - 시료는 부유물질이 적은 하천수로 고체 추출 장치(SPE, solid phase extractor)보다는 액-액 추출방법(liquid-liquid extraction)을 사용하여 측정물질을 추출한다.
2) 적절한 표준물질, 대체표준물질(surrogate) 및 내부표준물질(internal standard)을 선정하여 전처리 방법대로 수행한다.
   - 측정항목인 이피엔 표준물질과 대체표준물질을 각각 정제수 500 mL가 담긴 5개의 분액깔때기에 첨가하고 헥산을 사용하여 액-액 추출방법으로 추출한다. 추출한 헥산 층을 규산 칼럼, 플로리실 칼럼, 활성탄 칼럼 또는 이와 동등한 칼럼을 사용하여 헥산 층을 정제한 다음 KD 농축기, 회전 증발 농축기 또는 이와 동등한 농축기를 사용하여 일정량으로 농축하고 내부표준물질을 첨가한다.
3) 교정 표준물질 또는 측정항목 표준물질을 사용하여 GC/MS의 최적 분석조건을 설정한다.
   - 시험 방법 또는 분석장비 조작설명서에 따라 GC/MS의 바탕선 안정, 오븐 온도, 유속, 온도·시간 프로그램, 칼럼 장애, 자동시료 채취장치의 성능, 질량 스펙트럼, 표준물질 교정곡선의 직선성 등을 확인한다.
   - 시험 방법에 사용할 이피엔 표준물질, 대체표준물질, 내부표준물질을 각각 분석하여 크로마토그램에 대해 피크 모양과 크기, 지속시간(retention time), 농도에 따른 교정곡선의 직선성을 확인한다.
4) 전처리를 마친 준비된 시료를 분석장비를 사용하여 측정한다.

- 최종 준비된 5개의 시료에 대해 GC/MS를 사용하여 분석한다. 준비하는 시료수는 실험실, 분석자, 분석장비에 따라 5개 이상 수행할 수 있다.

5) 분석결과를 확인하여 정확도와 정밀도를 확인한다.
   - 분석한 5개 시료의 정확도와 정밀도를 확인하여 표준물질 선택이 적절한지, 전처리 방법 선택이 적절한지, GC/MS 운전이 적절한지, 그리고 정확도와 정밀도가 시험 방법 또는 QA/QC 지침의 허용 기준 이내인지를 검토한다.
   - 결과가 허용 기준을 벗어나거나 정확도와 정밀도에 문제가 발생했을 경우 문제의 원인을 찾아 해결하고 처음부터 다시 수행한다.

6) 위의 수립된 시험 방법에 따라 방법 검출한계(MDL), 눈가림시료에 대한 분석을 한다.
   - 수행한 시험 방법 조건을 기준으로 지침에 따라 방법 검출한계를 도출한다.
   - 인정기관의 숙련도시험 시료 또는 수행평가시료 또는 인정표준물질 또는 실험실 책임자가 준비한 눈가림시료를 분석한다.

7) 모든 결과를 검토하고 기록하여 문서화한다.

1.3.3.18 표준작업절차서(SOPs, standard operating procedures)

시험 방법에 대한 구체적인 절차인 표준작업절차서는 분석담당자 이외의 직원이 분석할 수 있도록 자세한 시험 방법을 기술한 문서로서 제조사로부터 제공되거나 시험기관 내부적으로 작성될 수 있다. 표준작업절차서는 문서 유효일자와 개정번호와 승인자의 서명 등이 포함되어야 하며 모든 직원에 의해 쉽게 이용 가능해야 한다.

시험 방법에 관한 표준작업절차서는 다음의 내용을 포함하고 있어야 한다.

가. 시험 방법개요(분석항목 및 적용 가능한 매질)
나. 검출한계
다. 간섭물질(matrix interference)
라. 시험·검사장비(보유하고 있는 기기에 대한 조작절차)
마. 시약과 표준물질(사용하고 있는 표준물질 제조방법, 설정 유효기한)
바. 시료관리(시료보관방법 및 분석 방법에 따른 전처리방법)
사. QC 방법
아. 시험 방법 절차
자. 결과분석 및 계산
차. 시료분석결과 및 QC 결과 평가

카. 벗어난 값(outlier)에 대한 시정조치 및 처리절차
타. 실험실 환경 및 폐기물 관리
파. 참고자료
하. 표, 그림, 도표와 유효성 검증 자료

일반적으로 환경오염공정시험기준 또는 실험실에서 사용하고 있는 시험 방법에 위의 사항들이 포함되어 있는 경우가 많다. 그럴 경우에 시험기관에서는 사용하고 있는 해당 시험 방법을 표준작업절차서로 변환시켜 사용해야 한다. 예를 들어 검출한계(LOD, limit of detection)의 경우, 시험 방법에서 제시하는 검출한계와 해당 실험실의 검출한계는 다를 수 있으며 간섭물질 또한 실험실마다 또는 매질마다 달라질 수 있다. 폐기물 관리 역시 시험 방법에서 이론적인 폐기물의 처리를 언급하고 있다면 해당 실험실의 표준작업절차서에는 실제로 폐기물을 처리하는 방법을 언급해야 한다는 것이다.

1.3.3.19 관리차트(control chart)

관리차트는 동일한 시험 방법 수행에 의해 측정항목을 반복하여 측정 분석한 결과를 시간에 따라 표현한 것으로 통계적으로 계산된 평균선과 한계선도 함께 나타낸다. 이로서 시간에 따른 정확도와 정밀도를 평가하고 편차를 확인할 수 있으며, 실험실에서 수행한 실험실첨가시료(LFS), QC 시료에 대한 평가에도 활용할 수 있다. 충분한 자료의 축적으로 결과가 유효할 때까지 실험실은 각각의 시험 방법에 대해 최소 20회~30회 이상 분석을 반복하고 그 결과를 관리기준 수립에 사용한다. 초기에 설정된 관리기준은 계속되는 시험에 따라 최근 자료에 의한 관리기준으로 바뀔 수 있다.

1.3.3.20 오차(error)

오차란 측정값에서 기준값을 뺀 값을 나타낸다. 측정오차라고도 하며 분석자의 실수를 의미하지는 않는다.

(가) 계통오차(systematic error) : 재현 가능하여 어떤 수단에 의해 보정이 가능한 오차로서 이것에 따라 측정값의 편차가 생긴다.
(나) 우연오차(random error) : 재현 불가능한 것으로 원인을 알 수 없어 보정할 수 없는 오차이며 이것으로 인해 측정값의 분산이 생긴다.
(다) 개인오차(personal error) : 측정자 개인차에 따라 일어나는 오차로써 계통오차에 속한다.
(라) 기기오차(instrument error) : 측정기가 나타내는 값에서 나타내야 할 참값을 뺀

값. 표준기의 수치에서 부여된 수치를 뺀 값으로 계통오차에 속한다.

(마) 방법오차(method error) : 분석의 기초원리가 되는 반응과 시약의 비이상적인 화학적 또는 물리적 반응으로 발생하는 오차로 계통오차에 속한다.

(바) 환경오차(environmental error) : 분석 환경의 조건 즉, 온도, 습도, 압력, 진동 등으로 인해 발행하는 오차로서 계통오차에 속한다.

(사) 검정허용오차(verification tolerance, acceptance tolerance) : 계량기 등의 검정 시에 허용되는 공차(규정된 최댓값과 최솟값의 차)

(아) 분석오차(analytical error) : 시험·검사에서 수반되는 오차.

1.3.3.21 분산(dispersion)

측정값의 크기가 가지런하지 않은 것을 의미한다. 즉 확률변수의 분포가 모평균으로부터 흩어진 정도를 나타내는 양이다. 표준편차(standard deviation)를 제곱한 값으로 표현한다.

1.3.3.22 인수인계기록(chain-of-custody)

시료의 채취, 운송, 보관, 분석, 폐기 등의 정보와 내역의 기록을 의미하며 상세한 기록과 문서화를 통해 시료의 시험·검사 진행절차와 책임소재를 분명히 할 수 있다.

1.3.3.23 특이성(specificity)

특이성이란 불순물, 방해물질 등이 혼재되어 있는 상태에서도 분석대상물질을 선택적으로 정확하게 측정할 수 있는 능력을 말한다. 적용되는 시험 방법이 특이성이 있다는 것은 검출된 신호가 분석대상성분에서만 유래한 것이며, 다른 공존성분의 신호에 의해 방해를 받지 않는다는 것을 의미한다. 특이성은 시험 방법의 식별능력을 나타내는 것으로 선택성(selectivity)이라고도 한다.

1.4 QA 계획

환경모니터링을 위한 환경시료분석에 있어 정확한 분석은 QC를 통해 보증할 수 있으며, 이러한 QC에 대한 종합적인 보증절차를 통해 분석결과의 신뢰성을 확보할 수 있다.

QC 절차는 다음과 같이 구분된다.

- 시험 방법에 대한 검증
- 기기에 대한 검증

- 시험 방법에 대한 분석자의 능력 검증
- 시료분석에 대한 QC
- 시료분석 결과에 대한 QA

시험 방법에 대한 검증은 환경모니터링을 위한 시험 방법 선택의 적절성을 검증하는 것이다. 일반적으로 국내의 환경시료는 환경오염공정시험기준에 의해 분석이 가능하다. 하지만 개별적인 시료에 대한 특성을 고려하여 적용하려는 시험 방법의 검증을 통해 보다 정확한 시료분석이 가능해진다. 시험 방법에 대한 검증 절차는 일반적으로 새로운 분석 방법의 개발단계에서 적용되는 검증 절차이다. ISO, FDA, EPA에 따른 규격으로 측정하고자 하는 환경시료가 특수한 경우 또는 매질이 매우 복잡한 시료의 경우 시험 방법에 대한 검증을 통해 시험결과의 정확도를 검증할 수 있다. 시험 방법 검증은 정확도(accuracy), 정밀도(precision), 특이성(specificity), 검출한계(LOD, limit of detection), 정량한계(LOQ, limit of quantification), 직선성(linearity), 범위(range) 등으로 구분된다.[5)]

기기에 대한 검증은 환경시료분석에 사용되는 분석기기의 적절성을 평가하는 것으로 분석하고자 하는 성분의 선택적 분석이 가능하며, 성분에 대한 적절한 반응으로 교정곡선 작성이 가능하고 적절한 검출한계 등을 갖는지 검증한다.

시험 방법에 대한 분석자의 능력검증은 분석자의 숙련성과 정밀도를 평가하는 것으로 보다 정확한 결과를 얻기 위한 검증이다.

시료분석에 대한 QC는 시료 채취, 전처리, 운반, 보관, 분석에 대한 평가로 분석결과의 오차를 최소화하기 위한 검증이다.

시료분석 결과의 QA는 시험 방법에 대한 검증, 기기에 대한 검증, 시험 방법에 대한 분석자의 능력 검증, 시료분석에 대한 QC를 종합적으로 평가하여 최종 결과의 정확도를 나타내는 지표라고 할 수 있다.

1.4.1 실험실 QA 계획(Quality Assurance Project Plan)

환경모니터링을 위한 시료분석의 측정결과에 대한 보증을 위해서는 환경모니터링 계획 단계부터 실험실 QA(laboratory quality assurance)를 수행해야 한다.

환경모니터링 등을 통하여 데이터를 생산하거나 얻는 실험실은 다음과 같은 요소를

5) 「화학적 시험 방법의 유효성 확인을 위한 지침」(KOLAS-G-015 : 2012)에 따르면 시험 방법의 유효성 확인을 위한 첫 단계는 무엇을 측정하고자 하는지를 정의하는 것이며 두 번째는 성능특성(또는 성능변수)를 결정하는 것이다. 이러한 성능특성에는 선택성, 직선성, 감도, 정확도, 검출한계 및 정량한계, 범위, 둔감도, 측정불확도 등이 있다.

만족해야 한다(표 Ⅰ-4).

▶표 Ⅰ-4◀ 데이터 생산자를 위한 QA 계획 요소

1	시료 채취 계획
2	시료 채취 방법
3	시료 취급과 보관
4	분석 방법
5	QC
6	기기/장비의 시험, 검사, 유지관리
7	기기/장비의 교정 및 주기
8	용품 및 소모품의 검사 및 수납
9	간접적 측정
10	데이터 관리

1.4.1.1 시료 채취 계획 QA

시료 채취 계획에 대한 QA는 프로젝트의 데이터 수집 또는 연구 실험 설계를 설명하는 것으로 이 요소의 핵심 내용은 어떤 가정을 만들고 데이터를 어떻게 수집하느냐 하는 것이다. 즉, 프로젝트의 데이터 수집 계획의 '방법과 이유'를 설명한다.

시료 채취는 보다 큰 대상 모집단, 영역 또는 집단으로부터, 대상 모집단에 대해 적용 가능한 특징들을 지닌 일부를 시료로 선정하는 것이다. 그러므로 시료 채취 계획은 어떻게 시료 채취 지점과 기간을 선정할 것인지를 정당화하는 작업의 일부로 시료가 대표하는 지역, 형태, 양 또는 시간의 크기(대표성 척도라고 하는)를 포함하며, 그 다음으로 시료 채취, 분석, 검사 실시 및 검토들에 대한 세부 일정을 정한다.

이 시료 채취 계획에는 확률기반설계(probability-based design)와 판단설계(judgment design)의 두 가지 사항을 고려해야 한다. 전자는 때로 통계적 설계(statistical design)라고도 하며, 후자는 규정된 샘플링정보(directed sampling information)라고도 한다. 이 두 부류들은 매우 다른 특성들을 갖는다. 확률기반설계의 경우 강력한 통계적 결론들을 내릴 수 있지만, 판단설계에서는 그렇지 않다. 시료 채취 장소에 대한 전문 지식과 역사적 지식들을 이용하여 통계적 설계와 규정된 샘플링정보들의 개발을 개선할 수 있다.

시료 채취 계획 유형을 결정한 후, 다음과 같은 관련 정보를 얻도록 한다:

- 시료 수
- 시료 채취 지점 수
- 각 지점별 시료의 수

- (필요하다면) 혼합시료의 수
- 샘플에 대한 지원(단일 샘플이 대표하는 것으로 간주되는 지역 또는 부분)
- QC 시료들(현장 이중시료 등)의 수
- 프로젝트의 완벽한 수행을 위해 필수적인 대체 시료들을 수집하기 위한 계획

시료 채취 계획에는 연구 계획에 대한 근거 논리의 일부로서, 어떤 형태의 시료가 연구에 중요한지 또는 부차적인지를 설명한다. 그리고 이러한 시료 채취 장소들을 어떻게 선정했는지를(예를 들어, 무작위 격자를 이용하거나 또는 GPS를 사용하여), 그리고 시료 채취 지점에 대한 접근이 불가능할 경우 무엇을 할 것인지를 나타낸다.

시료를 분석하기 위해 실험실로 운송되기 전에 시료가 어떻게 얻어지고 처리되었는지가 간략하게 설명되어야 하며 이는 다음에 서술되는 다른 요소들보다 자세하게 설명되어야 한다.

1.4.1.2 시료 채취 방법 QA

시료 채취 방법에 대한 QA는 어떤 지역 내에서 시료를 채취하는 동안 시료가 오염되지 않도록 모든 팀들이 지속적으로 수집하게 되는 정보나 혹은 샘플에 대해 설명한다. 현장 혹은 원격모니터링 시스템 상에서 별개의 샘플링을 하지 않은 채로 데이터의 일부가 수집된다면, 이 항에서는 장비를 어떻게 배치할지, 어떻게 전자적으로 생산된 데이터에 오류가 생기거나 손실되지 않도록 운용할 수 있는지를 설명한다.

각각의 시료의 종류에서 얼마나 많은 시료를 필요로 하며, 어떤 형태의 시료 채취 용기를 이용해야 하고 어떻게 시료를 채취하며, 현장에서 나누어야 하는 시료는 어떤 것이고 이중시료를 만들어야 하는 시료는 어떤 것인지에 관하여 언급한다.

환경시료 채취 계획은 환경오염공정시험기준을 바탕으로 작성할 수 있으며, 이 시험기준을 적용하지 않아도 되는 경우는 standard methods 등 권위 있는 규정을 따른다. 만약 이들 시료를 균질화하거나 혼합하거나 분할해야 한다면, 이것을 어떻게 수행할지에 관해서도 QAPP에 적어둔다.

지속적인 모니터링을 할 때, 평균적으로 이용한 시간간격이 어떻게 되는지를 표시하고, 기기에서 발생하는 모든 원자료(raw data)나 데이터 평균을 측정하고 저장한다. 또한 데이터를 어떻게 평균내고, 저장하고, 다운로드하고, 보고하는지(원격 전송의 경우도 마찬가지) 등에 관해서도 표시한다.

다음으로는 특정한 방법이나 기구에 대한 확인이 필요하다. 만약 표준 시험 방법이 아니거나 사용가능한 기구가 아닌 것을 이용하였다면, 그것을 이용한 것에 대한 이론적인

설명을 표시하고, 일부 매질에 대하여 그 방법으로 수행할 수 있다는 것을 뒷받침할 수 있는 증거로서의 연구와 정확도, 정밀도, 검출한계 등을 설명해야 그로부터 생산된 데이터를 이용하기에 무리가 없을 것이다.

프로젝트를 수행할 시료 채취 장비가 무엇인지, 이용한 부수적인 장비가 무엇인지에 대하여 목록으로 정리한다. 부수적인 장비에는 바닥이 평평한 보트라든가 접안시설, 플라스틱/스테인리스 재질의 물통, Ponar 퇴적물 채취기구, 수중펌프, 혹은 보트 위에서 시료를 혼합하거나 무게를 잴 때 바람으로부터 보호하기 위해 설치하는 바람막이 등이 포함된다.

시료 채취 과정에서 어떤 것이 잘못되었을 때를 대비하여 예비 계획(backup plans)이 무엇인지 명시한다. 이것은 예비물품이나 장비 확보에 관한 포괄적인 설명이다. 이에 대한 정보는 관리에 관한 의사소통이 어떻게 이루어지는지, 정정 작업에 대한 책임은 누가 지게 되는지, 정정 작업이 어떻게 문서화되어 있는지를 언급한다.

시료 채취 활동으로부터 얻은 데이터의 품질은 수집된 대표 시료, 적절한 장비사용, 적절한 시료 취급과 보존, 적절한 인수인계와 시료 확인 절차, 현장에서의 QA/QC에 따라 달라진다.

현장 QA/QC 프로그램은 특별한 시료 취급 절차에 대한 현장 표준 작업 절차서로서 현장에서 시료 채취를 실시할 때 아래의 내용을 포함하여 문서화해야 한다.

- 현장 QC 요건
- 기록 절차와 측정 진행
- 측정결과의 검토와 환산 절차(보고된 목적대로 현장 측정을 준비하고 유효화하기 위한 과정)
- 현장 기기와 장비의 교정과 유지를 위한 절차
- 시료 채취 담당자의 자격과 훈련
  - 가장 대표적인 시료 채취 장소 결정
  - 적절한 시료 채취 기술의 선택, 시료 채취 장비 선택, 시료보존 방법 사용, 시료 확인
  - 적절한 데이터 기록과 기록 양식 사용
  - 현장 기기와 장비의 교정과 유지
  - 이중시료, 분할시료, 첨가시료와 같은 QC 시료 사용

훈련 프로그램 이수 후의 신규 시료 채취자는 더 경험이 많은 감독관과 같이 한달 이

상 시료 채취 활동에 동반하여 수행한다.

1.4.1.3 시료 취급과 보관 QA

시료 취급과 보관에 대한 QA에는 시료를 최종적으로 처리하여 시료가 갖는 원래의 물리적 형태와 화학적 성분을 그대로 유지하기 위한 제반 사항(예로서, 시료 채취자, 특별한 보관방법 등)을 기술한다. 현장에서 측정한 경우나 원격 감시 측정의 경우에도 동일하게 적용한다. 즉, 시료 취급과 보관에 대한 QA에는 시료를 수집, 운반, 저장하는 동안 시료의 처음 상태를 유지하기 위해 필요한 요소들을 기술한다. 따라서 운반 전에 시료병에 산을 첨가하는 등의 보존제 사용, 운반 용기의 냉장, 적절한 포장, 장기간 보관을 위한 냉동고 사용 등이 포함될 것이다.

시료의 형태에 따라 최대한의 보존 시간을 제공한다. 보존 시간은 분석하고자 하는 항목과 매질에 따라 달라지고, 분석항목과 시료의 안정성을 보장하기 위해 계획된다.

프로젝트의 시료는 언제 어디서 채취했는지 명확히 한다. 어떤 프로젝트의 넘버링 시스템은 시료가 예기치 못하게 바뀌지 않도록 보장하기 위해 전체 시험·검사과정 동안 각 시료를 추적하도록 도와준다.

인수인계(chain-of-custody)는 종종 합법적인 보관 절차를 표기할 때 사용된다. 이는 실험실에서의 분석을 통해 시료가 운반되는 동안의 시료 취급과 소유 등에 대한 추적이 가능하다. 그래서 시료의 물리적 특성이 프로젝트의 모든 포인트에서 알려지게 되는데 시료 보관용 꼬리표(tag)와 누가 시료를 취급했는지에 대한 서명된 문서, 그리고 보관 테이프에 의해 봉인된 용기의 사용 등이 포함된다.

만약 그러한 절차가 잘 지켜지고 기술된다면 모든 것은 완료된 것이다.

1.4.1.4 분석 방법 QA

분석 방법에 대한 QA는 시료분석의 절차를 확인하고, 시료가 얼마나 잘 분석절차의 기준을 만족하는지를 확인한다. 즉 다시 말하자면 판단을 뒷받침하는 성능기준의 자료로써 만들어진다.

시료분석을 위해 실험실에서는 분석기기 성능 확인과 시험 방법에 대한 분석자의 능력검증이 우선적으로 필요하다. 따라서 그림 Ⅰ-3의 시료분석 업무와 필요한 시료에 따라 분석결과에 대해 QC를 수행한다.

목적	요구되는 분석과정	필요한 시료
기기에 대한 검증	–교정(calibration) –교정 검증(calibration verification)	–바탕시료(blanks) –표준물질(standards) –인증표준물질(CRM)
시험 방법에 대한 분석자의 능력 확인	–방법 검출한계(MDL) –정확도(accuracy) –정밀도(precision)	–시약첨가시료(reagent spikes) –반복시료(replicates) –이중시료(duplicates)
시료분석 능력 확인	–정확도 –정밀도	–바탕시료(현장–, 운송–, 시험–) –매질첨가시료(matrix spikes), 매질첨가이중시료(matrix spike duplicates) –반복시료(replicates), 이중시료(duplicates) –대체표준물질 첨가(surrogate spikes)
QA	–관리차트(control chart)	–QC 시료(QC sample) –실험실 QC 시료(laboratory quality control sample)

(표 제목: 시료분석 업무)

▸그림 I-3◂ 시료분석에서 목적에 따른 필요 시료

분석기기의 성능확인은 앞서 서술한대로 분석기기를 잘 유지 관리하는 것과 함께 표준물질을 이용한 검정을 통해 분석기기의 감응(response)을 확인하는 것이다.

시험 방법에 대한 분석자의 초기능력검증(IDC, initial demonstration of capacity)은 분석자가 어떠한 시험 방법을 이용하여 분석할 때 시험 방법에서 요구하는 능력을 충분히 갖추었는지를 확인하는 것이다. 그렇게 능력이 있음이 확인된 이후에 실제 시료를 분석하며 QC를 수행한다. 이렇게 해야 시험분석과정에서 발생할 수 있는 오차를 최소화할 수 있다.

시료분석에 앞서, 적용되는 시험 방법에 대한 적합성을 검토할 필요가 있다. 따라서 시험 방법 검증절차를 통해 적합성을 검토한다. 시험 방법 검증은 인증표준물질(CRM, certified reference material), 표준물질(RM, reference material) 또는 표준용액(standard solution)을 사용하여 검증한다. 시험 방법에 대한 검증 항목은 정확도, 정밀도, 특이성, 검출한계, 정량한계, 직선성, 범위로 구분하여 다음과 같은 절차대로 실시한다.

1단계, 범위를 선정한다. 환경시료의 예상 농도와 분석기기의 검출한계값을 고려하여 하한값과 상한값을 설정한다.

2단계, 선정된 범위 내에서 교정곡선을 작성한다. 교정곡선 작성을 위한 표준물질을 3개 ~ 7개 농도로 선정하여 측정한다.

3단계, 정밀도와 정확도를 측정한다. 정밀도와 정확도 측정 방법은 교정곡선 범위 내의 3개 농도에 대해서 각각 3회 이상 측정하여 교정곡선에 의한 정확도와 3회 반복에 대한 정밀도를 평가하여 전체 평균을 산출한다.

4단계, 검출한계(LOD, limit of detection), 정량한계(LOQ, limit of quantification)를 측정한다. 검출한계 및 정량한계를 측정하기 위해서는 바탕시료와 낮은 농도의 표준물질에 대한 신호 대 잡음비를 산출하거나 아주 낮은 농도 시료를 7회 이상 반복 측정하여 산출한다.

5단계, 특이성에 대해 검토한다. ICP, AAS, 크로마토그래프를 적용하는 항목에 대해 분석하고자 하는 성분 이외의 다른 물질의 간섭을 검토하여 특이성을 확인한다.

6단계, 환경시료와 유사한 매질의 인증표준물질을 확보하여 시험 방법에 대한 정확도를 평가한다.

실험실에서 다수의 실험자가 같은 실험을 할 경우에는 시험자 간 비교시험을 하여 상호간 측정결과의 차이를 확인한다. 시험자간 비교는 환경시료와 유사한 인증표준물질을 시험자에게 각각 나누어주고 같은 조건(기구, 기기, 환경)에서 동시에 분석하여 각각의 결과의 일치 정도(정밀도)로 평가한다.

1.4.1.5 QC

시료수집, 분석 또는 측정 활동에서는 잠재적 변동성이 있으며, 실험실 변동성보다 현장 변동성이 크다. 환경모니터링 프로젝트에서 전체 오차는 시료 채취 계획 에러와 시료 고유의 공간적 변동성에 영향을 미치는 시료 채취 공정 간 변동성(between-sampling-unit variability)과 시료 채취, 분석, 데이터 처리에 기인하는 시료 채취 공정 내 변동성(within- sampling-unit variability)으로 분류한다. 따라서 QAPP 중의 QC는 변동성을 평가할 수 있는 요소들로 작성한다.

QC 활동은 오차를 없애거나 줄이기 위한 것이 아니라 오차에 대한 영향을 평가하기 위한 기술적 활동이다. 실질적 QC 데이터의 필요성은 프로젝트에 대한 데이터 품질사양과 그 품질을 만드는 결정사항을 근거로 한다. 자신의 정보에 대한 신뢰성 및 확실성을 평가하기 위해 필요한 내용, 예를 들어 오염된 기기, 용기 및 시약 등의 오염원 또는 분석하려는 물질이나 분석대상이 아닌 물질로 인해 분석과정에서 발생하는 오염 등 모든 오염에 대한 확인 사항들을 목록화한다. 바탕시료는 다른 방법에 의한 시료 채취와 분석 단계에서의 오염 원인을 측정하기 위해 사용된 깨끗한 시료로서 시험·검사과정에서의 오염을 확인할 수 있는 수단이다.

편향(bias)는 계통오차다. 다양한 QC 시료는 어떤 알고 있는 농도로 오염된 시료의 분석과 마찬가지로 편향의 정도(degree)를 결정짓기 위해 사용할 수 있다. 이런 편향을 확인하는 데 이용되는 시료로는 표준물질, 매질첨가시료(matrix spike sample), 매질QC 시료(matrix- specific QC sample) 등이 있다. 예를 들어 교정드리프트(calibration drift)는 측정시스템에서 비임의적 변화이며 교정 점검 표준물질(calibration check standards) 또는 시료의 주기적 재측정에 의해 종종 감지된다.

같은 또는 동일 시료의 반복 측정으로부터 다른 결과가 관찰될 때, 이는 시험·검사 결과가 정밀하지 못한(imprecision) 것이며 임의 오차로 분류된다. 측정시스템에서 정밀도의 품질을 표현하기 위해 반복시료(replicate sample)와 분할시료(split sample)를 흔히 사용한다. 이들 시료는 교차실험의 정밀도를 추적하기 위해 현장에서 시료를 채취하여 2개의 다른 실험실로 보낸다. 실험실에서 각각 분석된 시료는 분석정밀도(analytical precision)를 나타낼 수 있고, 한 기기로 반복 측정한 시료는 기기정밀도(instrumental precision)를 결정할 수 있다.

각각의 측정활동에 대해 프로젝트 내에서 QC를 확인하고 어떤 확률로 일어나는지를 나타낸다. QC 확인은 현장복제시료(field collocated sample), 현장이중시료(field duplicate sample) 및 매질첨가시료(matrix spike sample) 그리고 실험실이중시료(laboratory duplicate sample), 실험실첨가시료(laboratory spike sample) 등으로 할 수 있다.

QAPP는 다음과 같은 QC 활동을 포함한다.

- 10개 현장시료당 하나 또는 한 개의 시료군(batch, 시험 방법당 약 20개까지의 시료)당 한 개의 반복시료(replicate sample)를 확보한다.
- 첨가물질(spike compound)은 예상되는 농도의 5배 ~ 7배의 농도가 되게 첨가하여 분석한다.
- 숙련도 시험은 분기당 한 번씩 시행한다.

표 Ⅰ-5는 QAPP에 종종 포함되는 QC 확인용 시료 목록으로서 시료 목록에 따라 구체적인 어떤 정보를 제공할 수 있는가를 설명하고 있고 있다.

▶표 Ⅰ-5◀ QC 시료 종류 및 제공 정보

QC 확인용 시료	제공되는 정보
Blanks(바탕시료)	
bottle blank(시약병 바탕시료)	시료 채취병의 세척상태
field blank(현장 바탕시료)	운반, 저장, 현장채취 과정의 편향
reagent blank(시약 바탕시료)	정제수의 오염
rinsate or equipment blank (세척 또는 장비 바탕시료)	장비의 오염
method blank(방법 바탕시료)	분석 전 과정에 대한 오염
Spikes(첨가시료)	
matrix spike(매질 첨가시료)	전처리와 분석 과정의 편향
surrogate spike(대체 표준물질 첨가시료)	분석 과정의 편향
Calibration Check Samples(교정 점검시료)	
zero check(영점 점검)	교정곡선의 변화와 잔류물 영향
span check(스팸 점검)	교정곡선의 변화와 잔류물 영향
mid-range check(중간 영역 점검)	교정곡선의 변화와 잔류물 영향
Replicates, Splits, etc.(반복시료, 분할시료 등)	
field collocated samples(현장 결합시료)	채취 + 분석의 정밀도
field replicates(현장 반복시료)	채취 이후 모든 과정에 대한 정밀도
field splits(현장 분할시료)	운반 + 실험실 간 정밀도
analysis replicates(분석 반복시료)	장비의 정밀도

현장 또는 실험실에서 집약된 QC 활동을 준수하는 것은 유용하다. 이러한 방법으로 분석자는 그들의 행동에 적용할 수 있는 QC 시료를 빠르게 확인할 수 있다.

환경시료로부터 정확한 환경정보를 얻기 위해서는 실험실에 도착하기 전에 적절한 보존처리를 실시하여 운반과정 동안 시료가 변질되지 않도록 해야 한다. 실험실에 도착한 시료도 역시 규정된 시험 방법에 따라 분석해야 한다. 이러한 시료 채취 및 분석과정과 더불어 가장 중요한 것은 측정된 결과의 정확도와 적합성을 판단하는 것이다. 이러한 정확도와 적합성을 판단하기 위해서는 실험일지와 실험실 QC 결과 등이 적절히 기록되고 저장되어야 한다. 이 과정은 매우 중요한 단계로 최초 시료 채취부터 실험실의 분석과정을 포함하여 최종 결과물이 산출될 때까지의 전 과정이 기록되어야 한다.

1.4.1.6 기기/장비의 시험, 검사, 유지관리 QA

여기서는 QAPP 중 기기/장비의 시험, 검사, 유지관리 QA는 프로젝트를 수행하는 직원들의 필요에 따라 장비가 적절하게 작동하는지를 어떻게 보증할 수 있는가에 대해 언급한다. 따라서 프로젝트 수행기간 동안에 사용되는 기기 및 장비의 시험, 점검 및 유지관리에 대해 기술하고, 중요한 예비 부품이 어디에 위치해 있는지 확인한다. 또한 점검 주기와 책임자도 명시한다.

장비 및 기기의 유지보수에 대한 예를 들면 아래와 같다.

- DO 측정기 전극(probe)은 매일 첫 사용자가 사용하기 전에 체크해야 한다.
- 분석 저울은 매년 교정기관에서 교정되어야 한다.
- 온도계의 수은주는 매 사용 전에 수은주가 끊어졌는지를 확인해야 한다.
- 현장 책임자는 현장으로 떠나기 전에 각종 장비에 사용될 건전지가 적정한 상태인지 확인해야 한다.

QAPP에서 기기 및 장비의 교정과 주기를 설명하는 것은 이들 기기 및 장비의 지속적인 품질 성능을 어떻게 보장하는지를 확인하기 위한 것이다. 그렇기 때문에 현장 또는 실험실에 있는 교정이 필요한 모든 장비 및 기기의 목록을 작성하고 사용할 장비에 해당되는 교정과 그 주기에 대한 기준, 측정방법이 설명되어 있어야 한다. 예를 들어, 교정해야 하는 현장 장비에는 펌프, 유속계, 게이지, pH 미터, 온도 측정장치 등이 포함되고, 실험실 장비에는 pH 미터, 용존산소 probe, 저울, 분광광도계 등이 포함된다.

분석 결과에 대한 품질을 보장하기 위해 이러한 활동들을 얼마나 자주 실행해야 하는지를 규정한다. 예를 들면, 민감하거나 중요한 장비들은 매 사용 전 교정을 한다. 자료 검정 또는 정보를 어떻게 기록하고 분석하는지에 대해서도 기술한다. 그리고 문제가 있는 하드웨어, 소프트웨어, 기기 또는 장비와 사용된 표준물질들을 추적 가능하게 하는 기록들, 예를 들면 제품 번호와 만기 날짜(유효기간) 등을 어떻게 관리해야 하는지를 제시한다. 그리고 이러한 관리 정보들의 근거가 되는 SOPs를 인용하거나 첨부하는 것도 좋다.

참고로, 「국가교정기관 지정제도 운영요령」[6] 제40조에 의하면 다음과 같이 규정되어 있다.

> 제40조(교정대상 및 주기) ① 법 제14조제1항 및 제2항에서 규정된 국가측정표준과 국가사회의 모든 분야에서 사용하는 측정기기간의 소급성 제고를 위하여 측정기를 보유 또는 사용하는 자는 주기적으로 해당 측정기를 교정하여야 하며, 이를 위하여 합리적이고 적정한 주기로 수행될 수 있도록 교정대상 및 적용범위를 자체규정으로 정하여 운용할 수 있다.
> ② 제1항의 규정에 의해 측정기를 보유 또는 사용하는 자가 자체적으로 교정주기를 설정하고자 할 때에는 측정기의 정밀정확도, 안정성, 사용목적, 환경 및 사용빈도 등을 감안하여

6) 국가기술표준원 고시 제2016-398호, 2016.10.25

과학적이고 합리적으로 그 기준을 설정해야 한다. 다만, 자체적인 교정주기를 과학적이고 합리적으로 정할 수 없을 경우에는 국가기술표준원장이 별도로 고시하는 교정주기를 준용한다.
③ 국가기술표준원장은 제2항의 규정에 의한 측정기의 교정대상 및 주기를 2년마다 검토하여 재고시할 수 있다.

1.4.1.7 용품 및 소모품의 검사 및 수납 QA

QAPP에서의 소모품 등의 검사와 수납에 대한 QA는 중요한 분야와 실험실 용품 그리고 사용 가능한 소모품에 대한 검사와 수납에 대한 시스템을 문서화한다. 여기에서는 프로젝트 수행을 위해 어떤 물품이 중요한지, 그 물품을 사용하는 데 있어서 누가 책임을 져야 하는지를 명확히 한다.

용품을 어디에서 구입할 수 있으며, 원하는 물품이 모두 소진되었을 때 유사한 물품을 구입할 수 있도록 그와 관련된 정보를 다음과 같이 문서화한다.

- 공급원(공급자) 목록
- 용품을 확인, 식별, 저장하는 절차
- 물품을 관리하기 위한 신뢰할 만한 증명서
- 물품의 품질에 대한 수락기준

1.4.1.8 간접적 측정 QA

간접적 측정이란 수행하는 프로젝트에서 생성되거나 간접적으로 측정된 데이터를 설명하는 것이 아니라, 기존에 존재하는 데이터로부터 얻은 데이터를 설명한다. 얻어야 하는 정보의 리스트를 작성하기에 앞서, 관심이 있는 그 정보의 용도에 대해 서술되어야 하고 그 데이터는 정량적으로 혹은 정성적으로 존재해야 한다.

예를 들어,

- 이전의 작업으로부터 얻은 시료 채취 자료와 분석 데이터 그리고 파일들(최근의 프로젝트 그리고/혹은 관련된 프로젝트)
- 이 프로젝트 외부에서 생성된 사진들 혹은 지형적인 지도
- 문헌들로부터 얻어진 정보
- 시설이나 환경조건 파일들에서 얻어지는 배경 정보
- 프로젝트의 목적을 달성하는 과정에서 얻는 부수적인 측정값들(예를 들어, 기상 데

이터는 지역적인 공간에서 대기 독성 물질의 분산과 농축을 예측하거나 설명하는 데 우선적으로 쓰인다)

만약 이 데이터들의 출처를 아직 정하지 않았다면, 사용하고자 하는 출처를 정의하고 데이터를 선택하는 과정을 상세히 기록한다. 즉, 데이터의 유형을 결정하면 어떻게 필요한 데이터를 수집해야 하는지가 결정된다. 이어서, 단독으로나 협력적으로 새로이 수집된 데이터와, 프로젝트 수행의 특정단계 혹은 의사결정단계에서 데이터의 유형을 어떻게 사용할지 언급한다.

1.4.1.9 데이터 관리 QA

데이터 관리란 어떤 프로젝트를 통해 생산된 모든 데이터 관리 전반에 관한 것으로 현장기록부, 실험 결과 또는 기존 데이터소스(existing data sources)에서부터 사무실의 데이터 시스템 또는 모델링 시스템에 이르기까지의 데이터와 정보의 처리 및 보관에 관련된 프로세스와 하드웨어/소프트웨어 장비 등을 대상으로 하며, 기록, 번역, 디지털화, 다운로드, 변형과 간소화(수학적 기호화), 이송(송부), 관리, 보관, 검색을 포함한다.

그리고 해당 기관의 정보자원관리요구사항(information resource management requirements) 뿐만 아니라 일반적인 정보자원관리요구사항을 어떤 방법으로 적용하여 만족할 수 있는지를 서술한다. 따라서 인쇄물(hard copy)과 전자매체(electronic media) 두 가지 형식으로 프로젝트 조직(project organization)의 표준기록보관방법과 문서관리시스템을 만들어 놓는다. 또한 어디서 정보를 찾을 수 있는지 쉽게 알아 볼 수 있게 식별해 둔다.[7)]

데이터를 사무실로 이송하기 전에 현장데이터 기록부(field data sheets)를 재검토하고 임의추출작업(spot-check)을 수행하여 오류 여부를 조사하는 등 관리 메커니즘(control mechanisms)을 기록해 둔다. 또한, 자료를 반드시 백업하여 변경이나 손실로부터 보호되어야 한다.[8)] 예를 들어, 분석자는 실험실 QA 책임자(laboratory's QA officer)에게 자료

---

7) ISO/IEC 17025: 2017에 의하면 기록의 관리는 다음과 같이 규정하고 있다.
8.4 기록관리(선택사항 A)
8.4.1 시험 및 교정기관은 이 표준의 요구사항이 충족되었음을 입증하기 위해 읽기 쉽도록 기록하고 보유해야 한다.
8.4.2 시험 및 교정기관은 기록의 식별, 보관, 보호, 백업, 집적(archive), 검색, 보존 기간 및 폐기에 필요한 관리를 실행해야 한다. 시험 및 교정기관은 계약 의무에 따른 기간 동안 기록을 보유해야 한다. 이러한 기록에의 접근은 기밀유지 조치에 따라야 하며 손쉽게 이용할 수 있어야 한다.
비고 기술기록에 관한 추가 요구사항은 7.5를 참조한다.

8) ISO/IEC 17025: 2017에 의하면 데이터 및 정보관리의 통제에 대해 다음과 같이 규정하고 있다.
7.11 데이터 및 정보관리의 통제
7.11.3 시험 및 교정기관 정보관리시스템은 다음과 같아야 한다.

를 전송하기 전에 자료를 재검토하고, 실험실 QA 책임자는 생산된 자료가 확실하고 정확한 근거에 의하여 생산되었으며 기록상의 실수는 없는지 등에 대해 검토하고 승인해야 한다. 이런 과정의 작업순서도(flowchart)나 체크리스트가 있다면 QAPP에 추가한다.

2 QA/QC 파라미터

환경오염공정시험기준에 의하면 QA/QC 파라미터는 각 분야별 공정시험기준에 따라 다소 다르기는 하나 거의 동일하여, 대기오염공정시험기준 ES 01001에서는 바탕시료, 검출한계(방법 검출한계, 기기 검출한계, 정량한계), 정확도, 정밀도, 교정곡선에 대해 규정하고 있으며, 수질오염공정시험기준 ES 04001.b와 먹는물수질공정시험기준 ES 05001.a에서는 바탕시료, 교정곡선, 검출한계(방법 검출한계, 기기 검출한계, 정량한계), 정확도, 정밀도, 현장 이중시료[9]에 대해 규정하고 있다.

따라서 이들 QA/QC 파라미터와 관리차트 등 실험실에서 개인이 수행할 수 있는 QC 활동 요소에 대해 상세히 설명한다.

2.1 바탕시료

바탕시료(blank sample)란 분석 과정의 바탕값(base line 또는 background value)을 보정하고 분석 과정 중에 발생할 수 있는 오염을 확인하기 위해 사용하는 시료로 정의된다.

바탕시료는 용도에 따라 크게 현장 바탕시료(field blanks)와 실험실 바탕시료(laboratory blanks)로 구분된다. 현장 바탕시료(field blanks)에는 세척/기구 바탕시료(rinsate/equipment blank), 현장 바탕시료(field blank), 운반 바탕시료(trip blank)가 있으

a) 무단 접근으로부터 보호되어야 한다.
b) 부당한 변경 또는 손실로부터 보호되어야 한다.
c) 공급자 또는 시험 및 교정기관의 시방을 준수하는 환경에서 운용되거나, 전산화되지 않은 시스템의 경우, 수기 및 이기(manual recording and transcription)의 정확성을 보장하는 조건을 제공해야 한다.
d) 데이터 및 정보의 무결성을 보장하는 방식으로 유지되어야 한다.
e) 시스템 오류의 기록과 적절하고 즉각적인 시정조치를 포함해야 한다.

9) 환경오염공정시험기준에서 제시한 QA/QC 파라미터에서 정밀도와 함께 현장 이중시료를 제시한 것을 명확히 이해하기 어렵다. 현장 이중시료를 통한 정밀도를 시료 채취 과정에서의 정밀도 확보를 위한 것이라면 별도의 파라미터로 제시하지 않고 정밀도 파라미터에서 시료 채취 과정에서의 정밀도와 실험실 분석 과정에서의 정밀도로 세분화하여 규정하는 것이 더 합당하다고 판단된다.

며, 실험실 바탕시료(laboratory blanks)에는 방법 바탕시료(method blank), 기기 바탕시료(instrument blank)가 있으며,[10] 전처리 바탕시료(preparation blank), 매질 바탕시료(matrix blank), 시약 바탕시료(regent blank), 교정 바탕시료(calibration blank)등도 실험실 바탕시료로 분류할 수 있다.

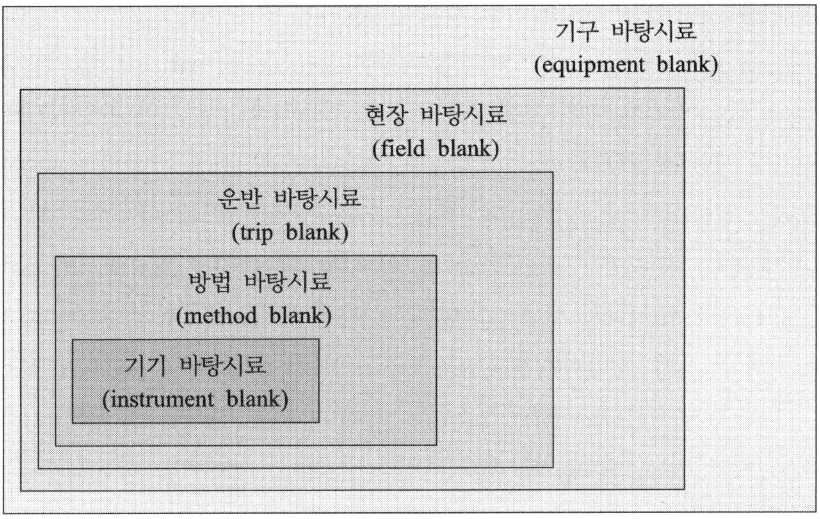

▶그림 Ⅰ-4◀ 바탕시료의 기능

2.1.1 기구 바탕시료(equipment blank sample)/세척 바탕시료(rinsate blank sample)

시료 채취 기구의 청결함을 확인하기 위해 사용되는 "깨끗한 시료"[11]로서 동일한 시료 채취 기구의 재이용으로 인하여 먼저 시료에 있던 오염물질이 시료 채취 기구에 남아 있는지를 평가하는 데 이용된다. 때문에 현장, 실험실로의 시료 이동 시 및 실험실에서의 잠재적 오염을 확인하기 위해 사용한다.

시료 채취를 위한 채취 도구 또는 장비는 표준작업절차서(SOPs)에 따라서 세척 후 측정 성분이 포함되지 않은 용매(액체, 기체, 고체)를 채취 기구에 담거나 또는 씻어 내어 운반 용기에 담아 밀봉하여 청결한 상태를 유지해야 한다. 만약 세척 상태가 불안하면 시료의 교차오염이 발생할 수 있다. 기구 바탕시료와 세척 바탕시료의 목적이 동일하여 기구/세척 바탕시료(equipment/rinsate blank sample)라고도 하며 시료군별로 1개씩 준비한다.

10) https://www.epa.gov/sites/production/files/2015-06/documents/blanks.pdf
US EPA, region III Fact Sheet
11) 분석목적에 맞는 물질이 들어 있지 않은 탈이온수, 증류수

2.1.2 현장 바탕시료(field blank sample)

현장 바탕시료(field blank)는 현장에서 만들어지는 깨끗한 시료로 분석의 모든 과정(채취, 운송, 분석)에서 생기는 문제점을 찾는 데 사용된다. 현장 바탕시료를 만들기 위해 "깨끗한 물(analyte-free water)"이 충전된 깨끗한 시료용기를 시료 채취 현장에 수송한다. 다른 시료용기는 현장에서 채취된 시료를 채운다.

시료의 형태를 기록하지 않고, 현장 바탕시료와 일반시료를 동일한 방법으로 같이 다룬다. 예를 들어 시험 방법에 따라 보존제의 주입이 필요하다면 시료와 마찬가지로 현장 바탕시료에도 보존제를 주입한다. 현장 바탕시료가 분석될 때는 분석 결과가 분석하고자 하는 물질이 없는 것으로 나타나야 하며, 아울러 모든 현장의 시료보다 5배 정도 낮은 값으로 측정되어야 한다. 이러한 현장 바탕시료는 한 시료군(batch)당 1개 정도가 있으면 된다.

만약 분석에 분해나 희석과 같은 전처리 과정이 들어간다면, 현장 바탕시료에서도 같은 전처리 과정을 거쳐 분석되어야 하며, 이는 전처리 과정에서의 오염을 확인하는 데 사용된다. 이러한 목적으로 사용되는 현장 바탕시료를 전처리 바탕시료(preparation blank sample)라고 하며, 방법 바탕시료(method blank sample)로 사용할 수 있다.

2.1.3 운반 바탕시료(trip blank sample)

운반 바탕시료는 용기 바탕시료(container blank sample)라고도 한다. 운반 바탕시료는 일반적으로 시료 채취 후 시료를 보관용기에 담아 운송하는 중에 용기로부터 오염되는 것을 확인하기 위한 바탕시료이다. 운반 바탕시료 준비 방법은 측정 성분이 포함되지 않은 용매(액체, 기체, 고체)를 용기에 가득 담고 밀봉 후 시료 채취 지점을 방문하여 모든 시료 채취가 완료된 후 실험실에 가져와 일반시료와 같이 분석한다. 운반 바탕시료는 주로 휘발성 유기화학물질 분석을 위한 시료의 교차오염을 확인하기 위한 것이며, 다른 항목에 대해서는 시료에 대한 용기의 영향을 평가할 수 있다. 일반적으로 운반 바탕시료는 매일 1개씩 준비한다. 시료 채취 일정이 2박 3일 경우, 매일 1개씩 총 3개의 운반 바탕시료를 준비하는 것이 바람직하며, 최소 1개 이상 준비한다.

2.1.4 방법 바탕시료(method blank sample)

측정하고자 하는 물질이 전혀 포함되어 있지 않은 것이 증명된 시료로 시험·검사 매질에 시료의 시험 방법과 동일하게 같은 용량, 같은 비율의 시약을 사용하고 시료의 시험·검사와 동일한 전처리와 시험절차로 준비하는 바탕시료를 말한다. 방법 바탕시료는 시험·검사 수행으로부터 오염 결과를 설명하기 위해 이용한다. 방법 바탕시료로 분석시료의 시험·검사 시 시약, 수행절차, 오염을 확인하며 방법 검출한계보다 반드시 낮은 농도여야 한다. 시약 바탕시료(reagent blank) 또는 실험실 바탕시료(laboratory blank)를 방법 바탕시료로 사용한다.

2.1.5 기기 바탕시료(instrument blank)

기기의 오염 여부를 평가하기 위하여 준비하는 바탕시료로, 시료와 함께 분석한다. 시험방법에 규정된 바에 따라 또는 분석자의 재량에 따라(대개 고농도 시료를 분석한 후) 기기 바탕시료를 준비한다.

2.1.6 전처리 바탕시료(preparation blank sample)

전처리 바탕시료는 시료 전처리 바탕시료(sample preparation blank) 또는 시료보관 바탕시료(sample bank blank)라고도 표현한다. 전처리 바탕시료는 교반, 혼합, 분취 등 시료를 분석하기 위한 다양한 전처리 과정에 대한 바탕시료이다. 따라서 전처리에 사용되는 기구(교반기, 믹서 등등)에서 발생할 수 있는 오염을 확인하기 위한 바탕시료이다. 일반적으로 전처리 바탕시료 준비 방법은 전처리 기구를 사용 후 표준작업절차서에 따라서 세척을 한 후 분석 성분이 포함되지 않은 용매(액체, 기체, 고체)로 헹구어 준비한 다음 일반시료와 동일하게 분석한다. 전처리 바탕시료는 전처리를 실시한 경우 1일 1회 준비한다.

2.1.7 매질 바탕시료(matrix blank sample)

매질 바탕시료는 시료 매질에 존재 할 수 있는 물질에 대한 평가로 시료 매질은 물만 지칭하는 것은 아니다. 시료 매질은 대기 시료 중의 입자, 폐수나 토양 시료 중의 유기 용매 등을 지칭하기도 한다. 일반적으로 방법 바탕시료와 비슷하다고 할 수 있다. 매질 바탕시료는 보통 분석에 문제가 발생하였을 때 이를 교정하기 위한 다양한 바탕시료 중의 하나라고 할 수 있다. 따라서 분석 과정에서 매질의 영향으로 회수율이나 정확도가 떨어질 때 수행한다.

2.1.8 교정 바탕시료(calibration blank)

교정 바탕시료는 기기 바탕시료(instrument blank)라고도 하며, 분석 성분이 포함되지 않은 용매를 시료와 같은 용량의 산(전처리)을 주입하여 분석한다. 이 시료는 분석장비의 바탕값(background level)을 평가하기 위해, 장비와 시료 관리에 대해 평가하기 위해 또한 잡음(noise)과 같은 바탕값 평가 및 검출한계(LOD, limit of detection) 평가에도 사용할 수 있다. 교정 바탕시료는 교정곡선 작성 시마다 준비하며, 시료분석 중간에는 분석기기의 오염과 잔류량 평가(memory effect)에도 활용할 수 있다.

2.2 검출한계

검출한계(LOD, detection limit / limit of detection)는 어떤 물질에 어떤 성분이 함유되어 있다고 잘못 인정할 확률(α)이나 함유되어 있지 않다고 잘못 인정할 확률(β)을 바탕으로 주어진 측정절차에 의해서 얻어진 측정값 또는 검출 가능한 최소량으로 정의되며, 정량 가능할 필요는 없다. IUPAC(International Union of Pure and Applied Chemistry)은 α(type 1 error)와 β(type 2 error)의 기본값으로 0.05를 추천하고 있다. 즉 신뢰수준 95 %를 추천하고 있다.

검출한계는 일반적으로 분석기기에 직접 시료를 주입하여 분석하는 경우의 기기 검출한계(IDL, instrument detection limit), 전처리 또는 분석 과정이 포함된 경우의 방법 검출한계(MDL, method detection limit)로 구분하기도 한다.

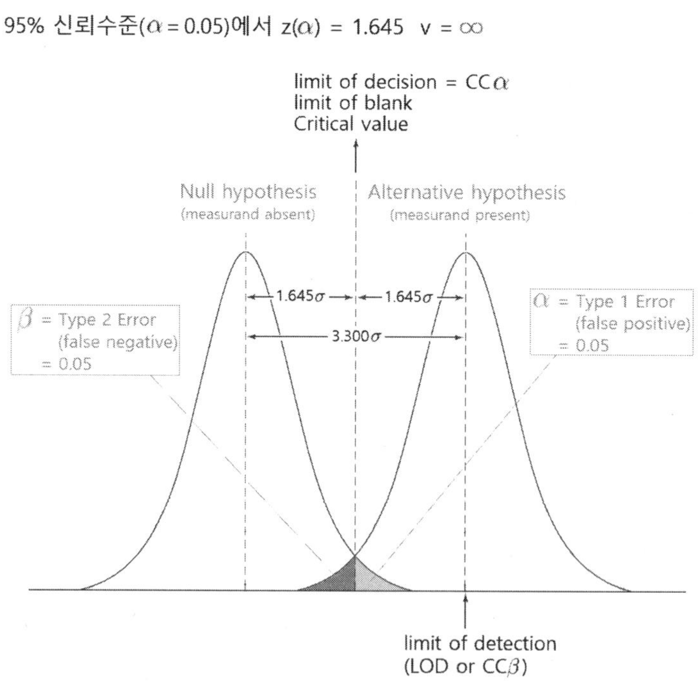

▶그림 I-5◀ IUPAC에 의한 95% 신뢰수준에서의 검출한계의 정규분포곡선(Type 1 error(= 0.05)와 Type 2 error(= 0.05)의 확률을 나타내는 정규분포곡선)

검출한계를 구하는 방법은 다음 3가지 방법이 있으며, 그 외 다른 방법을 적용할 수도 있다.

1) 시각적 평가에 근거하는 방법,
2) 신호(signal) 대 잡음(noise)에 근거하는 방법,
3) 소량 첨가한 바탕시료(spiked blank)의 표준편차와 교정곡선의 기울기에 근거하는 방법

시각적 평가에 근거하는 방법은 검출한계에 가깝다고 생각되는, 이미 알고 있는 양(농도)의 분석대상물질을 함유하는 시료를 반복 분석하여 분석대상물질이 확실하게 검출 가능하다는 것을 확인하고 이를 검출한계로 지정하는 방법이다.

신호 대 잡음비(S/N 비)에 근거하는 방법은 이미 알고 있는 분석대상물질을 낮은 농도로 함유하는 시료의 신호를 바탕시료의 신호와 비교하여 구하는 방법으로 신호 대 잡음비가 2배 ~ 3배로 나타나는 분석대상물질 농도를 검출한계로 한다. 일반적으로 ICP, AAS와 크로마토그래프에 적용할 수 있다.

크로마토그래피의 경우, 기기 신호/잡음에 해당하는 농도 값이 2.5~5 범위의 분석물질을 포함한 시험 시료의 봉우리 반 높이에서의 봉우리 너비($W_{1/2}$)의 20배에 해당하는 시간 동안의 크로마토그램을 이용하여 처리한다.[12]

USP(United States Pharmacopeia)에 의하면, 잡음(noise)은 "가장 큰 잡음 값과 가장 작은 잡음 값의 차이"로 정의되며, S/N 접근 방법은 봉우리 면적이 아니라 봉우리 높이 측정만을 고려한다.[13]

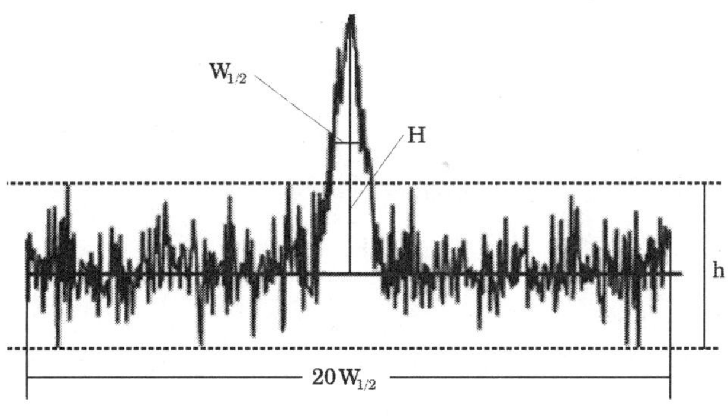

▶그림 I-6◀ signal-to-noise 산출 예시

12) US EPA, 40 CFR 136 Appendix B
13) Desimoni E. and Brunetti B., "About Estimating the Limit of Detection by the Signal to Noise Approach", Pharm. Anal. Acta 2015, 6:4

몇몇 국제기구 등[14][15]은 signal-to-noise ratio (신호 대 잡음 비, S/N)를 3으로 정의하고 있다.

$$S/N = \frac{2H}{h} \equiv 3$$

여기서, H = 봉우리의 최댓값, h = 가장 큰 잡음 값과 가장 작은 잡음 값의 차이

예로서, 가장 큰 잡음 값과 가장 작은 잡음 값의 차이(h)가 3.4이고 봉우리의 최댓값(H)이 5.4라고 한다면, Signal-to-Noise ratio = S/N = (2 × 5.4) / 3.4 = 3.18이다. LOD 즉, S/N가 3으로 고정되어 있으므로 계산으로 얻은 결과값 3.18은 "시험 시료가 검출한계보다 높은 농도로 존재한다"는 것을 의미한다.

소량 첨가된 바탕시료(spiked blank)의 표준편차와 교정곡선의 기울기에 근거하는 방법은 아래의 식과 같이 반응의 표준편차를 교정곡선의 기울기로 나눈 값에 3.3을 곱하여 산출한다.

$$DL = 3.3\ \sigma/S$$

여기서 σ는 소량 첨가한 바탕시료(spiked blank)의 표준편차
S는 교정곡선의 기울기

소량 첨가한 바탕시료(spiked blank)의 표준편차는 다음과 같은 방법으로 구할 수 있다.

첫 번째 방법으로 적당한 수의 소량 첨가한 바탕시료(spiked blank)를 분석하여 그 측정값의 표준편차를 계산함으로써 시험 방법의 기본(background) 감응정도의 표준편차를 추정한다.

두 번째 방법으로 검출한계 내 농도의 분석대상물질을 함유하는 시료를 이용하여 교정곡선을 작성한다. 회귀직선에서 잔차의 표준편차(residual standard deviation) 또는 회귀직선에서 y절편의 표준편차를 반응의 표준편차 σ로 이용할 수 있다. 이 때 회귀직선으로 추정한 농도 0에 있어서의 각 시료의 신호 표준편차는 교정곡선 y절편의 표준편차와는 다르므로 주의가 필요하다(y절편은 농도 0에서의 시료의 신호 평균치에 해당하므로 당연히 그 표준편차는 농도 0에서의 각 시료의 신호 표준편차보다 작다).

---

14) European Pharmacopoeia 6.2, Council of Europe, Strasbourg, France. 2007

15) Validation of compendial methods, The United States Pharmacopeial Convention, United States Pharmacopeia 30, National Formulary 25, Rockville, Maryland, USA.. 2007

2.2.1 기기 검출한계(IDL, instrument detection limit)

기기 검출한계는 분석장비의 검출한계로서 일반적으로 S/N비의 2.2배~5배 농도 또는 바탕시료를 반복 측정분석한 결과로부터 얻은 표준편차의 3배에 해당하는 농도로 정의되며, 분석장비 제조사에서 제시한 검출한계값을 기기 검출한계로 사용할 수 있다.

2.2.2 방법 검출한계(MDL, method detection limit)

방법 검출한계는 어떤 측정항목이 포함된 매질 시료를 시험 방법에 의해 분석한 결과가 99 % 신뢰수준(한쪽꼬리시험)에서 0보다 분명히 큰 최소 농도로 정의된다.[16] 방법 검출한계 계산은 분석 장비, 분석자, 시험 방법에 따라 달라질 수 있으며, 대부분의 시험 방법은 모든 시험항목에 대해 초기능력검증(또는 시험 방법에 대한 검증)의 한 방편으로 방법 검출한계를 계산해야 한다. 하지만 BOD, pH, 색도, 전기 전도도는 방법 검출한계를 적용하지 않는다.

방법 검출한계는 실험실에서 정한 QA 계획 또는 측정 항목별 표준작업절차서(SOPs)에 따라 정기적으로 측정하고 기록한다. 실험실은 정해진 QA/QC 지침에 따라 방법 검출한계를 작성하고 표준작업절차서(SOPs)와 시험 결과 성적서에 명시하며 실험실에 중요한 변경, 예로서 분석자의 교체, 분석장비의 교체, 시험 방법의 변경 등이 발생하면 관련된 모든 오염물질 항목에 대해 방법 검출한계를 재시험하여 도출하고 문서화한다. 중대한 변화가 발생하지 않았다 할지라도 6개월 또는 1년마다 정기적으로 실시하여 관리한다. 방법 검출한계는 시험 방법에서 제시한 정량한계(LOQ, limit of quantification) 이하의 분석값을 가져야 하며, 이를 위해 실험실의 분석자는 자신의 능력과 분석장비의 성능을 극대화해야 한다.

방법 검출한계 산출 방법은 시험 방법에 대한 검증과 같이 다양한 방법이 있다. 미국 환경보호청(EPA)의 청정수법(Clean Water Act)에 따르면 방법 검출한계는 검출이 가능한 정도의 측정 항목 농도를 가진 최소 7개 반복시료(replicate sample)를 시험 방법으로 분석한다. 따라서 그림 I-7과 같이 각 시료에 대한 표준편차와 자유도 6($= n - 1$)의 t 분포값 3.143(한쪽꼬리시험 신뢰도 99 %에서의 자유도 6에 대한 값)을 곱한다.[17]

16) US EPA, 40 CFR 136 Appendix B

17) 미국환경보호청(EPA)의 화학자와 통계학자들은 실험실에서 단일 시료군(batch) 시험·검사 수행 시 합리적이고 효율적이며 동시에 실험실에 과도한 수고를 줄일 수 있는 효율적인 개수로써 최소 7개 반복 측정을 합의하였다.

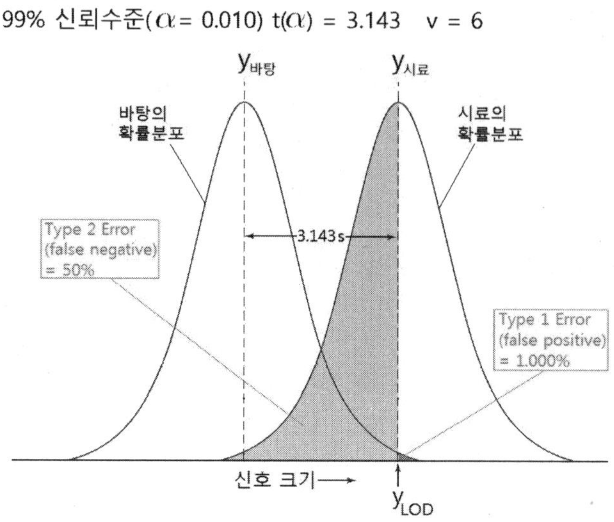

▶그림 I-7◀ IUPAC에 의한 99 % 신뢰수준(한쪽꼬리시험)에서의 방법 검출한계의 정규분포곡선 (Type 1 error(= 0.01)와 Type 2 error(= 0.50)의 확률을 나타내는 정규분포곡선)

이러한 방법 검출한계 개념은 미국환경보호청(EPA)의 각 부서와 아울러 미국공중보건협회(APHA, American Public Health Association), 미국수도협회(AWWA, American Water Works Association), 미국물환경협회(WEF, Water Environment Federation)의 물, 폐수 실험을 위한 표준시험 방법(Standard Method for the Examination of Water and Wastewater), 미국재료시험학회(ASTM, American Society for Testing and Materials)에 의해 출판된 시험 방법, 기타 여러 시험 방법에서도 이용되고 있다.

방법 검출한계 계산에서 다음 세 가지는 반드시 적용하여 계산해야 한다.

- 시료의 표준편차를 사용
- 정확한 student t값의 사용
- 정확한 유효숫자(significant figures)의 사용

따라서 방법 검출한계는 다음과 같은 식으로 산출한다.[18][19][20]

---

18) US EPA, 40 CFR 136 Appendix B
참고로, 환경오염공정시험기준(예; ES 04001.b)에서도 99 % 신뢰구간에서의 t값을 적용하도록 하고 있고 '한쪽꼬리시험에서의 신뢰구간'이란 표기를 하지 않고 있으나 한쪽꼬리시험에서의 신뢰구간으로 이해하는 것이 타당할 것이다.

19) US EPA, 2016, Definition and Procedure for the Determination of the Method Detection Limit, Revision 2

20) US EPA, 1984, Quality Assurance Management and Special Studies Staff Office of Monitoring Systems and Quality Assurance Office of Research and Development, Chapter 5 Calculation of Precision, Bias, and Method Detection Limit for chemical and, Physical Measurements

$$MDL = t_{(n-1,\ 1-\alpha=0.99)} \times s$$

$t_{(n-1,\ 1-\alpha\ =\ 0.99)}$: 99 % 신뢰도(한쪽꼬리시험)에서의 student-t값

s : 반복 분석한 시료농도(replicate analyses)의 표준편차

α : 유의수준(= 1 − 신뢰도)

Student-t값은 표 I-6에서 구한다.

▶표 I-6◀ 각 신뢰수준에서의 Student-t values

	Confidence level (%)									
One Sided	90	95	97.5	98.8	99	99.5	99.75	99.865	99.9	99.95
Two Sided	80	90	95	97.6	98	99	99.5	99.730	99.8	99.9
df = 6	1.440	1.943	2.447	3.000	3.143	3.707	4.317	4.904	5.208	5.959
df = 7	1.415	1.895	2.365	2.870	2.998	3.499	4.029	4.530	4.785	5.408
∞ z-values	1.282	1.645	1.960	2.257	2.326	2.576	2.807	3.000	3.091	3.291

미국환경보호청(EPA)에서는 첨가시료와 바탕시료에 대해서도 방법 검출한계를 적용하기도 하는데 첨가시료(spiked sample)에 대한 방법 검출한계는 MDL_s로 표기하고 방법 바탕시료(method blank sample)에 대한 방법 검출한계는 MDL_b로 표기하며 99 % 신뢰도(한쪽꼬리시험)에서 계산한다. 일반적으로 방법 검출한계는 1년에 1회 측정해야 하며 MDL_s, MDL_b보다 커야 한다. MDL_s와 MDL_b 중 큰 값을 초기 방법 검출한계로 한다.[21][22]

$$MDL_s = t_{(n-1,\ 1-\alpha=0.99)} \times s_s$$
$$MDL_b = \overline{X} + t_{(n-1,\ 1-\alpha=0.99)} \times s_b$$

$t_{(n-1,\ 1-\alpha\ =\ 0.99)}$: 99 % 신뢰도(한쪽꼬리시험)에서의 student-t값

s_s : 반복 첨가시료(replicate spiked sample)의 표준편차

s_b : 반복 바탕시료(replicate blank sample)의 표준편차

$\overline{X}$: 바탕시료의 평균값(만약 0 미만의 값이면 0으로 함)

21) US EPA, 1984, Quality Assurance Management and Special Studies Staff Office of Monitoring Systems and Quality Assurance Office of Research and Development, Chapter 5 Calculation of Precision, Bias, and Method Detection Limit for chemical and, Physical Measurements

22) US EPA, 2016, Definition and Procedure for the Determination of the Method Detection Limit, Revision 2

방법 검출한계 수행 예시

1) 측정항목의 농도가 충분히 포함될 것으로 예상하는 범위에서 농도가 각각 다른 표준시료 3개 ~ 5개를 준비한 후 이들을 측정하여 농도와 흡광도의 관계식(y = ax + b)을 구한다. 이 관계식의 결정계수(R^2)는 0.98 이상이거나 또는 각 표준시료에서의 감응계수(= 흡광도 / 농도)의 상대표준편차 백분율이 20 % 이내에 있어야 한다.

2) 측정항목에 대해 예측된 방법 검출한계의 3배 ~ 5배 농도에 해당하는 7개의 매질첨가시료(matrix spike sample)(동일한 농도)를 측정하여 흡광도 및 농도값을 구한다. 수질분석의 경우 정제수로 ASTM Type II water를 사용하며 토양 시료는 NIST SRM(San Joaquin Soil, Montana Soil 등) 또는 이와 동등한 것을 사용한다.

3) 7개의 다중 매질첨가시료에 대한 흡광도 또는 농도값의 평균과 표준편차를 구한다.

$$\text{평균} : X = \frac{1}{n}\sum_{i=1}^{n} Xi$$

$$\text{표준편차} : s = \sqrt{\frac{1}{n-1}[\sum_{i=1}^{n}(Xi - X)^2]}$$

여기서 Xi = 변수 x에 대한 i번째 분석 값

4) 이로부터 방법 검출한계는 다음과 같은 방법으로 구한다.

즉, 위 1)에서 얻은 교정곡선의 농도와 흡광도의 관계식에서의 기울기(S)와 위 2)에서 얻은 시료를 7회 분석하였을 때의 신호값(흡광도)의 표준편차(s_{abs})로부터 아래의 수식을 적용하여 99 % 신뢰수준(한쪽꼬리시험)에서의 방법 검출한계를 구한다.

$$MDL = 3.143 \times (s_{abs} / S)$$

만약 각 시료를 7회 분석한 값(농도)의 표준편차(s)로부터 99 % 신뢰도(한쪽꼬리시험)에서의 방법 검출한계를 구할 때는 다음의 수식을 적용한다.

$$MDL = 3.143 \times s$$

※ 시료의 개수(n)와 신뢰도에 따라서 t 분포 값은 달라진다. 일반적으로 7개 시료에 대한 99 % 신뢰도(한쪽꼬리시험)에서는 3.143, 99.5 % 신뢰도(한쪽꼬리시험)에서는 3.707이다.

5) 단계 2)에서 매질첨가시료의 농도가 계산된 방법 검출한계보다 5배 이상일 경우, 더 낮은 농도의 매질첨가시료를 준비하여 방법 검출한계를 구한다.

표 Ⅰ-7에 흡광광도계를 이용한 오염물질 측정 시의 방법 검출한계 산정 방법을 예시로 제시하였다.

▶표 Ⅰ-7◀ 흡광광도계를 이용한 방법 검출한계 산정의 예

표준용액 (mg/L)(x)	흡광도 (absorbance)(y)	계산 농도(mg/L)
0	0.000	
1.0	0.084	
2.0	0.159	
3.0	0.242	
4.0	0.330	
$y = 0.0818x - 0.0006,\ R^2 = 0.9993$		
반복시료	흡광도 (absorbance)(y)	
1	0.012	
2	0.014	
3	0.013	
4	0.010	
5	0.009	
6	0.014	
7	0.013	
평균	0.012	
표준편차	0.00196	
방법 검출한계 (신뢰수준 99 %)	MDL = 3.143 s_{abs}/S = (3.143 × 0.00196 Abs)/(0.0818 Abs L/mg) = 0.075 mg/L	
정량한계	MQL = 10 s_{abs}/S = (10 × 0.00196 Abs)/(0.0818 Abs L/mg) = 0.240 mg/L	
여기서, s_{abs} = 흡광도의 표준편차, S = 교정곡선에서의 기울기.		

예제

어떤 물질을 함유한 7개의 반복시료를 분석한 결과(각 흡광도에서 계산된 농도값)가 다음과 같다. 99 % 신뢰도(한쪽꼬리시험)에서의 방법 검출한계(μg/L)를 구하시오. 단, 한쪽꼬리시험 99 % 신뢰도에서의 자유도 6에 대한 t분포값 = 3.143, 자유도 7에 대한 t분포값 = 2.998, 자유도 8에 대한 t분포값 = 2.896이다.

시료번호	흡광도	계산농도(μg/L)
1	0.012	0.154
2	0.014	0.178
3	0.013	0.166
4	0.010	0.130
5	0.009	0.117
6	0.014	0.178
7	0.013	0.166

풀이

미국환경보호청(EPA)에 따르면 7개 시료를 분석한 한쪽꼬리시험 신뢰도 99 %에서의 방법 검출한계는 다음과 같이 구한다.

$$\text{MDL} = 3.143 \times s$$

따라서 문제에서 주어진 7회 측정값의 표준편차 0.0237을 위 식에 대입하면,

$$\text{MDL} = 3.143 \times 0.0237 = 0.074(\mu g/L)$$

2.3 정량한계

정량한계(LOQ, limit of quantification)란 교정농도(calibration points)와 질량분광(mass spectra)을 완전히 확인할 수 있는 최소수준을 말한다. 일반적으로 방법 검출한계와 동일한 수행절차에 의해 수립되며, 방법 검출한계와 같이 낮은 농도를 갖는 시료 7개~10개를 반복 측정하여 그 표준편차의 10배에 해당하는 값을 정량한계로 정의한다. 비슷한 의미로 최소정량한계(MQL, minimum quantification limit), 최소수준(minimum level), 최소정량수준(MLQ, minimum level of quantification) 등이 있다.

미국환경보호청(EPA)[23]에 따르면 최소정량수준(MLQ)은 "시험항목을 측정하는 데 있어 측정 가능한 교정 농도(calibration point)와 측정 신호를 완전히 확인할 수 있는 분석 시스템의 최소 수준"으로 정의하고 있다. Currie의 정량한계와 미국화학협회(ACS, American Chemical Society)의 정량한계(LOQ, limit of quantification)는 10회 반복 측정한 표준편차의 10배를 최소정량수준 또는 최소측정농도로 정의하고 있다.

23) USEPA, 40 CFR 136 Appendix B

따라서 다음과 같이 계산한다.

$$\mathrm{LOQ(MQL)} = 10 \times s$$

여기서, s = 측정값(농도)의 표준편차

또는 $\mathrm{LOQ(MQL)} = 10 \times (s_{abs} \ / \ S)$

여기서, s_{abs} = 신호값(흡광도)의 표준편차, S = 교정곡선에서의 기울기

2.4 정확도

정확도(accuracy)는 시험·검사 결과가 얼마나 참값에 근접하는가를 나타내는 척도로서, 임의오차(random error)와 계통오차(systemic error) 요소들을 포함한다. 시험·검사 결과값이 참값 또는 기지의 첨가농도와 차이가 나지 않을 때 이 시험·검사는 정확하다고 할 수 있다. 정확도는 정제수 또는 시료 매질로부터 % 회수율(%R)을 측정하여 평가하며 다음과 같이 기준값 또는 참값(농도)에 대한 측정값의 백분율로 표현된다.

$$\%R = \frac{\text{측정값}}{\text{참값}} \times 100\ \%$$

만약 원래의 QC 시료가 정량한계 이하의 농도를 가지는 경우는 농도를 알고 있는 표준물질 등을 일정량 첨가하여 정확도를 측정하기도 하는데 그런 경우는 다음과 같은 방법으로 그 정확도를 계산한다.

$$\%R = \frac{\text{첨가된 시료의 질량} - \text{첨가되지 않은 원시료의 질량}}{\text{첨가물질의 질량}} \times 100\ \%$$

일반적으로 시료에는 분석 대상성분 이외의 다양한 매트릭스(matrix)가 존재하지만 교정곡선 작성에 사용되는 표준용액에는 매트릭스가 포함하지 않는다. 따라서 참값과의 비교를 통해 정확도 평가가 필요하다. 다양한 매트릭스가 존재하는 경우 분석 대상성분의 검출을 방해하거나 회수율을 떨어뜨릴 수 있다. 이를 보완하기 위해 내부표준물질을 이용하기도 하지만 분석 대상성분과 내부표준물질의 추출률이 서로 다르기 때문에 회수율이 1(100 %)이 되지 않을 수도 있다. 따라서 매트릭스가 존재하는 시료의 분석에서 내부표준물질의 특이성이 높은 시험 방법이 정확도도 높다고 보증할 수 없다. 이런 경우는 대

개 매트릭스가 존재하지 않을 때의 분석 대상성분의 감응 또는 표준물질의 첨가량을 참값으로 간주하여 정확도를 평가한다.

정확도 평가는 시험 방법이 규정하는 검정 범위 전역에 걸쳐 검증한다. 검정 범위 중 최소한 3개 농도에 대해 시험 방법 전체 과정을 거쳐 최소 9회 반복하여 측정한 결과를 평가하도록 한다. 예를 들면 검정 범위를 3등분하여 낮은 농도, 중간 농도, 높은 농도 범위를 각 3회씩 반복 측정한다.

예제

농도가 0.02 mg/L인 원시료(부피 250 mL)의 농도가 낮다고 판단되어 농도가 1000 mg/L인 표준물질 2 mL을 첨가하고 정제수를 가하여 총량이 500 mL인 분석용 시료를 조제한 후 분석한 결과의 농도가 3.51 mg/L로 계산되었다. 이 때의 회수율(% R)은 얼마인가?

풀이

$$\%R = \frac{\text{spiked value} - \text{unspiked sample value}}{\text{spike value}} \times 100\ \%$$ 를 이용하여 계산하면,

$$\%R = \frac{3.51\ \text{mg/L} \times 500\ \text{mL} - 0.02\ \text{mg/L} \times 250\ \text{mL}}{1000\ \text{mg/L} \times 2\ \text{mL}} \times 100\ \%$$

$$= \frac{1.755\ \text{mg/L} - 0.005\ \text{mg/L}}{2\ \text{mg}} \times 100\ \% = 87.5\ \%$$

2.5 정밀도

정밀도란 균질한 시료로부터 여러 차례 채취하여 얻은 시료를 정해진 조건에 따라 측정하였을 때 각각의 측정값들 간의 근접성(분산정도) 즉, 일치도 또는 재현성으로 정의한다.

정밀도는 조건의 변화에 따라 크게 반복성(병행정밀도, repeatability, intra-assay precision), 중간 정밀도(intermediate precision, 또는 실험실 내 정밀도, intra-laboratory precision), 재현성(reproducibility, 또는 실험실 간 정밀도, inter-laboratory precision)으로 구분된다.

반복성이란 단시간 내에 동일 조건 하에서 측정하는 경우의 정밀도를 말한다. 중간정밀도(실험실 내 정밀도)란 동일 실험실내에서 실험일, 실험자, 기구, 기기 등의 조건 중

한 가지 이상의 조건을 바꾸어 측정하는 경우에서의 측정값 간 정밀도이다. 재현성(실험실 간 정밀도)이란 하나의 균일한 시료로부터 나눈 시료를 서로 다른 실험실에서 측정하는 경우의 정밀도를 말한다. 일반적으로 실험실 내에서는 반복성 또는 실험실 내 정밀도를 평가하며, 실험실 간 정밀도는 숙련도 시험 운영기관의 숙련도 시험 등을 통해 평가하거나, 실험실 상호 간에 실시할 수 있다.

시험 방법 검증에서는 다수 실험실 간의 정밀도 검토가 필요하나 실험실 간의 환경이 비슷하거나 동등하다는 것을 확인해야 하는 어려움 때문에 일반적으로 반복성과 실험실 내 정밀도로 검증한다.

정밀도는 이중시료 또는 시료의 반복분석으로 확인한다. 그러므로 방법 검출한계(method detection limit) 이상의 측정항목 농도가 포함되거나 매질을 첨가한 이중시료 또는 단일시료의 반복적 분석으로 상대표준편차백분율(%RSD, relative standard deviation), 상대차이백분율(RPD, relative percent difference) 또는 변동계수(CV, coefficient of variation)를 계산하여 나타낸다.

상대표준편차백분율은 표준편차(s)를 측정값의 평균($\overline{X}$)으로 나누어 백분율로 나타낸 정밀도이며 다음과 같이 계산된다. 변동계수는 상대표준편차백분율과 동일하게 계산되며 통계학적으로 표현되는 용어이다.

$$\%RSD(=CV) = \frac{s}{\overline{X}} \times 100\%$$

상대차이백분율은 두 측정값(X_1, X_2 ; $X_1 > X_2$)의 차이를 그 평균으로 나누어 백분율로 표시한 값으로 다음과 같이 계산된다.

$$RPD = \frac{X_1 - X_2}{\overline{X}} \times 100\%$$

그렇다면 정밀도가 가장 좋은 경우는 %RSD 또는 RPD로 얼마나 될까?

예로서 어떤 한 시료를 5회 분석한 결과로서 %RSD를 구한다고 할 때, 5회 분석값이 모두 동일하다고 한다면 표준편차(s)가 0이므로

$$\%RSD = \frac{s}{\overline{X}} \times 100\% = \frac{0}{\overline{X}} \times 100\% = 0\ \%$$

또 어떤 이중시료 또는 분할시료를 이용하여 RPD를 구한다고 할 때, 각각 분석한 결과가 동일하다면 $X_1 - X_2 = 0$이므로,

$$RPD = \frac{X_1 - X_2}{\overline{X}} \times 100\% \quad = \frac{0}{\overline{X}} \times 100\% \ = 0\ \%$$

즉, 가장 정밀도가 좋은 경우는 0 %이며, 0 미만의 값은 존재하지 않는다.[24)]

예제

정밀도를 평가하기 위하여 이중시료를 분석하여 5.0 mg/L와 4.9 mg/L의 값을 얻었다. 정밀도는 얼마인가?

풀이

이중시료를 사용하여 정밀도를 구하므로 상대차이백분율(RPD)을 계산해야 한다. RPD는 측정값의 변이정도를 나타내며, 두 측정값의 차이를 두 측정값의 평균으로 나누어 백분율로 표시하므로

$$RPD = \frac{X_1 - X_2}{\overline{X}} \times 100\%$$

여기서 A는 큰 측정값이며, B는 작은 측정값이다.

따라서 RPD = (5.0 − 4.9) / [(5.0 + 4.9) / 2] × 100 % = 2.0 %

예제

세 사람이 반복시료를 분석한 어떤 오염물질의 농도가 다음과 같다. 변동계수가 가장 큰 사람은 누구인가?

A ; 40.0 mg/L, 29.2 mg/L, 18.6 mg/L, 29.3 mg/L

B ; 19.9 mg/L, 24.1 mg/L, 22.1 mg/L, 19.8 mg/l

C ; 37.0 mg/L, 33.4 mg/L, 36.1 mg/L, 40.2 mg/L

풀이

변동계수를 통하여 측정값의 정밀도를 나타낼 수 있으며, 백분율로 나타낸 상대표준편차(%RSD)를 변동계수라고 한다. 따라서 다음과 같은 방식으로 계산 가능하다.

$$CV\ (\text{또는 } \%RSD\ ) = \frac{s}{\overline{X}} \times 100\%$$

---

24) 환경오염공정시험기준에서 정밀도의 기준값이 0 미만이 있는 것은 개선되어야 한다. 예로서 ES 04400.1d (금속류-불꽃 원자흡수분광광도법)에서 정밀도는 상대표준편차가 '± 25 % 이내'일 것으로 정도관리 목표값에서 규정하고 있는 것은 잘못된 것으로 이는 '25 % 이내'로 수정되어야 한다. 또한 ES 05302.1b(과망가니즈산포타슘소비량-산성법)의 정도관리 목표값에서 '현장 이중시료가 상대표준편차백분율 ± 20 % 이내'로 규정된 것도 '상대차이백분율 20 % 이내'로 수정되어야 한다.

주어진 측정값으로부터 구한 각 분석자의 평균 및 표준편차는 다음과 같다.

A ; 평균 = 29.3, 표준편차 = 8.74

B ; 평균 = 21.5, 표준편차 = 2.05

C ; 평균 = 36.7, 표준편차 = 2.80

그러므로 위 식에 평균과 표준편차를 대입하면

A의 CV = 29.7 %, B의 CV = 9.30 %, C의 CV = 7.63 %

따라서 분석자 A의 변동계수가 가장 크다(정밀도가 가장 낮다).

2.6 관리차트

관리차트(control chart)는 동일한 시험 방법 수행에 의해 측정항목을 반복하여 측정 분석한 결과를 시간에 따라 표현한 것으로 통계적으로 계산된 평균선(기준선)과 한계선도 함께 나타낸다. 이로서 시간에 따른 정확도와 정밀도를 평가하고 편차를 확인할 수 있으며, 실험실에서 수행한 실험실첨가시료(LFS), QC 시료에 대한 평가에도 활용할 수 있다. 항목별 시험 방법의 적용 시 한 개의 시료군(batch)에 대해 실험실첨가시료(LFS)는 2회 이상, 대체표준물질(surrogate), 내부표준물질(initial standard)은 적용이 가능하다면 모든 시료에 적용하여 관리차트를 작성하고 한계선 초과 여부를 평가한다.

충분한 자료의 축적으로 결과가 유효할 때까지 실험실은 각각의 시험 방법에 대해 최소 20회~30회 이상 분석을 반복하고 그 결과를 한계선 수립에 사용한다. 초기에 설정된 한계선은 계속되는 시험에 따라 최근 자료에 의한 한계선으로 바뀌어야 한다. 즉, 과거 20회 분석 결과의 평균회수율과 표준편차를 계산하여 한계선을 구하였지만 최근에 분석을 5회 추가적으로 수행하였다면 과거 15개 결과와 최근 5개 결과로부터 새로운 평균회수율과 표준편차를 계산하여 한계선을 구하여 다음 시험 수행에 적용한다.

관리차트는 환경오염공정시험기준 등 시험 방법에 규정되어 있는 한계선을 벗어나면 안 된다. 만일 시험 방법에 명시되어 있는 한계선보다 실험실의 QA 계획상의 한계선 기준이 더 엄격하다면 그 실험실은 더 엄격한 기준을 사용해야 한다.

충분한 자료의 확보로 분석 결과가 유효하다고 판단되면 실험실은 QA/QC 지침서나 QC 참고자료에 따라 QC 확인시료의 평균회수율(m, mean recovery %)과 표준편차(s)로부터 관리차트를 개발하되, 평균회수율과 표준편차를 이용하여 상한관리기준(UCL, upper control limit)과 하한관리기준(LCL, lower control limit) 또는 상한경고기준(UWL, upper warning limit)과 하한경고기준(LWL, lower warning limit)을 마련한다.

$$\text{상한관리기준} = m + 3s,\ \text{상한경고기준} = m + 2s$$
$$\text{하한관리기준} = m - 3s,\ \text{하한경고기준} = m - 2s$$

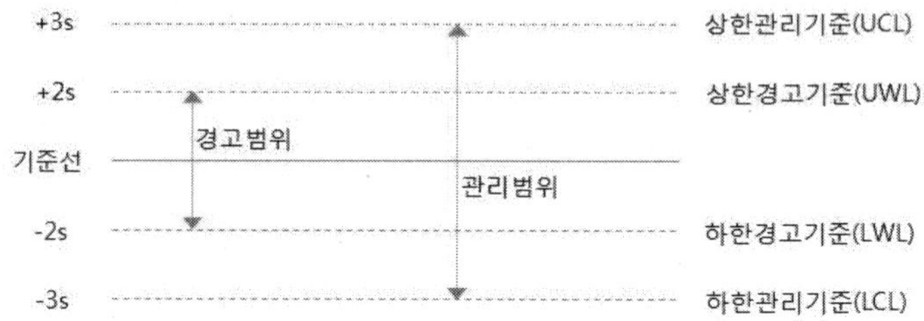

▶그림 I-8◀ 일반적인 관리차트의 경고기준, 관리기준과 그 범위

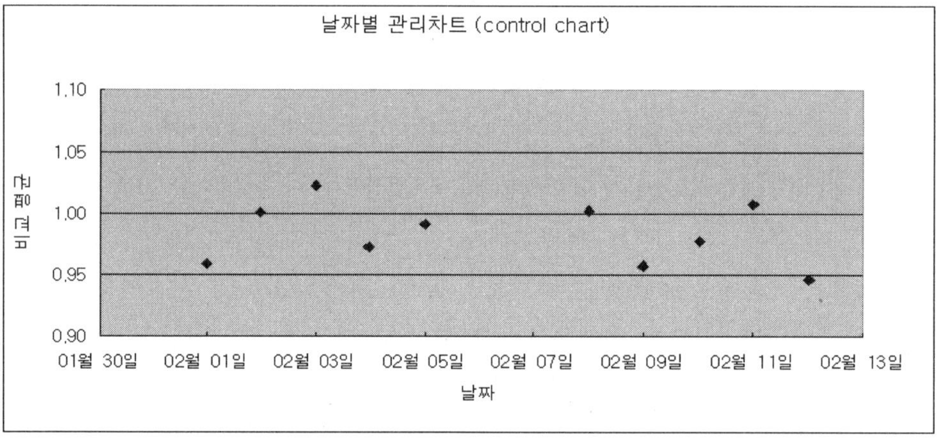

▶그림 I-9◀ 표준물질 분석에 따른 날짜별 관리차트 작성 예시

관리차트는 정확도 자료로만 작성하지 않고 정밀도 자료로도 사용할 수 있으며, 한계선은 실험실의 목표에 따라 달라질 수 있다. 많은 분석 결과로부터 표준편차를 구한 경우에는 표준편차로 한계선을 마련하지만 정확도 자료로는 회수율 또는 오차율로 한계선을 마련한다. 그러므로 정확도를 적용한다면 하한경고기준, 하한관리기준과 같이 기준선 아래 값(또는 마이너스 값)이 존재하며 경고범위는 LWL ~ UWL이 되고, 관리범위는 LCL ~ UCL이 된다. 그러나 정밀도를 적용한다면 정밀도에는 마이너스 값이 존재하지 않으므로 하한경고기준과 하한관리기준은 0이 되며 경고범위는 0 ~ UWL이 되고, 관리범위는 0 ~ UCL이 된다.

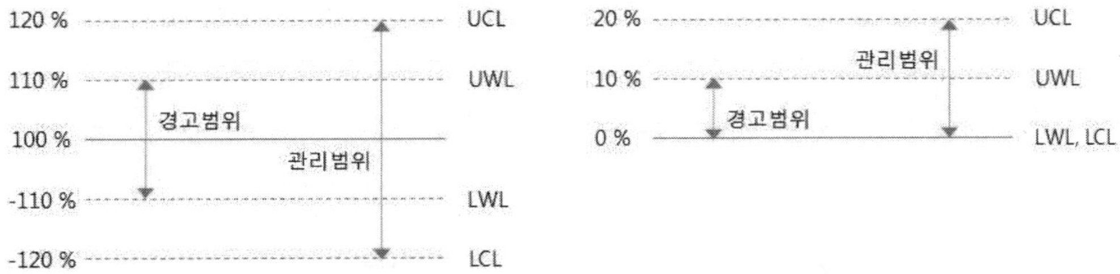

〈정확도로 나타낸 관리차트〉 〈정밀도로 나타낸 관리차트〉

▶그림 I-10◀ 정확도와 정밀도로 나타낸 경고기준, 관리기준과 그 범위

예제

오염물질의 분석에서 지속적인 분석능력 유지 여부를 확인하기 위하여 관리차트를 그리고자 11차례에 걸쳐 동일한 시료를 분석한 결과가 다음과 같다. 이 분석 결과에서의 상한경고기준(upper warning limit)과 상한관리기준(upper control limit)을 구하시오.

측정값(mg/L) : 0.25, 0.34, 0.78, 0.57, 0.47, 0.82, 0.64, 0.51, 0.65, 0.77, 0.35

풀이

평균값(X)과 표준편차(s)를 계산하고 평균값에 2배의 표준편차를 더해 상한경고기준을 구하고 평균값에 3배의 표준편차를 더해 상한관리기준을 구한다.

$$\text{상한경고기준} = X + 2s, \quad \text{상한관리기준} = X + 3s$$

위 문제에서 주어진 11개의 데이터를 통하여 얻은 평균값은 0.559 mg/L, 표준편차는 0.193 mg/L 이므로 상한경고기준 = 0.946 mg/L, 상한관리기준 = 1.139 mg/L이다.

예제

이중시료를 통하여 상대차이백분율(RPD)을 구한 결과, 평균값과 표준편차가 각각 3.5 %와 1.2 %이었다. 정밀도의 경고기준범위와 관리기준범위는 각각 얼마인가?

풀이

정밀도의 경고기준범위 = 0 ~ (X + 2s), 관리기준범위 = 0 ~ (X + 3s)이므로 여기에 문제에서 주어진 값을 대입하면, 관리기준범위 = 0 ~ (3.5 + 3 × 1.2). 즉, 관리기준범위는 0 % ~ 7.1 %이며, 경고기준범위 = 0 ~ (3.5 + 2 × 1.2). 즉 0 % ~ 5.9 %이다.

통계학에서는 일반적으로 상·하한 경고선(upper·lower warning line), 상·하한 조치선(upper·lower action line)이란 용어를 사용하며 선정한 일정 신뢰도에 대한 관리차트를 작성하고 계산식은 다음과 같다.

$$95\ \%\ \text{Confidence} = \overline{X} \pm \frac{2\sigma}{\sqrt{n}}$$

$$99\ \%\ \text{Confidence} = \overline{X} \pm \frac{3\sigma}{\sqrt{n}}$$

여기서, $\overline{X}$: 자료들의 평균

σ : 자료들의 표준편차

n : 자료의 개수

이렇게 작성된 관리차트는 시료의 분석 결과와 함께 실험실 책임자 또는 의뢰자에게 반드시 보고되어야 하며 실험실에서 수행된 분석 결과의 QA를 확보해야 분석 결과에 대한 신뢰성을 보장할 수 있다.

3 실험실의 기본 장비와 관리

환경오염 현상 조사 등을 위해 시험기관은 시료 채취, 시료 전처리, 분석 등에 필요한 장비들을 보유해야 하며, 보유한 장비들은 분석하고자 하는 시험 방법에서 요구하고 있는 조건들(분석범위, 정확도 등)에 합당한 것이어야 한다.[25] 장비들이 정상적으로 운영되며, 정확한 값을 나타내기 위해서는 정해진 분석담당자에 의해 장비들이 조작되고, 청결하게 유지·관리되어야 한다. 그리고 장비의 조작과 유지에 필요한 지침과 절차들을 문서화하여 언제든지 사용 가능하도록 관리해야 한다. 이러한 지침과 절차에 따라야 분석자가 원하는 정확한 분석이 가능하기 때문에 실험실 장비를 최고 수준으로 관리하는 것이 매우 중요하다.

시험기관은 시험·검사 결과에 중요한 영향을 미치는 시험·검사 장비 및 소프트웨어

25) ISO/IEC 17025:2017 '6.4 장비'항에 따르면 구입한 장비의 사용에 대해 다음과 같이 규정하고 있다.

6.4.1 시험 및 교정기관은 해당 기관 활동의 정확한 수행에 필요하고 결과에 영향을 미치는 장비(이에 국한되지 않으나 측정기기, 소프트웨어, 측정표준, 표준물질, 기준 데이터, 시약, 소모품 및 보조기기 등을 포함한)에 대해 접근할 수 있어야 한다.

6.4.3 시험 및 교정기관은 적절한 기능수행을 보장하고 오염 또는 성능 저하를 예방하기 위하여 장비의 취급, 운송, 보관, 사용 및 계획된 유지 보전에 대한 절차를 갖고 있어야 한다.

6.4.4 시험 및 교정기관은 장비를 설치하거나 사용하기 전에 규정된 요구사항에 적합함을 검증해야 한다.

에 대한 기록들을 보유해야 하며, 기록들에는 다음 사항들이 포함되어야 한다.[26]

- 분석기기 또는 소프트웨어의 명칭
- 제조사, 모델명과 제조번호(제조, 구입일자)
- 사양과의 부합 여부 점검
- 현재 기기의 보관 장소
- 제조회사의 기술지침서와 보관 장소
- 모든 교정 관련 기록
  (결과, 일자, 교정증명서와 교정보고서의 복사본, 추후 교정일자)
- 기기의 오작동, 고장, 수리에 관한 기록

시험기관은 보유한 장비 중 관리 및 교정이 필요한 모든 장비들에 대해서 라벨 또는 코드를 부착하여 교정관리기록(교정일자, 추후 교정일자 등)을 쉽게 알아볼 수 있도록 해야 한다. 과부하, 오작동 또는 규정 범위 값을 벗어나거나, 의심스러운 값을 나타내는 장비들은 사용을 즉시 중단하고, 분석자가 사용하지 않도록 특정장소에 따로 보관하거나 라벨 등을 부착하여 고장임을 표시해야 한다. 어떠한 이유로든 시험·검사장비가 시험기관의 관리 밖으로 벗어나는 경우, 시험기관은 해당 장비를 다시 사용하기 전에 장비의 기능 및 교정 상태를 점검해야 한다.

「국가표준기본법」 제14조에는 정부가 국가교정제도를 확립하도록 하고, 지식경제부에서는 국가교정업무 전담기관을 지정, 운영할 수 있도록 규정하고 있다.

> 제14조(국가교정제도의 확립) ①정부는 국가측정표준과 국가사회의 모든 분야에서 이용하는 측정기기 간의 소급성을 높이기 위하여 국가교정제도를 확립해야 한다.
> ③지식경제부장관은 제1항의 교정제도 확립을 위하여 국가교정업무 전담기관을 지정하여 운영할 수 있다.

---

26) ISO/IEC 17025:2017 '6.4 장비'항에 따르면 장비에 대한 기록을 다음과 같이 규정하고 있다.
6.4.13 시험 및 교정기관 활동에 영향을 미칠 수 있는 장비에 대한 기록이 유지되어야 한다. 적용 가능한 경우 기록은 다음을 포함해야 한다.
a) 소프트웨어 및 펌웨어 버전을 포함한 장비에 대한 식별
b) 제조자의 이름, 형식, 일련번호 또는 기타 고유 식별 표시
c) 장비가 명시된 요구사항에 적합하다는 검증 증거
d) 현재 위치
e) 교정 일자, 교정 결과, 조정사항, 승인 기준 및 차기 교정 예정일자 또는 교정 주기
f) 표준물질, 결과, 승인 기준, 관련 일자 및 유효기간에 대한 문서화
g) 장비의 성능과 관련된 경우, 유지보수 계획 및 지금까지 수행된 유지보수
h) 장비의 손상, 오작동, 변경(modification), 또는 수리에 대한 세부사항

이에 따라 기술표준원이 국가교정업무 전담기관으로 지정되었으며, 기술표준원 고시에 따르면 각 실험실은 자체적으로 적정한 주기로 교정이 수행될 수 있도록 교정대상 및 적용범위를 정하여 운용하고 있으며 그렇지 못한 경우에는 기술표준원장이 고시하는 주기를 적용하고 있다.[27)]

3.1 용기 및 기구

3.1.1 용기 재질 특성

분석에 사용되는 유리기구는 일반적으로 열팽창계수가 낮고, 내열충격성이 우수해야 하며, 내마모성과 경도가 높고, 화학적 침식에도 강해야 한다. 그러나 목적에 따라서는 이와는 다른 특성을 가진 유리 기구를 사용할 수 있다.

근래에는 사용이 편하다는 이유로 플라스틱 재질의 실험기구가 많이 사용되고 있으나 이는 마모가 쉽고 열적 팽창이 커서 많은 주의가 필요하다.

표 I-8은 실험 기구 재질에 따른 특성[28)]을 나타내었다. 실험실에서는 일반적으로 붕규산 유리(borosilicate glass)로 된 유리기구를 널리 사용하며 이는 가열로 인해 약간의 침식을 받기는 하나 열팽창계수가 작으며 최대 작업온도는 200 °C이다.

▶표 I-8◀ 실험 기구 재질 특성

재료	최대 작업 온도(℃)	열적 안정성	화학적 내구성	비고
붕규산 유리	200	150 °C 변화에 안정	가열할 때 알칼리 용액에 의해 약간 침식 받음	
연성 유리		약함	알칼리 용액에 침식	
항알칼리성 유리		붕규산 유리보다 더욱 민감함		
용융석영	1050	매우 강함	대부분의 산과 할로젠에 강함	
고순도 실리카 유리	1000	매우 강함	붕규산 유리보다 알칼리에 강함	
자기	1100(유약) 1400(유약 없음)	강함	매우 좋음	

27) 국가교정기관 지정제도 운영요령(국가기술표준원 고시 제2016-398호, 2016.10.25)

28) 분석화학 6판, Gray D. Christian, 2008. p27

▶표 I-8◀ 실험 기구 재질 특성(계속)

재료	최대 작업 온도(℃)	열적 안정성	화학적 내구성	비고
백금	대략 1500		대부분의 산, 용융된 염에 강함. 1000 ℃ 이상의 왕수, 용융 질산염, 사이안(시안)산염 및 염화물에 침식, 금, 은, 다른 금속과 합금	강도를 증가시키기 위해 이리듐이나 로듐과 합금으로 사용하는 경우가 많음, 용융과 HF 처리를 위해 백금도가니 사용
니켈과 철			용융된 시료가 금속으로 오염	과산화물 용융을 위해 니켈과 철 도가니 사용
스테인리스강	400~500	매우 강함	진한 염산, 묽은 황산 및 끓는 진한 질산 이외의 알칼리와 산에 침식되지 않음	
폴리에틸렌	115		알칼리성 용액이나 HF에 침식되지 않음. 많은 유기 용매에 침식됨(아세톤과 에탄올은 가능)	유연한 플라스틱
폴리스타이렌	70		HF에 침식되지 않음. 많은 유기 용매에 침식	약간 깨지기 쉬움
테플론	250		대부분의 화학약품에 비활성	미량금속 분석을 위한 용액과 시약의 보관에 유용함

▶표 I-9◀ 플라스틱 기구의 물리적 성질

물질	파손온도(℃)	투명성	고압 멸균기에 사용 가능성	건조 열 안정성
LDPE (low-density polyethylene)	−100	반투명	없음	없음
HDPE (high-density polyethylene)	−76	반투명	없음	없음
PP (polypropylene)	0	반투명	있음	없음
PPCO (polypropylene copolymer)	− 40	접촉 시 투명	있음	없음
PMP (polymethylpentene)	20	투명	있음	있음
FEP (teflon, fluorinated ethylene propylene)	−270	반투명	있음	있음
ETFE (tefzel, ethylene-tetrafluoroethylene)	−105	반투명	있음	있음

▸표 I-9◂ 플라스틱 기구의 물리적 성질(계속)

물질	파손온도 (℃)	투명성	고압 멸균기에 사용 가능성	건조 열 안정성
PC(polycarbonate)	−135	투명	있음	없음
PS(polystyrene)	20	투명	없음	없음
PSF(polysulfone)	−100	투명	있음	있음

▸표 I-10◂ 플라스틱 기구의 화학적 성질

물질	희석/약산성	강/진한 산성	알코올	알데하이드	염기	에스터
LDPE	만족	만족	만족	중간	만족	중간
HDPE	만족	만족	만족	중간	만족	중간
PP	만족	만족	만족	중간	만족	중간
PPCO	만족	만족	만족	중간	만족	중간
PMP	만족	만족	중간	중간	만족	중간
FEP	만족	만족	만족	만족	만족	만족
ETFE	만족	만족	만족	만족	만족	만족
PC	만족	불만족	불만족	불만족	불만족	불만족
PS	만족	중간	만족	불만족	만족	불만족
PSF	만족	중간	중간	불만족	중간	불만족

물질	탄화수소/지방족	탄화수소/방향족	탄화수소/할로젠화	케톤	강 산화제
LDPE	중간	불만족	불만족	중간	불만족
HDPE	중간	중간	중간	중간	중간
PP	중간	중간	중간	중간	불만족
PPCO	중간	중간	중간	중간	불만족
PMP	중간	중간	불만족	중간	중간
FEP	만족	만족	만족	만족	만족
ETFE	만족	중간	만족	중간	만족
PC	중간	불만족	불만족	불만족	불만족
PS	불만족	불만족	불만족	불만족	불만족
PSF	중간	불만족	불만족	불만족	불만족

이러한 자료로 볼 때 플라스틱 기구로는 테플론(Teflon, fluorinated ethylene propylene)이나 테프젤(Tefzel, ethylene-tetrafluoroethylene) 제품이 물리·화학적 성질이 우수하여 다른 재질에 비해 상대적으로 비싸기는 하지만 실험실에서 다양한 목적으로 사용하기에 적합하다.

3.1.2 기구의 명칭과 사용법

3.1.2.1 일반 유리 기구류

- 공전광구병 : 유리마개가 있는 입구가 큰 병
- 공전침전관 : 유리마개가 있는 침전관
- 광구시약병 : 입구가 큰 시약병
- 깔때기[29] : 나팔꽃 모양으로 곧은 원추 모양을 갖는 접시와 같은 축을 갖는 줄기(stem)로 구성되며, 한 용기에서 다른 용기로 물질을 옮길 때 주로 쓰인다. 접시의 벽은 약 60°, 줄기(stem)의 끝은 최소 30°로 연마되어 있고, 연마부의 가장자리는 약간 경사진 형태이다.
- 다람관(durham tube) : 대장균 실험 또는 미생물 실험에 있어 미생물의 호흡을 확인하기 위해 넣는 작은 시험관
- 데시케이터(desiccator) : 물체가 건조 상태를 유지하고 보존하도록 하는 용기이다. 고체·액체 등의 건조·습기제거 또는 흡습성 물질의 보존 등에 주로 쓰인다.
- 둥근바닥증발접시 : 물질을 건조시킬 때 쓰는 바닥이 둥근 접시. 시계접시라고도 한다.
- 마죠니아(majonnier) 추출관 : 시료 중 단백질과 지방을 분리하기 위해 사용되는 관이다.
- 분액깔때기 : 물과 기름처럼 서로 섞이지 않는 두 액체의 혼합물을 나누는 데 쓰는 깔때기. 윗부분에는 마개가 있고 아랫부분에는 콕이 있다.
- 비커 : 이화학 실험용 기구로 액체를 담는 용기. 유리, 자기, 철기, 폴리에틸렌 등으로 만들며 모양에 따라 톨비커(tall beaker), 삼각비커 등이 있다.
- 비중계 : 물체의 비중을 측정하는 계기.
- 삼각플라스크(erlenmeyer 플라스크) : 바닥이 편평하고 넓은 원뿔 모양의 플라스크로, 독일의 유기화학자 엘렌마이어(Erlenmeyer)가 1866년에 고안하였다. 밑바닥이 넓고 편평하여 세워놓기에 안정적이고 안에 넣은 액체가 바깥으로 튀는 일이 거의 없다는 이점이 있다.
- 공전삼각플라스크 : 유리마개가 있는 삼각플라스크
- 색소병 : 지시약을 보관하거나 소량 주입할 목적으로 만든 마개에 백색유창스포이드가 부착된 갈색병
- 시약병 : 고체나 액체 시약 보관용으로 사용. 광화학 반응이 일어날 수 있는 시약(NO_2, Br 등)은 갈색병에 보관

---

29) KS B ISO 4798 실험실용 유리 기구 - 깔때기(2006)

• 시험관 : 간단한 화학반응에 주로 사용되는 기다란 원통형의 실험기구로, 1.5 cm 안팎의 지름, 15 cm ~ 20 cm의 길이를 가지며 유리를 이용해 만들어 투명하다. 실험조건을 달리해가며 여러 번 실험해야 하는 경우에 그 사용이 편리하다.

시험관의 재질은 붕규산염, 중성 또는 소다/석회 유리제로 만들어지며, 3가지 유형으로 나뉜다. 유형 1 시험관(붕규산염 유리)은 대부분의 일반 실험실용으로 적당하다. 이것은 시료의 가열 등 대부분의 사용 온도에 견딘다. 이 시험관은 높은 내화학성을 갖는다. 유형 2 시험관(중성 유리)은 중탕이나 적당한 온도로 가온하는 데 적당하며, 차가운 곳에서 미리 예열 없이 불꽃의 가장 뜨거운 부분에 바로 넣으면 안 된다. 유형 2 시험관은 내화학성이 있어, pH 변화에 영향을 받기 쉬운 시료에 사용하기에 적당하다. 유형 3 시험관(소다/석회 유리)은 일반적인 혼합이나 단순한 시험 작업에 사용하고, 중탕이나 적당한 온도로 가온하는 데 적합하나, 이를 불꽃에 그대로 넣어서는 안 된다. 내화학성에 한계가 있다.

• 공전시험관 : 유리마개가 달려있는 시험관
• 여과 플라스크 : 감압 플라스크라고도 하며 진공펌프나 아스피레이터(aspirator)에 연결하여 여과하는 데 사용
• 자제막자사발 : 고체 시료를 분쇄하거나 혼합할 때 쓰는 사발로 마노(瑪瑙)·자기(瓷器)·유리 등으로 만든 것이 많으며, 각각 같은 재질의 막자와 함께 사용
• 칭량병 : 고체 또는 액체 시료를 정확히 저울질하기 위하여 쓰는 작은 그릇
• 코니컬비커(conical beaker) : 원뿔 모양의 비커
• 킬달플라스크(kjedahl flask) : 물질의 분해용으로 주로 사용되는 플라스크
• 페트리접시(petri dish) : 유리 등으로 만든 납작한 원통형 용기로서 주로 세균을 배양할 때 사용
• 평면바닥증발접시 : 물질을 건조시킬 때 쓰는 바닥이 평면인 접시
• 희석병 : 용액을 희석할 때 사용하는 병
• Florence 플라스크 : 둥근바닥 플라스크의 변형으로 시료를 가열하거나 교반할 때 사용

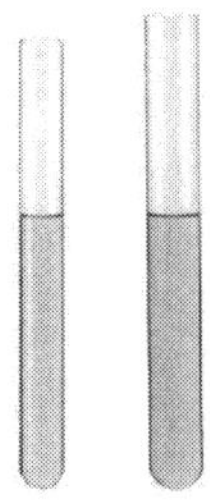

▶그림 I-11◀ 시험관

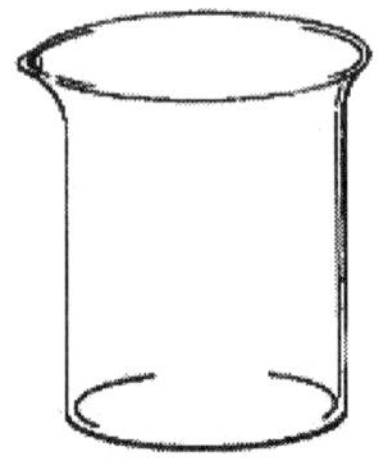

▶그림 I-12◀ 비커

▶그림 I-13◀ 깔때기

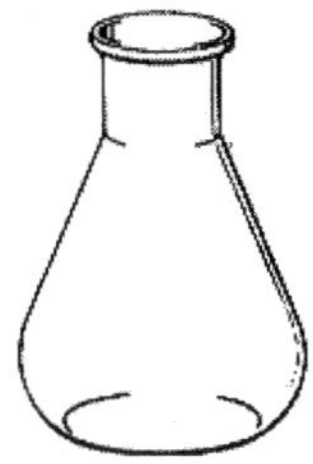

▶그림 I-14◀ 삼각플라스크

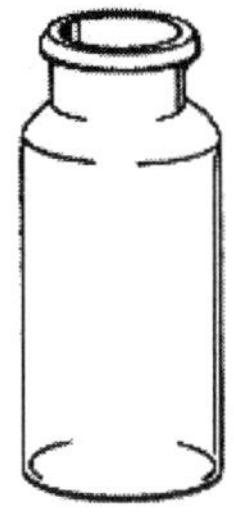

▶그림 I-15◀ 시약병

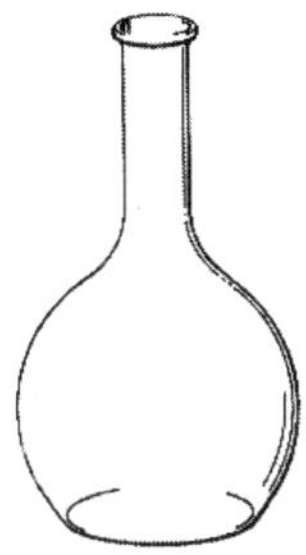

▶그림 I-16◀ Florence 플라스크

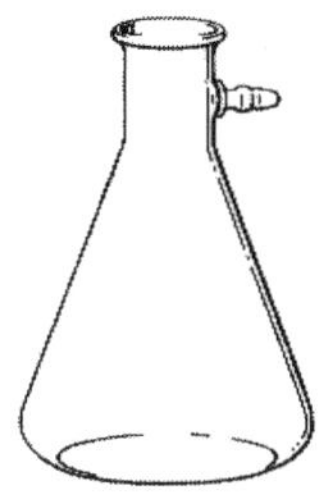

▶그림 I-17◀ 여과플라스크

▶그림 I-18◀ 공전광구병

3.1.2.2 측용기류

측용기는 용량을 측정하는 기구로, 부피의 단위는 세제곱센티미터(cm^3) 또는 특별한 경우에 세제곱데시미터(dm^3), 또는 세제곱밀리미터(mm^3)로 하며, 그 용어로 밀리리터(mL), 리터(L) 또는 마이크로리터(μL)도 사용될 수 있다.

각 측용기의 호칭부피(호칭 용량)를 담으려 하거나 배출할 경우 실험실용 부피 측정용 유리기구를 위한 기준온도는 20 °C(적도 부근에서는 27 °C)이다. 부피 측정용 유리기구 참고선 또는 눈금자에 대하여 메니스커스(meniscus, 측정되는 부피의 액체와 공기 간의 경계면)를 읽는 것을 기본으로 한다. 메니스커스는 동일한 평면에 시선을 두어 눈금선의 상부 가장자리 평면이 메니스커스의 가장 낮은 점에 수평적으로 접선된 점을 읽는다. 그러나 수은 메니스커스의 경우는 메니스커스의 가장 높은 점에 수평적으로 접선된 점을 읽는다.(그림 I-19)[30]

메니스커스가 어둡게 나타날 때 윤곽선을 구별하기 위하여 백색 배경으로 하거나 조명을 비춘다.

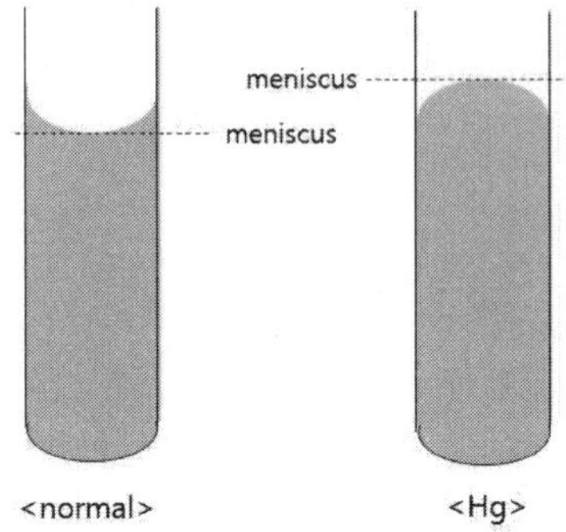

▶그림 I–19◀ 메니스커스 읽기

- 피펫 : 용액을 일정량 나누어 옮길 때 사용
  - 눈금피펫(measuring pipette) : 다양한 용량을 옮길 때 사용
  - 부피피펫 또는 옮김 피펫(hole pipette or transfer pipette) : 단일 용량을 눈금 피펫보다 정확하게 옮길 때 사용
  - 스포이드 피펫(dropping pipette) : 지시약과 같은 시약을 1 ~ 2방울씩 용액을 옮길 때 사용
  - 미량(마이크로) 피펫 : 마이크로 단위(100 uL 이하)로 다양한 부피를 옮길 때 사용
- 메스실린더(눈금실린더) : 일정량의 액체 시료를 취하는 경우 사용. 또는 액체의 부피를 측정하는 기구로 용량은 다양하며 유리표면에 mL 단위로 눈금이 새겨져 있다. 액체를 채우고 메니스커스 읽는 법에 따라 눈금을 읽어 부피를 측정하는 기구는 눈금실린더, 공전눈금실린더, 액량계, 우량실린더 등이 있다. 공정눈금실린더는 마개 있는 눈금실린더이며, 액량계는 유리로 속지름이 같게 만들어 액체의 부피를 재는 데 쓰는 둥근 통으로 일정량의 액체를 넣고 보메(baume)를 띄워 그 비중을 잴 수 있다. 우량실린더는 빗물을 받을 수 있도록 입구가 넓게 된 눈금실린더이다.
- 부피플라스크 : 항아리 모양 또는 삼각 모양으로 플라스크 밑이 넓어 뒤뚱거리거나 돌지 않도록 되어 있으며, 일정한 용량을 정확히 담을 수 있는 마개 있는 플라스크.
- 뷰렛 : 적정(滴定) 등에서 액체의 부피를 측정하는 실험기구로 길이 70 cm, 지름 1 cm 정도의 가느다란 유리관이며, 부피는 25 mL ~ 50 mL이다. 눈금의 전후차로 배출된

30) KS L ISO 4787 실험실용 유리 제품-부피 측정용 유리 제품-사용 방법 및 용량 시험 방법(2006)

액체의 부피를 정확히 측정할 수 있으며 눈금은 최소 눈금의 1/10까지 읽을 수 있다.

3.1.2.3 여과장치

- 일반 여과기 : 부유물질 측정용으로 감압여과용
- 부흐너(Büchner) 여과기 : 감압 여과용으로 사용
- 히어쉬(Hirsch) 여과기 : 소량의 고체를 여과할 경우 사용

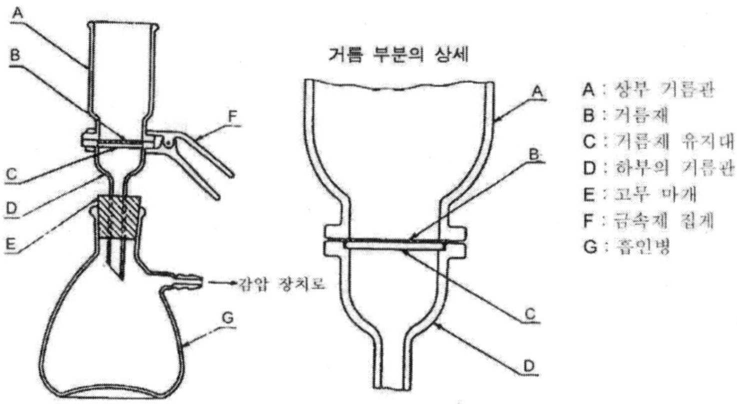

▶그림 I-20◀ 일반 여과기

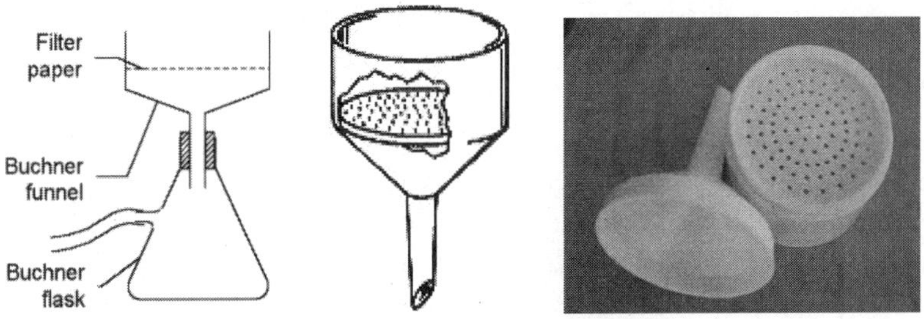

▶그림 I-21◀ 부흐너(Büchner) 여과기

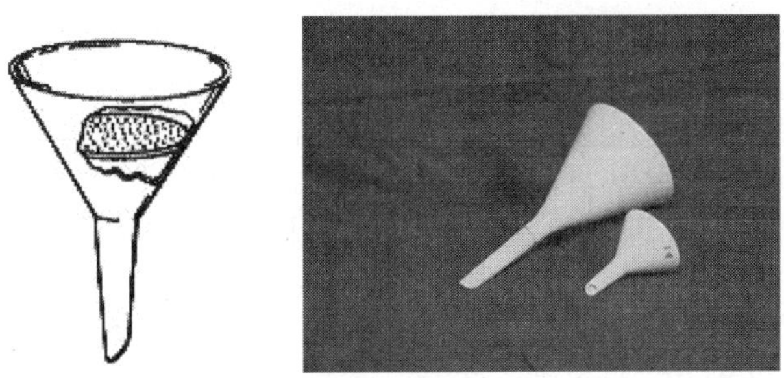

▶그림 I-22◀ 히어쉬(Hirsch) 여과기

3.1.3 피펫 등 측용기의 사용법[31]

측용기는 액체(收溶) 용액 또는 부피계에서 배출한 액체(出溶)의 부피를 측정하는 유리제의 부피계 중 뷰렛, 메스피펫, 홀피펫, 부피플라스크(메스플라스크), 메스실린더를 말한다.

측용기는 부피의 허용 오차에 따라 등급 A 및 등급 B로 구분한다. 부피 계량 단위 및 기호는 리터(L), 데시리터(dL) 또는 밀리리터(mL)를 사용한다. 부피의 허용 오차는 등급 및 호칭 용량에 따라 다르다.

3.1.3.1 뷰렛

뷰렛 사용 시의 메니스커스를 정하는 것은 아래 두 가지 방법 중 하나로 수행되어야 한다. 가능한 한 오차를 최소화하기 위하여 영점 및 최종 읽음 둘 다에 대하여 동일한 메니스커스의 설정 방법이 적용되어야 한다.[32]

- 눈금선 상단의 정면과 동일한 평면에 시선을 두어 메니스커스의 가장 낮은 점에 수평적 접선이 되도록 메니스커스로 맞춘다.
- 메니스커스는 눈금선 중앙의 평면이 메니스커스의 가장 낮은 점에 수평적으로 접선이 되도록 메니스커스를 맞춘다. 눈이 평면을 향하여 들어올려서 보아야 하며, 동시에 겉보기에 가장 낮은 점과 만나는 선의 전·후 부분을 관찰한다.

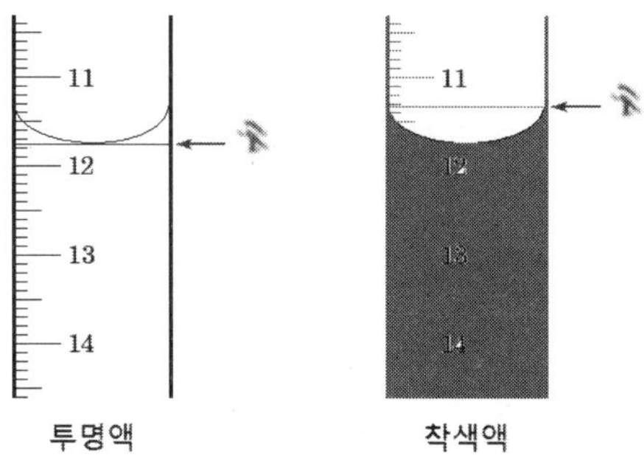

▶그림 I-23◀ 뷰렛 읽는 법

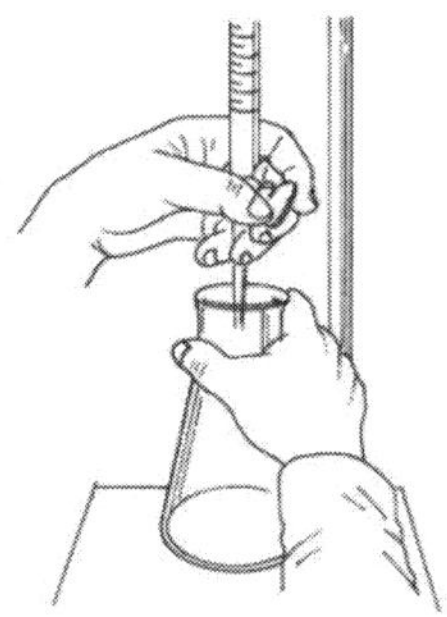

▶그림 I-24◀ 적정 방법

표 I-11은 ISO 규격에 따른 뷰렛의 호칭 용량별 허용 오차를 나타내었다.[33] 여기서 A 등급과 B 등급은 대기시간이 규정되지 않은 뷰렛이며, AS 등급은 30초의 대기시간이 규

---

31) KS L 2317(부피측정용 유리기구), 2005
32) KS L ISO 385-1(실험실용 유리제품 - 뷰렛 - 제1부 : 일반적 요구사항), 2010
33) KS L ISO 385(실험용 유리제품 - 뷰렛) : 2005

정된 뷰렛을 의미한다.

▶표 I-11◀ ISO에 따른 뷰렛 호칭 용량별 세부 눈금 및 허용오차

호칭 용량 (mL)	최소 눈금 단위 (mL)	총 길이 (mm)	허용오차(mL)	
			A 등급, AS 등급	B 등급
1	0.01	575	± 0.006	± 0.01
2	0.01	650	± 0.01	± 0.02
5	0.02	820	± 0.01	± 0.02
10	0.02	820	± 0.02	± 0.05
25	0.05	820	± 0.03	± 0.05
50	0.10	820	± 0.05	± 0.10
100	0.20	870	± 0.10	± 0.20

또한 표 I-12에는 ASTM에 따른 뷰렛 호칭 용량별 허용오차[34)]를 나타내었다.

▶표 I-12◀ ASTM에 따른 뷰렛 호칭 용량별 세부 눈금 및 허용오차

호칭 용량 (mL)	최소 눈금 단위 (A 등급 및 B 등급) (mL)	허용오차(mL)	
		A 등급	B 등급
10	0.05	± 0.02	± 0.04
25	0.1	± 0.03	± 0.06
50	0.1	± 0.05	± 0.10
100	0.2	± 0.10	± 0.20

3.1.3.2 피펫

피펫은 눈금피펫(measuring pipette), 부피피펫(volume pipette 또는 one-mark pipette) 및 피스톤식 피펫(piston operation micro-volumetric pipette)으로 구분된다. 눈금피펫은 액체의 부피를 잴 수 있도록 만든 것으로 여러 개의 눈금이 새겨진 피펫을 말하며, 부피피펫은 미량의 단일 부피를 채취할 있도록 한 개의 눈금이 새겨진 피펫을 말한다.

일반적인 유리피펫(눈금피펫, 부피피펫)의 사용 방법은 다음과 같다.[35)]

① 피펫을 수직으로 세우고 눈금선 위 몇 밀리리터까지 물로 채운다. 밸브 꼭지에는 어떤 방울도 없어야 하며 밸브 꼭지에 붙은 어떤 방울도 제거되어야 한다.

34) ASTM E287-02, Standard Specification for Laboratory Glass Graduated Burets, 2012
35) KS L ISO 648(실험용 유리제품 - 원마크 피펫) : 2016

② 떨어지는 메니스커스는 다음 두 가지 방법 중 하나의 방법으로 메니스커스 선까지 조정되도록 해야 한다.

- 메니스커스는 동일한 평면에 시선을 두어 눈금선의 상부 가장자리 평면이 메니스커스의 가장 낮은 점에 수평으로 접선인 것으로 정해야 한다.
- 메니스커스는 눈금선의 중앙 평면이 메니스커스의 가장 낮은 점에 수평으로 접선이어야 한다. 눈은 평면을 향하여 들어올려 보아야 하며, 가장 낮은 점과 동시에 만나는 선의 전·후 부분을 관찰한다.

③ 피펫 배출 꼭지에 매달린 물방울은 배출 꼭지의 끝을 유리 용기 표면에 접촉시켜 제거한다. 그 다음 여전히 피펫을 수직으로 유지한 상태로, 또 다른 유리 용기를 약간 기울여 피펫의 끝이 용기 내벽에 접촉되도록 하여 배출한다. 이때 배출과 대기기간 동안 어떠한 움직임도 없어야 한다. 메니스커스가 배출 꼭지에 와서 남을 때까지 피펫은 비워져야 한다. 배출을 완전하게 하기 위해, 대기기간이 규정되지 않은 피펫에 한하여 피펫을 용기로부터 제거하기 전에 약 3초 정도의 대기시간 동안 관찰해야 한다.

ISO 835-2에 따른 대기시간이 없도록 규정된 눈금피펫 3개 시리즈(형태 1, 형태 2, 형태 3)에 대한 내용으로, 일반적으로 실험실에서 사용하기 적합한 피펫에 대한 일반적 요구 사항에 대하여 규정한 바에 따라 형태 2 피펫의 용량은 다음과 같이 측정한다. 단, 온도 20 °C에서 영점에서 어떤 눈금선까지 피펫을 비울 때 배출되는 양으로 그 양을 측정한다.

① 피펫을 수직으로 세우고 영점 위로 몇 밀리리터의 증류수를 채운다. 그 때 메니스커스가 영점에 맞도록 증류수를 떨어뜨린다. 피펫 배출 꼭지에 매달린 물방울은 배출 꼭지의 끝을 유리 용기 표면에 접촉시켜 제거한다.

② 그 다음 여전히 피펫을 수직으로 유지한 상태로, 또 다른 유리 용기를 약간 기울여 피펫의 끝이 용기 내벽에 접촉되도록 하여 배출한다. 이때 배출과 대기기간 동안 어떠한 움직임도 없어야 한다. 배출이 완전하게 되는 것을 확인하기 위해, 대기기간이 규정되지 않은 피펫에 한하여 피펫을 용기로부터 제거하기 전에 약 3초 정도의 대기시간 동안 관찰해야 한다(3초의 대기시간은 단지 규정용이다. 사용에 있어서 이 기간 동안 조금 붙어 있는 것은 괜찮다. 용기에 접촉된 피펫을 제거하기 전에 아주 작은 물방울이 배출 꼭지에 남게 되는 것은 어느 정도는 상관이 없다).

피펫(자동 피펫, 피스톤식 피펫 포함)이 정확한 성능을 발휘하는지 확인하기 위하여 상시교정 및 정기교정을 실시해야 한다. 상시교정은 정제수의 무게측정에 의해 정확도를 확인하는 것으로 실험실 여건을 고려하여 주기적으로 사용자가 실시한다. 정기교정은 국가표준기본법에 근거하여 국제기준에 따라 국가교정기관에서 수행하는 검·교정[36]을 말한다. 「교정대상 및 주기설정을 위한 지침」[37]에 의한 정기교정 주기는 유리피펫(유리제 부피계)의 경우 교정용 표준기는 60개월, 정밀 계기는 36개월이다. 정기교정에서 피펫의 기능이 현저히 떨어져 허용오차를 벗어난 경우 사용하지 않아야 한다.

일반적인 유리피펫은 다음과 같은 방법(질량측정법)으로 상시교정한다.

대부분의 부피계는 순수한 물(이하 물)을 측정 눈금까지 담아 이것의 질량을 측정하여 교정된다. 어떤 물체를 공기 중에서 저울로 잰 질량은 물체 고유의 질량(참질량)과 차이가 날 수 있다. 그 차이는 저울 조정 시의 표준분동의 밀도다. 국제도량형기구(OIML) 권고 No.33에 의하면 어떤 물체의 공기밀도가 0.0012 g/cm^{3}이고 밀도가 8.0 g/cm^{3}인 표준분동과 공기 중에서 비교하여 평행이 되었을 때 표준분동의 질량을 그 물체의 상용질량으로 정의하였다.

이를 식으로 표현하면 다음과 같다.

$$mx = mx^c \frac{(1 - 0.0012/8.0)}{(1 - 0.0012/dx)} \qquad \text{(식 3-1)}$$

여기서, mx : 측정하는 물체의 참질량(g)

mx^c : 물체의 상용질량값(저울의 지시값) (g)

dx : 측정하는 물체의 밀도 (g/cm^3)

예를 들어, 수용 또는 출용으로 배출된 물을 용기에 담아 저울로 쟀을 때 질량이 50 g이었다면 이 값은 상용질량값이다. 식 3-1에 의하여 참질량을 구하면 50.0526 g이 되므로 참질량과 상용질량과는 52.6 mg의 차이가 발생된다. 그러므로 질량측정에 의한 액체

---

36) OIML(국제법정계량기구)에 의하면 "검증(verification)"이란 측정대상이 검정을 위한 규정상의 요구사항들을 완전하게 만족시킨다는 것을 확인하고 증명한다는 목적을 가지는 국가법정계량부처의 기관(또는 그 밖에 법적으로 권한을 부여받은 조직)이 시행한 모든 작업을 의미하며, 심사와 검인을 포함한다.(OIML R 111-1, 2004)

국가표준기본법 제3조에 의하면 "교정(calibration)"이란 특정조건에서 측정기기, 표준물질, 척도 또는 측정체계 등에 의하여 결정된 값을 표준에 의하여 결정된 값 사이의 관계로 확정하는 일련의 작업을 말한다. 교정 결과는 측정량에 대한 값을 지시값으로 정하거나 또는 지시값에 대한 보정을 가능하게 한다. 교정 결과는 교정증명서 또는 교정성적서라고 불리는 문서로 기록될 수 있다.

37) 국가기술표준원 고시 제2015-499호, 2015. 10. 30

참고로, 표준기란 한국표준과학연구원에서 사용되는 원기 및 상위 교정기를 말하며, 교정용 표준기란 국가교정기관에서 사용하는 교정장비류이며, 정밀계기는 연구장비 및 품질관리용으로 사용되는 정밀한 장비류를 말한다.

의 부피측정 시에는 액체의 대한 공기부력이 보정되어야 함을 알 수 있다.

mx = dx·V이므로 식 3-1을 이용하여 액체의 부피를 다음과 같이 구할 수 있다.

$$V(cm^3) = \frac{mx^c(1 - 0.0012/8.0)}{dx(1 - 0.0012/dx)} = \frac{mx^c(8.0 - 0.0012)}{8.0(dx - 0.0012)} \quad (식\ 3\text{-}2)$$

수용 부피 측정순서

준비물 : 피점검 부피계, 물, 온도계, 저울

① 잘 말려진 피점검 부피계의 상용질량을 저울로 측정한다(M_1).

② 피점검 부피계의 측정 눈금까지 물을 채운 후 사용질량을 저울로 측정한다((M_2).

③ 물의 온도를 측정한다.

출용 부피 측정순서

준비물 : 피점검 부피계, 물, 온도계, 저울, 측정용기, 초시계

① 빈 측정용기의 상용질량을 저울로 측정한다(M_1).

② 피점검 부피계의 측정 눈금까지 물을 채운 후 빈 측정용기에 배출하여 상용질량을 측정한다(M_2).

③ 물의 온도를 측정한다.

④ 배출시간을 측정한다.

위에서 측정한 M_2와 M_1의 차이값이 곧 수용 및 출용 부피에 해당하는 상용질량으로서 다음 식 3-3으로 물의 수용 또는 출용 부피를 구할 수 있다.

$$Vw(cm^3) = \frac{(M_2 - M_1)(1 - 0.0012/8.0)}{\rho w(1 - 0.0012/pw)} = \frac{(M_2 - M_1)(8.0 - 0.0012)}{8.0(\rho w - 0.0012)} \quad (식\ 3\text{-}3)$$

여기서, ρw = 물의 밀도(g/cm³) (표 I-13 참조)

한편 t °C일 때의 부피계의 부피를 기준온도 20 °C일 때의 부피로 환산하면 다음 식으로 된다(특별히 사용목적에 따라 다른 기준온도를 정할 수 있다.)

$$V = \frac{(M_2 - M_1)(8.0 - 0.0012)}{8.0(\rho w - 0.0012)} \times (1 + \beta(20 - t)) \quad (식\ 3\text{-}4)$$

여기서, β = 부피계의 부피팽창계수 (표 I-14 참조)

▶표 I-13◀ 온도에 따른 순수한 물의 밀도 변화표(g/cm^3)

T	0.0 ℃	0.1 ℃	0.2 ℃	0.3 ℃	0.4 ℃	0.5 ℃	0.6 ℃	0.7 ℃	0.8 ℃	0.9 ℃
.0	·999410	·999846	·999853	·999859	·999865	·999871	·999877	·999883	·999888	·999893
1.0	·999899	·999903	·999908	·999913	·999917	·999921	·999925	·999929	·999933	·999937
2.0	·999940	·999943	·999946	·999949	·999952	·999954	·999956	·999959	·999961	·999963
3.0	·999964	·999966	·999967	·999963	·999969	·999970	·999971	·999971	·999972	·999972
4.0	·999972	·999972	·999972	·999971	·999971	·999970	·999969	·999968	·999967	·999965
5.0	·999964	·999962	·999960	·999953	·999956	·999954	·999951	·999949	·999946	·999943
6.0	·999940	·999937	·999933	·999930	·999926	·999922	·999918	·999914	·999910	·999906
7.0	·999901	·999996	·999892	·999887	·999881	·999876	·999871	·999865	·999860	·999854
8.0	·999848	·999842	·999835	·999829	·999882	·999816	·999809	·999802	·999795	·999787
9.0	·999780	·999690	·999765	·999757	·999749	·999741	·999733	·999725	·999716	·999707
10.0	·999699	·999699	·999681	·999672	·999662	·999653	·999643	·999634	·999624	·999614
11.0	·999604	·999594	·999583	·999573	·999562	·999552	·999541	·999530	·999519	·999507
12.0	·999496	·999485	·999473	·999461	·999449	·999437	·999425	·999413	·999401	·999388
13.0	·999376	·999363	·999350	·999337	·999324	·999311	·999297	·999284	·999270	·999256
14.0	·999243	·999229	·999215	·999200	·999186	·999172	·999157	·999142	·999123	·999113
15.0	·999098	·999083	·999067	·999052	·999036	·999653	·999005	·998989	·998973	·998957
16.0	·998941	·998925	·998908	·998892	·998875	·999552	·998841	·998824	·998807	·998790
17.0	·998773	·998755	·998738	·998720	·998702	·999437	·998666	·998648	·998630	·998612
18.0	·998593	·998575	·998556	·998537	·998519	·99311	·998480	·998461	·998442	·998422
19.0	·998403	·998383	·998364	·998344	·998324	·999172	·998284	·998263	·998243	·998422
20.0	·998202	·998181	·998160	·998139	·998118	·998097	·998076	·998055	·998033	·998012
21.0	·997990	·997968	·997947	·997925	·997903	·997881	·997858	·997836	·997814	·997791
22.0	·997763	·997746	·997723	·997700	·997677	·997654	·997630	·997607	·997584	·997560
23.0	·997536	·997513	·997489	·997465	·997441	·997417	·997392	·997368	·997344	·997319
24.0	·997294	·997270	·997245	·997220	·997195	·997170	·997145	·997119	·997094	·997063
25.0	·997043	·997017	·996991	·996966	·996940	·996913	·996887	·996861	·996835	·996808
26.0	·996782	·996755	·996728	·996702	·996675	·996648	·996621	·996593	·996566	·996539
27.0	·996511	·996484	·996456	·996428	·996401	·996373	·996345	·996316	·996288	·996260
28.0	·996232	·996203	·996175	·996146	·996117	·996088	·996060	·996031	·996001	·995972
29.0	·995943	·995914	·995884	·995855	·995825	·995795	·995765	·995736	·995706	·995676
30.0	·995645	·995615	·995585	·995554	·995524	·995493	·995463	·995432	·995401	·995370
31.0	·995339	·995308	·995277	·995246	·995214	·995183	·995151	·995120	·995088	·995056
32.0	·995024	·994992	·994960	·994928	·994896	·994864	·994831	·994799	·994766	·994734
33.0	·994701	·994668	·994635	·994602	·994569	·994536	·994503	·994470	·994436	·994403
34.0	·994369	·994336	·994302	·994268	·994234	·994201	·994167	·994132	·994098	·994046
35.0	·994030	·993995	·993961	·993926	·993891	·993857	·993822	·993787	·993752	·993717
36.0	·993682	·993647	·993611	·993576	·993541	·993505	·993469	·993434	·993398	·993362
37.0	·993326	·993290	·993254	·993218	·993182	·993146	·993109	·993073	·993036	·993000
38.0	·992963	·992926	·992889	·992852	·992815	·992778	·992741	·992704	·992667	·992629
39.0	·992592	·992554	·992517	·992479	·992442	·992404	·992366	·992328	·992290	·992252

▶표 I-14◀ 부피계의 재질에 따른 부피팽창계수

부피계의 재질	부피팽창계수
soda glass	0.000 025
borosilicate glass	0.000 010
quartz	0.000 002
stainless steel	0.000 031
steel	0.000 035
copper	0.000 050
brass	0.000 057
polypropylene plastic	0.000 240
polycarbonate plastic	0.004 500

▶표 I-15◀ 정량용 부피 피펫, 뷰렛 등의 내부교정기록부

정량용 부피피펫, 뷰렛 등의 내부교정기록부 교정일 20 년 월 일								승인	
유리기구 명칭	빈 용기의 질량(g) M_1 (3회 평균) M_1	흘려보낸 물을 포함한 질량(g) M_2	교정 환경		호칭 용량 (mL)	오차 (mL)	최대 허용오차 (mL)	판정	
			온도 (℃)	습도 (%R.H)				적합	부적합

※ 이 서식은 정량용 부피피펫, 뷰렛 등 출용기에 대한 기록부이며, 원 마크(one-mark) 부피 플라스크와 같은 정량용 수용기는 '흘려보낸 물을 포함한 질량'을 '물을 채운 후의 질량'으로 고쳐 사용할 수 있다.

표 I-16은 ISO 규격에 따른 눈금피펫의 호칭 용량별 허용오차[38]를 나타내었다. 그러나 일반적으로 눈금피펫은 정량용으로 사용되지 않고 정성용으로 사용되므로 정확한 농도의 시험용액, 표준시료 등을 조제하기 위해서는 부피피펫, 부피 플라스크 등을 사용해야 한다.

38) KS L ISO 835-1(실험용 유리제품 - 눈금 피펫 - 제1부: 일반적인 요구사항) : 2011

▶표 I-16◀ ISO에 따른 눈금피펫의 호칭 용량별 허용오차

호칭 용량 (mL)	최소 눈금 단위 (mL)	허용오차(mL)	
		A 등급	B 등급
1	0.01	± 0.006	± 0.01
5	0.05	± 0.03	± 0.05
10	0.1	± 0.05	± 0.1

표 I-17은 ISO 규격에 따른 부피피펫의 호칭 용량별 허용오차[39)]를 나타내었다.

▶표 I-17◀ ISO에 따른 부피피펫의 호칭 용량별 허용오차

호칭 용량 (mL)	허용오차(mL)	
	A 등급	B 등급
1	± 0.008	± 0.015
5	± 0.015	± 0.03
10	± 0.02	± 0.04
20	± 0.03	± 0.06
25	± 0.03	± 0.06
50	± 0.05	± 0.1

ASTM 규격에 따른 부피피펫의 호칭 용량별 허용오차[40)]는 표 I-18에 나타내었다.

▶표 I-18◀ ASTM에 의한 부피피펫의 호칭 용량별 허용오차

호칭 용량 (mL)	허용오차(mL)		Color-Coding 상표
	A 등급	B 등급	
1	± 0.006	± 0.012	청색
5	± 0.01	± 0.02	흰색
10	± 0.02	± 0.04	붉은색
20	± 0.03	± 0.06	노란색
25	± 0.03	± 0.06	청색
50	± 0.05	± 0.10	붉은색
100	± 0.08	± 0.16	노란색

만약 피스톤식 피펫[41)]을 사용한다면 성능시험을 통하여 다음과 같이 별도로 규정된 정밀도와 정확도를 만족해야 한다.[42)]

---

39) KS L ISO 648(실험용 유리제품 - 원마크 피펫) : 2016
40) ASTM E969-02, Standard Specification for Glass Volumetric (Transfer) Pipets, 2012
41) 피스톤식 미량 피펫에는 부피 고정형과 부피 가변형 두 종류가 있다.

피스톤식 피펫의 성능시험 조작

시험은 원칙적으로 23 °C ± 2 °C에서 한다.

① 화학저울, 부피 측정용 피펫, 기타 필요한 기구들은 먼저 측정실에 옮겨 온도차가 없도록 한다.

② 측정하는 양에 따라 칭량병의 크기를 선택한다. 실내 온도를 읽고 기록한다(칭량병의 크기는 측정하고자 하는 부피 측정용기의 규정 부피의 약 15배가 좋다).

③ 칭량병의 질량(M_a)을 측정한다(측정 전에 2 mm 높이로 물을 미리 가한다. 칭량병의 질량을 측정하고자 병을 저울에 넣고 뺄 때 병에 손이 닿지 않도록 한다).

④ 부피 측정용 피펫의 채취량을 설정하고 물을 흡입한다. 다음에 팁의 끝을 칭량병 속의 내벽에 붙이고 ③의 칭량병 속에 물을 배출시킨 후, 칭량병의 뚜껑을 닫는다.

⑤ ④에서 칭량병의 뚜껑을 닫는 시간을 일정한 간격으로 한다.

⑥ 물이 들어 있는 칭량병의 질량(M_b)을 측정한다. 배출된 물의 부피는 다음 식에 따라 계산한다.

$$v = \frac{M_b - M_a}{\rho}$$

여기서, v = 배출된 물의 부피(mL), ρ = 물의 밀도

정밀도 산출

위 성능시험 조작 ③~⑥을 10회 반복 측정하여 변동계수(CV)를 구한다. 측정할 때마다 팁을 바꿔야 한다.[43] 매번 측정한 값은 다음 식에 따라 계산한다.

$$CV = \frac{\rho}{\bar{v}} \times 100\ \%$$

$$\text{여기서, } \rho = \frac{\sqrt{(\Sigma(V_i - \bar{v})}}{n - 1}$$

$$V_i = \frac{M_b - M_a}{\rho}, \quad n = \text{측정 횟수}, \quad \bar{v} = \text{측정값 평균}$$

단, 변동계수는 다음 표를 만족해야 한다.

42) KS L 2300(피스톤식 미량 피펫) : 2007

43) 피펫 팁을 재사용하는 경우, 최대 4.0 %의 오차가 발생할 수 있다(KS B ISO 8655-2(피스톤식 부피 측정기구 - 제2부: 피스톤 피펫) : 2002

표시 부피(μL)	5 이상 ~ 8 미만	8 이상 ~ 15 미만	15 이상 ~ 75 미만	75 이상 ~ 150 미만	150 이상 ~ 350 미만	350 이상 ~ 1000 이하
변동계수	≤ 2.0	≤ 1.5	≤ 1.0	≤ 0.7	≤ 0.5	≤ 0.3

정확도 산출

10회의 측정값 V_i에 대한 ⑥의 계산식으로 구한 부피(v)의 평균 값(V)을 설정 부피에 대한 백분율로 표시한다. 측정할 때마다 팁을 교환해야 한다.

$$정확도 = \frac{측정한\ 부피\ 평균값}{설정\ 부피} \times 100\ \%$$

단, 정확도는 다음 표를 만족해야 한다.

표시 부피(μL)	5 이상 ~ 8 미만	8 이상 ~ 15 미만	15 이상 ~ 75 미만	75 이상 ~ 150 미만	150 이상 ~ 350 미만	350 이상 ~ 750 미만	750 이상 ~ 1000 이하
정확도(%)	± 6.0	± 4.0	± 3.5	± 2.5	± 1.5	± 1.2	± 1.0

원마크(one-mark) 부피플라스크(메스플라스크)는 열팽창계수가 3.3×10^{-6}/℃ 미만의 낮은 내수성 등급의 유리로 만들어져야 하며 ISO 규격에 따른 호칭 용량별 허용오차[44]를 표 I-19에 나타내었다.

▶표 I-19◀ ISO에 따른 좁은 목 원마크 부피플라스크(메스플라스크)의 호칭 용량별 허용오차

호칭 용량 (mL)	허용오차(mL)	
	A 등급	B 등급
5	± 0.025	± 0.050
10	± 0.025	± 0.050
20	± 0.040	± 0.080
25	± 0.040	± 0.080
50	± 0.060	± 0.120
100	± 0.100	± 0.200
200	± 0.150	± 0.300
250	± 0.150	± 0.300
500	± 0.250	± 0.500
1000	± 0.400	± 0.800
2000	± 0.600	± 1.200

44) KS L ISO 1042(실험용 유리제품 - 원마크 용량 플라스크) : 2016

표 I-20에는 ASTM에 따른 부피플라스크의 호칭 용량별 허용오차[45])를 나타내었다.

▶표 I-20◀ ASTM에 따른 부피플라스크의 호칭 용량별 허용오차

호칭 용량 (mL)	허용오차(mL)	
	A 등급	B 등급
5	± 0.02	± 0.04
10	± 0.02	± 0.04
25	± 0.03	± 0.06
50	± 0.05	± 0.10
100	± 0.08	± 0.16
200	± 0.10	± 0.20
250	± 0.12	± 0.24
500	± 0.20	± 0.40
1000	± 0.30	± 0.60
2000	± 0.50	± 1.00

눈금실린더는 마개가 없는 형태와 마개가 있는 형태로 구분된다. 표 I-21은 ASTM에 따른 눈금실린더의 호칭 용량별 허용오차[46])를 나타내었다.

▶표 I-21◀ ASTM에 따른 눈금실린더의 호칭 용량별 허용오차

호칭 용량 (mL)	최소 눈금 단위 (mL)	허용오차(mL)	
		A 등급	B 등급
5	0.1	± 0.05	± 0.10
10	0.1	± 0.10	± 0.20
10	0.2	± 0.10	± 0.20
25	0.2	± 0.17	± 0.34
25	0.5	± 0.17	± 0.34
50	1.0	± 0.25	± 0.50
100	1.0	± 0.50	± 1.00
250	2.0	± 1.00	± 2.00
500	5.0	± 2.00	± 4.00
1000	10.0	± 3.00	± 6.00
2000	20.0	± 6.00	± 12.00
4000	50.0	± 14.50	± 29.00

45) ASTM E288-10, Standard Specification for Laboratory Glass Volumetric Flasks, 2017
46) ASTM E1272-02, Standard Specification for Laboratory Glass Graduated Cylinders, 2012

부피 측정용 유리기구는 허용오차 범위 내에 있는 제품을 사용하여 분석의 정확성을 유지할 필요가 있다. 따라서 부피계에는 등급, 호칭 용량, 제조자명 또는 그 약호를 기입하고, 눈금피펫에 대해서는 배수 시간을 표기하며, 눈금플라스크에 대해서는 수용(收溶), 출용(出溶)의 구별 또는 그 약호를 표기한다.

증류, 환류(reflux) 및 다른 유기화학 실험 절차에 사용되는 유리기구는 각각의 유리기구의 조각을 합체시키는 연결부를 갈아 맞춘 유리(ground glass joint)에 의해 서로 조립한다. 이런 연결 유리 기구를 "standard taper(TS)"라고 부른다. 이들 TS의 크기는 숫자가 클수록 직경이 더 크다. "A"라고 적힌 것은 교정된 유리 기구를 표시할 때 나타내는 것으로 온도에 대해 교정이 이루어진 것을 의미한다.

그림 I-25와 같이 500 mL 플라스크에 "TC 20 °C"라고 적혀 있다면, TC는 to contain의 약자로서 이것은 '20 °C에서 액체 500.00 mL를 담을 수 있다'는 것을 의미한다. 또 25 mL 피펫에 "TD 20 °C"라고 적혀 있다면, TD는 "to deliver"의 약자로서 이것은 '20 °C에서 25.00 mL를 옮길 수 있다'는 것이다.

뷰렛, 메스피펫 및 메스실린더의 눈금선은 관축(부피계의 중심축)에 대하여 수직일 때 수면 하단의 눈금을 읽는다.

▶그림 I-25◀ 유리제품의 표시 예시

3.1.4 기구의 세척

일반적으로 실험실에서 사용되는 유리기구류는 사용한 직후 즉시 세척해야 한다. 이는 오염된 유리를 오랜 시간 방치하면 세척이 매우 어렵기 때문이다. 특히 타르(tar) 및 고무질 등은 더욱 곤란하다. 그러나 사용하기 전에 미리 세척 및 건조하여 두면 실험진행상 복잡성과 실험시간을 절약할 수가 있다. 기구별 세척 방법은 다음과 같다.[47)]

• 유리 기구 및 석영 기구의 세척 : 유리 기구 및 석영 기구는 더운 질산(1:1)으로 세척한 후 물로 충분히 헹구어 씻는다. 구입 후 처음 사용할 때에는 먼저 세척제와 수돗물

47) KS M 8003 고순도 시약 시험 방법 통칙(2006)

로 씻고, 물, 아세톤의 순서로 씻은 후 위의 조작을 한다. 사용 직전에는 시험 목적에 따라 정제수로 세척한다.

- 합성수지 기구의 세척 : 합성수지 기구는 폴리에틸렌제 용기에 넣은 질산(1:1)에 0.5일 이상 담근 후 물로 충분히 헹구어 씻는다. 구입 후 처음 사용할 때에는 먼저 세척제와 수돗물, 물, 아세톤의 순서로 씻은 후, 폴리에틸렌제 용기에 넣어 질산(1:3)에 0.5일 이상 담그고, 0.5일 이상 초음파 세척을 한 후 물로 충분히 헹구어 씻는다. 사용 직전에는 시험 목적에 따라 반드시 정제수로 세척한다.
- 백금 기구의 세척 : 백금 기구는 질산(1:3)에 담가 80 °C 이상으로 1일 이상 가열한 후 물로 충분히 헹구어 씻는다. 사용 직전에는 시험 목적에 따라 반드시 정제수로 세척한다.
- 보존 용기의 세척 : 보존 용기는 세척제와 수돗물, 물로 씻은 후 질산(1:3)을 가득 채워 0.5일 이상 방치하고, 물, 염산(1:1)의 순서로 씻은 후 시험 목적에 따라 정제수로 세척한다.

※ 기구류의 보존 : 기구류는 세척 후 건조기에서 건조하고 데시케이터에 보존한다. 건조기 내에서 순환하는 기류에 의해 오염될 수 있다. 따라서 시험에 지장이 없는 것을 확인하고 사용한다.

※ 보존 용기의 보존 : 보존 용기는 세척 후 건조기에서 건조하고 뚜껑을 닫아 보존한다.

3.1.4.1 유리 기구의 세척

일반적인 유리 기구 세척은 비누나 중성합성세제로 충분히 세척이 가능하지만 시판되는 실험실용 세제를 사용하는 것이 좋다. 기구의 세척 방법에 따라 초음파 세척기를 사용하기도 한다. 실험실용 세제는 오염물질에 따라 용도가 다르므로 이를 주의하여 선택한다.

일반적인 세척제는 다음과 같은 종류가 있다.

- Chromic acid 용액
  중크로뮴산소듐($Na_2Cr_2O_7 \cdot H_2O$) 92 g을 물 460 mL에 녹인 후 진한 황산 800 mL를 천천히 넣어 교반하여 제조한다. 이 용액은 Cr^{6+}이 Cr^{3+}으로 되면서 오염물질을 산화시키므로 세척력이 있으면 Cr^{6+}의 붉은색을 나타낸다. 지속적인 사용으로 유기물을 산화시키면 Cr^{3+}으로 되어 녹색을 나타낸다. 이러할 경우 새로 만들어 사용한다.
- Sodium(Potassium) Alkoxide 용액
  NaOH 120 g(KOH 105 g)를 120 mL의 물에 녹이고 95 % 에탄올 1 L와 섞어서 제조한다. 이 용액은 유리를 부식시키므로, 15분 이상 담그는 것은 피하는 것이 좋으며, 에탄올 대신 아이소프로페인올을 사용하면 세정력은 떨어지나 유리 기구의 손상은 적다.
- 탄소 잔류물은 trisodiumphosphate 세정액(60 g Na_3PO_4, 30 g 비누, 500 mL 물)으로

제거한다.

- 과망가니즈산포타슘($KMnO_4$)을 가지고 작업할 때 생기는 이산화망가니즈(MnO_2)의 갈색얼룩은 30 % 묽은 $NaHSO_3$ 수용액으로 제거한다.

표 I-22는 측정 항목별 유리 기구의 일반적인 세척 절차 및 건조 방법을 나타내었다.

▶표 I-22◀ 유리기구의 일반적 세척 절차 및 건조 방법

시험 방법(항목)	세척 순서	건조 방법
일반물질	① 세척제 사용 세척 ② 수돗물 헹굼 ③ 정제수 헹굼	자연 건조
무기물질 (이온물질)	① 세척제 사용 세척 ② 수돗물 헹굼 ③ 정제수 헹굼	자연 건조
중금속	① 세척제 사용 세척 ② 수돗물 헹굼, 20 % 질산수용액 또는 질산(<8 %)/염산(<17 %) 수용액에 4시간 이상 담가 두었다가 ③ 정제수로 헹굼	자연 건조
농약	① 마지막 사용한 용매로 즉시 헹구고 뜨거운 물로 세척 ② 세척제로 세척 ③ 수돗물로 헹구고 정제수로 헹굼	400 °C에서 1시간 건조 또는 아세톤으로 헹굼
소독물질과 부산물	① 세척제 세척 ② 수돗물 헹굼 ③ 증류수 헹굼	105 °C에서 1시간 건조
휘발성 유기 화합물	① 세척제 세척 ② 수돗물 헹굼 ③ 증류수 헹굼	105 °C에서 1시간 건조
기타	① 세척제 사용 세척 ② 수돗물 헹굼 ③ 정제수 헹굼	자연 건조
미생물 바이러스 원생동물	① 세척제 사용 세척 ② 뜨거운 물 헹굼 ③ 정제수 헹굼	유리 기구 : 160 °C에서 2시간 이내 건조 시료병 : 121 °C에서 15분 멸균

3.1.4.2 플라스틱 기구의 세척

비알칼리성 세제를 이용하여 손으로 세척 후 증류수로 헹구어 사용한다. 이때 브러시나 솔은 사용하지 않는다.

3.1.5 기구의 건조

3.1.5.1 자연건조

세척된 유리 기구를 증류수에 헹구어 건조대에서 자연적으로 건조시키는 방법이다.

3.1.5.2 열풍건조

급히 건조할 경우 사용하는 방법으로 열풍의 온도는 40 °C ~ 50 °C이다.

3.1.5.3 저비점 용매를 이용한 건조법

에탄올, 에터의 순으로 조금 씻어낸 후 에터를 증발시켜 건조하는 방법이다.

3.1.5.4 가열건조

가열건조는 가능한 한 낮은 온도(90 °C를 넘지 않는 온도)에서 건조시키는 것이 바람직하다. 이때 눈금이 새겨져 있는 메스실린더, 피펫, 뷰렛과 같은 측용기류는 유리이기 때문에 팽창하면 냉각하여도 원래 상태로 복원되지 않는 경우가 있으므로 가열건조를 피해야 한다.

3.2 온도계

온도계는 일반적으로 유리제 막대 온도계로 50 °C 온도계 또는 100 °C 온도계를 사용하며, 이외 서미스터 온도계 및 금속 저항 온도계를 사용한다. 온도계는 1 °C 또는 더 세분된 온도가 측정 가능해야 하며, ASTM 또는 국가표준기관의 교정 소급성이 있어야 한다.

기온의 측정은 직사광선 및 주변의 방사를 피하고 통풍이 잘 되는 장소로 지상 1.2 m에서 1.5 m의 위치에 온도계를 설치하고 그 눈금을 읽는다. 수온은 용기 및 주변 공기의 온도 영향을 최소화하기 위하여 다량의 시료를 채취하며, 채취한 물속에 즉시 온도계를 넣고 눈금을 읽는다.

온도계 사용 중에 극한 온도(측정범위를 벗어난 경우)에 노출되었을 때에는 항상 온도계를 재교정해야 한다. 재교정은 검정된 온도계와 비교하거나 국가표준기관에 의뢰하여 교정해야 하며 교정내역은 문서로 기록해야 한다.「교정대상 및 주기설정을 위한 지침」에 의한 온도계(온도지시계)의 교정 주기는 교정용 표준기 및 정밀 계기 모두 12개월이다.

온도계에 대한 일반적인 내부 점검 방법은 다음과 같다.

1) 교정 전문기관에서 교정 받은 표준온도계를 외부의 영향을 거의 받지 않는 용기 속에 넣는다.
2) 용기의 온도를 적절히 설정한다.
3) 표준온도계와 검정하고자 하는 온도계를 용기 속에 넣고 충분히 대기한 후 꺼내어

즉시 읽는다.

4) 위와 같은 절차로 용기 속 온도계를 5회 읽어 평균을 구한다.
5) 표준온도계와 점검하고자 하는 온도계의 온도 평균값이 허용오차[48] 이내인지 확인한다.
   - 허용오차는 개별 실험실의 특성에 맞게 자체적으로 규정하면 된다. 일반적으로 유리제 온도계(알코올 온도계와 수은 온도계)는 측정범위 내에서 ± 1 °C 이내, 바이메탈 온도계는 지시 눈금의 크기가 1 °C, 2 °C 또는 5 °C인 경우라도 측정범위 내에서 ± 1 % ~ ± 2 % 이내의 허용오차라면 충분하다.
6) 허용오차를 벗어나는 경우 해당 온도계는 사용하지 않는다.
7) 온도계에 대한 내부 점검은 6개월마다 시행한다.

참고로, 환경오염공정시험기준 총칙에 의하면 표준온도는 20 °C로 하고, 상온은 15 °C ~ 25 °C, 실온은 1 °C ~ 35 °C, 미온은 30 °C ~ 40 °C로 규정된다. 찬 곳은 따로 규정이 없는 한 0 °C ~ 15 °C의 장소를 뜻하며, 냉수는 15 °C 이하의 물, 온수는 60 °C ~ 70 °C의 물, 열수는 약 100 °C의 물을 말한다.

3.3 저울

저울의 측정 범위는 적용할 시험 방법에 적절해야 한다. 즉, 실험실에서 사용하는 분석용 저울(analytical balance)은 최소한 0.0001 g까지 측정 가능해야 한다. 실험실은 외부의 QC 확인절차에 따라 표준 분동으로 저울을 교정 받아야 하며 저울의 검·교정 계약은 기기 제조사 또는 국가교정기관과 맺는 것을 권장한다.

실험실은 저울에 대한 주기적인 검·교정 계획을 세워야 한다. 검·교정을 위한 무게 측정은 국제법정계량기구(OIML, Organisation Internationale de Metrologie Legale)의 분동을 사용하여 실시하거나 이와 동등한 표준의 세부 내역을 만족하는 분동을 사용하며, 최소한 매 1년마다 또는 저울이 손상되었을 때(부식, 흠 등 발생)마다 재교정 받아야 한다.

3.3.1 전자저울 설치 및 측정환경

저울은 섬세한 기기이기 때문에 다음의 내용을 지켜 측정환경을 유지하고 사용해야 정확

48) 오차란 측정값으로부터 기준값을 뺀 값을 의미하며(한국표준과학연구원, 국제 측정학 용어집, VIM), 편차란 측정값으로부터 그 기댓값(또는 평균값)을 뺀 값을 의미한다(KS M 0126: 2011).

한 측정을 할 수 있다. 표 I-23은 저울실 부대 장비 및 시설을 나타내었으며, 아래에 일반적인 환경조건을 나타내었다.

▶표 I-23◀ 저울실 부대 장비 및 시설

장비명	수량	최저 요구성능
온도계	1대 이상	– 최소 눈금 : 0.1 °C
습도계	1대 이상	– 최소 눈금 : 1 %(상대습도)
압력계	1대 이상	– 최소 눈금 : 200 Pa
무진동실험대	–	– 진동이 없고, 견고한 것으로 저울 수만큼 갖추어야 함.

- 이상적인 측정 환경은 실내온도 20 °C ± 2 °C, 상대습도 45 % ~ 60 %다.
- 저울이 설치될 장소로는 먼지가 적은 방을 선정한다.
- 저울은 진동에 매우 민감하므로 견고한 받침대를 사용해야 하며, 필요하면 석재와 같은 받침대(base)를 사용하여 평형을 유지한다.
- 에어컨, 환풍기와 같이 진동을 유발하는 장비 주변에 저울을 설치하지 않는다.
- 직사광선이 닿지 않도록 설치한다.
- 자기를 띠는 기계를 저울 가까운 곳에 설치하지 않도록 한다.
- 저울 발판을 돌려 수평기의 물방울이 수평기 가운데 오도록 설치한다.
- 저울을 사용하기 전에는 반드시 1시간 이상 안정화하여 사용하며, 사용 후 AC 어댑터를 접속한 채로 대기(스텐바이) 상태로 놓아둔다.
- 처음 사용하거나 저울 설치 장소를 이동한 경우에는 반드시 정밀한 분동을 이용하여 교정한 후 사용한다.

3.3.2 저울 사용 시 주의사항

저울의 성능을 충분히 활용하고 안정적으로 사용하기 위해서는 아래와 같은 사항에 주의해야 한다.

- 저울이 수평을 이루고 표시 값이 영점에 있는지 확인하고, 사용 전에는 반드시 영점 조정을 실시한다.
- 질량 측정 시 어떤 원인에 의해 측정오차가 발생할 수 있으므로, 분동을 이용하여 정확한 계량이 가능한지 확인한 다음 계량한다.
- 질량 측정에 긴 시간이 요구되면 저울실 내의 온·습도의 변화, 공기의 오염이나 시료의 반응, 습도의 호흡에 의해 오차가 발생할 수 있으므로 계량부 부근에 건조제(실리카

젤)를 넣어두는 것도 좋다.

- 상대습도 45 % 이하가 되면 플라스틱 등의 절연체는 정전기가 발생할 수 있으므로 상대습도를 높이든지 시료를 전도성(傳導性) 용기에 넣어 계량한다.
- 자기의 영향으로 계량오차가 발생할 수 있다. 따라서 자성체(磁性體)는 전자저울에 영향을 미치지 않는 거리에 두어야 한다.
- 주변 온도와 계량물(용기 포함)의 온도 차이가 없도록 한다. 계량물의 온도가 저울 주변의 온도보다 높으며 계량물의 온도에 의해 공기 대류 현상이 발생하여 실제 질량보다 가볍게 측정될 수 있다.
- 저울 내부에 화학물질이 엎질러지거나 남아 있지 않도록 특별히 주의해야 한다.
- 저울에 강한 충격을 주거나 최대 중량 이상의 하중을 가하지 않도록 한다.

아울러 오차를 줄이기 위해 칭량 시 다음과 같은 사항을 준수할 필요가 있다.

- 저울 접시(weighing pan)와 시약 등을 담는 용기(weighing dish)는 지문의 영향을 받지 않도록 핀셋이나 종이 타월 등을 사용하여 만진다.
- 칭량 대상물질은 저울 주변 온도와 비슷하게 유지해야 하며, 온도가 차이가 나는 경우는 이를 위해 데시케이터 등에 약 30분간 넣어둔 후 칭량한다.
- 칭량 동안에는 공기의 흐름으로 인한 영향을 최소화하기 위하여 저울의 전면 및 측면 문을 닫는다.

3.3.3 전기식 지시 저울의 교정

저울의 교정은 수시교정, 상시교정, 정기교정으로 구분되며 수시교정과 상시교정은 사용자가 국제법정계량기구의 분동을 이용하여 직접 수행하며, 정기교정은 국가표준기본법에 근거한 국제기준(ISO/IEC 17025) 및 한국인정기구(KOLAS)가 인정한 국가교정기관에 의해 1년 주기로 교정한다.

수시교정과 상시교정에 사용되는 분동은 정밀계기용(M1 등급) 또는 동등 이상의 분동으로 국가표준기본법에 근거한 국제기준 및 한국인정기구가 인정한 국가교정기관에 의해 2년 주기로 교정 받은 것을 사용한다. 교정에 필요한 분동의 질량은 전자저울의 측정범위 또는 자주 사용되는 질량의 범위 내에서 선택한다.[49)]

49) 일부 실험실에서는 1000 g 표준분동으로 자체 점검을 하고 있으나 환경 실험실에서는 이 정도 중량을 측정하는 경우는 거의 없으므로 합리적이지 못하며 통상적으로는 10 g 이하의 표준분동으로 점검을 하는 것이 합당하다.

3.3.3.1 수시교정

전기식 지시저울에 대한 수시교정은 당일 최초에 측정대상물질과 질량이 유사한 분동을 이용하여 질량을 측정한 후 표 I-24의 양식과 같이 기록하고, 교정성적서에 의한 분동의 최대허용오차 범위 내에 있는지 확인한다. 최대허용오차 범위를 벗어난 경우 상시교정과 같은 방법으로 교정을 실시한다.

▶표 I-24◀ 전기식 지시저울의 일일점검양식(예시)

점검일자	사용된 분동 (mg)	최대 허용오차 (mg)	저울의 지시값 (mg)	오차값 (mg)	서명

3.3.3.2 상시교정

상시교정은 보유하고 있는 각 전기식 지시저울의 분해능 및 최대 용량에 따라 적절한 분동의 계열을 선택하고, 저울의 사용빈도 등을 고려하여 자체적으로 점검주기를 정하여 다음 표 I-25의 예를 참고로 측정 결과를 기록하여 점검한다. 상시교정에서 저울의 측정값이 분동의 최대허용오차를 벗어난 경우에는 외부기관을 통해 점검 또는 교정해야 한다.

▶표 I-25◀ 전기식 지시저울의 주기적 점검 기록표(예시)

1. 점검 일자 :	2. 점 검 자 :
3. 저 울 명 :	4. 구입일자 :
5. 분 해 능 :	6. 최대용량 :
7. 분동 등급 :	

측정 내용

사용된 분동	최대 허용오차 (mg)	저울지시값 (mg)	오차값 (mg)	비고
1 mg				
2 mg				
5 mg				
10 mg				
20 mg				
50 mg				
100 mg				
200 mg				
500 mg				
1 g				
2 g				
5 g				
10 g				

▶표 I-26◀ OIML에 의한 분동의 최대허용오차(mg)[50)]

사용된 분동	표준기		교정용 표준기		정밀계기
	E1 등급	E2 등급	F1 등급	F2 등급	M1 등급
10 g	0.020	0.06	0.20	0.6	2
5 g	0.016	0.05	0.16	0.5	1.6
2 g	0.012	0.04	0.12	0.4	1.2
1 g	0.01	0.03	0.10	0.3	1.0
500 mg	0.008	0.025	0.08	0.25	0.8
200 mg	0.006	0.020	0.06	0.20	0.6
100 mg	0.005	0.016	0.05	0.16	0.5
50 mg	0.004	0.012	0.04	0.12	0.4
20 mg	0.003	0.010	0.03	0.10	0.3
10 mg	0.003	0.008	0.025	0.08	0.25
5 mg	0.003	0.006	0.020	0.06	0.20
2 mg	0.003	0.006	0.020	0.06	0.20
1 mg	0.003	0.006	0.020	0.06	0.20

E1 등급 : 국제 킬로그램 원기로부터 유도된 값을 가진 국가 질량 표준과 E2 등급 분동 및 그 이하의 분동 사이에 소급성을 보증하기 위해 사용된 분동

E2 등급 : F1 등급 분동의 초기 검정을 위해 사용되도록 만들어진 분동으로 고분해능(high resolution)의 분석용 저울로 아주 높은 정확도(ultra accurate weight)를 가진 분동

F1 등급 : F2 등급 분동의 초기 검정을 위해 사용되도록 만들어진 분동으로 분석용 저울을 교정할 때 많이 사용

F2 등급 : M1 등급 분동의 초기 검정을 위해 사용되도록 만들어진 분동

M1 등급 : M2 등급 분동의 초기 검정을 위해 사용되도록 만들어진 분동으로 산업용 저울을 교정할 때 사용되는 분동

3.3.3.3 정기교정

정기교정은 국가표준기본법에 근거하여 국제기준에 따라 국가교정기관에서 수행하는 교정을 말한다. 이는 측정기기가 사용 횟수, 사용 환경, 내구연한 등 여러 요인으로 최초 성능에서 벗어나 측정값이 일치하지 않기 때문에 이러한 불일치한 정도를 교정을 통해서 확인 또는 조정하는 것을 말한다. 국가교정기관은 국가표준기본법을 근거로 국제기준 및 한국인정기구가 정한 기준에 따라 등록된 평가사에 의해 교정기관의 품질시스템과 기술능력을 평가하여 해당 분야에 대한 교정기술능력이 있음을 공식적으로 지정받는 공인기관을 말한다. 저울에 대한 교정 주기는 교정용 표준기의 경우 24개월마다 실시하며, 정밀계기 이하의 경우 12개월마다 교정한다. 일반적인 환경실험실의 경우는 사용 질량 범위에 대해 매년 교정을 해야 하며 정기교정을 실시한 기록은 보관한다. 정기교정에서 저울의 기능이 현저히 떨어진 경우에는 교정기관 또는 제조사에서 교정 받아 사용해야 한다.

50) OIML(국제법정계량기구) E 3, Verification of commercial weights Table 1, 2004

3.4 정제수 제조장치

제조사 명세서상의 성능수치를 유지하는지 매일 확인한다. 멤브레인 필터(membrane filter)의 유효 사용기간을 엄격하게 준수하고 교환한다. 제조한 정제수 보관기간이 오래되지 않도록 하고 6개월에 한 번씩 모든 시험·검사 항목에 대해 시험·검사하여 제조 성능을 확인하고 필요한 조치를 한다. 실험실은 정제수 제조장치의 검정·교정 또는 성능확인을 위한 계획을 수립해야 하며 그 이행실적은 기록하여 문서화한다.

3.4.1 시약등급수(실험실용 정제수)의 종류 및 사용

환경분석 뿐만 아니라 모든 화학분석에서 가장 중요한 것으로는 적절한 시약등급수(reagent-grade water)를 확보하는 것이다. 이 시약등급수는 표준용액 제조, 시약 제조, 희석 및 바탕시료로 사용되기 때문이다. 각각의 용도에 따른 시약등급수의 수질기준을 미국 ASTM(american society for testing and materials)에서는 4개 등급으로 구분하고 있다.[51)]

유형 I 등급은 증류 또는 다른 동등한 과정을 거처 혼합이온교환수지와 0.2 μm 멤브레인 필터를 통과한 것을 말한다. 혼합이온교환수지에 주입되는 공급수는 최대 전기 전도도가 25 °C(298K)에서 18 μS/cm이어야 한다. 유형 II 등급은 증류 또는 이와 비슷한 과정으로 생산한 물로 전기 전도도가 25 °C(298 K)에서 1.0 μS/cm 이하인 것을 말한다. 만약 증류에 의해 이를 만족하지 못할 경우 증류 전에 이온교환, 증류 또는 역삼투 여과와 유기물 흡착 장치를 설치할 수 있다. 유형 III 등급은 증류, 이온교환, 역삼투에 의한 전기분해식 이온화장치(continuous electrodeionization reverse osmosis) 또는 이것들의 조합에 의해 제조된 것으로 0.45 μm 멤브레인 필터를 통과한 것이다. 유형 IV 등급은 증류, 이온교환, 역삼투에 의한 전기분해식 이온화장치, 전기투석장치(electrodialysis) 또는 이것들의 조합에 의해 제조된 것을 말한다.

이러한 단위공정을 통하여 제조되는 시약등급수의 유형과 등급에 따른 수질기준을 표 I-27에 제시하였다.

용도별로 구분해 보면 일반적인 실험실용으로는 유형 III, IV 등급으로도 가능하며, 분석실용으로는 유형 II 등급, 정밀분석용으로는 유형 I 등급 시약 등급수를 사용한다. GC를 이용한 환경오염물질 분석과 같은 정밀한 분석에서는 유형 I 등급이 필요하며, 박테

51) ASTM D1193 - 06(2018) Standard Specification for Reagent Water

리아가 존재해도 실험 결과에 영향을 미치지 않는 실험이나 시약, 염료 혹은 착색에는 유형 II 등급수를 사용한다. 유형 III 등급수는 보다 높은 등급수를 생산하기 위한 원수(feedwater)로 사용된다. 실험실에서 유리 세척이나 예비 세척에는 유형 III, IV 등급을 사용한다.

▶표 I-27◀ 시약등급수의 유형별 수질기준

	유형 I (Type I)	유형 II (Type II)	유형 III (Type III)	유형 IV (Type IV)
전기 전도도, 최댓값, uS/cm, 25 °C	0.056	1.0	0.25	5.0
전기 저항, 최솟값, MΩ · cm, 25 °C	18	1.0	4.0	0.2
25 °C에서의 pH				5.0 ~ 8.0
총 유기 탄소(TOC), 최댓값, μg/L	50	50	200	
소듐(Na), 최댓값, μg/L	1	5	10	50
염화 이온, 최댓값, μg/L	1	5	10	50
총 실리카, 최댓값, μg/L	3	3	500	

미생물 오염 : 박테리아 수의 통제가 필요하다면 시약등급수의 유형은 다음의 분류를 추가 적용한다.

	유형(type)	등급 A	등급 B	등급 C
최대 종속영양 박테리아 수 (cfu/mL)	I	10/1000	10/100	10/100
	II	10/1000	10/100	10/100
	III	10/1000	10/100	1000/100
	IV	10/1000	10/100	100/10
최대 균체내 독소(endotoxin) (EU/mL)[A)]	I	0.03	0.25	
	II	0.03	0.25	
	III	0.03	0.25	
	IV	0.03	0.25	

A) EU = endotoxin units

3.4.2 시약등급수(실험실용 정제수)의 준비 방법(제조 방법)[52)]

시약 등급수는 요구되는 수질을 만족할 수 있는 제조 방법을 선택하여 제조한다. 부적절한 제조 방법의 선택 시 시약 등급수의 오염을 유발할 수 있으므로 주의해야 한다. 시약 등급수 제조 방법으로는 역삼투(reverse osmosis), 증류, 탈이온화(deionization), 한외 여

52) Standard method 21th 1080 B Methods for preparation of reagent water

과(ultrafiltration), 자외선 처리 등의 방법에 적용된다. 표 I-28은 각 정제 방법에 따른 제거물질을 나타내었다.

▶표 I-28◀ 물의 정제에 사용되는 일반적인 과정 및 제거되는 오염물질

정제 과정	오염물질 분류					
	녹아있는 이온화된 고체	녹아있는 이온화된 기체	녹아있는 유기물질	입자	박테리아	발열물질(pyrogen)/균체내 독소(endotoxin)
증류	G~E*	P	G	E	E	E
탈이온화	E	E	P	P	P	P
역삼투	G**	P	G	E	E	E
탄소 흡착	P	P	G~E+	P	P	P
여과	P	P***	P	E	E	P
한외 여과	P	P	G++	E	E	E
자외선 산화	P	P	G~EΠ	P	GΠΠ	P

E = Excellent(완벽히 제거되거나 거의 제거됨), G = Good(많은 부분이 제거됨), P = poor(조금 제거되거나 안 됨)

* 증류에 의해 정제된 물의 저항은 탈이온화에 의해 만들어진 저항보다 더 낮은 값을 가진다(전기 전도도는 더 큰 값을 가진다.). 이는 증류에 의해 정제된물은 이산화 탄소, 이산화황과 다른 이온화된 기체가 있을 수 있기 때문이다.

** 녹아있는 이온화된 고체의 저항은 원래 제공되는 물의 저항에 의존한다.

*** 활성화 탄소는 흡착(adsorption)에 의해 잔류염소가 제거된다.

\+ 다른 정제 과정을 사용할 때, 활성화 탄소의 등급과 다른 합성 흡착제의 등급은 유기 오염물질을 제거하기위한 능력을 가진 것을 사용한다.

++ 한외여과는 미량 유기 오염물질을 감소하는데 유용하다.

Π 185 nm 자외선 산화는 전처리를 할 때 미량의 유기 오염물질을 제거하는데 효과적이다.

ΠΠ 254 nm 자외선 살균은 박테리아를 물리적으로 제거하는 것이 아니라 살균 또는 박테리아 증식을 최소화한다.

3.4.2.1 증류[53)]

증류(distillation)는 붕규산 유리(borosilicate glass), 석영, 주석 혹은 타이타늄 재질의 증류기를 이용하여 실험실-등급(laboratory-grade) 증류수를 준비하는 것을 말한다. 증류수의 암모니아 오염을 방지하기 위해서는 산성용액을 증류하는 것이 좋다. 대기 중 이산화 탄소의 영향을 감소시키기 위해서는 15분간 끓인 다음 빠르게 실온으로 냉각하며, 대기 중 이산화 탄소를 차단하기 위해 소다석회(soda lime) 충진관 또는 이산화 탄소 흡수재를 사용한다.

물을 끓일 때 용기에서 불순물이 용출될 수 있으므로 새로운 필터, 카트리지, 이온수지(resins)을 사용할 때에는 불순물을 충분히 씻어 준 다음 사용하는 것이 좋다. 증류기에서의 스케일 발생을 억제하고 지속적으로 사용하기 위해서는 공급되는 원수를 전처리

53) Standard Methods 21st 1080 B methods for preparation of reagent water

하거나 주기적으로 관리할 필요가 있다. 전처리 방법으로는 역삼투, 이온교환 방법이 있으며, 원수 중 포타슘(K), 마그네슘, 중탄산염을 제거하여 스케일 발생을 최소화한다. 전처리 과정에서는 광물질도 제거 가능하다.

3.4.2.2 역삼투[54)]

역삼투는 녹아있는 성분과 부유 불순물(suspended impurity)을 제거하기 위해 반침투성 멤브레인(semipermeable membrane)을 통해 압력이 가해진 물을 여과하는 단위공정이다.

역삼투한 물의 수질은 원수의 수질에 따라 다르다. 따라서 원수의 수질에 맞는 멤브레인 모듈(reverse osmosis membrane module)을 선택하는 것이 무엇보다 중요하다. 적절한 멤브레인 모듈을 선택하기 위해서는 멤브레인의 오염물질 제거 효율을 확인해야 한다. 멤브레인의 효율적인 여과를 위해서는 와건형 모듈(spiral-wound module) 또는 중공사형 모듈(hollow fiber module)을 사용하여 원수를 전처리한다. 이러한 전처리에 의해서 콜로이드 또는 입자성 물질로 인한 멤브레인의 오염을 최소화할 수 있으며, 역삼투 멤브레인에 영향을 미칠 수 있는 염화 이온, 철, 또는 다른 산화물질을 최소화할 수 있다. 그리고 이러한 오염물질을 멤브레인으로 제거하기 위해서는 주기적인 세정이 필요하다.

3.4.2.3 이온 교환[55)]

원수를 강 양이온과 강 음이온으로 혼합 구성된 혼합(mixed-bed) 이온 교환기를 통과하여 탈이온수(deionized water)를 준비한다. 혼합 이온교환기를 지속적으로 사용하지 않을 때에는 물을 순환시켜준다.

이온수지(resin)를 경제적으로 재생해서 사용할 경우 양이온 수지와 음이온 수지를 구분하여 사용하는 것이 좋다. 이렇게 분리하여 사용할 경우 양이온수지 다음에 음이온수지를 설치한다. 이는 양이온수지에서 용출되는 물질을 음이온수지에서 제거할 수 있기 때문이다. 각 수지의 크기는 수지의 특성에 따라 다르다. 특히 수지의 폭과 길이 비율은 최대 진행 유속에 따라 조정된다. 이는 최적 면유속(optimal face velocity)을 초과하지 않으며, 수지에 대한 체류시간을 충분히 제공하기 위해서이다. 원수에 많은 유기물질을 함유하고 있다면, 이온수지가 오염되어 기능을 저하시킨다. 따라서 가능한 한 전여과(pre-filtration), 증류, 역삼투 또는 흡착과 같은 전처리를 수행하는 것이 좋다.

---

54) Standard Methods 21st 1080 B methods for preparation of reagent water
55) Standard Methods 21st 1080 B methods for preparation of reagent water

3.4.2.4 흡착[56)]

흡착(adsorption)은 일반적으로 염화 이온과 유기 불순물 제거를 목적으로 입자상 활성탄(granular activated carbon)을 사용한다. 유기물질 제거의 효율은 유기 오염물질의 성질, 활성탄의 물리적 특성 및 작동 조건에 따라 다르다. 일반적으로, 유기물 흡착 효율성은 용해도에 반비례하고 분자량이 작은 것과 극성의 물질을 제거하는 데는 적절하지 않다. 활성탄 사이의 흡착정도의 차이는 다른 원료와 활성 절차의 차이에 있다. 최적의 활성탄을 이용한 적절한 흡착을 위해서는 칼럼에 필요한 최적 면속도와 체류시간이 주어져야 한다.

활성탄의 사용은 여과수의 저항에 안 좋은 영향을 줄 수 있다. 이 효과는 역삼투, 혼합된 이온수지 또는 특정 흡착제의 사용으로 조절한다. 유기물 오염을 가장 적게 하기 위해서 세정된 수지를 같이 사용하는 것이 좋으며, 추가적인 역삼투, 천연탄(natural carbon), 자외선 산화, 한외여과와 같은 전처리를 한다.

3.5 건조 오븐

다이얼이나 표시창에 나와 있는 설정 온도와 실제 온도를 주기적으로 확인한다. 180 °C 이상 온도를 유지하는지, 설정 온도에서 ± 2 °C 이내의 정밀도를 유지하는지 확인한다. 자세한 검·교정 및 확인 사항은 기록하여 문서화한다.

건조 오븐, 물중탕기, 가열판, 냉장고, 냉동고 등과 같이 온도조절기가 부착된 장비의 온도조절기에 대해 교정하고자 하는 경우는 대개 다음과 같은 절차에 따른다.

1) 기준온도계를 시험기기 중앙에 넣는다.
2) 시험기기의 온도조절기를 조작하여 적절한 온도를 설정한다.
3) 충분한 시간이 흘러 설정한 온도에 도달하였다고 판단될 때 기준온도계를 즉시 읽는다.
4) 위의 조작을 3회~5회 진행하고 그 평균값을 구한다.
5) 기준온도계의 평균값과 설정온도의 차이가 허용오차 이내인지 확인한다.
   - 허용오차는 개별 실험실의 특성에 맞게 자체적으로 규정하면 된다. 일반적으로 BOD 인큐베이터는 20 °C에서 ± 1 °C 이내, 총대장균군, 녹농균 및 분원성 연

56) Standard Methods 21st 1080 B methods for preparation of reagent water

쇄상구균 배양기는 35 °C에서 ± 0.5 °C 이내, 분원성 대장균 배양기는 44.5 °C 에서 ± 0.2 °C 이내, 물벼룩 배양용 배양기는 20 °C에서 ± 2 °C 이내를 유지해야 하며,[57] 기타 건조기, 배양기 등은 설정온도에서 ± 1 °C 이내의 허용오차라면 충분하다.

6) 설정온도가 허용오차를 벗어나는 경우 온도조절기를 조정 또는 수리한다.

7) 교정은 연 1회 이상 한다.

3.6 냉장고, 냉동고

표준물질, 유기 오염물질 시료, 중금속 오염물질 시료 등을 실험실 냉장고 또는 냉동고에 보관할 때는 교차오염 방지를 위해 반드시 구분하여 별도의 시설에 보관한다. 냉장고는 4 °C 이하의 온도를 유지할 수 있는지, 설정온도에서 ± 2 °C 이내의 정밀도를 유지하는지 주기적으로 확인한다. 자세한 검·교정 및 확인 사항은 기록하여 문서화한다.

3.7 물 중탕기

중탕기(water bath)는 5 °C ~ 100 °C의 온도가 조절 가능한 것으로 설정온도를 유지하는지 사용할 때마다 온도계로 확인하며 정제수 사용과 정기적인 세척으로 성능을 유지할 수 있도록 한다. 자세한 성능 확인 사항은 기록하여 문서화한다.

3.8 가열판

가열판(열판, hot plate)은 다이얼이나 표시창에 나와 있는 설정온도와 실제온도를 주기적으로 확인한다. 정제수와 온도계를 사용하여 100 °C의 온도를 유지하는지, 설정온도에서 ± 2 °C 이내의 정밀도를 유지하는지 확인한다. 자세한 검정·교정 및 확인 사항은 기록하여 문서화한다.

57) 수질오염공정시험기준 및 먹는물수질공정시험기준에 규정된 허용편차

3.9 가압 용매 추출기

가압 용매 추출기(PFE, pressurized fluid extractor)는 관과 노즐의 막힘 상태, 압력 유지 성능, 온도 유지 성능에 대해 정기적으로 확인한다. 온도-압력-시간 프로그램의 이상 여부, 추출장치의 청결 상태를 수시로 확인한다. 추출 용매, 토양 등 고체 바탕시료의 반복 측정을 통해 오염유무를 사용할 때마다 확인한다. 실험실은 검·교정 계획을 세우고 검·교정 사항과 유지·관리 내역을 기록하여 보관한다.

3.10 속슬레 추출기

속슬레 추출기(soxhlet extractor)는 휘발성 용매를 사용하여 토양과 같은 고체 속의 비휘발성 성분을 추출할 때 사용되는 유리기구로 용매 플라스크 위에 추출관, 그 위에 환류냉각기가 연결된 장치이다. 추출관 속의 원통형 여과지 또는 여과관에 고체 시료를 넣고 플라스크 속에 있는 용매를 가열하면, 용매의 증기는 위쪽 관을 지나 환류냉각기에서 응축되어 추출관에 괴어 시료 속의 가용 성분을 녹이고, 고인 용매는 오른쪽 사이펀에 의하여 그 꼭지점에 이르면 전부 용매 플라스크로 돌아오고, 새로운 용매는 또 추출관에 고인다. 이러한 과정이 반복되어 추출된다. 추출물은 용매 플라스크 속에 괸다. 추출이 끝나면 플라스크를 떼어 속에 있는 용매를 증류하면 비휘발성 성분은 증류 플라스크 속에 남는다.

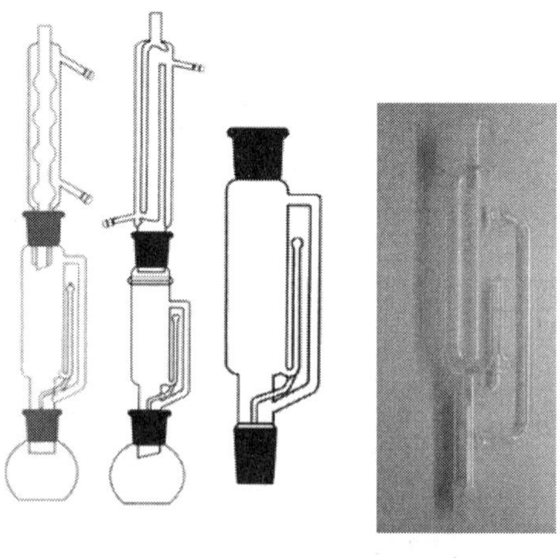

▶그림 I-26◀ 속슬레 추출기의 구조

각각의 수기는 지침에 따라 세척하여 오염물이 잔류하지 않도록 하여 사용한다. 환류 냉각기는 냉각수의 원활한 흐름을 주기적으로 확인하며, 추출관의 이음 상태를 확인하여 용매 증기가 유출되지 않도록 한다. 용매플라스크의 가열판은 적절한 온도로 설정하고 유지되는지를 확인한다.

3.11 회전 증발기

진공증발법으로 시료를 농축하는 방법의 하나로서 회전 증발기(rotary evaporator)를 사용한다. 감압으로 낮아진 비등점 이상의 온도로 가열하여 에틸에터(ethyl ether, $C_2H_5OC_2H_5$)나 다이클로로메테인(dichloromethane, CH_2Cl_2) 용매를 휘발하여 제거하는 장치이다. 진공을 위한 펌프의 성능과 가열장치의 성능을 확인하여 적절한 기능을 발휘하는지 점검한다. 오염유무 확인을 위해 바탕시험을 실시한다. 작동 중 기구의 이음 상태와 중탕기의 적절한 온도를 확인한다.

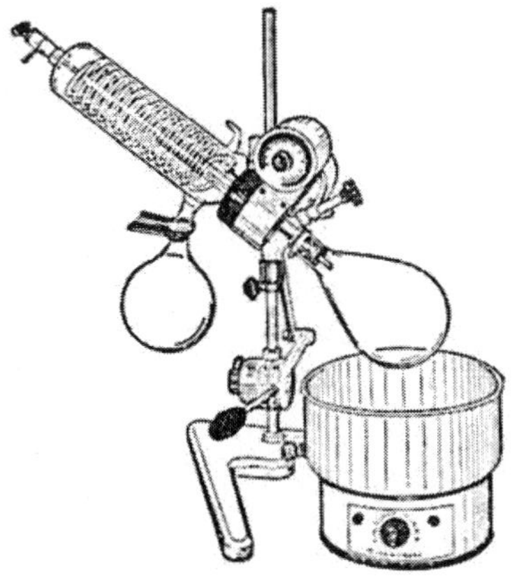

▶그림 I-27◀ 회전증발기

3.12 고압 멸균기(autoclave)

고압의 증기를 이용한 멸균기로 고압에 충분히 견딜 수 있는 철제로 되어 있으며, 뚜껑도 튼튼한 철제로 되어 있다. 죔쇠(clamp)로 뚜껑을 밀폐할 수 있게 되어 있다. 내부에 물을 넣고 가스나 전기로 가열해 수증기를 발생하거나 또는 직접 내부에 수증기를 보내 증기를 채운다. 압력조절판으로 적당한 압력에 달하게 하여 일정 온도의 증기로 시료를 멸균한다. 일반적으로 1.0 kg/cm^2 ~ 1.1 kg/cm^2(약 2기압)의 압력으로 120 °C ~ 121 °C[58])에서 15분 ~ 20분 정도 가열해서 멸균하는 경우가 많다. 사용 시 승온과 압력을 유지하는지, 온도-시간 프로그램의 이상 여부, 멸균기내 청결 상태를 확인한다. 내부 오염 확인을 위하여 사용할 때마다 사용자 이름과 실험 내역을 일지에 기록하여 비치한다.

정상적으로 멸균이 되는지를 확인하기 위해서는 멸균확인앰플(예: The Sterikon® plus Bioindicator)을 사용할 수 있다. 고압 멸균기에 3개 이상의 멸균확인앰플을 넣어 121 °C에서 15분간 멸균한 후 멸균한 앰플과 멸균하지 않은 앰플을 배양기에 넣고 60 °C에서 48시간 동안 배양한다. 배양 후 멸균한 앰플의 색이 분홍색이면 멸균이 정상적으로 된 것이며(호열균의 포자가 사멸) 노란색이면 호열균의 포자가 발아되어 산화된 것이기 때문에 정상적으로 멸균되지 않은 것으로 판단할 수 있다.

고압 멸균기의 사용 시 주의 사항은 다음과 같다.

휘발성 물질은 고압 멸균기를 사용하여 멸균하지 않는다.

- 멸균을 마친 후, 압력이 떨어지기 전까지는 뚜껑을 열지 않는다.
- 멸균할 액체는 액체의 부피보다 4배 ~ 5배 정도 큰 용기에 담아 멸균한다.
- 증기 발생을 위한 물은 증류수를 사용한다.
- 고압 멸균기 내부는 항상 깨끗이 한다.

3.13 배양기

배양기(incubator)는 사용할 때마다 설정 온도에서 ± 2 °C를 유지하는지, 내부 청결 상태를 확인한다. 내부 오염 확인을 위하여 사용할 때마다 사용자 이름과 실험 내역을 일지에 작성하여 비치한다. 자세한 검·교정 및 확인 사항은 기록하여 문서화한다.

58) 고압 멸균기를 121 °C에서 가동하는 것은 고온에서도 사멸되지 않는 미생물의 포자까지 사멸시키기 위함이다.

4 분석기기의 교정 및 관리[59)]

화학분석은 화학의 한 분야로 어떤 물질을 분리하고 분석하는 것이며 정성분석과 정량분석으로 구분된다. 정성분석은 "어떠한 물질이 존재하는가?"이며, 정량분석은 "어떤 물질이 얼마만큼 존재하는가?"이다. 환경분석에서는 "환경 중에 오염물질이 얼마만큼 존재하는가?"이므로 정성분석과 정량분석이 동시에 이루어진다. 특히 환경분석은 오염물질의 성분이 정해진 경우가 대부분이므로 정량분석 위주로 이루어진다. 이러한 정량분석은 가장 기본적으로 침전법과 발색법 등으로 확인이 가능한데 이를 습식분석(wet chemistry)법이라 하며, 분광광도계, 크로마토그래프, 적외선 스펙트럼과 같이 분석기기를 이용하는 방법을 기기분석이라고 한다. 환경분석에서 습식분석은 중량분석법, 적정법, 용량법 등으로 구분되며 분석 빠르고, 정확하며, 폭넓게 이용되고 있다. 현재 기기분석 방법도 많은 기술개발에 의해 환경분석에서 폭넓게 적용되고 있다. 이러한 기기분석에서 정량분석을 위해서는 분석 시스템(측정기기)의 교정과 표준화가 가장 중요한 요소이며, 성공적인 교정과 표준화가 있어야 시료분석 결과의 신뢰도를 확보할 수 있다.

4.1 분석기기 교정

분석기기 교정은 초기교정과 수시교정으로 구분된다. 초기교정은 분석기기가 안정화된 후 분석을 시작하기 전에 한다. 초기교정에 대한 검증은 분석 과정 중에 교정용 표준용액 또는 표준가스로 한다. 교정용 표준용액 또는 표준가스에 의한 초기교정에 대한 검증 결과가 허용기준을 초과할 경우에는 초기교정을 다시 실시하여 분석한다. 분석기기 교정은 시험 방법의 절차와 동일한 절차로 한다. 초기교정은 다양한 표준용액의 농도에 따른 분석기기의 반응에 따라 분석기기의 변수를 고려해야 한다. 교정곡선에 사용되는 표준용액 농도와 수량은 각 분석 방법의 조건과 실험실 표준작업절차서(SOPs, standard operation procedures)에 따라 선택한다. 만약 이러한 조건이 없다면 바탕시료(blanks)와 3개 이상의 농도를 만들어 교정곡선을 작성한다. 교정곡선의 장비별 작성 방법은 장비의 특성이나 모델에 따라 매우 다양하므로 자세한 내용은 장비 사용설명서 또는 실험실 표준작업절차서(SOPs)를 참고한다.

59) "Environmental Sampling and Analysis for Technicians", LEWIS PUBLISHERS, 1994, p 101

4.2 교정용 표준원액 및 표준용액

교정에 사용되는 표준용액이나 표준가스는 상업적으로 판매되는 제품을 사용하거나 실험실에서 제조한 용액을 사용할 수 있다.[60]

상업적으로 판매되는 표준용액은 KS A ISO Guide 34 '표준물질 생산기관의 자격에 대한 일반 요건(또는 ISO Guide 34 General requirements for the competence of reference material producers)'을 만족하는 기관에서 생산하며, 표준물질(RM, reference material)과 인증표준물질(CRM, certified reference material)로 구분된다.

▶표 I-29◀ 구매한 교정용 표준물질 관리대장(예시)

용액 이름 및 농도 : ______________________________
사용할 시험 : ______________________________
source : ______________________________
일련번호 : ______________________________
받은 날짜 : ______________________________
개봉한 날짜 : ______________________________
만기 날짜 : ______________________________
제조사 증명서 : ______________________________
저장 : ______________________________
폐기 날짜 : ______________________________
폐기 방법 : ______________________________
____
특이사항 : ______________________________
____
____
____
작성자 서명 : ______________ 날짜 : ______________

60) "Environmental Sampling and Analysis for Technicians", LEWIS PUBLISHERS, 1994, p 102-103

표준물질은 기기의 교정이나 측정 방법의 평가를 위해 사용되는 것으로 하나 또는 그 이상의 특성값을 나타내는 것으로 균일하고 규정된 것으로 순수한 또는 혼합된 기체, 액체 또는 고체의 형태를 갖는 것으로 정의된다. 인증표준물질은 인증서가 수반되는 표준물질로 하나 또는 그 이상의 특성값이 그 특성값을 나타내는 단위의 정확한 현시에의 소급성을 확립하는 절차에 따라 인증되고, 각 인증값에는 표기된 신뢰수준에서의 불확도가 첨부된 것을 말한다.[61] 이러한 표준물질은 관리대장을 만들어 기록해야 한다. 관리대장에는 표준물질(용액) 이름, 농도, 화학등급 혹은 순도, 일련번호, 공급처(또는 제조사), 받은 날짜, 만료날짜, 기록날짜, 기록인 서명이 적혀 있어야 한다.

실험실에서 제조한 교정 표준원액은 각 공정시험기준의 표준물질 제조 방법과 같은 방법으로 제조한 것으로 규정된 농도를 갖는다. 제조 과정에서 사용되는 비커, 부피플라스크, 피펫 등 모든 기구는 그 정확성을 검증받은 것을 사용하여 정확하게 제조한다. 제조한 표준원액은 관리일지를 만들어 기록해야 한다. 관리일지에는 표 I-30과 같이 교정용 저장용액의 이름 및 농도, 화학식, 화학등급, 공급처, 일련번호, 받은 날짜, 개봉한 날짜, 저장용액을 준비하기 위해 사용된 화학물질의 유효날짜를 기록한다. 준비된 용액의 부피, 사용한 양, 상세한 준비 단계와 조제 과정에 대한 정보도 기록한다.

이외 교정용 표준용액 제조 시에도 이를 관리대장에 기록한다. 관리대장은 표 I-31과 같이 저장용액의 농도, 원하는 농도에 대한 희석 방법, 조제한 날짜와 서명, 필요한 경우, 표준용액의 보관기간 및 저장 방법에 대한 내용도 포함해야 한다.

61) KS A ISO guide 30 표준물질 관련 용어 및 정의(2005)

▶표 I-30◀ 실험실에서 제조한 교정용 표준물질(용액) 관리대장(예시)

용액 이름 및 농도 : ____________________

사용될 시험 : ____________________

사용된 화학물질 정보

화학명 및 식 : ____________________

등급 : ____________________

일련번호 : ____________________

제조사(출처) : ____________________

받은 날짜 : ____________________

개봉 날짜 : ____________________

준비 절차

준비 전 화학물질의 온도 및 건조 시간 : ____________________

준비된 부피 : ____________________

사용된 화학물질의 양 : ____________________

특이사항 : ____________________

____

____

____

____

날짜 : ____________________ 서명 : ____________________

날짜 : ____________________ 감독관 서명 : ____________________

▶표 I-31◀ 교정용 표준물질(용액) 관리대장(예시)

시험 : ______________________________

최적 교정 범위 : ______________________________

저장용액, 농도 : ______________________________

표준물질의 최종 부피, mL : ______________________________

표준물질 농도	사용한 저장용액 부피
____________	____________
____________	____________
____________	____________
____________	____________

표준물질 수시 농도 계산 : ______________________________

____

준비 날짜 : ______________________________

만기 날짜 : ______________________________

저장 설명 : ______________________________

____

____

날짜 : ______________ 서명 : ______________

날짜 : ______________ 감독관 서명 : ______________

4.3 기기별 교정 및 관리[62]

4.3.1 초기교정(initial calibration)

초기교정은 각각 다른 농도에서의 교정 바탕시료(calibration blanks)에 대응하는 교정표

62) "Environmental Sampling and Analysis for Technicians", LEWIS PUBLISHERS, 1994, p 106-110

준물질(calibration standards)의 반응(response)에 바탕을 두고 기기에 주입한 농도와 반응한 농도가 직선을 유지해야 한다. 표준물질은 분석자가 준비하거나 높은 신뢰성을 갖는 기관에서 공급한 표준물질을 사용한다. 분석자가 준비한 표준물질을 사용하고자 하는 경우에는 표준물질의 정확성을 평가할 수 있는 능력을 갖추고 있어야 하며, 표준물질을 공급받은 경우에는 그 농도의 정확성을 확인할 수 있는 증명서를 공급자에게 요구하여 확보해야 한다. 모든 표준물질은 유효기간(보존 기간)이 기록되어 있어야 한다. 표준물질의 개수는 시험 방법에 따라 준비하거나, 분석기기 제조사의 매뉴얼에 따른다. 만약 시험방법이나 매뉴얼에 표준물질의 개수가 명시되어 있지 않으면 3개 농도의 표준물질을 이용하는 것이 좋다. 표준물질의 농도는 최적의 농도보다 높은 농도를 선택하여 '최고 농도'로 한다. 최고 농도의 절반 농도를 '중간 농도'로 하며, 최고 농도의 5분의 1 농도(20 %)를 '최저 농도'로 한다. 표준물질의 농도와 장비의 반응성을 고려하여 교정범위를 선정한다. 교정범위에 따라 교정곡선을 작성한 다음 교정곡선에 대한 상관관계를 산출하여 0.9998을 초과해야 한다. 만약 그렇지 않다면 다시 작성한다.

4.3.2 연속교정표준물질(CCS, continuing calibration standard)

연속교정표준물질은 시료를 분석하는 중에 교정의 정확성을 확인하기 위해 사용하는 표준물질이다. 일반적으로 초기 교정곡선 작성 시 사용된 중간 정도의 농도를 갖는 표준물질을 사용하여 농도를 확인한다. 연속교정은 교정곡선이 평가된 후 바로 실시하며, 시료군의 분석 과정에서는 표준물질의 농도 분석 결과(참값)와의 편차가 ± 5 % 이내여야 하며, 이를 만족하면 계속해서 남은 시료를 분석한다.

4.3.3 교정검증표준물질(CVS, calibration verification standard)

교정검증표준물질은 교정의 정확성과 교정곡선의 검증을 위해 사용되는 농도값을 알고 있는 표준물질이다. 이 용액은 인증표준물질(CRM, certified reference material)을 사용하거나 교정곡선을 작성할 때 사용한 표준물질과는 출처가 다른 표준물질을 사용한다. 회수율은 100 % 회수율로부터 편차가 ± 10 % 이내여야 한다. 교정검증표준물질(CVS) 또는 QC 검증표준물질에 대한 관리대장은 표 I-32와 같이 작성하여 기록한다.

▶표 I-32◀ 교정검증표준물질(CVS) 또는 QC 검증표준물질 관리대장(예시)

시료명 및 농도: ______________________________

저장 방법 : ______________________________

표준물질을 외부에서 구입할 때

제조사 : ______________________________

보증 가능 항목 : ______________________________

수령 일자 : ______________________________

유효 기간 : ______________________________

저장 방법 : ______________________________

표준물질을 실험실에서 제조할 때

이름, 분자식, 시약등급 : ______________________________

일련번호 : ______________________________

표준물질 수령 일자 :______________________________

표준물질 개봉 일자 : ______________________________

유효 기간 : ______________________________

준비 과정 : ______________________________

____

____

____

작성자 사인 : ______________________ 날짜 : ______________

감독관 사인 : ______________________ 날짜 : ______________

4.3.4 바탕시료와 실험실관리표준물질(LCS, laboratory control standard)

시료분석에는 침전, 증류, 추출, 여과와 같은 다양한 전처리를 필요로 한다. 따라서 이러한 전처리에 의한 시료의 영향을 검증할 필요가 있으므로 이를 위해 시료의 전처리와 동일한 과정으로 바탕시료와 표준시료를 전처리한다. 바탕시료는 측정하고자 하는 대상물질이 포함되지 않은 시료로 준비하며, 실험실관리표준물질은 교정검증표준물질과 같은 농도의 시료로 준비한다. 준비된 바탕시료와 실험실관리표준시료를 시료와 같은 절차에 따라 전처리하여 측정하며 회수율은 100 % 회수율로부터 편차가 ± 15 %에 있어야 한다.

4.3.5 교정곡선 작성 절차

초기 교정곡선 작성 방법은 다음과 같은 절차에 따른다.

- 시험 방법에 따라 최적 범위 안에서 교정용 표준물질과 바탕시료를 사용해 교정곡선을 그린다.
- 계산된 상관계수에 의해 교정곡선의 허용 혹은 허용불가를 결정한다.[63)]
- 교정곡선의 정확성을 검증하기 위해 바탕시료와 첨가시료, 복수시료 등을 포함한 10개의 시료를 분석한 후에 연속교정표준물질(CCS, continuing calibration standard)을 사용해 검증하며 연속교정표준물질이 갖는 농도(참값)의 ± 5 % 내에 있어야 한다.
- 초기교정의 정확성을 확인하기 위해 교정검증표준물질(CVS, calibration verification standard)을 사용해 검증한다. 교정검증표준물질은 교정용 표준물질과는 다른 제품을 사용한다. 초기교정이 허용되기 위해서는 교정검증표준물질 참값의 ± 10 % 내에 있어야 하며, 이 허용범위를 만족한다면 분석을 계속한다.[64)]
- 분석법에 시료 전처리가 포함되어 있다면, 바탕시료와 실험실관리표준물질(LCS, laboratory control standard)을 시료와 같은 방법으로 전처리하여 측정한다. 그 결과는 실험실관리표준물질 실제값의 ± 15 % 이내에 있어야 한다.
- CCS 혹은 CVS가 허용범위에 들지 못했을 경우, 분석을 멈추고 다시 새로운 초기교정을 실시한다. 허용범위를 만족한다면 분석을 계속하되 동일한 검증을 시료 20개당 1회씩 실시한다.

4.4 기기별 관리 및 점검

4.4.1 pH 측정기

특정 범위로 특별히 설계되거나 폭넓게 일반적으로 설계된 pH 전극은 대개 실험실의 규

63) ES 04001.b(정도보증/정도관리) '2.2.4 검정곡선의 작성 및 검증'에 의하면 "검정곡선을 작성하고 얻어진 검정곡선의 결정계수(R^2) 또는 감응계수(RF, response factor)의 상대표준편차가 일정 수준 이내에 있어야 하며, 결정계수나 감응계수의 상대표준편차가 허용범위를 벗어나면 재작성해야 한다."고 규정되어 있다. 결정계수 또는 감응계수의 상대표준편차 허용기준은 각 항목별 시험 방법 중 '정도관리 목표값'에 제시되어 있다.

64) ES 04001.b(정도보증/정도관리) '2.2.4 검정곡선의 작성 및 검증'에 의하면 "분석 과정 중 검정곡선의 직선성을 검증하기 위하여 각 시료군(20개 이내)마다 1회의 검정곡선 검증을 실시"해야 하며, "검증은 방법검출한계의 5배 ~ 50배 또는 검정곡선의 중간 농도에 해당하는 표준용액에 대한 측정값이 검정곡선 작성 시의 지시값과 10 % 이내에서 일치해야 한다. 만약 이 범위를 넘는 경우 검정곡선을 재작성해야 한다."고 규정되어 있다.

격을 만족하고 있다. pH 전극으로 유리전극이나 플라스틱 전극을 채용한 측정기기는 내구성이 강하고, pH 전 영역을 측정할 수 있어 실험실에서 사용하기 적합하다. 최근 관리가 필요한 전해질 용액 타입의 전극이 아닌 고체 젤 타입의 물질을 채워 사용이 편리한 전극도 존재한다.

pH 측정기는 교정 후 시료를 측정하기 전에, 농도 값을 알고 있는 QC용 검사 시료를 측정한다. 이 검사 시료의 측정값이 만족스럽다면, 이 기기의 측정 결과는 정확하고 믿을 수 있다. pH 미터의 종류별 특성을 표 I-33에 나타내었으며, 표 I-34는 pH 측정일지 예시를 나타내었다. pH 미터의 일반적인 문제점과 해결 방법은 표 I-35에 나타내었으며, 표 I-36에 전극 타입 측정 방법의 QC 허용기준[65]을 나타내었다.

▶표 I-33◀ pH 미터의 종류별 특성

종류	범위		최소단위		정확도		재현성		온도
	pH	mV	pH	mV	pH	mV	pH	mV	℃
일반형	0~14	± 1,400	0.1	10	± 0.05	± 5	± 0.02	± 2	0 ~ 100
확장형	0~1	± 100	0.005	0.5	± 0.002	-	± 0.002	± 0.2	0 ~ 100

▶표 I-34◀ pH 측정을 위한 시험일지(예시)

시험법 번호 : ______________________ 날짜: ______________________

분석자 : ______________________ pH미터 모델명: ______________________

시료 ID 번호	시료 설명	측정값 pH	시료 온도 °C	특이사항
	pH 7.00 완충용액			
	pH 4.00 완충용액			
	pH 1.00 완충용액			
	QC 시료			
	이중시료			

QC 시료 참값 : ______________________

정밀도(RPD) : ______________________ 허용 가능한 제한값 : ______________________

정확도(% R) : ______________________ 허용 가능한 제한값 : ______________________

65) PNNL, Regulatory DQO Test Plan for Determining Method Detection Limits, Estimated Quantitation Limits, and Quality Assurance Criteria for Specified Analytes, 2001

▶표 I-35◀ pH 미터의 일반적인 문제점 및 개선 방법

일반적 문제점	고장 원인	개선 방법
모든 측정 결과가 6.2~6.8로 나타남	1) 유리전극 파손 2) 압력관 균열	1) 전극 교체 2) 제조사 문의
모든 측정 결과가 7.00으로 나타남	1) 연결 불량 2) 내부 합선	1) 연결 상태 확인 2) 연결부위 수리
버퍼 용액 응답시간 지연 (30초 이상)	1) 청소 상태 불량 pH 전극 또는 기준전극 2) 시료 온도가 낮음	1) 청소용 도구를 이용하여 전극 청소 2) 단면 전극은 10 °C 이상, 둥근 전극은 0 °C 이상에서 측정
버퍼용액과 측정 결과 차이	1) 기준 변질 2) 접지 루프	1) 특별한 기준 주문 2) 전극 교체
짧은 스팬(70 % 이하)	1) 청소 상태 불량 pH 전극 또는 기준 전극 2) 전극 노후화	1) 전극 청소 2) 전극 교체
불안정한 측정 결과	1) 기준 전극 오염 또는 합선	1) 전극 청소

▶표 I-36◀ 전극 타입 측정 방법의 QC 허용기준

QC 시료	측정 시기/주기	허용기준	분석 실패 시 조치사항
초기교정검증(ICV)	교정곡선 작성 직후(일반적으로 중간 농도 사용)	90 ~ 110 %	- 실패 원인 조사 - 교정곡선 재작성
초기교정 바탕시료 (ICB)	초기교정검증(ICV) 직후	< 평가된 정량한계(EQL)	- 실패 원인 조사 - 교정곡선 재작성
연속교정검증 (CCV)	시료 10개당 1회, 분석 종료 후 1회	장기간 통계지표에 기초함	- 모든 시료 재분석
연속교정 바탕시료 (CCB)	연속교정검증(CCV) 직후	< EQL	- 모든 시료 재분석

pH 측정기의 내부 검정 방법은 기기 제조사의 매뉴얼에 따르며, 일반적으로 다음과 같은 절차를 적용할 수 있다.[66]

1) 항상 사용 전에 검정한다.
2) 사용하기 전에 전극은 저장용액으로부터 꺼내어 증류수로 여러 번 씻고 전극표면의 물방울을 여과지로 제거한다.
3) 인산염 표준용액(pH 6.86, 25 °C에서)으로 헹군 다음, 이 용액에 전극을 담가 pH 값이 평형에 이르도록 하여 검정 과정을 실시한다. 이때 평형에 빨리 도달하게 하

66) 한국표준과학연구원, pH측정기의 시험절차, T-02-008-2000

기 위해 중간 속도로 교반기로 교반할 수 있다.

4) 전극을 첫 번째 표준용액에서 꺼내어 증류수로 여러 번 씻은 다음, 두 번째 표준용액으로 헹구고 이 용액에 담가 처음과 같은 방법으로 검정한다. 두 번째 표준용액은 실제시료와 2 이상의 pH 차이가 나지 않는 것을 선택해야 한다.
5) 검정이 끝난 전극을 증류수로 씻은 다음, pH 10 이하의 세 번째 표준용액으로 pH를 측정하여 유리전극의 감응성이 직선성을 유지하는지 확인한다. 세 번째 표준용액은 두 번째 표준용액과 pH 3 이상 차이나는 것을 사용하며 어떠한 정확도를 가진 전극이든 pH 0.1 이상의 차이가 나는 것은 potentiometer나 전극에 이상이 있는 것이므로 점검해야 한다. 정밀한 측정을 원할 때는 ± 0.03 이상을 벗어나지 않아야 한다.
6) 검정 과정이 끝나면 pH값을 알고 있는 표준용액으로 pH를 측정하여 결과의 정확성 여부를 확인한다. 허용오차를 벗어나면 오차요인을 확인해야 한다.

4.4.2 전기 전도도계

전기 전도도계는 전도도를 감지해 내는 부분은 백금으로 도금된 얇은 판 두 개가 병렬로 구성되어 있는 전도도 셀을 사용한다. 전도도 셀을 보호하기 위해 유리관 내부에 설치하고, 유리관 옆 부분이 열려있어 시료와 접촉할 수 있도록 되어 있다. 유리관 이외에 플라스틱과 같은 단단한 고무재질도 많이 이용하고 있다. 일반적으로 전도도 셀 검사는 셀 표면의 코팅 상태, 셀 표면의 생물막 유무 확인, 셀 판이 구부러지거나 찌그러짐에 대한 확인, 유도선이 잘 위치하고 있는가를 확인한다.

전기 전도도는 온도의 영향을 매우 크게 받으므로 측정 시 이를 보정해야 한다. 일반적으로 25 °C 기준으로 측정하며, 시료의 온도가 25 °C가 아닐 경우 수학적으로나 전기적으로 보정하여 기록한다.

전기 전도도계는 매우 단순한 구조를 가지고 있기 때문에 결함이 거의 없다. 셀 안에서 발생하는 문제가 대부분이며, 정확한 사용 절차는 다음과 같다.

1) 기준셀과 측정셀을 전기 전도도 표준용액(KCl 용액)으로 보정한다.
2) 정제수로 수차례 충분히 씻어 준다.
3) 전도도 셀을 시료에 수차례 담그면서 결과 값이 안정화될 때까지 기다린다.
4) 측정 결과가 흔들릴 경우 번갈아 측정하여 최댓값과 최솟값을 기록한다.

표 I-37은 전기 전도도계의 일반적인 문제점과 개선 방법을 나타내었다.

▶표 I-37◀ 전기 전도도계의 일반적인 문제점 및 개선 방법

일반적 문제점	고장 원인	개선 방법
출력 불량	1) 전기 전도도 센서 접속 불량 2) 접속 단자 불량 3) 케이블 손상 또는 내부 합선	1) 모든 연결 상태 확인 2) 접속단자 확인 3) 제조사 연락
표준용액과 출력값과의 차이(10 % 이상)	1) 표준용액이 오염되거나 변질 2) 전극 오염 3) 표준용액의 측정범위 초과	1) 표준용액 교체 2) 전극 청소 3) 측정범위 점검
불안정한 측정 결과 또는 결과 변화	전극에 기포 존재	1) 비커에 담아 측정 시 전극 주위를 교반하거나 흔들어 공기방울을 제거 2) 전극을 옆으로 뉘어 공기방울 배출
전기 전도도 표준용액에서 전극값이 바뀌지 않음	1) 전극이 완전히 잠기지 않음 2) 전극이 컨트롤러와 연결 불량	1) 부속 연결 상태 확인 및 전극을 완전히 잠기게 함 2) 연결선 점검

전기 전도도의 QC 허용기준은 pH 측정기의 QC 허용기준과 동일하다.

4.4.3 용존산소 측정기

용존산소 측정기의 성능검사는 윙클러 적정 방법으로 매년 검사한다. 시료의 용존산소 함량은 멤브레인 전극 방법으로 측정한 결과와 윙클러 적정 방법을 적용한 결과가 상당히 차이가 있다면, 적절한 시정조치를 취해 그 문제를 해결해야 한다.

용존산소 측정기기의 QC 허용기준은 pH 측정기 QC 허용기준과 동일하다.

일반적인 문제점과 개선 방법은 표 I-38과 같다.

4.4.4 탁도계

시료를 측정하기 전에 표준물질로 매번 탁도계를 교정한다. 이 탁도계의 성능은 최소한 반년에 한 번씩 주기적으로 검사해야 한다. 탁도계의 불량 여부는 실험실에서 준비된

▶표 I-38◀ 용존산소 측정기의 일반적인 문제점 및 개선 방법

일반적 문제점	고장 원인	개선 방법
출력 불량	1) DO 센서 연결 불량 2) 연결 부분 불량 3) 센서 내부 또는 케이블 연결 불량	1) 센서 연결 부분 전체 확인 2) 센서 연결선의 단락 검사 3) 제조사 연락
출력 결과와 적정 방법과 차이	센서 교정 (검량곡선 재작성)	센서 결과와 적정 방법과의 차이를 비교하여 보정
측정 결과가 안정하지 못하거나 낮아지는 경우	전해질이 소진	멤브레인과 전해질 교체

formazine 저장용액의 측정 결과로 알아볼 수 있다.

Formazine 저장용액(formazine stock solution)은 점검 수행 하루 전에 준비하며, 다음의 용액1과 용액2로 조제한다.

- 용액1: 1.00 g hydrazine sulfate[$(NH_2)_2 \cdot H_2SO_4$]에 정제수를 가하여 녹이고 총량을 100 mL로 한다.
- 용액2: 10 g hexamethylene tetramine[$(CH_2)_6N_4$]에 정제수를 가하여 녹이고 총량을 100 mL로 한다.

이들 용액을 냉장고에 저장하면 6개월 동안 사용 가능하며, 사용을 위해 실온에서 따뜻해질 때까지 기다리고, 사용하기 전에 섞는다.

formazine 저장용액 제조 방법은 100 mL 부피 플라스크(volumetric flask)에 용액1 5 mL와 용액2 5 mL를 취하여 섞은 후 실온에서 24시간 동안 교반하고, 정제수를 가하여 총량을 100 mL로 한다. 이 저장용액의 값을 400 NTU(nephelometric turbidity unit)라고 한다. 냉장고에 저장하면 한 달 동안 동일한 상태를 유지한다. 이 저장용액을 다른 농도범위로 희석하고(400 NTU를 10배 희석하면 40 NTU) 성능을 점검한다. 차이가 생기면 시정조치를 취한다.

탁도계의 교정 및 성능 검사표는 표 I-39와 같다.

▶표 I-39◀ 탁도계의 교정 및 성능 검사표(예시)

모델 : ______________________________

날짜	교정				성능				서명
	0.4 NTU	4.0 NTU	40 NTU	100 NTU	0.2 NTU	2.0 NTU	20 NTU	100 NTU	

탁도계의 QC 허용기준은 pH 측정기 QC 허용기준과 같다.

4.4.5 총유기탄소 측정기[67)]

하천이나 폐수 중에 존재하는 유기탄소의 양을 측정하는 총유기탄소 측정기는 최근 몇 년 동안 많이 출시되었다. 총유기탄소 분석기는 시료를 20 μL ~ 200 μL를 주입하여 열분해(600 °C 이상)하여 발생한 이산화 탄소를 근적외선(IR)으로 검출하여 측정한다. 이 방법은 총유기탄소 측정기에 가장 보편적인 분석 방법으로 활용되고 있다.

다른 형태의 총유기탄소 측정 방법으로는 UV 램프와 다양한 과황산염을 이용한 방법과 메탄을 이산화 탄소로 산화시켜 불꽃이온검출기로 정량하는 방법이 있다. 또한 토양이나 슬러지 중의 총유기탄소를 측정할 수 있는 측정기도 개발되었다. 총유기탄소 측정에서 무기탄소 제거 또는 입자상물질에 대한 대표성이 있는 시료를 채취하는 것이 무엇보다 중요하다. 따라서 이러한 문제를 해결할 수 있는 기기를 선택하거나 부득이 입자상물질이 여과되는 경우는 그 측정 결과와 실제 총유기탄소 값과의 관계를 확인해 두는 것이 좋다.

표 I-40에 총유기탄소 측정기의 QC 허용기준[68)]을 나타내었다.

4.4.6 UV-VIS 분광광도계(UV-VIS spectrophotometer)

UV-VIS 분광광도계는 환경실험실에서 가장 많이 사용되는 기본 장비이다. 일반적으로 UV-VIS 분광광도계는 200 nm ~ 1000 nm 사이의 파장을 측정하며, 이 파장 범위에 대한 바탕선(baseline, blank)의 안정도와 반복 측정에 의한 반복성과 재현성이 확보되어야 한다. 또한 시험 항목별로 방법 검출한계(MDL)를 정기적으로 확인한다. 장비의 관리를 보다 정밀히 수행하기 위해서는 장비 제조사와 검·교정 계약을 체결하여 주기적으로 정확도를 검증받는 것이 권장된다. 실험실 내부적 관리 및 점검 계획을 세우고 UV-VIS 분광광도계의 상태의 점검기록을 보관한다.

일반적으로 UV-VIS 분광광도계의 검·교정주기는 12개월이며 분광광도계의 교정 방법은 수질오염공정시험기준에 명시된 내용에 따라 파장눈금, 흡광도의 보정 및 떠돌이빛(stray light)의 유무조사로 실시할 수 있다.

4.4.6.1 설치 환경 및 점검

UV-VIS 분광광도계의 설치는 다음과 같은 조건[69)]을 구비한 실내에 설치한다.

---

67) EPA, Handbook for Analytical Quality Control in Water and Wastewater Laboratorie,1979

68) PNNL, Regulatory DQO Test Plan for Determining Method Detection Limits, Estimated Quantitation Limits, and Quality Assurance Criteria for Specified Analytes, 2001

69) KS M 0012, 흡광 광도 분석 통칙, 2009

▶표 I-40◀ 총유기탄소 측정기의 QC 허용기준

시료	세부 내용 및 주기	허용기준
바탕시료 (Blanks)	각 시료군(batch)마다 하나의 시약바탕시료(reagent blank)를 분석한다.	시약바탕시료 < 0.35 mg/L
보관시간 (Holding time)	시료 채취 후 28일 이내로 분석한다.	pH ≤ 2와 온도 ≤ 6 °C에서 보관 및 저장
초기능력검증 (IDC, initial demonstration of capability)	TOC 측정기를 설치할 때마다, 분석자가 교체될 때마다 수행한다.	평균회수율: 80 % ~ 120 % %RSD ≤ 20 %
연속교정검증 (CCV, continuing calibration verification)	각 시료군(batch)을 분석하기 전 1회, 시료 10개당 1회, 분석 종료 후 1회 실시한다. Low CCV: 최소보고수준의 농도이거나 그 이하 Mid CCV: 초기교정곡선의 중간 농도 High CCV: 교정곡선용 표준용액중 가장 높은 농도	Low-CCV: 참값에 대하여 ± 50 % 이내. Mid-CCV: 참값에 대하여 ± 20 % 이내. High-CCV: 참값에 대하여 ± 15 % 이내.
현장 이중시료 (FD, field duplicate)	각 시료군(batch)마다 한 개의 현장 이중시료(FD)를 준비한다.	RPD ≤ 20 %
실험실첨가매질시료(LFM, laboratory fortified matrix)	각 시료군(batch)마다 하나의 실험실첨가매질 시료(LFM)을 분석한다. 첨가량은 측정되거나 예상되는 농도에 대해 50 % ~200 %의 증가분이 나타나도록 실험실첨가매질시료(LFM)를 준비한다.	회수율이 70 % ~ 130 % 범위를 벗어날 경우 매질효과(matrix effect) 조사의 근거가 된다.
QC 시료 (QCS, quality control sample)	초기능력검증(IDC)을 수행하는 동안, 새로운 교정곡선을 작성한 후, 새로운 표준용액을 준비할 때마다 QC 시료를 분석한다. 또는 최소 분기별로 실시한다.	1 mg/L ~ 5 mg/L에 해당하는 QCS 측정값이 참값에 대하여 ± 20 % 이내에 있어야 한다.
교정곡선 (calibration curve)	표준용액을 조제하거나 연속교정검증(CCV)의 QC 허용기준을 벗어날 때 새로운 교정곡선을 작성한다.	R^2 ≥ 0.993

- 강한 자장, 전장, 고주파 등이 발생하는 장치가 가까이 있지 않을 것
- 강한 진동 또는 계속적인 진동이 없을 것
- 먼지가 적을 것
- 부식성 기체가 없을 것
- 직사광선이 닿지 않을 것
- 실험실 온도는 15 °C ~ 35 °C로 할 것
- 상대 습도는 45 % ~ 80 %로 변화가 적고, 이슬이 생기지 않을 것

UV-VIS 분광광도계 사용 시 다음 사항70)을 주기적으로 관리 점검한다.

• 수시 또는 매일 점검
  – 시료측정부 청결 상태
• 매월 점검
  – 램프의 사용시간
  – 바탕선(baseline)의 흔들림
  – 석영셀 청결 상태
• 분기 또는 반년 점검
  – 파장의 정확성

UV-VIS 분광광도계를 이용한 교정곡선 작성 및 시료 측정 방법71)은 다음과 같이 수행하는 것이 바람직하다.

(1) 바탕시료로 기기의 영점을 맞춘다.
(2) 한 개의 연속교정표준물질(CCS)로 교정곡선을 확인한다. 각 농도는 표준물질 참값의 ± 5 % 내에 있어야 한다.
(3) 교정검증표준물질(CVS)로 교정곡선을 검증한다. 교정검증표준물질 참값의 ± 10 % 내에 있어야 한다.
(4) 시약 바탕시료(reagent blank), 첨가시료, 이중시료를 포함한 10개의 시료를 분석한 후 교정곡선이 확인되고 검증되어야 한다.
(5) 교정곡선의 어떤 중간 농도값을 확인하기 위하여 연속교정표준물질(CCS)을 다시 분석한다(검증값은 연속교정표준물질 참값의 ± 5 % 이내).
(6) 초기교정절차와 동일한 방법으로 분석 과정을 진행한다.

4.4.6.2 검정 방법

UV-분광광도계의 검정은 다음과 같은 항목을 실시한다.

• 파장의 정확도
• 파장의 반복 정밀도
• 측광 반복 정밀도

70) Shimadzu, Instruction manual UV-2401PC/2501PC, p 4-2
71) Maria Csuros, Environmental Sampling and Analysis for Technicians, LEWIS PUBLISHERS, 1994, p 109-110

• 바탕선의 안정도

각 항목별 검정 방법은 다음과 같다.

• 파장의 정확도 : 저압 수은 램프 또는 중수소 방전관에서 방사되는 선스펙트럼이나 파장 교정용 광학 필터(네오디뮴 필터(neodymium filter), 홀뮴 필터(holmium filter) 등의 유리제 광학 필터, 홀뮴 용액 필터 등이 사용 가능)의 흡수 곡선을 측정하고 선스펙트럼에서는 가장 큰 강도를 나타내는 파장, 광학 필터에서는 가장 큰 흡수값을 구하여 파장 표시값과 파장 표준값의 편차로 나타낸다. 파장 교정용 광학 필터는 구매 비용이 비싸고 검정기관에서 주로 사용되는 것으로 램프의 선스펙트럼을 사용하여 파장의 눈금을 교정한다. 중수소 방전관은 가장 많이 사용되는 램프로 486.00 nm, 656.10 nm 파장에서 빛의 세기가 극대 강도를 나타낸다. 따라서 표 I-41과 같은 파장 정확도 평가표를 기록한다.
• 파장의 반복 정밀도 : 파장의 반복 정밀도는 저압 수은 램프 또는 중수소 방전관에서 방사되는 동일 선스펙트럼의 스펙트럼 또는 광학 필터의 흡수곡선을 여러 번 반복 측정했을 때 파장값의 편차로 나타낸다. 최소 3회 이상 반복 측정하여 기록한다.
• 측광 반복 정밀도 : 경시 변화가 없는 시료를 시료부에 장착하고 투과율 또는 흡광도를 측정한다. 이어 먼저 시료를 꺼내고 새 시료를 같은 방법으로 장착하고 측정한다. 이 조작을 여러 번 반복했을 때 측정값의 편차로 나타낸다. 최소 3회 이상 반복 측정하여 기록한다.
• 바탕선의 안정도 : 시료부에 시료를 넣지 않고 지정 파장 영역을 주사했을 때의 투과율 또는 흡광도 측정값의 변동으로 나타낸다.

▶표 I-41◀ 중수소 방전관 파장 정확도 평가표

측 정 일	파 장	측 정 치	오 차	확인
	486.0 nm	nm	nm	
	656.1 nm	nm	nm	
	486.0 nm	nm	nm	
	656.1 nm	nm	nm	
	486.0 nm	nm	nm	
	656.1 nm	nm	nm	
	486.0 nm	nm	nm	
	656.1 nm	nm	nm	
	486.0 nm	nm	nm	
	656.1 nm	nm	nm	

분광광도계 QC 허용기준[72])을 표 I-42에 나타내었다.

▶표 I-42◀ 분광광도계 QC 허용기준

QC 시료	측정 시기/주기	허용기준	분석 실패 시 조치사항
초기교정검증(ICV)	교정곡선 작성 직후(일반적으로 중간 농도 사용)	90 %~110 %	– 실패 원인 조사 – 교정곡선 재작성
초기교정 바탕시료(ICB)	초기교정검증(ICV) 직후	< EQL	– 실패 원인 조사 – 교정곡선 재작성
연속교정검증(CCV)	시료 10개당 1회, 분석 종료 후 1회	장기간 통계지표에 기초함	– 모든 시료 재분석
연속교정 바탕시료(CCB)	연속교정검증(CCV) 직후	< EQL	– 모든 시료 재분석

EQL : Estimated Quantitation Limit, 평가된 정량한계
ICV : Initial Calibration Verification, 초기교정검증
ICB : Initial Calibration Blanks, 초기교정 바탕시료
CCB : Continuing Calibration Blanks, 연속교정 바탕시료

4.4.7 이온 크로마토그래프(ion chromatograph)

바탕시료와 정제수를 이용한 바탕선 안정도, 표준물질 측정 결과의 과거 자료 비교를 통한 정확도 성능 확인, 반복 측정에 의한 정밀도 성능 확인을 주기적으로 수행하며 이온 칼럼과 억제기(suppressor)는 유효기간 이내에 교체한다. 자동시료공급기(auto-sampler)가 부착되어 있을 경우 자동시료공급기의 성능, 정확도·정밀도 시험을 정기적으로 수행하고 청결 상태를 사용할 때마다 확인한다. 장비의 시험 항목별 기기 검출한계(IDL, instrument detection limit), 정확도, 정밀도 시험을 정기적으로 수행한다. 제조사와 실험실 사이에 검·교정 계약을 체결하여 주기적으로 장비의 신뢰도를 증명하는 것이 권장되며, 실험실은 검·교정 계획을 세우고 검·교정 사항과 유지·관리 내역을 기록하여 보관한다.

표 I-43에 이온 크로마토그래피 QC 기준을 나타내었다.

72) PNNL, Regulatory DQO Test Plan for Determining Method Detection Limits, Estimated Quantitation Limits, and Quality Assurance Criteria for Specified Analytes, 2001

▶표 I-43◀ 이온 크로마토그래피 QC 허용기준(양이온)

QC 시료	측정 시기/주기	허용기준	분석 실패 시 조치사항
초기교정검증(ICV)	교정곡선 작성 직후(일반적으로 중간 농도 사용)	95 % ~ 105 %	− 실패 원인 조사 − 교정곡선 재작성
초기교정 바탕시료(ICB)	초기교정검증(ICV) 직후	< EQL (평가된 정량한계)	− 실패 원인 조사 − 교정곡선 재작성
연속교정검증(CCV)	시료 10개당 1회, 분석 종료 후 1회	95 % ~ 105 %	− 실패 원인 조사 − 교정곡선 재작성 − 시료 재분석
연속교정 바탕시료(CCB)	연속교정검증(CCV) 이후 매회	< EQL (평가된 정량한계)	− 실패 원인 조사 − 교정곡선 재작성 − 시료 재분석

4.4.8 원자흡수분광광도계(AAS, atomic absorption spectrophotometer)

바탕시료와 정제수를 이용한 바탕선 안정도, 램프의 이상 유무, 회절격자, 광전자 증배관 검출기, 190 nm ~ 800 nm 스크리닝 등의 확인을 주기적으로 수행하며 자동 시료 채취 장치가 부착되어 있을 경우 자동 시료 채취 장치의 성능, 시험 항목별 정확도·정밀도 시험을 정기적으로 수행하고 사용할 때마다 청결 상태를 확인한다. 장비의 시험 항목별 기기 검출한계, 정확도, 정밀도 시험을 정기적으로 수행한다. 제조사와 실험실 사이에 검정·교정 계약을 체결하여 주기적으로 장비의 신뢰도를 증명할 것을 권장하며, 실험실은 검·교정 계획을 세우고 검·교정 사항과 유지·관리 내역을 기록하여 보관한다.

4.4.8.1 불꽃과 흑연로(flame and graphite furnace) 원자흡수분광광도계

AAS의 성능은 분석절차의 일부분으로 다른 금속을 분석할 때마다 점검한다. 성능 검사를 통해 램프 혹은 분광기의 문제점을 알 수 있고 기기의 최적 상태를 알 수 있는데 이는 감도검사표준용액(sensitivity check standard)을 이용한다. 이 표준용액의 농도는 각각의 시험 방법에 의해 제시된 금속의 농도를 따른다. 이 표준용액의 흡광도(ABS)는 0.200이며 오차가 ± 10 % 이상이라면, 기기는 올바르게 작동하지 않은 것이고 교정이 필요하다. 불꽃원자흡수분광광도계와 흑연로원자흡수분광광도계에 대한 감도검사표준용액의 농도 및 그 성능 검사표는 표 I-44와 표 I-45에 나타내었다.

▶표 I-44◀ 불꽃원자흡수분광광도계에 대한 성능 검사표

모델 : ______________________________

원소	감도검사표준용액, mg/L	측정 ABS	비고(적/부)
알루미늄(Al)	50		
안티모니(Sb)	25		
바륨(Ba)	20		
베릴륨(Be)	1.5		
422.7 nm에서 칼슘(Ca)	4.0		
287.4 nm에서 칼슘(Ca)	60		
228.8 nm에서 카드뮴(Cd)	1.5		
368.4 nm에서 카드뮴(Cd)	850		
코발트(Co)	7.0		
크로뮴(Cr)	4.0		
구리(Cu)	4.0		
철(Fe)	5.0		
납(Pb)	20		
포타슘(K)	2.0		
마그네슘(Mg)	0.3		
망가니즈(Mn)	2.5		
몰리브데넘(Mo)	30		
니켈(Ni)	7.0		
규소(Si)	100		
소듐(Na)	0.5		
스트론튬(Sr)	5.0		
주석(Sn)	150		
타이타늄(Ti)	80		
탈륨(Tl)	30		
텅스텐(W)	450		
아연(Zn)	1.0		
지르코늄(Zr)	300		

※ AAS 측정 조건에서 감도검사표준용액 측정 시 ABS가 약 0.2가 되어야 함

▶표 I-45◀ 흑연로원자흡수 분광광도계에 대한 성능 검사표

모델 : ______________________________

원소	감도검사표준용액, mg/L	측정 ABS	비고(적/부)
알류미늄(Al)	0.05		
안티모니(Sb)	0.04		
비소(AS)	0.04		
바륨(Ba)	0.03		
카드뮴(Cd)	0.003		
코발트(Co)	0.03		
크로뮴(Cr)	0.007		
구리(Cu)	0.01		
철(Fe)	0.01		
망가니즈(Mn)	0.005		
몰리브데넘(Mo)	0.025		
니켈(Ni)	0.04		
283 nm에서 납(Pb)	0.025		
271 nm에서 납(Pb)	0.016		
셀레늄(Se)	0.06		
규소(Si)	0.14		
286 nm에서 주석(Tn)	0.14		
224.6 nm에서 주석(Tn)	0.08		
타이타늄(Ti)	0.21		
바나듐(V)	0.15		
아연 (Zn)	0.007		

※ 흑연로에 감도검사표준용액 20 μL를 주입 후 측정한 흡광도는 약 0.2가 나와야 함.

4.4.8.2 방해물질

시료 용액은 분무를 통해 불꽃에 주입되며, 일반적으로 공기-아세틸렌(air-acetylene) 가스의 조합이 산화제 및 연로로 사용된다. 그래서 화학적 방해물질은 불꽃이 분자를 충분히 분해시키지 못했거나 분해된 원자가 불꽃의 온도에서 분해되지 않는 화합물로 산화될 때 발생한다. 이런 방해물질은 특정 원소나 화합물을 시료 용액에 첨가시켜 해결할 수 있다. 실리콘, 알루미늄, 바륨, 베릴륨, 바나듐의 분자는 더 높은 온도의 불꽃이 필요하므로 질소 산화물-아세틸렌 불꽃이 필요하다. 분자 흡수 및 빛 산란은 불꽃 속의 고체 입자 때문에 발생하는데 높은 흡광도 값을 나타낼 수 있어 문제가 발생할 수 있다.

불꽃원자흡수분광광도계 QC 허용기준과 수은 및 냉증기원자흡수분광광도계 QC 허용기준[73])을 다음 표에 제시하였다.

73) PNNL, Regulatory DQO Test Plan for Determining Method Detection Limits, Estimated Quantitation Limits, and Quality Assurance Criteria for Specified Analytes, 2001

▶표 Ⅰ-46◀ 불꽃원자흡수분광광도계 QC 허용기준

QC 시료	측정 시기/주기	허용기준	분석 실패 시 조치사항
초기교정검증(ICV)	교정곡선 작성 직후 (일반적으로 중간 농도 사용)	90 % ~ 110%	– 실패 원인 조사 – 교정곡선 재작성
초기교정 바탕시료 (ICB)	초기교정검증(ICV) 직후	< EQL (평가된 정량한계)	– 실패 원인 조사 – 교정곡선 재작성
연속교정검증(CCV)	시료 10개당 1회, 분석 종료 후 1회	90 % ~ 110 %	– 실패 원인 조사 – 교정곡선 재작성 – 시료 재분석
연속교정 바탕시료 (CCB)	연속교정검증(CCV) 이후 매회	< EQL	– 실패 원인 조사 – 교정곡선 재작성 – 시료 재분석
낮은 농도 표준용액 (LLS)	초기교정 바탕시료(ICB) 측정 직후	75 % ~ 125 %	– 실패 원인 조사 – 결과에 대한 논의
방해물질 검사 표준용액(Interference check standard) (ICP만 실시)	초기교정검증(ICV) 후 및 마지막 연속교정검증 (CCV) 전에 실시	80 % ~ 120 %	– 실패 원인 조사 – 모든 시료 재분석
희석 오차 확인 (Serial dilution)	시료군당 1회, 요구나 필요 시 실시	5배 희석 후 EQL 10배 농도에서는 오차 ± 10 %	– 실패 원인 조사 – 결과에 대한 논의
Post spike	매질첨가시료(MS) 실패 또는 새롭거나 일반적이지 않은 시료분석 시	75 % ~ 125 %	– 실패 원인 조사 – 결과에 대한 논의

▶표 Ⅰ-47◀ 수은, 냉증기원자흡수분광광도계 QC 허용기준

QC 시료	측정 시기/주기	허용기준	분석 실패 시 조치사항
초기교정검증(ICV)	교정곡선 작성 직후 (일반적으로 중간 농도 사용)	90 % ~ 110 %	– 실패 원인 조사 – 교정곡선 재작성
초기교정 바탕시료 (ICB)	초기교정검증(ICV) 직후	< EQL	– 실패 원인 조사 – 교정곡선 재작성
연속교정검증(CCV)	시료 10개당 1회, 분석 종료 후 1회	90 % ~ 110 %	– 실패 원인 조사 – 교정곡선 재작성 – 시료 재분석
연속교정 바탕시료 (CCB)	연속교정검증(CCV) 이후 매회	< EQL	– 실패 원인 조사 – 교정곡선 재작성 – 시료 재분석
낮은 농도 표준용액 (LLS)	초기교정 바탕시료 (ICB) 측정 직후	75 % ~ 125 %	– 실패 원인 조사 – 결과에 대한 논의

4.4.9 유도결합플라스마 원자발광분광기(inductively coupled plasma atomic emission spectrometer)

바탕시료와 정제수를 이용한 바탕선 안정도, 라디오 주파수 생성기, 검출기, 피크 분리(peak resolution), 190 nm ~ 800 nm 스크리닝 등의 확인을 주기적으로 수행하며 자동시료공급기가 부착되어 있을 경우 자동시료공급기의 성능, 정확도·정밀도 시험을 정기적으로 수행하고 사용할 때마다 청결 상태를 확인한다. 장비의 시험 항목별 기기 검출한계, 정확도, 정밀도 시험을 정기적으로 수행한다. 제조사와 실험실 사이에 검정·교정 계약을 체결하여 주기적으로 장비의 신뢰도를 증명할 것을 권장한다. 실험실은 검·교정 계획을 세우고 검·교정 사항과 유지·관리 내역을 기록하여 보관한다.

표 I-48은 유도결합플라스마 원자발광분석기 QC 허용기준[74)]을 나타내었다.

▶표 I-48◀ 유도결합플라즈마 원자발광분석기 QC 허용기준

QC 시료	측정 시기/주기	허용기준	분석 실패 시 조치사항
초기교정검증(ICV)	교정곡선 작성 직후 (일반적으로 중간 농도 사용)	90 % ~ 110 %	-실패 원인 조사 -교정곡선 재작성
초기교정 바탕시료(ICB)	초기교정검증(ICV) 직후	< EQL	-실패 원인 조사 -교정곡선 재작성
연속교정검증(CCV)	시료 10개당 1회, 분석 종료 후 1회	90 % ~ 110 %	-실패 원인 조사 -교정곡선 재작성 -시료 재분석
연속교정 바탕시료(CCB)	연속교정검증(CCV) 이후 매회	< EQL	-실패 원인 조사 -교정곡선 재작성 -시료 재분석
낮은 농도 표준용액(LLS)	초기검정바탕시료(ICB) 측정 직후	75 % ~ 125 %	-실패 원인 조사 -결과에 대한 논의
방해물질 검사 표준용액(Interference check standard) (ICP만 실시)	초기교정검증(ICV) 후와 마지막 연속교정검증(CCV) 전에 실시	80 % ~ 120 %	-조사 -모든 시료 재분석
희석 오차 확인(Serial dilution)	시료군당 1회, 요구나 필요 시 실시	5배 희석 후 EQL 10배 농도에서는 오차 ± 10 %	-실패 원인 조사 -결과에 대한 논의
분해 후 첨가(Post spike)	매질첨가시료(MS) 실패 또는 새롭거나 일반적이지 않은 시료분석 시	75 % ~ 125 %	-실패 원인 조사 -결과에 대한 논의

74) PNNL, Regulatory DQO Test Plan for Determining Method Detection Limits, Estimated Quantitation Limits, and Quality Assurance Criteria for Specified Analytes, 2001

4.4.10 기체 크로마토그래프(gas chromatograph)

기체 크로마토그래프는 운반기체, 주입구, 칼럼, 검출기 및 데이터 시스템으로 구성된 매우 정교한 분석기기이므로 기기 분석에 필요한 기술에 대한 경험을 가지고, 계산과 데이터를 해석할 수 있는 분석자만이 사용해야 한다.

기체 크로마토그래프는 빠른 시간 내에 분석이 가능하며, 높은 분리능으로 다성분 분석이 가능하고 높은 감도를 갖는 장점이 있다. 또한 MSD(Mass Selective Detector), AED(Atomic Emission Detector)와 쉽게 연결 가능하고 높은 정량 재현성을 갖는다.

기기의 관리를 위해 오븐 온도가 ± 0.2 °C 이내로 제어가 가능한지, 오븐 온도 프로그램의 성능 유지, 운반 가스의 유속 조절 프로그램 성능 유지, 분할/비분할 주입 기능을 확인한다. 바탕시료, 표준물질 시료의 반복 측정을 통한 정확도와 정밀도, 바탕선 안정도, 칼럼 장애(column bleeding) 유무, 피크 분리와 각각의 검출기 성능을 정기적으로 확인한다. 자동 시료 채취 장치가 부착되어 있을 경우 자동 시료 채취 장치의 성능, 정확도, 정밀도 시험을 정기적으로 수행하고 사용할 때마다 청결 상태를 확인한다. 장비의 시험 항목별 기기 검출한계, 정확도, 정밀도 시험을 정기적으로 수행한다. 제조사와 실험실 사이에 검·교정 계약을 체결하여 주기적으로 장비의 신뢰도를 증명할 것을 권장한다. 실험실은 검·교정 계획을 세우고 검·교정 사항과 유지·관리 내역을 기록하여 보관한다.

4.4.10.1 방해물질

방해물질은 시료, 용매 또는 운반가스 오염 또는 많은 양의 화합물을 GC에 삽입했을 경우, 그리고 검출기에 화합물이 오래 머무르면서 발생한다. 다이클로로메테인, 클로로폼 및 다른 할로젠화 탄화수소 용매는 오염을 유발하기 쉽다.

장비 내에 방해물질이 있을 수도 있다. 시료 주입부의 격막(septum)은 대부분 실리콘 재질이며 그 격막이 가열되면서 오염이 발생한다. 이는 격막의 주기적인 교체(septum sweep)에 의해 방지할 수 있다. 칼럼(column) 손상은 분리관의 온도가 높고 물 또는 산소가 그 시스템에 들어갔을 경우 발생한다. 용매 주입은 칼럼의 고정상을 손상시킬 수 있고 유기 화합물은 칼럼 코팅을 분해시킬 수 있다. 특정 계면활성제(surface-active agent)의 주입은 GC 칼럼을 완전히 손상시킬 수도 있다.

허깨비 피크(ghost peak)는 많은 양의 화합물 또는 칼럼(column) 코팅에 흡착된 화합물이 포함된 시료가 시스템을 지나갈 때 발생한다. 이런 시료의 측정은 이전 시료의 잔류물질로 인한 피크가 보이게 된다. 이러한 문제는 그런 상호작용을 막을 수 있는 칼럼 코팅제를 선택하여 막을 수 있다.

4.4.10.2 운반기체

운반기체는 검출기에 따라 다르기는 하지만 주로 수소, 헬륨, 질소, 알곤 등이 사용되며 이러한 운반기체는 시료 분자나 고정상에 대해서 화학적으로 비활성이어야 하고, 분리관 내에서 시료 분자의 확산을 최소로 줄일 수 있어야 하며 건조기체로서 순도 99.995 % 이상 되어야 한다.

그러나 시그널 값이 갑자기 증가하거나 바탕선(base line)이 매우 지저분해지거나 허깨비 피크(ghost peak)가 나타나는 경우는 운반기체를 교체해야 하며 이러한 증상이 나타나지 않아도 사용량에 따라 다르기는 하지만 대개 6개월 ~ 12개월 주기로 바꾸는 것이 좋다.

4.4.10.3 주입구

주입구는 시료를 기화시켜 칼럼으로 이동시키는 부분으로서 사용하고자 하는 칼럼의 종류 및 시료의 상태 등에 따라 선택 가능하다(packed column inlet, capillary column inlet 등). 시료 주입구는 주입된 시료가 칼럼에 도달하기 전에 운반기체에 확산되는 것을 최소화되도록 해야 하며, 일반적으로 주입구의 온도는 200 °C ~ 250 °C 정도로 설정한다.

주입구에서 자주 오염되는 곳은 가스 공급 라인, septum, injection port liner, gold seal이며 이들이 오염되었다고 판단되면 가스 공급 라인의 leak check, septum 교체, glass liner 교체, inlet base seal 교체 등을 통하여 문제를 해결해야 한다.

4.4.10.4 칼럼(column), 충전물질, 충전 방법

1) 칼럼(column)

칼럼은 시료 중에 혼합되어 있는 물질들을 각각의 단일성분으로 분리시키는 곳으로 이들 단일성분을 효과적으로 분리시키기 위해서는 단일성분과의 화학적 친화력을 고려한 칼럼을 선정해야 한다. 따라서 분리능을 높이기 위해서는 분석 성분과 고정상의 종류를 고려하고, 필름(film) 두께는 두꺼운 것을, 칼럼의 내경은 작은 것을, 칼럼의 길이는 긴 것을 선택한다.

칼럼은 충전물질을 채운 내경이 2 mm ~ 7 mm(모세관식 칼럼을 사용할 수도 있다)이며 시료에 대하여 불활성인 금속, 유리 또는 합성 수지판인 것을 사용하되 각 분석 방법에서 규정하는 것을 사용한다.

2) 충전물질

- 흡착형 충전물: 칼럼의 내경에 따라 입자가 고른 흡착성 고체분말을 말한다. 실리카겔, 활성탄, 알루미나, 제올라이트 등이 있고, 이러한 분말에 표면처리한 것을 각 분석 방법에 규정하는 절차에 따라 처리해 활성화한 것을 사용한다.
- 분배형 충전물질: 지지체(support)는 시료 및 고정상 액체에 대해 불활성인 것으로 규조토, 내화벽돌, 유리, 석영, 합성수지 등을 사용하되 각 분석 방법에서 전처리를 규정한 경우 그것에 따라 산 처리, 알칼리 처리, 실란 처리 등을 한 것을 사용한다. 고정상 액체는 분석대상 물질을 완전히 분리할 수 있고, 사용온도에서 증기압이 낮고, 점성이 작은 것을 사용한다.
- 다공성 고분자 충전물질: 이물질인 다이비닐 벤젠을 가교제(bridge intermediate)로 스타이렌계 단량체(styrene)를 중합시킨 것과 같이 고분자 물질을 단독 또는 고정상 액체로 표면 처리하여 사용한다.

3) 충전 방법

내부를 잘 씻어 말린 칼럼에 미리 한쪽 끝을 유리솜으로 막고 진동을 주어 넣으면서 충전물을 고르고 빽빽하게 채운 다음 남은 한쪽 끝을 유리솜으로 가볍게 막는다.

이 칼럼은 충전물질의 최고 사용온도 부근에서 적어도 수 시간 동안 헬륨 또는 질소를 통해 건조한다. 이때 건조에 의해 감소되는 만큼의 충전물을 보충하여 채우고 더 이상 감소하지 않을 때까지 이 조작을 되풀이한다. 표 I-49에 고정상 액체의 종류와 분석물질을 나타내었다.

▶표 I-49◀ 일반적으로 사용하는 고정상 액체의 종류

고정상 액체의 종류	분석물질
탄화수소 화합물	헥사데케인, 스쿨렌, 고진공 그리스
실리콘 화합물	메틸실리콘, 페닐실리콘, 사이아노실리콘, 불화규소
폴리글라이콜 화합물	폴리에틸렌글라이콜, 메톡시폴리에틸렌글라이콜
에스터 화합물	이염기산다이에스터
폴리에스터 화합물	이염기산폴리클라이콜다이에스터
폴리아마이드 화합물	폴리아마이드수지
에터 화합물	폴리페닐에터
기타	인산트라이크레실, 다이에틸폼아마이드, 다이메틸슬포란

표 I-50에 기체 크로마토그래피 QC 허용기준[75]을 나타내었다.

75) PNNL, Regulatory DQO Test Plan for Determining Method Detection Limits, Estimated Quantitation Limits, and Quality Assurance Criteria for Specified Analytes, 2001

▶표 I-50◀ 기체 크로마토그래피 QC 허용기준

QC 시료	측정 시기/주기	허용기준	분석 실패 시 조치사항
전처리 바탕시료(PB)	시료군(20개)당 1회	< EQL	−실패 원인 조사 −교정 −시료를 다시 준비
바탕시료(BS) 또는 실험실 관리시료(LCS)	시료군(20개)당 1회 (바탕시료, 대체표준물질 첨가시료)	회수율 70 % ~ 130 % (초기 목표값). 15 ~ 20개 시료로 관리범위(control limits) 설정	−실패 원인 조사 −교정 −시료를 다시 준비
매질첨가시료(MS)와 매질첨가 이중시료(MSD) (정확도, 정밀도)	시료군(20개)당 1회		−실패 원인 조사 −매질효과 확인 −결과에 대한 논의
대체표준물질 (Surrogate)	모든 시료 (시료, QC 시료, 표준물질, 바탕시료)	관리범위 이내. 관리범위 설정 방법 : − 일반적인 규정을 따르거나 − 15 ~ 20회 이상 분석한 결과로 통계적으로 산출	−실패 원인 조사 −교정 −시료를 다시 준비

표 I-51에 기체 크로마토그래피를 이용한 PCBs 분석 QC 허용기준[76]을 나타내었다.

▶표 I-51◀ 기체 크로마토그래피를 이용한 PCBs 분석 QC 허용기준

QC 시료	측정 시기/주기	허용기준	분석 실패 시 조치사항
초기교정검증(ICV)	시작 후 12시간 이후	초기교정 반응의 ± 15 %	−실패 원인 조사 −교정 −시료를 다시 준비
연속교정검증 (CCV)	분석 중에 여유롭게 실시 (최소 20개 시료당 1회)	초기교정 반응의 ± 15 %	−실패 원인 조사, −교정 −시료를 다시 준비
연속교정 바탕시료 (CCB)	주기적 실시 (최소 20개 시료당 1회)	캐리오버(carry over)와 오염 평가	−실패 원인 조사, −교정 −시료를 다시 준비
내부표준물질 (Internal standard)	모든 시료 (시료, QC 시료, 표준물질, 바탕시료)	연속교정표준물질의 원래 면적의 50 % 미만이거나 150 %보다 크다면 부적합 판정	−실패 원인 조사 −교정 −시료를 다시 준비
QC 표준시료 (QC Reference samples)	시료군(20개 시료)별 1회	회수율 80 % ~ 120 %	−실패 원인 조사 −교정 −시료를 다시 준비

76) PNNL, Regulatory DQO Test Plan for Determining Method Detection Limits, Estimated Quantitation Limits, and Quality Assurance Criteria for Specified Analytes, 2001

4.4.10.5 검출기

많은 종류의 검출기가 GC 시스템에 이용된다.

전해질전도도검출기(ELCD, electrolytic conductivity detector)는 기준전극, 분석전극, 기체-액체 접촉기(contactor) 및 기체-액체 분리기(separator)를 가지고 있다. 전도도 용매를 셀에 주입하고 기준전극에 의해 전류가 흐르게 된다. 기체-액체 접촉기에서 가스 반응 생성물과 결합하게 되고 이 화합물은 분석 전극을 지나면서 액체상을 가진 기체-액체 분리기에서 기체상과 액체상으로 분리된다. 이 전위계(electrometer)는 기준전극과 분석전극 사이의 전도도 차이를 모니터한다. 할로젠, 질소, 황 또는 나이트로아민(nitroamine)을 포함한 유기 화합물을 이 방법으로 검출할 수 있다.

전자포획검출기(ECD, electron capture detector)는 플라티늄(Pt) 혹은 타이타늄(Ti) 호일 위에 흡착된 방사능 β-입자 방출제(emitter)(보통 니켈-63 혹은 삼중수소)로부터 방출되는 β 선이 운반기체를 전리하여 미소 전류를 흘려보낼 때 시료 중의 할로젠이나 산소 같은 전자 포획력이 강한 화합물에 의해 전자가 포획되어 전류가 감소하는 것을 이용하는 방법이다. 즉, 방출제(emitter)로부터 전자는 운반 가스를 이온화시키고 전자를 갑자기 터지게 한다. 약 100개의 전자가 각각의 β-입자에서 만들어지게 된다. 이 전자들의 에너지 충돌은 열적 수준을 감소시키고 그들은 친전자성 시료 분자(electrophilic sample molecule)에 의해 포획된다. 전자 분포는 가해준 전압과 셀 전극에 의해 모이게 되고, 이 간격은 일정한 전류를 유지하게 하기 위해 조정한다. 시료가 검출기로 들어갈 때 펄스 속도의 변화는 시료에서 오염물질의 농도와 관련 있다. 이 검출기는 할로젠족을 포함한 분자에는 매우 민감하지만 아민, 알코올, 탄화수소와 같은 작용기에는 민감하지 못하다.

불꽃이온화검출기(FID, flame ionization detector)는 수소연소 노즐(nozzle), 이온 수집기(ion collector), 이온전류를 측정하기 위한 전류전압 변환회로, 감도조절부, 신호감쇄부 등으로 구성되어 있다. 유기 화합물을 분리관(column)으로부터 불꽃으로 집어넣을 때 전기적으로 전하를 띤 중간체(charged intermediate)가 형성된다. 이것은 불꽃에 전위를 걸어주면 수집되고, 수집된 신호를 증폭기를 거쳐 측정된다. FID는 거의 모든 유기 탄소 화합물에는 민감하지만 물과 이산화 탄소와 같은 운반기체 불순물에는 응답하지 않는다. 이 검출기는 넓은 직선 응답 범위를 가져 유속의 작은 변화에는 상대적으로 민감하지 못하지만, 사용이 간단하다.

광이온화검출기(PID, photoionization detector)는 UV 광원을 가진 장치로 이온화 챔버를 통해 광학적으로 투명 창을 통해 지나가는 광자(photon)를 방출한다. UV 광원보다 더 작은 이온화 전류(ionization potential)를 가진 화합물을 이온화시킨다. PID는 매우 민감하고, 노이즈가 적고, 직선성이 탁월하고 시료를 파괴하지 않아도 되는 것이 장점이다.

질량검출기(MSD, mass spectrophotometer detector)는 다양한 화합물을 검출할 수 있고, 물질의 파쇄(fragmentation)로 화합물 구조를 유추할 수 있다. MSD는 분자를 이온화시켜 여러 개의 렌즈를 통해 사중극자(quadrupole)를 통해 가속화하고 다른 크기의 전하를 띤 조각이 질량에 따라 분리한다. 대부분의 화학물질은 고유의 파편 유형을 가지고 있는데 이것이 질량(mass) 스펙트럼이다.

열전도도검출기(TCD, thermal conductivity detector)는 금속 필라멘트, 전기저항체(thermistor)를 검출소자로 하여 금속판(block) 안에 들어 있는 본체와 안정된 직류전기를 공급하는 전원회로, 전류조절부, 신호검출 전기회로, 신호 감쇄부 등으로 구성되어 있다. 열전도도 차이를 통해 모든 분자를 검출할 수 있으므로 범용적으로 사용할 수 있으나 특히 무기 가스(O_2, N_2, H_2O, 비탄화수소)에 많이 사용된다. 운반가스와 검출 대상물질과의 열전도차가 클수록 감도가 좋지만 운반가스의 유량이 변하면 감도가 변하는 단점이 있다.

불꽃광도검출기(FPD, flame photometric detector)는 수소불꽃에 의해 시료 성분을 연소시켜 이때 발생하는 불꽃의 광도를 분광학적으로 측정하는 방법으로 인 또는 유황 화합물을 선택적으로 검출할 수 있다. 따라서 황계통의 악취성분이나 인계통의 잔류농약 분석에 많이 사용된다. 황은 파란색으로 타고(394 nm), 인은 노란색을 방출한다(526 nm).

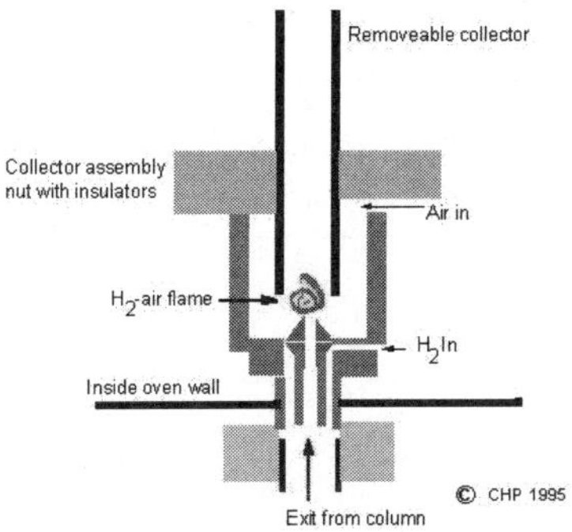

▶그림 I-28◀ 전자 포획 검출기

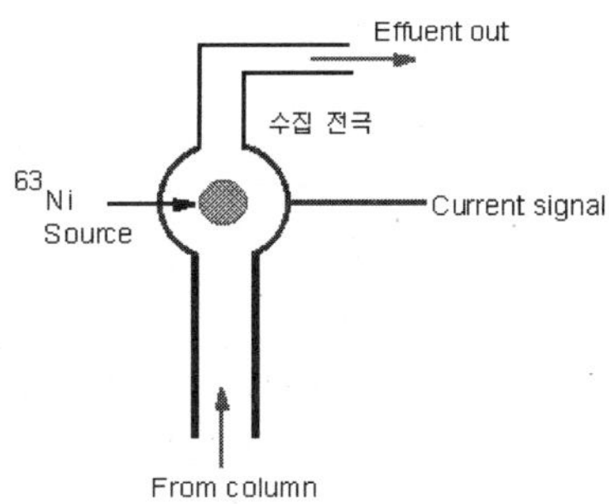

▶그림 I-29◀ 불꽃 이온화 검출기

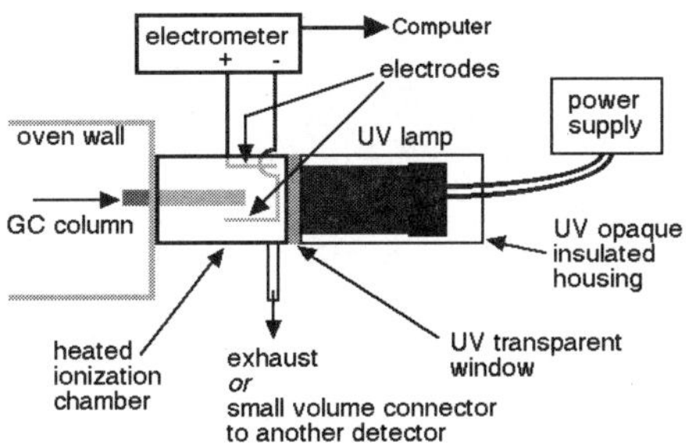

▶그림 I-30◀ 광이온화검출기

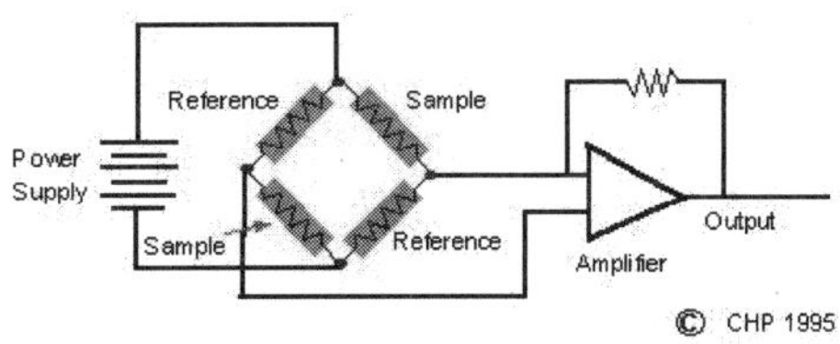

▶그림 I-31◀ 열전도도검출기

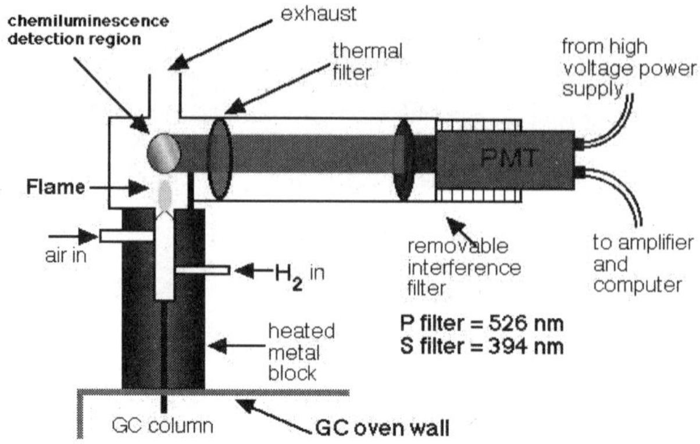

▶그림 I-32◀ 불꽃광도검출기

표 I-52는 각각의 검출기에 대한 검출한계값을, 표 I-53은 검출기에 사용되는 운반기체와 검출기 연료기체들을 나타내었다.

▶표 I-52◀ 검출기에 따른 검출한계값

검출기	검출한계값(detection limit)
전자포획검출기, ECD	1×10^{-9}
불꽃이온화검출기, FID	1×10^{-6}
광이온화검출기, PID	100×10^{-9}
열전도도검출기, TCD	100×10^{-6}
불꽃광도검출기, FPD	P : 500×10^{-9}, S : 500×10^{-9}
질소-인검출기, NPD[a]	1×10^{-6}

[a] nitrogen-phosphorus detector

▶표 I-53◀ 검출기에 사용되는 운반기체 및 검출기 연료기체

		TCD	ECD	FID	NPD	FPD	ELCD	PID
운반기체	He	○	○	○	○	○	○	○
	H_2	○		○		○	○	○
	N_2	○	○	○	○	○		○
연소/반응 기체	H_2			○	○	○	○	
	Air				○	○		
make-up 기체	N_2	○	○	○	○	○		○
	He	○		○	○	○		○
	$ArCH_2$		○					

4.4.11 고성능 액체 크로마토그래프(high performance liquid chromatograph)

고성능 액체 크로마토그래프는 액상의 이동상, 칼럼인 고정상, 고성능의 펌프, 검출기, 주입부와 함께 칼럼 히터, 신호 및 데이터를 나타내는 적분기로 구성되어 있는 기기로, 시료 중의 혼합성분(이동상)을 펌프를 이용하여 고압의 일정한 유속으로 밀어서 칼럼을 통과할 때 화학물질이 이동상과 고정상에 대한 친화도에 따라 각각 다른 시간대별로 칼럼을 통과하는 원리를 이용하여 검출기로 시간대별 반응의 크기를 측정함으로써 특정 화학물질을 정량화한다.

이 분석기기의 관리를 위해 용매 유속 안정도, 압력 안정도, 적절한 사용 칼럼의 성능, 기울기 시스템 성능, 사용 용매 또는 정제수의 반복 측정을 통해 바탕선을 정기적으로 확인한다. 바탕시료와 표준물질 분석을 통해 질량의 정확한 검출, 표준물질의 스펙트럼, 피크 분리 등의 확인을 정기적으로 확인한다. 표준물질 시료의 반복 측정을 통해 정확도와 정밀도, 검출기의 성능을 정기적으로 확인한다. 자동 시료 채취 장치가 부착되어 있을 경우 자동 시료 채취 장치의 성능, 정확도·정밀도 시험을 정기적으로 수행하고 사용할 때마다 청결 상태를 확인한다. 장비의 시험 항목별 기기 검출한계, 정확도·정밀도 시험을 정기적으로 수행한다. 제조사와 실험실 사이에 검·교정 계약을 체결하여 주기적으로 신뢰도를 증명할 것을 권장하며, 실험실은 검·교정 계획을 세우고 검·교정 사항과 유지·관리 내역을 기록하여 보관한다.

4.5 실험실 기기의 유지 관리 주기

실험실 장비를 항시 관리하고 분석하는데 가장 최적의 상태를 유지해야 한다. 장비의 관리는 각 장비의 설명서를 참조하며 실험실에는 장비 관리 전문가가 있거나 구입 시 기본적인 관리와 보수를 보장받아야 한다.

다음 표 I-54는 실험 장비의 유지 관리 부분과 그 주기를 나타내고 있다. 장비들의 관리는 모델에 따른 설명서에 근거하여 실행한다. 관리 주기는 사용한 분석량에 따라 조정해야 한다.

▶표 I-54◀ 실험장비 유지관리

기기	유지활동	횟수
pH meter	전극(probe) 청소 전극(probe) 충전 배터리 교체	매일 매주/필요 시 필요 시
전도도	전극(probe) 청소 배터리 교체	매일 필요 시
용존산소 측정기	전극(probe) 청소 멤브레인 필터 교체 배터리 교체	매일 필요 시 필요 시
이온선택전극	전극(probe) 청소 전극(probe) 충전	매일 단기간
기준전극	전극(probe) 청소 용액저장 상태 확인	매일 매일
저울	팬 청소 전구 교체 스케일 범위 조절	매일 매년(점검서비스) 매년(점검서비스)
UV-VIS 분광기	파장 최적 상태 확인 램프 교체 창 청소 시료 주입구 청소 석영 셀 청소	매주 필요 시 분기별(점검서비스) 매일 매일
AA/flame 분광기	시료분사구 청소 버너헤드 청소 튜브, 펌프, 램프 점검 석영창 청소 전기장치 점검 광학장치 점검	매일 매일 매일 매주 6개월(점검서비스) 매년(점검서비스)
AA/graphite 분광기	흑연관 점검 오토샘플러 시료주입 라인 세척 회화로 하우징, 분사구 청소 전기장치 점검	매일 매일 매주 6개월(점검서비스)
ICP	토치 청소 시료 분사구 및 스프레이 챔버청소 튜브, 진공펌프오일 점검 시료 공급 라인, 가스 토치 전기장치 점검 파장 조정 간섭 영향 점검	매주 매주 매주 매일 6개월(점검서비스) 6개월(점검서비스) 6개월
TOC 분석기	시료 주입구 청소 촉매교환 연소라인 점검	매월 매월 6개월

▸표 I-54◂ 실험장비 유지관리 (계속)

기기	유지활동	횟수
Gas chromatographs	탄성격막, 가스 흐름 점검 GC 실린지 청소 누출 점검 칼럼(column) 교체 주입구 청소 전기장치 점검 온도 점검	매일 매일 매일 분기별 매월 분기별(점검서비스) 분기별(점검서비스)
Purge and trap	누출 점검 시료 저장장치 세척 트랩 교체 퍼지(purge) 유로 점검	매월 매주 매년 매월
자동분석기	누출, 세척시스템 확인 전극 청소 튜빙 점검 광학 장비 청소 펌프 롤러, 튜빙 고정판, 파장 필터 청소 유로 셀 청소, 오일 확인, 기어 기름칠	매일 매월 매월 분기별(점검서비스) 매월 6개월(점검서비스)
냉장고, 오븐 및 고압 배양기	내부 청소 온도조절장치 확인	매월 매년
Autoclaves	가스켓 상태 확인 내부청소 멸균 성능 테입에 의한 확인 타이머 장치 점검	매주 매월 매일 6개월(점검서비스)
탁도계	장비 외부 청소 셀 세척	매월 매일
온도계	수은주 파손 여부 점검	매일

5 시약

5.1 시약 등급

시약은 제조 시 다양한 순도를 갖는다. 따라서 환경분석에 있어서 적절한 순도를 갖는 시약을 선택하는 것은 매우 중요하며, 사용할 때마다 순도를 확인하는 것이 바람직하다. 순도가 적절하지 않은 시약을 사용하면 실험에 실패하거나 폭발 또는 화재와 같은 실험실 안전사고의 원인이 되기도 한다. 따라서 시약 사용 시 항상 시약 라벨을 확인하는 습관이 매우 중요하다. 주요 확인 사항으로는 화학명, 분자식, 분자량, 불순물 함량, 분석 등급, 인체 위험도, 안전코드 등이다.

시약의 등급은 순도와 품질에 따라 구분되며, 표기 방법도 제조사마다 차이를 보인다. 국내에서는 주로 4가지 등급[77)]으로 조제시약, 특급시약, 일급시약, 화학용 시약 등으로 구별된다. 이외 정밀분석용 시약(U.F.), 공업용 시약(T.G.)이 있다.

▶표 I-55◀ 국내 시약 등급

등급	시약의 등급
S. P.	Specially prepared reagent(용도별 조제 시약)
U. F.	Ultra fine grade(정밀분석용 시약)
G. R.	Guaranteed reagent(특급 시약)
E. P.	Extra pure reagent(1급 시약)
C. P.	Chemical pure reagent(화학용 시약)
T. G.	Technical Grade(공업용 시약)

환경분석실은 일반적으로 미량 정밀 분석을 수행해야 하므로 특급 이상의 시약을 사용하는 것이 좋다. 특급 이상의 시약을 사용하지 못할 경우 시험에 따라 1급 시약도 사용이 가능하나 시약 제조사에서 품질을 보증하고, 그 순도와 불순물의 함유량을 밝힌 시약을 사용한다.

다음은 미국에서 사용되는 시약의 순도에 따른 등급[78)]을 나타내었다.

- Primary Standard : 표준용량용액(standardizing volumetric solution)과 참조표준물질(reference standard)을 위한 특별한 순도를 만족하기 위해 특별히 제조된 시약
- AR(analytical reagent) : 일반적인 실험실에서 사용 가능한 분석용 시약
- ACS : 미국화학회(american chemical society committee)의 화학시약 위원회에 의해 정해진 순도에 맞는 시약
- USP : 미국 의약품(U.S. pharmacopeia) 규정에 만족하는 시약
- NF : 미국 공인처방(national formulary) 규정에 만족하는 시약
- TAC/FCC : 미국 FCC(food chemical codex) 기준과 식품 사용의 안전기준을 만족하는 시약. tested additive chemical/food chemical codex
- Technical : 공업용 사용이 가능한 등급
- AR Select : 미량 원소 분석을 위한 고순도 산

77) 식품분석, 이만정, 동명사

78) Maria Csuros, Environmental sampling and analysis : lab manual, Lewis publishers, 1997, p 51-52

- OR(organic reagents) : 대부분의 조사 연구와 실험실에 사용 가능한 순도가 안정적인 유기 실험용 시약
- Certified : BSC(biological stain commission)에 의해 보증된 시약
- ChromAR : 크로마토그래피를 위해 특별한 순도로 제조된 용매들
- GenAR : 생명공학과 유전공학 실험실을 위한 시약
- Nanograde : 잔류농약 분석과 같은 가스크로마토그래피의 EC 검출기를 위해 특별히 관리된 시약
- ScintillAR : 액체 불꽃실험(liquid scintillometry)에 사용되는 시약
- SilicAR : 칼럼과 판막크로마토그래피용 시약
- SpectrAR : 스펙트로장비용 시약
- StandARd : 다양한 적정법과 AA용의 교정곡선용 시약
- Mercury-free chemicals : 수은 측정용 시약

5.1.1 시약 운반 및 보관 방법

시약 구매 시에는 제조사로부터 시약의 위험성과 취급 시 주의사항에 대한 자료를 받아 읽어보도록 해야 한다. 제조사로부터 시약에 대한 정보를 얻지 못한 경우 시약에 대한 물질안전보건자료(MSDS, material safety data sheet)[79]를 검색하여 숙지하도록 한다. 물질안전보건자료의 구성은 부록 1에 나타내었다. 일반적으로 실험실에서 사용하는 유해화학물질의 특성 및 종류[80]에 대해 표 I-56에 나타내었다.

그러나 동일한 화학물질이라 하더라도 한 나라에서는 인화성 물질로 간주되지만, 다른 나라에서는 발암물질로 간주되어 국제교역의 어려움이 발생할 수 있다. 따라서 「화학물질의 분류 및 표지에 관한 세계조화시스템(GHS)」은 세계적으로 조화된 접근 방법으로 화학물질을 분류하여 적절한 정보를 제시할 수 있도록 인프라를 구축하고 있다. GHS에 의한 화학물질의 유해성 분류는 부록 2에 나타내었다.

시약의 저장을 위한 일반적인 기준은 다음과 같다.[81]

1) 모든 화학물질은 특별한 저장 공간이 있어야 한다.
2) 모든 화학물질에는 물질이름, 소유자, 구입날짜, 위험성, 응급절차를 나타내는 라벨을 부착해야 한다.

79) 법제처, 물질안전보건자료의 작성·비치 등에 관한 기준, 1997
80) 국립환경과학원, 환경실험실 운영관리 및 안전(제3판), 2015
81) 국립환경과학원, 환경실험실 운영관리 및 안전, 2009, pp.43-45

▶표 I-56◀ 유해화학물질의 분류

구분	특성	종류
폭발성 물질	가열·마찰·충격 또는 다른 화학물질과의 접촉으로 인하여 산소나 산화제 공급 없이 폭발	질산에스터류, 나이트로 화합물, 나이트로소 화합물, 아조 화합물, 다이아조 화합물, 하이드라진 및 그 유도체, 유기과산화물 등
발화성 물질	스스로 발화하거나 발화가 용이한 것, 또는 물과 접촉하여 발화하고 가연성 가스를 발생시키는 물질	·가연성 고체: 황화인, 적린, 유황, 철분, 금속분, 마그네슘, 인화성 고체 등 ·자연발화성 및 금수성(禁水性)물질 : 포타슘, 소듐, 알킬 알미늄, 알킬리듐, 황인, 알칼리금속 등
산화성 물질	산화력이 강하고 가열·충격 및 다른 화학물질과의 접촉으로 인하여 격렬히 분해·반응하는 물질	염소산 및 염류, 과염소산 및 그 염류, 과산화수소 및 무기과산화물, 아염소산 및 그 염류, 플루오린산염류, 초산 및 그 염류, 아이오딘산염류, 과망가니즈산염류, 중크로뮴산 및 그 염류 등
인화성 물질	대기압에서 인화점이 65 °C 이하인 가연성 액체	·인화점 -30 °C 이하 : 에틸에터, 가솔린, 아세트알데하이드, 산화프로필렌 등 ·인화점 -30 °C ~ 0 °C : 노말헥산, 산화에틸렌, 아세톤, 메틸에틸케톤 등 ·인화점 0 °C ~ 30 °C : 메틸알코올, 에틸알코올, 자일렌, 아세트산 등 ·인화점 30 °C ~ 65 °C : 등유, 경유, 에테인, 프로페인, 뷰테인 기타(15 °C, 1기압에서 기체 상태인 가연성 가스)
가연성 가스	폭발한계 농도의 하한이 10 % 이하 또는 상하한의 차이가 20 % 이상인 가스	·수소, 아세틸렌, 에틸렌, 메테인, 에테인, 프로페인, 뷰테인, 기타(15℃, 1기압에서 기체 상태인 가연성 가스)
부식성 물질	금속 등을 쉽게 부식시키거나, 인체와 접촉하면 심한 상해를 입히는 물질	·부식성 산류 : 농도 20 % 이상인 염산, 질산, 황산 등, 농도 60 % 이상인 인산, 아세트산, 불산 등 ·부식성 염기류 : 농도 40 °C이상인 수산화소듐, 수산화포타슘 등
독성 물질	다음 조건의 동물실험 독성치를 나타내는 물질	·LD50(경구, 쥐) : 200 mg/kg 이하 ·LD50(경피, 쥐 또는 토끼) : 400 mg/kg 이하 ·LC50(쥐, 4시간 흡입) : 2,000 mg/kg 이하

3) 일반적으로 위험한 물질은 직사광선을 피하고 시원한 곳에 저장하며, 이종물질을 혼입하지 않도록 함과 동시에 화기, 열원으로부터 격리해야 한다.

4) 다량의 위험한 물질은 법령에 의하여 소정의 저장고에 종류별로 저장하고, 또한 독·극물은 약품 선반에 잠금장치를 설치하여 보관한다.

5) 특히 위험한 약품의 분실, 도난 시에는 사고가 일어날 우려가 있으므로 담당책임자에게 보고해야 한다.

이러한 기준에 따라 시약의 특성을 고려하여 표 I-57[82])과 같이 저장한다.

▶표 I-57◀ 화학물질별 저장 방법

화학물질	저장 방법
산 (HCl, H_2SO_4, HNO_3, 아세트산)	– 원래의 용기에 저장 – 캐비닛에 '산'이라고 적어 산성용액으로 분류
가연성 용매	– 원래의 용기에 저장 – 많은 양을 보관할 때는 금속 캔에 저장하여 실험실 외부에 보관하고, "가연성 물질"이라 명기
용매	– 분리된 용매 캐비닛에 원래 용기에 저장 – 환기가 잘 되는 장소에 저장
VOC 분석에 사용되는 화학물질	– 분리된 용매 캐비닛에 원래 용기에 저장 – 다른 어떤 화학물질과도 같이 보관할 수 없음
페놀	– "화학물질 저장"이라고 냉장고에 적은 후 저장하고, 뚜껑이 단단히 조여 있는 봉해진 용기에 보관
과산화수소	– "화학물질 저장"이라고 냉장고에 적은 후 저장하고, 뚜껑이 단단히 조여 있는 봉해진 용기에 보관
탁도 표준물질, 암모니아 산화물, 질소화물, 인산저장용액 및 표준용액	– 냉장고에 "무기물질용 냉장고"라고 적고, 보관
실리카 저장용액	– 반드시 플라스틱 병에 저장
오일 및 그리스 표준물질	– 봉해진 용기로 냉장 보관. – 냉장고에는 "유기물용 냉장고"라고 적음.
미량 유기물질을 위한 저장용액과 표준물질	– 바이알에 보관해 냉동고에 저장.
중금속, 저장용액	– 실온에서 저장
중금속, 표준물질 (10 mg/L ~ 100 mg/L)	– 실온에서 저장 (실험실에서 지정된 저장 장소에 보관)
pH, 전도도 표준물질	– 실온에서 저장
미생물(시료, 개체, 시약)	– 미생물 실험실과 분리된 냉장고에 저장

82) Maria Csuros, Environmental Sampling and Analysis for Technicians, LEWIS PUBLISHERS, 1994

5.2 표준물질

5.2.1 용어의 정의[83)]

일차표준물질(primary standard)이란 순도가 높고 용액을 만들었을 때 무게 오차가 적어 예상한 농도와 거의 동일한 농도의 용액을 만들 수 있는 물질 또는 용량을 알고 있는 용매에 녹아있는 순도를 아는 고순도 물질로 정의되며, 다른 화학물질 또는 용액의 농도를 측정하기 위해 제공되는 기준이 되는 화학물질이다.

인증표준물질(CRM, certified reference material)이란 공인된 기구에 의해 발급된 문서를 동반하는, 유효한 절차를 사용하여 한 개 이상의 명시된 특성값과 연계 불확도, 그리고 소급성[84)]을 제공하는 표준물질이다. 인증표준물질은 사용자가 직접 측정기기나 측정 방법을 교정하거나 보정하는 데 사용된다. 인증표준물질을 사용하여 국제적으로 일치된 기준과 비교함으로써 측정 결과는 국제적으로 인정된 표준에 소급성을 가질 수 있게 되며, 국제적 동등성을 확보할 수 있게 된다. 또한 사용자의 측정 방법이 정확한 결과를 산출하는가를 시험하여 측정 방법의 유효성을 평가하는 데 사용된다. 특히 화학분석 등에서 매질효과에 의한 간섭 등을 측정절차에서 효과적으로 배제하였는가를 검증하는 데 유용하며, 이 유효성 검증절차는 시험기관의 품질시스템 확립에 필수적이다. 아울러 인증표준물질을 품질관리용 시료로 사용하여 매 시험의 신뢰성을 보장하는 데 사용할 수도 있다.

한국표준과학연구원은 국가표준기본법 제13조에 명시된 국가측정표준 대표기관으로서, 국가측정표준을 개발하거나 인증하여 산업계, 시험기관 등에 보급하고 있으며 국가표준보급체계는 다음과 같다.

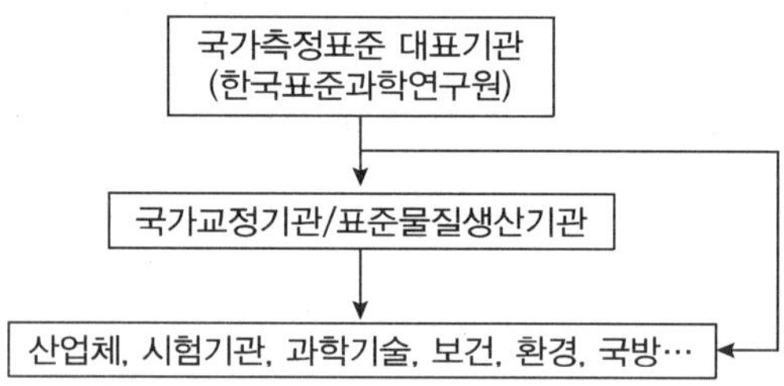

▸그림 I-33◂ 국가표준보급체계

83) 한국표준과학연구원, 2015-2016 인증표준물질 목록, 2014

84) 소급성(遡及性)이란 기술된 측정불확도의 원인이 되는 일련의 측정시스템의 교정이나 비교에 의하여 그 결과가 명백히 규정된 측정기준에 관련된 측정 결과의 특성으로 정의된다. 또는 국가표준기본법 제3조에 의하면 연구개발, 산업생산, 시험검사 현장 등에서 측정한 결과가 명시된 불확정 정도의 범위 내에서 국가측정표준 또는 국제측정표준과 일치되도록 연속적으로 비교하고 교정(較正)하는 체계를 말한다고 정의되어 있다.

표준물질(RM, reference material)은 측정이나 명목 특성의 시험에 사용할 목적으로 만들어진, 명시된 특성에 관하여 충분히 균질하고 안정된 물질로 정의되며, 국가표준기본법 제3조에 의하면 장치의 교정, 측정 방법의 평가 또는 물질의 물성값을 부여하기 위하여 사용되는 특성치가 충분히 균질하고 잘 설정된 재료 또는 물질로 정의된다.

5.2.2 적정 용액의 표준화[85)]

표준용액의 정확한 농도를 측정하는 것을 표준화(또는 표정, standardization)라고 한다. 일부 시약은 분석자가 만족할 수 있는 정도의 정확도와 순도를 갖고 있고, 일부 물질은 정확도와 순도의 관계성이 입증되어 일차표준물질(primary standards)이라고 한다. 이러한 일차표준물질의 반응성을 이용하여 분석자가 제조한 적정 용액의 질량농도를 정확히 측정하는 것을 적정 용액의 표준화라고 한다. 따라서 일차표준물질은 다음과 같은 조건을 갖추어야 한다.

- 매우 높은 순도(거의 100 %)와 정확한 조성을 알아야 하며, 불순물의 함량이 0.01 % ~ 0.02 %이어야 한다.
- 일차표준물질은 안정하며, 쉽게 건조되어야 하며, 대기 중 수분과 이산화 탄소를 흡수하지 않아야 한다.
  - 흡수, 풍화, 산화 등의 성질이 없고 오랫동안 보관하여도 변질되지 않아야 한다.
- 표준화 용액과 화학량론적으로 신속하게 반응해야 한다.
  - 반응이 정량적으로 진행되어야 한다.
- 무게달기와 연관된 상대오차를 최소화하기 위하여 비교적 큰 화학식량을 가지고 있어야 한다.
  - 가능한 한 당량 중량이 커서 측정 오차를 최소화할 수 있어야 한다.

이러한 일차표준물질을 이용한 표준용액은 다음과 같은 특성[86)]을 갖는 것이 좋다.

- 한 번의 측정으로 그 농도를 결정할 수 있을 만큼 매우 안정해야 한다.
- 적정시약이 첨가되는 시간을 최소화하기 위하여 분석물과 빠르게 반응해야 한다.
- 만족할 만한 종말점을 얻기 위해 분석물과 거의 완전히 반응해야 한다.
- 간단한 균형 반응식으로 설명할 수 있도록 분석물과 선택적으로 반응해야 한다.

---

85) Maria Csuros, Environmental sampling and analysis : lab manual, Lewis publishers, 1997, p 67-68
86) “분석화학” 6판 분석화학 교재연구회, 자유아카데미,1996, p 97

산-염기 적정에서 염기 적정 용액용 일차표준물질로 프탈산수소포타슘(potassium hydrogen phthalate, $C_8H_5O_4K$)이 주로 사용되며, 설퍼민산(sulfamic acid, $HOSO_2NH_2$), 아이오딘수소포타슘(potassium hydrogen diiodate, $KH(IO_3)_2$)과 같은 강산도 좋은 일차표준물질이다. 강산 적정 용액용 일차표준물질로는 탄산소듐(sodium carbonate, Na_2CO_3)이 일반적이다. 산-염기 적정에서 희망 농도를 만들어 일차표준물질로 표준화하고, 이 용액의 정확한 농도를 확인한 다음 이차표준물질(secondary standard)로 활용한다. 이차표준물질은 다른 용액들의 정확한 농도를 확인하는 데 사용된다. 따라서 산-염기 적정에서 보다 높은 정확성을 확보하는 것은 일차표준물질에 의해 좌우된다.

침전법과 착화물 적정에서는 일차표준물질로 순수염들이 일반적으로 사용된다. 특히 침전법 적정의 질산은(silver nitrate, $AgNO_3$), 질산제이수은(mercuric nitrate, $Hg(NO_3)_2$) 용액의 표준화를 위해 염화소듐(sodium chloride, NaCl) 또는 염화포타슘(potassium chloride, KCl)이 일차표준물질로 사용된다. 착화물 적정의 EDTA(ethylene diamine tetraacetic acid)는 탄산칼슘(calcium carbonate, $CaCO_3$)을 일차표준물질로 사용한다.

산화환원반응을 이용한 적정에서는 과망가니즈산포타슘(potassium permanganate, $KMnO_4$)의 표준화를 위해 옥살산소듐(sodium oxalate, $Na_2C_2O_4$)이 사용되며, 싸이오황산소듐(sodium thiosulfate, $Na_2S_2O_3$)의 표준화를 위해 중크로뮴산포타슘(potassium dichromate, $K_2Cr_2O_7$)이 사용되며, 아이오딘 용액 표준화를 위해 삼산화비소(arsenic oxide, As_2O_3)가 일차표준물질로 사용된다.

이러한 적정 용액의 표준화 결과는 표 I-58 ~ 표 I-59와 같은 기록지에 기록하여 보관해야 한다. 표 I-59는 일차표준물질을 사용하여 적정 용액의 규정 농도를 표준화할 때 적용하며, 사용한 적정 용액의 양과 화학물질의 정확한 무게를 재고, 적정 용액의 정확한 규정 농도를 산출하여 기록하되 최종 규정 농도는 3번의 실험 결과를 통해 평균한 값을 사용[87]한다.

5.2.3 중금속 표준용액 제조 방법[88]

시료와 비슷한 매질을 가진 물로 농도를 알고 있는 금속 표준용액을 준비한다. 표준물질은 예상된 시료 농도를 하나로 묶고, 시험 방법의 측정범위 내에 있어야 한다. 희석표준물질은 최소한 100 mg의 농도를 가진 표준 저장용액을 매일 만들어야 한다. 표준 저장용액은 100 mg/L의 농도이고 제조 방법은 다음과 같다.

87) Maria Csuros, Environmental Sampling and Analysis for Technicians, LEWIS PUBLISHERS, 1994
88) Maria Csuros, Environmental sampling and analysis : lab manual, Lewis publishers, 1997

▶표 Ⅰ-58◀ 적정 용액의 준비를 위한 기록 양식(예시)

적정 용액, 규정 농도 : ______________________
사용할 시험 : ______________________
준비 날짜 : ______________________

준비를 위해 사용한 화학물질

물질명, 화학식, 등급 : ______________________

lot number : ______________________
받은 날짜 : ______________________
개봉 날짜 : ______________________

적정 용액의 준비

사용한 g 혹은 mL ______________________

최종 부피 ______________________

날짜 : ______________ 서명 : ______________
날짜 : ______________ 감독관 승인 : ______________

- 카드뮴(Cd) : 4 mL 진한 HNO_3에 카드뮴 금속 0.100 g을 녹인 후, 진한 HNO_3 5 mL를 첨가하고, 증류수를 가하여 1000 mL로 만든다.
- 칼슘(Ca) : 증류수에 $CaCO_3$ 0.2497 g을 넣고 50 % HNO_3으로 녹인다. 여기에 진한 HNO_3 10 mL를 첨가하고, 증류수를 가하여 1000 mL로 만든다.
- 크로뮴(Cr) : 증류수에 CrO_3 0.1923 g을 녹이고, 10 mL 진한 HNO_3을 첨가한 후 증류수를 가하여 1000 mL로 만든다.
- 구리(Cu) : 2 mL 진한 HNO_3에 구리 금속 0.100 g을 녹이고 10 mL 진한 HNO_3을 첨가한 후, 증류수를 가하여 1000 mL로 만든다.
- 철(Fe) : 10 mL 50 % HCl과 3 mL 진한 HNO_3 의 혼합물에 철 와이어 0.100 g을 녹이고 5 mL 진한 HNO_3을 첨가한 후 증류수를 가하여 1000 mL로 만든다.
- 납(Pb) : 소량의 HNO_3에 $Pb(NO_3)_2$ 0.1598 g을 녹이고, 증류수를 가하여 1000 mL로 만든다.
- 마그네슘(Mg) : 50 % HNO_3 소량에 MgO 0.1658 g을 녹이고, 10 mL 진한 HNO_3을 첨가한 후 증류수를 가하여 1000 mL로 만든다.

▶표 I-59◀ 적정 용액의 표준화를 위한 문서 양식

적정 용액의 이름, 규정농도: ____________________

사용할 시험 : ____________________

준비 날짜 : ____________________

표준화 날짜 : ____________________

일차표준물질에 의한 표준화

일차표준물질의 화학명 및 화학식 : ____________________

제조사 이름 : ____________________

받은 날짜 : ____________ 개봉 날짜 : ____________

플라스크 무게(w_1, g)	플라스크와 화학물질의 무게(w_2, g)	화학물질의 양 ($w_2 - w_1$, g)	사용한 적정 용액(mL)	계산된 규정 농도(N)
______	______	______	______	______
______	______	______	______	______
______	______	______	______	______

계산(N): N = g × 1000 / mL 적정 용액 × $Eqw_{일차표준물질}$(1)

최종 규정 농도(N) : ____________(3회 실험의 평균값을 사용)

표준용액을 사용한 표준화

표준물질의 화학명 및 농도 : ____________________

준비날짜 : ________ 작성부 : ________ 쪽 : ________

사용한 표준용액(mL)	______	______	______
사용한 적정 용액(mL)	______	______	______
계산된 규정 농도(N)	______	______	______

계산 : N = 표준용액 mL × 표준용액의 N / 적정 용액(2) mL

최종 규정 농도(N) : ____________(3회 실험의 평균값을 사용)

기술자 서명 : ____________ 날짜 :____________

감독관 서명 : ____________ 날짜 :____________

- 망가니즈(Mn) : 1 mL 진한 HNO_3을 혼합한 10 mL 진한 HCl에 망가니즈 금속 0.100 g을 녹이고, 증류수를 가하여 1000 mL로 만든다.
- 니켈(Ni) : 10 mL의 뜨거운 진한 HNO_3에 니켈 금속 0.100 g을 녹이고, 냉각 후, 증류수를 가하여 1000 mL로 만든다.
- 포타슘(K) : 증류수에 0.1907 g의 KCl을 녹인 후, 증류수를 가하여 1000 mL로 만든다.
- 소듐(Na) : 증류수에 NaCl 0.2542 g을 녹이고 10 mL 진한 HNO_3을 첨가한 후, 증류수를 가하여 1000 mL로 만든다.
- 주석(Sn) : 100 mL 진한 HCl에 주석 금속 1.000 g을 녹이고, 증류수를 가하여 1000 mL로 만든다.
- 아연(Zn) : 10 mL 50% HCl에 아연 금속 1.000 g을 녹이고, 증류수를 가하여 1000 mL로 만든다.

그 외 교정용 저장용액 및 표준용액은 상업적으로 판매되는 저장용액이나 표준용액을 구매해서 사용하거나 실험실에서 교정용 저장용액이나 표준용액을 제조하여 사용한다. 분석용 저장용액은 환경오염공정시험기준에 따라 제조하며, 작업용액은 환경오염공정시험기준에 따라 적절히 저장용액을 희석하여 사용한다.

5.2.4 표준물질 등의 보관 방법

일반적인 교정용 저장용액과 분석용 저장용액별 보존 기간은 표 I-60과 같다.

▶표 I-60◀ 교정용 저장용액 및 보존 기간

항목	저장용액 (mg/mL)	보존 기간	작업용액 (mg/mL)	비고
pH	4.00, 7.00, 10.00	표시기간	–	–
플루오린 이온	1.0	1개월	0.002	–
브로민	0.5	3개월		실온보관
색도	–	–	500 unit	-
사이안 이온	1	1개월	0.001	표정, 냉장보관, 매주 점검
아질산성 질소	0.25	3개월	0.001	표정, 클로로폼 보존처리, 냉장보관
암모니아성 질소	0.1	3개월	0.005	냉장보관
음이온 계면활성제	0.5		0.01	

▶표 I-60◀ 교정용 저장용액 및 보존 기간(계속)

항목	저장용액 (mg/mL)	보존 기간	작업용액 (mg/mL)	비고
인산염 인	0.1	3개월 (0.05 mg/mL)	0.005	냉장보관
전기 전도도	0.01 M KCl	6개월	–	실온보관, 유리병
질산성 질소	0.1	6개월 (1.0 mg/mL)	0.01, 0.02, 0.001. 0.002	냉장보관, 클로로폼 보존처리
총유기탄소	1000	3개월 (0.1 mg/L 이하)	100	냉장보관, 갈색병
탁도	–	1개월	400 NTU	냉장보관
페놀	약 1	3개월	0.01. 0.001	표정, 유리병, 냉장보관

▶표 I-61◀ 중금속 저장용액 및 보존 기간

항목	저장용액 (mg/mL)	보존 기간	작업용액 (mg/mL)	비고
망가니즈(Mn)	0.1	표시기간 (1.000 mg/L), 1개월 (0.1 mg/L 이하)	0.05, 0.02, 0.01	실온, 0.5 % 질산
구리(Cu)	0.1		0.05, 0.01, 0.001	
납(Pb)	0.1		0.05, 0.01, 0.001	
니켈(Ni)	1		0.05, 0.01, 0.005	
비소(As)	0.1		0.001	
수은(Hg)	0.5		0.01, 0.001	
셀레늄(Se)	1		0.0001	
아연(Zn)	0.1		0.01, 0.002	
철(Fe)	1.0		0.01	
카드뮴(Cd)	0.1		0.01, 0.001	
크로뮴(Cr)	0.1		0.01, 0.002	
안티모니(Sb)	1.000		0.01, 0.002, 0.0001	

▶표 I-62◀ 유기물질 저장용액 및 보존 기간

항목	저장용액 (mg/mL)	보존 기간	작업용액 (mg/mL)	비고
다이아지논	–	개별 표시기간	5 ug/mL	
염화메틸수은	10		10, 0.001, 0.0001	
이피엔	–		5 ug/mL	
파라티온	–		5 ug/mL	
펜토에이트	–		5 ug/mL	

▶표 I-62◀ 유기물질 저장용액 및 보존 기간(계속)

항목	저장용액 (mg/mL)	보존 기간	작업용액 (mg/mL)	비고
PCB(2염소)	–	개별 표시기간	0.001	
PCB(3염소)	–		0.001	
PCB(4염소)	–		0.001	
PCB(5염소)	–		0.001	
PCB(6염소)	–		0.001	
트라이클로로에틸렌	약 14		0.15	
테트라클로로에틸렌	약 42		0.004	
o-터페닐	2000		50	
노나트리아콘탄	3000		300	
다이에틸헥실프탈레이트	1.000		0.01	

수질오염공정시험기준 각 항목별 시험 방법 중 표준물질 등에 대한 보존기한은 다음과 같다.

▶표 I-63◀ 수질오염공정시험기준에 의한 표준물질 등의 보존기한

분석항목	표준물질(용액)의 종류 및 농도	보존기한	출처
BOD	아황산소듐 용액(0.025 N)	사용 시 조제	ES 04305.1c
잔류염소	유리염소 표준용액	7일(4 °C) 희석 시에는 2시간,	ES 04309.1c
총 유기탄소	무기성 탄소 표준원액(1000 mg/L, 100 mg/L)	사용 시 조제	ES 04311.1c
	부유물질 정도관리용 표준원액(1000 mg/L)	2주(4 °C)	
	부유물질 정도관리용 표준원액(100 mg/L)	사용 시 조제	
탁도	탁도 표준원액(400 NTU)	1개월	ES 04313.1b
	탁도 표준원액(40 NTU)	사용 시 조제	
용존 유기탄소	무기성 탄소 표준원액(1000 mg/L, 100 mg/L)	사용 시 조제	ES 04316.1
이온류(F^-, Cl^-, NO_2^-, NO_3^-, PO_4^{3-}, Br^-, SO_4^{2-})	표준원액(1000 mg/L)	1개월(4 °C, 플라스틱통)	ES 04350.1b
사이안	클로라민-T 용액(1 %)	사용 시 조제	ES 04353.1d
	피리딘-피라졸론 혼합용액	사용 시 조제	
암모니아성 질소	하이포염소산소듐 용액(1 %)	사용 시 조제	ES 04355.1c
총인	몰리브데넘산암모늄·아스코빈산 혼합용액	사용 시 조제	ES 04362.1c

▶표 I-63◀ 수질오염공정시험기준에 의한 표준물질 등의 보존기한(계속)

분석항목	표준물질(용액)의 종류 및 농도	보존기한	출처
총질소	알칼리성 과황산포타슘 용액(3 %)	사용 시 조제	ES 04363.1b
퍼클로레이트	메틸아민 용액(200 mM)	48시간	ES 04364.1c
	표준용액(1000 mg/L)	12개월(실온)	
	표준용액(1 mg/L 이하)	3개월(4 °C)	
	내부표준원액(1000 mg/L)	12개월(실온)	
	내부표준원액(1 mg/L)	3개월(4 °C)	
페놀류	4-아미노안티피린 용액(2 %)	사용 시 조제	ES 04365.1c
	헥사사이안화철(III)산포타슘 용액(9 %)	24시간 (필요 시 여과)	
	표준용액(10 mg/L)	사용 시 조제	
금속류(구리, 납, 니켈, 망가니즈, 비소, 셀레늄, 수은, 아연, 철, 카드뮴, 크로뮴, 6가크로뮴, 바륨, 주석)	납 표준용액(100 mg/L)	사용 시 조제	ES 04400.1d
	니켈 표준용액(30 mg/L)	사용 시 조제	
	망가니즈 표준용액(20 mg/L, 0.1 mg/L)	사용 시 조제	
	바륨 표준용액(100 mg/L)	사용 시 조제	
	비소 표준용액(10 mg/L, 0.1 mg/L)	사용 시 조제	
	셀레늄 표준용액(10 mg/L, 0.1 mg/L)	사용 시 조제	
	아연 표준용액(10 mg/L)	사용 시 조제	
	안티모니 표준용액(10 mg/L)	사용 시 조제	
	주석 표준용액(100 mg/L)	사용 시 조제	
	철 표준용액(30 mg/L)	사용 시 조제	
	카드뮴 표준용액(10 mg/L)	사용 시 조제	
	크로뮴 표준용액(20 mg/L)	사용 시 조제	
메틸수은	메틸수은 표준용액(1 mg/L)	1년(4 °C)	ES 04417.1
	검정곡선용 메틸수은 표준용액(0.01 μg/L)	1개월(상온, 테플론병)	
다이에틸헥실프탈레이트	표준용액(10 mg/L)	3개월 간격으로 확인(−18 °C, PTFE마개의 갈색유리병)	ES 04501.1b
다이에틸헥실아디페이트	표준원액(1000 mg/L)	6개월(4 °C, PTFE마개의 갈색유리병)	ES 04505.1
	표준용액(50 mg/L)	(−18 °C, PTFE마개의 갈색유리병)	

▶표 I-63◀ 수질오염공정시험기준에 의한 표준물질 등의 보존기한(계속)

분석항목	표준물질(용액)의 종류 및 농도	보존기한	출처
다이에틸헥실아디페이트	피렌-d_{10} 대체표준원액 (1000 mg/L)	1개월(4 °C)	ES 04505.1
	페난트렌-d_{10} 내부표준원액 (1000 mg/L)	1개월(4 °C)	
1,4-다이옥산	1,4-다이옥산 표준용액 (1 mg/L, 0.1 mg.L)	사용 시 조제	ES 04601.1
	1,4-다이옥산-d_8 내부표준원액 (1000 mg/L)	1개월(4 °C)	
	1,4-다이옥산-d_8 표준용액 (10 mg/L)	사용 시 조제	
	1-클로로-2-보로모피로판 내부표준원액(1000 mg/L)	1개월(4 °C)	
염화비닐, 아크릴나이트릴, 브로모폼	혼합표준원액(1000 mg/L)	1개월(4 °C)	ES 04602.1b
	혼합내부표준원액	1개월(4 °C)	
휘발성 유기 화합물	표준원액	1개월(4 °C)	ES 04603.1b
	혼합표준용액	사용 시 제조	
	내부표준원액	1개월(4 °C)	
	혼합내부표준용액	사용 시 조제	
폼알데하이드	아황산소듐 용액(0.1 M)	사용 시 조제	ES 04605.1a
헥사클로로벤젠	표준원액(1000 mg/L)	12개월(4 °C)	ES 04606.1
	표준용액(10 mg/L)	1개월(4 °C)	
	표준용액(1 mg/L)	1주일(4 °C)	
	표준용액(0.1 mg/L)	사용 시 조제	
	내부표준용액(10 mg/L)	1개월(4 °C)	
	내부표준용액(1 mg/L)	1주일(4 °C)	
나프탈렌	표준원액(1000 mg/L)	1개월(4 °C)	ES 04607.1
	표준용액(100 mg/L)	3개월 간격으로 확인(4 °C, PTFE마개의 갈색유리병)	
	내부표준용액(1000 mg/L)	1개월(4 °C)	
	내부표준용액(2 mg/L)	3개월 간격으로 확인(4 °C, PTFE마개의 갈색유리병)	
아크릴아마이드	표준원액(1000 mg/L)	6개월(4 °C, PTFE마개)	ES 04609.1b
	표준원액(50 mg/L)	(−10 °C, PTFE마개의 갈색유리병)	

▶표 I-63◀ 수질오염공정시험기준에 의한 표준물질 등의 보존기한(계속)

분석항목	표준물질(용액)의 종류 및 농도	보존기한	출처
아크릴아마이드	내부표준용액(100 mg/L)	(−10 °C, PTFE마개의 갈색유리병)	ES 04609.1b
스타이렌	내부표준원액(1000 mg/L)	1개월	ES 04610.1
페놀	표준원액(1000 mg/L)	6개월(4 °C, PTFE마개)	ES 04611.1
	내부표준원액(1000 mg/L)	1개월	
펜타클로로페놀	표준원액(1000 mg/L)	6개월(4 °C, PTFE마개)	ES 04612.1
	표준용액(1 mg/L)	3개월 간격으로 확인(4 °C)	
	내부표준원액(1000 mg/L)	1개월(4 °C)	
	내부표준용액(10 mg/L)	1개월(4 °C, PTFE마개)	

또한 먹는물수질공정시험기준에 따른 분석용 표준물질 등에 대한 보존기한은 다음과 같다.

▶표 I-64◀ 먹는물수질공정시험기준에 의한 표준물질 등의 보존기한

분석항목	표준물질(용액)의 종류 및 농도	보존기한	출처
과망가니즈산포타슘소비량	옥살산소듐 용액(0.005 M)	1개월	ES 05302.1b
세제(음이온계면활성제)	음이온계면활성제 표준용액(10.0 mg/L)	1주일	ES 05309.1c
페놀	4-아미노안티피린용액 2 % (w/v)	사용 시 제조	ES 05311.1a
	전분용액	사용 시 제조	ES 05311.1a
사이안	클로라민-T용액(1 w/v %)	사용 시 제조	ES 05352.1b
	피리딘·피라졸론 혼합액	사용 시 제조	ES 05352.1b
	사이안 표준용액(1.0 mg/L)	사용 시 제조	ES 05352.1b
암모니아성 질소	페놀나이트로프루싯소듐 용액	1개월	ES 05353.1b
	차아염소산소듐 용액	사용 시 제조	ES 05353.1b
음이온류(플루오린화 이온, 염화 이온, 질산 이온, 황산 이온)	용리액(0.008 M Na_2CO_3)	3일	ES 05357.1b
브로민산염	PCR (Post column reagent, 0.27 M KI)	당일 제조	ES 05358.1a

▶표 I-64◀ 먹는물수질공정시험기준에 의한 표준물질 등의 보존기한(계속)

분석항목	표준물질(용액)의 종류 및 농도	보존기한	출처
	Catalyst 용액(0.002 mM $(NH_4)_6Mo_7O_2^{4}\cdot 4H_2O$)	1개월	ES 05358.1a
보론(붕소)	옥살산 용액	2주일	ES 05404.2a
	쿠크민 용액	2주일	ES 05404.2a
비소	이염화주석 용액	사용 시 제조	ES 05405.2b
수은	이염화주석 용액	사용 시 제조	ES 05407.1b
카바릴	OPA 반응 용액	사용 시 제조	ES 05502.1a
염소소독부산물(클로랄하이드레이트(chloral hydrate), 다이브로모아세토나이트릴(dibromoacetonitrile), 다이클로로아세토나이트릴(dichloroacetonitrile), 트라이클로로아세토나이트릴(trichloroacetonitrile), 1,2-다이브로모-3-클로로프로페인(1,2-dibromo-3-chloropropane))	소독부산물 혼합표준원액(1,000 mg/L, 10 mg/L)	4주간(4 °C)	ES 05551.1b
할로아세트산류(다이클로로아세트산, 트라이클로로아세트산, 디브로모아세트산)	표준원액(1,000 mg/L)	2개월 (4 °C)	ES 05552.1a
	표준원액(10 mg/L)	4주간 (4 °C)	ES 05552.1a
폼알데하이드	아황산소듐 용액 (0.1 M)	사용 시 조제	ES 05553.1
휘발성 유기 화합물	휘발성 유기 화합물 표준원액(1,000 mg/L, 10 mg/L, 1 mg/L)	4주간 (4 °C)	ES 05601.1b
	혼합내부표준용액(10.0 mg/L, 1 mg/L)	4주간 (4 °C)	ES 05601.1b
1,4-다이옥산	1,4-다이옥산 표준용액(1.0 mg/L)	사용 시 조제	ES 05602.1a
	1,4-다이옥산-d8 표준용액(10.0 mg/L)	사용 시 조제	ES 05602.1a

II

시료 채취에서의 QA/QC

1 시료 채취 계획과 요소[89)]

환경 분석은 일반적으로 환경의 개선, 조사, 평가, 폐수 관리, 유해성 평가 등을 목적으로 수행된다.[90)] 이러한 연구는 가장 기초적인 시료 채취 계획에서부터 시작되어야 하며, 시료 채취는 다음과 같은 질문을 시작으로 계획을 수립한다.

- 어떤 종류의 시료를 채취해야 하는가?
- 프로젝트(연구 과제) 진행을 위해 얼마나 많은 지점에서 어느 정도 시료를 채취해야 하는가?

이러한 질문에 쉽고 명쾌하게 답하기는 어렵다. 그러나 다음의 질문에 대한 답을 통해 더 명확하게 얻을 수 있을 것이다.

- 연구의 목적은 무엇인가?
- 자료 수집을 위해 어느 지역에서 시료를 채취할 것인가?
- 시료 채취 용기는 어떤 것을 사용할 것인가?
- 시료분석을 위해 어떤 전처리가 필요한가?
- 어떤 방법으로 시료를 분석할 것인가?
- 어떻게 데이터를 평가하고 보고할 것인가?

이러한 모든 문제점은 시료 계획단계에서 고려되어야 한다. 이러한 계획단계에서는 프로젝트의 단계별 전문 요원의 도움이 필요하다. 그림 II-1은 각 단계별 전문가들의 구성과 활동 영역을 나타내고 있다.

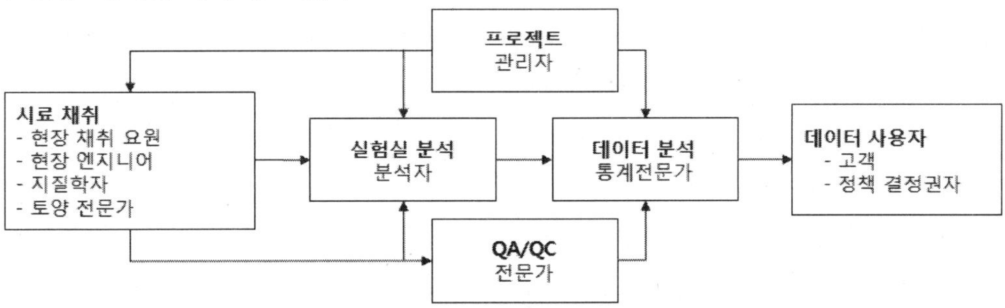

▶그림 II-1◀ 환경 조사 계획 설계의 구성 요원

89) Lawrence H. Keith, Principles of Environmental Sampling, ACS Professional Reference Book, 1996

90) 「환경분야 시험·검사등에 관한 법률」 제2조에 의하면 "시험·검사등이란 환경의 관리·보전을 위하여 환경분야 관련 법령에 따라 수행하는 환경오염 또는 환경유해성의 측정·분석·평가(측정·분석·평가를 위한 시료의 채취를 포함한다), 측정기기·환경설비의 시험·검사 및 이와 관련된 규격의 제정·확인 등을 말한다"고 규정하고 있다.

1.1 시료 채취 계획[91)]

1.1.1 시료 채취 프로그램 설계

시료 채취 프로그램 설계는 그림 II-2에 나타난 것과 같이 프로그램의 목적, 변동성, 소요 비용, 비기술적인 요소 등 4가지 요소를 고려해야 한다.

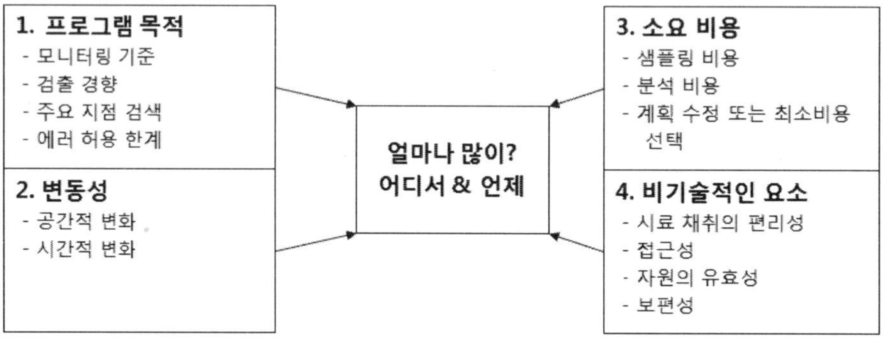

▸그림 II-2◂ 시료 채취 프로그램 설계 요소

시료 채취 프로그램 목적은 점검을 위한 조사(reconnaissance survey), 집중 조사(intensive survey), 고정된 측정소의 모니터링(fixed station monitoring), 전체 지역 모니터링(network monitoring), 지하수 모니터링(ground water monitoring) 혹은 특별 조사(special survey)로 구분될 수 있다. 각각의 목적에 따라 모니터링 기준, 검출 경향, 주요 지점 검색, 에러 허용 한계 등을 설정한다. 변동성은 시료의 공간적 변화와 시간적 변화를 고려한다. 특히 언제, 어디서 시료를 채취하였는가에 따라 결과값은 달라질 수 있다. 소요 비용은 샘플링 비용, 분석 비용을 고려하여 프로그램 계획을 수정하거나 최소 비용이 소요되는 방법으로 선택해야 한다. 비기술적인 요소는 시료 채취의 편리성과 접근성, 자원의 유효성과 보편성 등이 고려된다.

이러한 요소들을 고려하여 그림 II-3과 같이 7단계의 설계 과정을 거친다.

1단계에는 프로그램에서 확인하고자 하는 현재의 문제점을 규정하고, 시료 채취 프로그램 설계팀을 구성하며, 분석에 필요한 예산을 산정하여, 채취 일정을 계획한다. 2단계에는 1단계의 사항을 검토하여 확정하고 의문점에 대한 해결 방법을 모색한다. 3단계에는 결정에 필요한 정보를 수집하여 확인한다. 자료의 출처, 기본 행동 수칙, 시료 채취 및 분석법을 확인한다. 4단계는 프로그램의 조사활동 영역을 설정한다. 시료의 특성을

91) Lawrence H. Keith, Radian corporation austin, TX 78720-1088

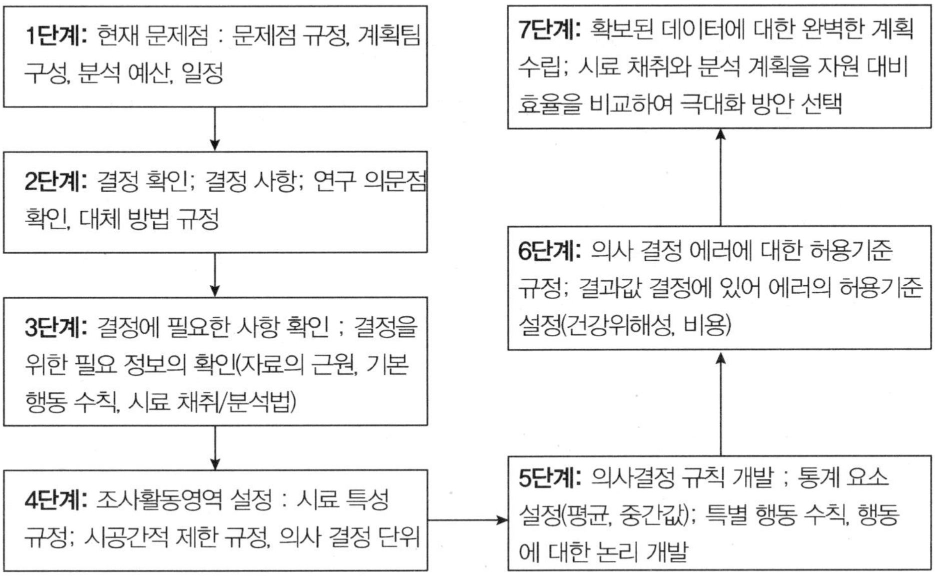

▶그림 II-3◀ 시료 채취 프로그램 설계 단계

규정하고, 시료 채취시의 시·공간적 제한을 규정하고, 의사 결정 단위를 설정한다. 5단계에는 의사결정에 필요한 규칙을 개발하고, 수집된 시료의 결과값에 대한 통계처리 방법을 개발한다. 6단계에는 5단계의 통계처리 방법을 통해 측정 결과의 에러가 허용기준 이내의 범위인지 판단한다. 7단계는 확보된 데이터에 대해 효율성을 평가한다.

1.1.2 시료의 대표성

시료 채취에 있어 시료의 대표성은 EPA의 데이터 품질 지표(DQI, data quality indicators)의 5대 요소 중 하나로 시료 채취 과정에서 가장 중요한 요소이다. 대표성을 갖지 못하는 시료를 채취하여 분석한다면 관심 있는 부분의 데이터를 얻을 수 없으며, 연구 목적과도 반대되는 결과에 도달할 수 있다. 따라서 분석하고자 하는 환경 조건에 대한 대표성을 갖는 시료를 선택하는 것이 무엇보다 중요하다.

1.1.3 대표성 있는 시료 채취 지점 선정 방법

대표성 있는 채취 지점 선정 방법은 크게 유의적 샘플링(judgmental sampling)에 의한 방법, 임의적 샘플링(random sampling)에 의한 방법, 계통적 샘플링(systematic sampling)에 의한 방법으로 구분할 수 있다. 그 밖에 다양한 선택 방법이 있으며 3가지 선정 방법을 적절히 조합하여 채취 지점을 선택할 수 있다.

1.1.3.1 유의적 샘플링(judgmental sampling)에 의한 방법

유의적 샘플링은 전문적인 지식을 바탕으로 주관적인 선택에 따른 채취 방법으로 선행 연구나 정보가 있을 경우 또는 현장 방문에 의한 시각적 정보, 현장 시료 채취 요원의 개인적인 지식과 경험을 바탕으로 채취 지점을 선정하는 방법이다. 이러한 유의적 샘플링 방법은 연구 기간이 짧고, 예산이 충분하지 않을 때, 과거 측정지점에 대한 조사자료가 있을 때, 특정지점의 오염 발생 여부를 확인하고자 할 때 선택한다.

1.1.3.2 임의적 샘플링(random sampling)에 의한 방법

임의적 샘플링은 시료군 전체에 대해 임의적으로 시료를 채취하는 방법으로 넓은 면적 또는 많은 수의 시료를 대상으로 할 때 적용하는 방법이다. 특히 임의적 샘플링은 시료군에서 연구 목적에 적합하다고 판단되는 시료를 대상으로 하며, 선행 시료와 관계없이 다음 시료의 채취 지점을 선택해야 한다. 임의적 샘플링은 시료가 우연히 발견되는 것이 아니라 폭넓게 모든 지점(장소)에서 발생할 수 있다는 전제를 갖고 있다. 그러나 이 방법은 그다지 추천되지 않는 방법이다.

1.1.3.3 계통적 샘플링(systematic sampling)에 의한 방법

계통적 샘플링은 시료군을 일정한 패턴으로 구획하여 선택하는 방법이다. 즉, 시료군을 일정한 격자로 구분하여 시료를 채취한다. 따라서 계통적 샘플링을 '계통적 격자 샘플링(systematic grid sampling)'이라고도 한다. 시료 채취 지점은 격자의 교차점 또는 중심에서 채취한다. 이외 격자 구획 안에서 임의적으로 채취하는 것을 '계통적 임의 샘플링(systematic random sampling)'이라고 한다. 계통적 임의 샘플링은 격자 안에서 임의적으로 채취하므로 다른 구획에서의 채취에 영향을 받지 않고 채취할 수 있다. 계통적 샘플링은 채취 지점이 명확하여 시료 채취가 쉽고, 현장 요원이 쉽게 찾을 수 있다. 하지만 구획 구간의 거리를 정하는 것이 매우 중요하며, 시·공간적 영향을 고려하여 충분히 작은 구간으로 구획하는 것이 좋다.

1.1.3.4 계층별 임의 샘플링(stratified random sampling)

시료군을 기준에 따라 중복되지 않도록 구분하여 계층을 나눈다. 나누어진 계층별로 임의적으로 시료 채취를 수행한다. 일반적으로 시료군은 시·공간적으로 구분되는데 낮과 밤, 주중과 주말, 계절별, 깊이별, 연령별, 성별, 지형적 구분, 지리적 구분, 토지 이용별, 바람 방향별 등과 같이 계층이 구분된다.

1.1.3.5 기타 샘플링 방법

기타 샘플링 방법으로는 혼합 채취 방법(composite sampling), 탐색 샘플링(search sampling), 횡단면 샘플링(transect sampling)등이 있다. 혼합 채취 방법은 시료 채취 지점에서 각각 다른 시간대에 채취한 시료를 혼합하는 방법이다. 탐색 샘플링은 예비 조사용으로 일시적 샘플링을 말하며, 횡단면 샘플링은 시료 채취 지역을 일정한 방향으로 진행하면서 시료를 채취하는 방법이다.

1.1.4 목적별 샘플링 방법 선택

환경 조사 목적에 따라 샘플링 적용성을 표 II-1에 나타내었다. 초기 오염 징후의 조사나 확인을 위한 조사는 유의적 샘플링이 적절하며, 오염발생량 추정을 위해서는 계층별 임의 샘플링, 계통적 샘플링, 탐색 샘플링, 횡단면 샘플링 기법들이 고려된다. 오염 발생의 처리 효율 평가를 위해서는 계통적 샘플링 방법이 적절하며, 오염제거 후 완료 평가를 위해서는 임의적 샘플링, 계층별 임의 샘플링, 계통적 샘플링, 탐색 샘플링, 횡단면 샘플링 방법들이 선택된다.

1.1.5 매질별 대표성 시료 채취

매질별 대표성 있는 시료를 채취하는 것은 샘플링 방법의 선택과 함께 매우 중요한 요소이다. 각 매질별 대표성 시료 채취를 위해 다음과 같은 사항을 고려한다.

1.1.5.1 대기 시료의 대표성

대기 시료는 변이성과 이질성이 크다. 따라서 대기 시료 측정은 채취 지점의 시·공간적

▸표 II-1◂ 목적별 시료 채취 기법

샘플링 목적	시료 채취 기법						
	유의적 샘플링	임의적 샘플링	계통적 샘플링	계층별 임의 샘플링	계통 표본 샘플링	탐색 샘플링	횡단면 샘플링
징후 평가	1	4	3	2[a]	3	3	2
오염원 확인	1	4	2	2[a]	3	2	3
오염발생량 추정	4	3	3	1[b]	1	1	1
처리효율 평가	3	3	1	2	2	4	2
처리 완료 평가	4	1[c]	3	1[b]	1	1	1[d]

1= 우선 권장 방법, 2=권장 방법, 3= 중간적 권장 방법, 4=최후 선택 방법
a : 현장 분석 가능한 항목 적용, b : 현재 상황을 파악하고 있을 경우, c : 모든 채취 지점에서 시료 채취 후 완료 결과를 확인하는 경우, d : 개선완료가 추정되는 지점에서 적용되는 경우

요소를 고려하여 "표본(일반) 시료"와 오염이 의심되는 "최악 시료"로 대표하는 것이 중요하다. 특히 대기 오염물질의 농도는 짧은 시간 동안 기상학적 요소와 지리적 요소에 영향을 받으므로 이를 고려해야 한다. 대기 시료의 대표적인 채취 지점은 실내, 환경대기, 굴뚝 또는 자동차 매연, 배출구 등이다. 이외에 토양으로부터 기인하는 대기, 물로부터 기인하는 대기로 구분할 수 있다. 굴뚝과 같이 특정지점에서 배출되는 오염원에서 샘플링을 할 경우 발생원과 인근 주변의 대표 지점을 선정하여 채취해야 한다. 대표 지점이 잘못되었을 경우 심각한 측정 오류가 발생할 수 있다. 따라서 대표 지점 선정에 매우 많은 노력이 필요하다. 또한 대기 시료가 대표성을 갖기 위해서는 기체상의 오염물질이 비가역적으로 여과지 혹은 시료 용기나 채취 기구의 표면에 반응 또는 침적되지 않게 하거나 최소화해야 한다. 특히 여과지를 이용하는 시료 채취의 경우 에어로솔 입자에 의해 여과지가 오염되면 측정 결과가 높게 나타나는 오류를 유발할 수 있다.

1.1.5.2 수질 시료의 대표성

수질 시료는 현재의 강수량과 계절적인 요소에 의해 다양하게 변화하며, 물 이용 방법 또는 상황에 따라서도 변화한다. 따라서 대표성을 갖는 시료를 채취하는 건 어렵다.[92)] 호소나 연못의 화학적인 구성은 계절적인 변화에 따라 매우 다르게 나타나기 때문에 연구 대상기간의 최장기간보다 10 배 정도의 시간 동안 시료를 채취할 것을 권장하고 있다. 시냇물과 같이 흐르는 물의 경우, 흐름과 깊이에 따라 변화하므로 최대 난류 지점에서 깊이 60 % 지점을 선택하며, 취수 속도는 평균 유속과 같거나 더 커야 한다. 그리고 깊이가 5 m 미만의 경우 바람에 의해 혼합이 가능하지만 그 이상은 성층화로 인하여 물이 안정화되어 있으므로 이를 감안하여 시료를 채취해야 한다. 하천의 경우, 유속이 빠르거나 수심이 얕은 곳은 성층화를 이루기 어렵지만, 깊은 수심의 하천이나 유속이 적은 곳은 발생할 수 있다. 특히 2개의 강이 만나는 지점에서는 성층화가 자주 일어난다. 강하구와 같이 바닷물과 만나는 곳에서는 염분에 의한 비중차로 성층화를 이루는 경우가 있으므로 주의해야 한다.[93)]

1.1.5.3 토양 시료의 대표성

토양 시료는 토질의 특성에 따라 크게 좌우되며, 오염원에 노출될 경우 수평적 오염보다는 수직적 오염이 더 높게 나타난다. 따라서 시료 채취에서 채취 지점의 선택이 매우 중요하며, 채취 지점의 깊이도 고려해 심층, 혼합층, 표층으로 구분하여 채취한다. 이와 같

92) E. G. Meier, EPA, personal communication, July 1989

93) G. V. Cox, Chemical Manufacturers Association, personal communication, July 1989

이 토양 시료는 시료의 불균질성에 의해 문제가 발생할 수 있다. 따라서 시료의 대표성을 확보하기 위해서는 가능한 많은 시료를 채취하는 것이 바람직하다.

1.1.5.4. 생물학적 시료의 대표성

생물학적 시료의 대표성은 종류, 크기, 성별, 이동성, 생체 조직 특성에 따라 다양한 형태로 나타나므로 일정한 규칙을 통해 선별할 필요가 있다. 특히 생물들은 이동성이 있으므로 일시적인 체류나 이동 경로에서의 채집은 적절하지 않다.

1.1.6 시료 보존과 저장의 기본 원칙

시료 채취 후 보존과 저장의 기본원칙은 시료의 물리적, 화학적, 생물학적 변화를 최소화하는 것이다. 보존과 저장의 3요소로는 그림 II-4와 같이 냉장, 적절한 시료 용기, 보존제 첨가이다. 냉장은 가장 일반적인 방법으로 물리적, 화학적, 생물학적 손실을 감소시켜주는 방법이며, 적절한 용기 선택은 휘발성, 흡착성, 흡수성, 산란성, 화학 반응을 감소시켜준다. 보존제 첨가는 화학적 반응과 박테리아의 성장을 감소시킨다.

▶그림 II-4◀ 시료 보존과 저장의 3요소

2 시료 채취 실무

2.1 시료 채취 프로그램

2.1.1 범위와 목적

잘 계획되고 이행된 시료 채취 프로그램을 통해 시료의 오염을 최소화할 수 있다. 시료 채취를 위해서는 시료 채취 계획이 기본이 되어야 한다.

시료 채취의 목적은 실제 시료 성분을 대표할 수 있는 물질의 일부분을 수집하는 것이다. 따라서 데이터의 품질은 다음 6가지의 주요 활동에 따라 달라질 수 있다.

- 시료 채취의 목적
- 대표적인 시료의 수집
- 시료 수집과 보존
- 시료인수인계(chain-of-custody)와 시료 확인
- 현장에서의 QA/QC 수행
- 시료분석

2.1.2 시료 채취 프로그램의 유형

시료 채취 프로그램은 다음의 내용이 포함되어야 한다.

- 현장 확인(시료 채취 지점과 위치 확인. 시료 채취 위치는 분석하고자 하는 매질을 대표할 수 있는 시료를 포함한 곳이어야 한다)
- 시료 구분(지하수, 음용수, 지표수, 폐수, 퇴적물, 토양 등)
- 시료의 수량
- 채취 시간
- 시료 채취 목적과 시험항목
- 시료 채취 횟수(매달, 분기별 등)
- 시료 채취 유형(단일시료, 혼합시료)
- 시료 채취 방법(수동, 자동)
- 분석 대상물질(시험 방법 번호와 참고문헌 언급)
- 현장 측정 결과
- 현장 QC 요건
- 시료 채취자

2.1.2.1 시료의 유형

시료의 유형은 여러 가지로 분류될 수 있으나 채취 시간에 따라서는 단일시료(grab sample), 혼합시료(composite sample), 연속시료(continuous sample)로 구분할 수 있다. 이러한 시료의 유형은 대기시료보다는 수질 시료에 통상 많이 적용되고 있다.

단일시료는 다른 시간과 장소에서 수집한 각각의 시료를 말한다. 수집한 시각에 따라 분석 대상성분의 양이 다르기 때문에, 단일시료의 분석 결과로 오염의 감소 혹은 증가를

판단하는 데 사용해서는 안 된다. 대표 시료를 얻기 위해 시료는 물의 흐름이 적절한 곳에서 채취해야 한다. 단일시료를 채취할 때 용기는 수표면 아래로 뒤집어 잠기게 한 뒤 가득 채취한다. 시료 채취 시간은 15분을 넘어서는 안 된다.

혼합시료는 같은 장소에서 다른 시간대에 수집한 단일시료의 혼합물을 말한다. 더 적은 시료들을 각각의 용기에 수집하고 분석할 때 혼합하여 사용하며 시료 채취 기간 동안의 일반적인 특성을 알아볼 수 있다. 혼합 과정은 시료의 성분에 따라 다르게 된다. 유량에 관계없이 동일한 양으로 채취하는 방법(일정량 시료 채취 방법)과 유량에 비례하여 채취하는 방법(유량비례 시료 채취 방법)이 있으며 유량에 비례하는 경우 더 좋은 대표성을 갖게 된다.

오랜 기간 동안 시료를 채취해야 하는 경우는 자동채취기(auto-sampler)를 사용하면 실용적이다.

단, VOCs(volatile organic compounds), 오일과 그리스, TRPHs(total recoverable petroleum hydrocarbons), 미생물 실험에서는 혼합시료를 만들 수 없고, 단일시료만 사용해야 한다.

2.1.3 시료 채취 기구의 재질

일반적으로 시료 채취 기구의 재질은 분석하고자 하는 물질에 따라 다르다.

무기질 시료인 경우에는 보존이 필요 없고, 플라스틱, 유리, 테플론, 스테인리스, 알루미늄, 금속 재질의 기구를 사용할 수 있다.

영양물질인 경우에는 플라스틱, 스테인리스, 테플론, 유리, 알루미늄, 금속 재질이 가능하고, 미량 중금속은 플라스틱, 스테인리스, 테플론을 사용할 수 있다. 추출해야 하는 유기물질은 유리, 알루미늄, 금속 재질, 스테인리스, 테플론을 사용하고 휘발성 유기 화합물은 유리, 스테인리스, 테플론을 사용한다. 미생물은 멸균된 기구를 사용한다.

▶표 II-2◀ 분석대상물질에 따른 시료 채취 기구의 재질

분석항목	시료 채취 기구의 재질
무기물질	플라스틱, 유리, 테플론, 스테인리스, 알루미늄, 금속
영양염류	플라스틱, 스테인리스, 테플론, 유리, 알루미늄, 금속
중금속	플라스틱, 스테인리스, 테플론
추출해야 하는 물질	유리, 알루미늄, 금속 재질, 스테인리스, 테플론
휘발성 유기 화합물	유리, 스테인리스, 테플론
미생물	멸균된 용기

2.2 일반적 시료 채취 절차 및 규격

2.2.1 시료 채취의 일반적인 절차

시료 채취는 일반적으로 그 절차에 대해 크게 신경 쓰지 않는 경향이 있으나 시료가 분석자에게 정확히 전달되고 분석자가 시료 채취 현장의 상황을 이해해야 하며 일부 항목에 대해서는 현장에서 측정해야 할 수도 있다. 따라서 다음과 같은 절차를 확인하여 부족한 부분이 발생되지 않도록 한다.

1) 시료 채취 스케줄 확인
2) 별도의 운송 박스 준비
3) 라벨 작성 및 시료 수집
4) 시료 저장 온도 확인
5) 시료 여과(필요 시)
6) 시료용기 봉합 및 포장
7) 현장 측정항목 확인 및 측정
8) 시료 채취기록부 작성
9) 실험실 운송

2.2.2 시료 채취 규칙

시료 수집자는 다음의 시료 채취에 대한 일반적인 규칙을 이해하고 적용할 수 있어야 한다.

1) 시료는 대표할 수 있는 장소에서 수집되어야 한다.
2) 일회용 장갑을 사용하고, 사용하지 않은 새 장갑은 시료 채취 지점에서 분리해 놓아야 한다. 또 위험한 물질을 채취할 경우에는 고무장갑을 이용한다.
3) 혼합 시료의 경우, 시료를 섞기 위해 보울(bowl)이나 약주걱(spatula)을 사용한다.
4) 미량 유기물질과 중금속 분석에는 스테인리스, 유리, 테플론 제품의 막대를 사용한다.
5) 시료수집에 있어 우선순위는 첫 번째로 VOCs, 오일과 그리스 및 TRPHs을 포함한 추출해야 하는 유기물질이며, 이어 중금속, 용존 금속(dissolved metal(구리(II), 철(III)), 미생물 시료, 무기 비금속 순으로 수집해야 한다.
6) 수용액 매질의 경우, 시료 채취 기구와 용기는 채취 전에 그 시료를 이용하여 미리 헹구고 사용한다. 그러나 VOCs, 오일, 그리스, TRPHs 및 미생물 분석용 시료 채취 장비와 용기는 미리 헹구지 않는다.

2.2.3 시료 채취 전 위험 요소 확인 절차

시료를 채취할 때 피부에 상처가 생기거나 또는 호흡기 계통에 영향을 줄 수 있는 요소들이 있으므로 이러한 위험으로부터 보호받기 위하여 위험요소를 미리 확인해야 한다.

1) 위험요소 확인(상처 혹은 질병을 유발할 수 있는 것 확인)
2) 영향 분석(잠재적 상처나 질병에 대한 것 확인)
3) 위험 분석(영향을 줄 수 있는 결과, 기간, 수량 확인)
4) 취해야 할 행동 확인(위험을 제거, 감소 혹은 관리할 수 있는 방법)

위험요소를 확인할 때는, 다음과 같은 사항을 검토해야 한다.

- 중력 : 떨어지는 물체가 있는지
- 운동 에너지 : 갑자기 움직이거나, 침투하는 물체가 있는지
- 위험 물질 : 피부 접촉 시 감염 가능성이 있는지
- 열에너지 : 뜨거운 물질이 엎질러지거나 넘칠 경우가 있는지
- 온도 초과 : 뜨겁거나 차가울 경우 영향이 있는지
- 방사능 : UV, 마이크로파(micro~wave), 레이저
- 소음
- 생화학적 위험요소 : 병원성 미생물
- 전기적 요소 : 쇼크, 화상

위험요소를 사전에 확인하였을 때, 시료 채취 과정에서의 상처 혹은 질병적 위험요소가 있을 것으로 확인되면 다음과 같이 적절한 대책을 세워야 한다.

- 위험물질을 줄이는 과정으로 변경 혹은 위험을 줄이는 물질로 대체
- 업무 과정, 업무 방법 혹은 장비에 대한 계획 재수립
- 위험물질을 처리하는 직원의 안전 보장
- 위험의 노출조건이나 기간 파악

2.2.4 갖추어야 할 보호 장비

시료 채취자 및 시료 채취 장소에 있는 사람들은 안전과 건강보호를 위하여 필요한 보호장비를 갖추어야 한다.

▶표 Ⅱ-3◀ 위험요소에 따른 신체별 착용장비

위험요소	신체 부분	일반적인 착용장비	다른 이용 가능한 착용장비
자외선	머리	테두리가 넓은 모자	–
	피부	자외선차단 로션	–
오염물질 접촉	호흡기관	활성탄으로 충진된 일회용 마스크	완전 얼굴 마스크
	피부	보호복	일회용 커버롤(coverall)
	머리	안전 모자(단단한 것)	–
	눈과 얼굴	폴리카보네이트 안면 보호 장구	실리콘으로 된 보호 크림
	손	일회용 장갑	면, PVC로 안감처리 된 장갑
	발	안전화	무릎길이의 고무장화(발끝은 강철)
소음	청각	귀 마개	귀 덮개

2.2.4.1 일반적인 피부 보호

자외선으로부터 보호하기 위해 자외선 방지 로션(SPF, sun protection factor : 15 이상)을 발라야 한다. 특별한 위험지역에서는 목 뒤와 손등에도 로션을 발라야 한다.

일회용 커버롤(coverall)은 목 아래 모든 부분, 팔 및 다리를 커버해야 한다. 커버롤은 물 속으로 잠수해야 하는 경우 특정 시료 채취 지역의 물 속에 부식성이나 독성 물질이 들어 있을 수 있으므로 부적합하다. 이런 경우는 다른 보호 장비로 바꾸어주는 것이 좋다.

2.2.4.2 호흡기관 보호

소형 활성탄 여과기가 있는 일회용 마스크가 적당하다. 가스나 증기를 시료로 채취할 경우, 채취자에게 관련 정보를 미리 알린다.

수염과 같은 것들은 마스크와 얼굴이 밀착되는 것을 방해할 수 있으므로, 수염을 제거하거나 완전 안면 마스크를 착용한다.

2.2.4.3 머리 보호

물체가 떨어질 가능성이 있으면 헬멧을 착용하며, 자외선에 오랫동안 노출될 우려가 있는 지역에서는 모자를 착용해야 한다.

2.2.4.5 눈과 얼굴 보호

눈과 얼굴에 시료 채취 물질과 보존제가 튈 수 있으므로, 이를 위해 눈 부분에는 투명한 폴리카보네이트 커버가 있고 코와 입 부분은 일반 마스크가 함께 부착된 flip-down 마스크를 착용하거나 일반 마스크와 함께 고글(goggle)을 착용한다.

2.2.4.6 손 보호

자외선, 시료 채취 시 위험물질, 물리적 상처(예리한 물건에 찔리거나, 바위에 부딪히는 경우)에서 손을 보호하기 위해 장갑을 착용해야 한다. 일반적으로 일회용 장갑을 사용하되 찢어지기 쉬운 장갑은 사용하지 않는다.

2.2.4.7 발 보호

시료 수집을 위해 물 속을 걸을 때, 장화를 착용해야 한다. 장화는 무릎길이의 고무장화로 발가락 쪽과 발등이 강철로 된 것을 착용한다. 육상에서는 일반적으로 공사장에서 사용하는 안전화를 사용한다.

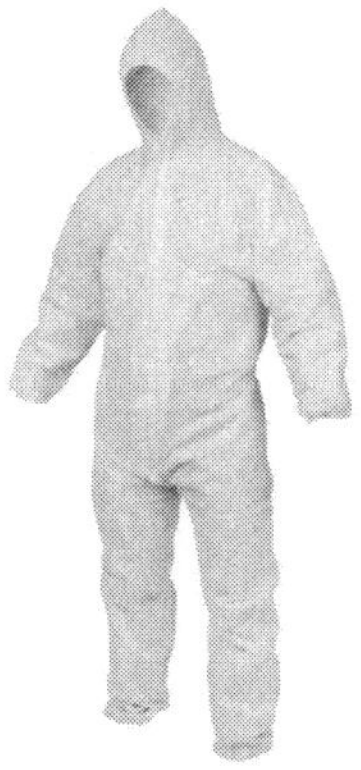

▶그림 II-5◀ 커버롤(coverall)

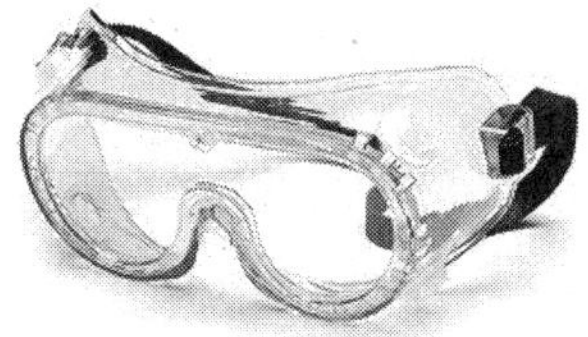

▶그림 II-6◀ 고글(goggle)

2.3 시료 채취 기구의 준비

시료 채취 기구들은 시료 채취를 하기 전에 세척하여 사용해야 한다. 현장에서 사용 후에는 "세척해야 함"이라고 적은 라벨을 붙이고, 실험실로 옮겨와 세척한 후에는 "세척완료"라고 붙여놓아야 한다. 현장세척과 실험실 세척에 대한 문서를 작성하고, 세척제는 실험실용 세척제를 사용하되 일반적으로 5 % 인산으로 된 ALCONOX® 또는 인산과 암모니아로 된 LIQUINOX®를 사용한다.

ALCONOX®는 원래 양이온으로 유리기구뿐만 아니라 금속, 플라스틱, 고무 등을 세척하는 데 유용하게 사용한다. ALCONOX®는 쉽게 분해되기 때문에 초음파 세척기를 이용한 세척에서는 LIQUINOX®보다 더 많이 사용된다.

LIQUINOX®는 유리, 금속, 플라스틱 등에 대해 부식 형성을 방지하는 데 탁월하다. 또 구리, 알루미늄, 아연 및 마그네슘과 같은 금속에도 사용할 수 있다.

용매는 아이소프로페인올(isopropanol)을 사용하고 정제수로 헹군다.

2.3.1 실험실에서의 세척 요령

- 뜨거운 비눗물로 닦고, 솔을 이용해 문지른다.
- 뜨거운 물로 헹군 후, 10 % ~ 15 % 질산(HNO_3)으로 헹군다. 영양물질인 경우에는 질산으로 헹군 후, 10 % ~ 15 % 염산(HCl)으로 다시 한 번 헹군다.
  주의) 스테인리스 혹은 금속으로 된 장비는 산으로 헹구면 안 된다.
- 정제수로 헹군 후, 완전히 말린다.
- 저장이나 이송을 위해서는 알루미늄 호일로 싼다.

2.3.2 현장에서의 세척 요령

- 뜨거운 물을 사용하는 것을 제외하고는 실험실과 같은 절차를 사용한다.
- 불필요한 입자를 제거하기 위해 비누용액으로 문지른 후, 정제수로 헹구고 말린다.
- 많이 오염된 장비는 일반적으로 오염물을 제거하기 전에 아세톤을 사용해 헹구어 낸다.

2.3.3 퍼지 장비 중 펌프와 호스의 세척

입자를 제거하기 위해 비누용액으로 문지른 후, 수돗물로 헹구고 정제수로 헹궈 말린다. 펌프의 외부, 튜브의 내부 표면과 외부는 완전히 세척되어야 한다.

2.3.4 테플론 튜브의 세척

테플론 튜브는 현장에서 세척하면 안 되고, 반드시 실험실에서 세척해야 한다.

- 뜨거운 비눗물에 튜브를 집어넣고, 필요하다면 오염물 입자제거를 위해 솔을 사용하거나 초음파 세척기(sonicator)에 넣어 세척한다.
- 수돗물로 튜브 내부를 헹구고, 10 % ~ 15 % 질산으로 튜브 표면과 끝을 헹군다.
- 수돗물로 다시 한 번 헹구고, 메탄올(methanol)이나 아이소프로페인올으로 헹구고, 정제수로 마지막으로 헹군다.
- 깨끗한 알루미늄 호일 위에 튜브를 올려놓는다.

2.4 시료 용기의 준비

용기는 시료 중의 분석대상 물질과 반응하지 않는 것을 사용하고, 부서지거나 새는 곳이 있으면 안 되며 분석목적에 적절한 양을 채취할 수 있는 용량이어야 한다. 플라스틱 용기는 무기시료에 가장 좋고, 그 용기는 나선 모양의 뚜껑(screw cap)이 있는 것으로 꽉 조여 사용할 수 있어야 한다. 테플론(teflon)으로 된 뚜껑을 가진 유리와 테플론 용기는 유기물질 분석에 많이 사용한다. 분석대상물질을 추출해야 하는 유기시료의 경우 나선 모양의 뚜껑과 테플론으로 안을 감싼 격막(septum)이 있는 붕규산염(borosilicate) 유리 바이알(vial)을 사용한다.

표 II-4에 분석물질에 따른 용기의 적절한 부피 및 재질이 설명되어 있다.

▶표 II-4◀ 분석물질에 따른 시료 용기 재질

재질	부피, mL	분석물질
수질과 폐수의 시료 채취		
유리	200	AOX[1)]와 COD, 트리할로메탄(trihalomethane)
	250	수은
	500	음이온성 계면활성제, DO(dissolved oxygen)
	1000	비이온성 계면활성제, 리그닌(lignin)과 탄닌(tannin), BOD[2)], 석유탄화수소, 오일, 그리스, PAHs, 농약, PCBs
플라스틱	100	암모니아, 질산염, 아질산염, 용존 인
	250	알루미늄, 비소, 바륨, 카드뮴, 칼슘, 총 크로뮴(Cr), 크로뮴$^{6+}$, 코발트, 구리, 경도, 철, 납, 마그네슘, 망가니즈(Mn), 몰리브데넘, 니켈, 셀레늄, 은, 우라늄, 아연, 산성과 염기성, 붕소, 브로민, 염소, 자유 및 총 염화물, 색, 전도도, 플루오린화물, 아이오딘화물, pH, 포타슘, 소듐, 탁도, 총 질소, 총 인, TKN(Total Kjeldahl Nitrogen)
	1000	BOD, 사이안화물, chlorophyll, 용해 고체, 부유 고체물질
침전물의 시료 채취		
유리	375	중금속, 농약, TOC[3)], 준 휘발성 유기물질

1) AOX(absorbable organic halogen)
2) BOD의 경우 유리와 플라스틱 용기 모두 사용 가능
3) TOC(total organic carbon)

2.4.1 분석 성분별 시료 용기 세척 절차

이 세척 절차가 엄격히 지켜져야 용기에 의한 시료의 오염을 막을 수 있다.

2.4.1.1 물리적 성질과 미네랄 분석

플라스틱 혹은 유리병을 사용하고, LIQUINOX® 또는 이와 동등한 세척제로 세척한다. 뜨거운 비눗물로 병과 뚜껑을 닦고, 비눗물이 없어질 때까지 수돗물로 헹군다. 정제수로 병과 뚜껑을 3 ~ 5번 반복해 헹구어 낸 후 물기를 제거하고 사용하기 전까지 뚜껑을 닫아 보관한다.

2.4.1.2 영양물질, BOD, COD와 방사능 분석

플라스틱 혹은 유리병을 사용하고 LIQUINOX® 또는 이와 동등한 세척제로 세척한다. 뜨거운 비눗물로 병과 뚜껑을 닦고, 비눗물이 없어질 때까지 수돗물로 헹군다. 50 % 염산으로 병과 뚜껑을 헹구고, 정제수로 3 ~ 5번 반복해 헹구어 낸 후 물기를 제거하고 사용하기 전까지 뚜껑을 닫아 보관한다.

2.4.1.3 금속

뚜껑이 있는 플라스틱 병을 사용하고, ALCONOX® 또는 이와 동등한 세척제를 브러쉬에 묻혀 병과 뚜껑을 닦고, 비눗물이 없어질 때까지 수돗물로 헹군 후 탈이온수로 헹군다. 염산(1 + 1)으로 병과 뚜껑을 헹구고, 10 % 질산으로 다시 한 번 헹군다. 탈이온수로 3 ~ 5번 반복해 헹구어 낸 후 물기를 제거하고 사용하기 전까지 뚜껑을 닫아 보관한다.

2.4.1.4 추출해야 하는 유기물질(extractable organics)

테플론으로 뚜껑을 감싼 1 L 좁은 입 유리병(narrow mouth glass bottle)을 사용하되 플라스틱 혹은 고무 뚜껑으로 된 병은 사용하면 안 된다. ALCONOX® 또는 이와 동등한 세척제로 세척하되, 플라스틱 용기에 보관된 액체 혹은 가루 세제를 사용하면 안 된다.

먼저 농약분석용 아세톤으로 헹군 후 병 외벽에 붙은 라벨을 제거한다. 뜨거운 ALCONOX® 비눗물로 병과 뚜껑을 씻는다. 이 때 고무 또는 플라스틱으로 된 솔을 사용하면 안 된다. 병을 닦거나 헹구는 동안 플라스틱 장갑을 사용하면 오염되기 쉽기 때문에 피해야 한다. 비눗물이 없어질 때 까지 뜨거운 수돗물로 5번 정도 헹구고 탈이온수로 헹군다. 농약분석용 아세톤으로 헹군 후 건조시키고 포장하여 먼지가 없는 곳에 보관한다.

또는 탈이온수로 헹군 후 400 °C 머플 회화로(muffle furnace)에서 30분 ~ 60분간 가열하고 냉각 후 포장하여 먼지가 없는 곳에 보관한다.

2.4.1.5 VOCs, EDB, THMs

VOCs, EDB(Ethylene Dibromide), THMs 분석을 위해서는 안쪽이 테플론 격막으로 된 40 mL 유리 바이알을 사용하고, 플라스틱 혹은 고무 뚜껑으로 된 병은 사용하면 안 된다. 먼저 병 외벽에 붙은 라벨을 제거하고, 바이알, 뚜껑, 격막을 씻는다. 세제는 ALCONOX® 또는 이와 동등의 기능을 가진 제품을 사용하며 세척 시 고무 또는 플라스틱으로 된 솔을 사용하면 안 된다. 플라스틱 통에 든 세제를 사용하거나, 병을 닦거나 헹구는 동안 플라스틱 장갑을 사용하게 되면 오염되기 쉽기 때문에 피해야 한다.

뜨거운 물로 바이알, 뚜껑, 격막을 씻고, 수돗물과 탈이온수 순으로 헹군 뒤 농약분석용 메탄올을 사용해 씻어내고, 60분 동안 105 °C 건조기에서 건조시킨다. 차가운 곳에 보관하며 바이알이 충분히 차가와졌다고 생각되면 즉시 뚜껑을 닫고 뒤집어 보관한다.

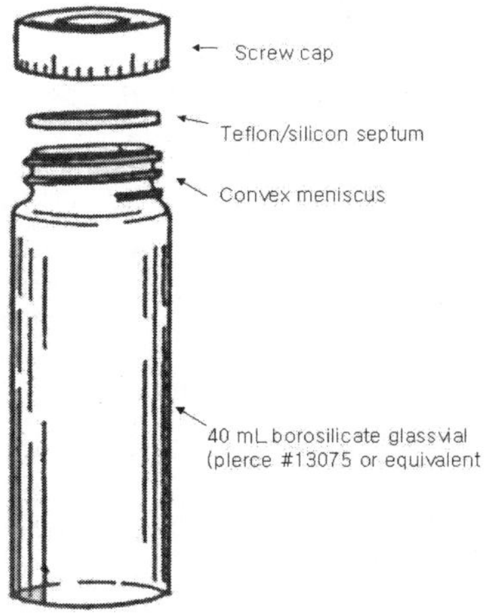

▶그림 II-7◀ VOCs용 채수용기

2.5 현장 시료 보관, 현장 기록

모든 시료 채취는 시료 인수인계 양식에 맞게 문서화해야 한다. 시료 수집, 운반, 저장, 분석, 폐기는 자격을 갖춘 직원에 의해서 행해야 한다. 각각의 보관자 혹은 시료 채취자는 서명하고, 날짜를 기록해야 한다. 인수인계 양식에는 시료 채취 계획, 수집자 서명, 시료 채취 위치, 현장 지점, 날짜, 시각, 시료 형태, 용기의 개수 및 분석에 필요한 내용들이 포함되어야 한다. 시료 인수인계는 수집에서 분석까지 시료의 모든 과정을 아는데 활용된다. 필요할 때는 시정조치(correction actions)에 대한 기록도 보관해야 한다.

시료 라벨은 모든 시료 용기에 부착한다. 이는 시료 확인의 중요한 부분이다. 방수용 잉크로 작성하며, 현장 노트는 특히 현장 업무에 대해 설명하는 것으로 방수용 용지와 하드커버를 사용해야 한다. 모든 현장 기록의 입력을 잘못 작성하였다면 수정하되 잘못된 내용이 안 보이게 하거나 삭제하면 안 된다. 수정 방법으로는 대개 잘못 기록한 부분에 가운뎃줄을 긋고, 수정 내용을 기입하되 수정하는 직원이 직접 날짜와 함께 서명해야 한다.

2.5.1 현장 기록

현장기록부는 별도의 규정이 있는 경우는 그에 따르지만 그렇지 않은 경우에는 다음과 같은 내용들이 기록되어야 한다.

- 시료 채취자와 시료 채취에 참여한 모든 직원 이름
- 시료 채취 날짜와 시각
- 현장 조건(날씨, 시료 채취 현장의 정확한 설명 혹은 시료 채취 위치에 관한 정보)
- 시료 채취 지점 및 위치의 주소 등 특징 설명(상시 채취하는 지점에 변경사항이 발생하였을 때)
- 시료 유형(단일 혹은 혼합시료. 만약 혼합시료라면 적절한 시간 간격과 혼합 기간을 기록)
- 분석 항목, 용기 종류 및 개수, 보존기법
- 보존 준비와 사용된 화학물질에 대한 정보
- 채취한 시료의 일련 번호(각각의 시료에는 일련번호(lot number)가 있어야 함)
- 현장 확인 번호(FID, field identification number)
- 준비에 대한 정보와 현장 QC 시료의 참값(현장 시험의 정확성을 점검하는데 사용)
- 시료의 종류에 따른 구분(예로서 현장 첨가시료는 FS_{p1}, FS_{p2}로 표시하고, 현장 이중시료는 FD_1, FD_2, 현장분할시료는 FS_1, FS_2로 나타냄)
- 온도, pH, 전도도, 용존산소, 잔류 염소 등에 대한 현장 측정 데이터
- 퍼지와 시료 채취 장비 사용 목록
- 작성된 현장 문서
- 지표수에 대한 추가 문서(예, 시료 채취 깊이)
- 폐수 방류수에 대한 추가 문서(예, 혼합시료 채취 시작과 종료 시각)
- 토양에 대한 추가 문서내용(예, 시료 채취 깊이)
- 시료 운반 방법(포장, 냉각, 분리, 운반 등)

시료를 채취 후 전달하고자 할 때는 현장기록부에 기록된 상기 내용을 다시 확인한다.

현장기록부(수질)의 양식, 시료인수인계 양식, 시료 라벨, 시료 채취기록 시트, 보존제 준비 기록부, 현장 시료첨가 준비 기록부 양식은 별도의 규정이 없는 한 다음과 같은 양식으로 사용할 수 있다.

▶표 II-5◀ 현장 기록부(수질) 양식(예시)

현장 기록부(수질)

지점명 :
시료 채취 일시 :
시료 채취 방법 :

시료 일련번호	현장확인 번호(FID)[1]	보존 용기	필요한 분석항목	pH	온도 (℃)	전도도 (μΩ/cm)	용존산소량 (mg/L)	잔류염소량 (mg/L)	참고 사항

1: field identification number

현장 조건: pH 점검 :
사용된 추가적인 보존제 :
다른 관찰사항 :

시료 채취자 : (서명)

▶표 Ⅱ-6◀ 시료 인수인계서(예시)

시료 인수 인계서

현장 ID :

시료 채취 지점명 :

시료 받은 일시 :

시료 채취 지점 주소 :

시료명 :

실험실명 :

시료 용기 설명(sample container description)

시료번호	채취일	시료 용기의 종류	용기당 채취량	용기 수량	특이사항

총 용기 수량 :

첨부 : 시료 채취기록부 사본 부

인계자 : (성명) (부서) (일시)

인계자 : (성명) (부서) (일시)

인수자 : (성명) (부서) (일시)

인수자 : (성명) (부서) (일시)

전달 방법 :

▶표 Ⅱ-7◀ 시료 라벨(예시)

현장 일련 번호 : ____

현장 시료 번호 : ____ 날짜 : ____ 시간 : ____

시료 위치 : ____

시료원(sample source) : ____

사용된 보존제 : ____

필요한 분석 : ____

____

수집자 : ____

특이사항 : ____

____

____

점검된 최종 pH : ____

사용된 추가 보존제 : ____

____

▶표 II-8◀ 시료 기록 시트(예시)

시료 기록 시트

분석목적 : ______________________________ 시료 현장 ID : __________

시료 종류 : __________ 시료 채취자 : __________ 날짜/시간 : ____________

시료 현장 번호	시료 설명	시료용기 종류	시료 용기 번호	보존제	필요한 분석 항목					

특이사항 :

▶표 Ⅱ-9◀ 보존제 준비 기록부(예시)

보존제 준비 기록부

보존제 ______________________________

준비 절차 ______________________________

준비 날짜 ______________________________

만기 날짜 ______________________________

준비된 분석물질 ______________________________

사용한 화학물질에 관한 정보

이름, 화학식, 등급 : ______________________________

____

제조사명 : ______________________________

화학물질 받은 날짜 : ______________________________

용기 개봉 날짜 : ______________________________

만기 날짜 : ______________________________

화학물질의 저장 : ______________________________

보존제 점검 : ______________________________

____

준비자 : ______________ 감독관 : ______________

▶표 Ⅱ-10◀ 현장 시료 첨가 준비 기록부(예시)

현장 시료 첨가 준비 기록부

첨가한 분석물질 ______________________________

첨가한 시료의 현장 번호 ______________________________

첨가한 시료 부피 ______________________________

저장용 첨가 용액의 농도 ______________________________

첨가 저장용액의 첨가 부피 ______________________________

첨가 저장용액 정보

상업용 정보

제조자 : ______________________________

받은 날짜 : ______________________________

만기 날짜 : ______________________________

준비한 실험실

준비 날짜 : ______________________________

만기 날짜 : ______________________________

첨가시료 준비 날짜 : ______________________________

현장 직원 서명 : ______________________________

2.6 시료 채취 후 활동

시료 선적을 위한 운반이나 포장은 현장과 시료 보관 담당자의 책임이다. 시료 인수자는 인수인계 양식의 운반 날짜와 시각에 서명하고, 실험실로 시료가 운반되어오면 다음 사항을 지켜야 한다.

- 시료 채취 지역과 분석 유형에 따라 시료를 분리한다.
- VOCs 시료는 각각의 플라스틱 백에 포장하고 "VOCs만"이라고 적힌 별도의 냉장시설에 보관해야 한다.
- 시료는 가능하면 빨리 실험실로 옮겨야 한다.

시료 채취 동안에 발생한 폐기물은 라벨을 붙인 용기에 분리하고, 폐기물 관리를 위해 실험실로 갖고 온다. 실험실과 현장에서 발생한 폐기물은 실험실과 계약을 맺은 인증된 폐기물 관리 회사를 통해 폐기시켜야 한다.

3 대기 시료 채취

3.1 시료 채취 계획의 수립

시료 채취자는 수집과 분석 시스템을 교정하기 위해 공기 혼합물의 균일성과 대표 시료를 수집하는 것이 중요하다. 오염원, 공기 흐름 방향과 풍속(바람이나 온도 영향), 오염물질의 밀도, 빛의 세기, 시간, 나무나 빌딩과 같은 장애물의 존재는 오염물의 농도에 영향을 줄 수 있다.

조사계획에서 골자가 되는 것은 조사의 시기, 항목, 지점, 위치, 주기 등의 설정이며 계획수립에 유의할 점은 다음과 같다.

1) 각 조사의 의미를 잘 이해하고, 전체적인 균형을 유지한다.
2) 가능한 한 각 분야의 조사를 동일한 지점에서 동시에 실시함으로써 상호 보완적으로 사용할 수 있게 한다.
3) 군집분석이나 통계분석, 모델링 등의 자료 가공과 해석이 용이하도록 사전에 자료를 활용하는 분야의 전문가와 협의하여 자료 이용이 가능한 구도로 계획을 수립한다.

4) 조사대상 지역에 관한 기존의 자료를 수집하고 자료를 분석하여 지역의 특성을 파악한 후에 계획을 수립해야 한다. 사전정보가 부족한 경우에는 사전조사(답사 또는 1~2회 정도의 예비조사)를 통하여 기본 정보를 얻고 나서 계획을 확정시킨다.
5) 관측횟수는 가용한 경비에 따라 제한된다. 대상 지역의 특성과 목적에 따라 제한된 관측횟수의 범위 내에서 조사지점 수 및 조사 횟수를 늘일 수도 있으며 조사의 정확도를 높이기 위해 측정의 반복횟수를 늘일 수도 있다. 제한된 경비 내에서 목적하는 결과를 얻을 수 있도록 최적의 조사 지점과 조사 횟수를 설정하는 것이 조사계획의 핵심적인 사항이다.

3.2 시료 채취 시설 및 장비

시료 채취 시스템을 구성하는 데 있어 주요한 사항은 특정장소와 시간에서 대표성이 있는 시료를 얻는 것과 측정값들이 질량 또는 부피농도로 평가될 수 있게 하는 것이다. 시료 채취 시스템은 적절하지 않은 방법으로 인해 시료의 화학적, 물리적인 변화가 있어서는 안 된다.

대부분의 시료 채취 시스템은 유입구 분할관, 공기운송장치, 포집매체 그리고 유량측정장치로 구성되어 있다.

유입구 분할관은 가급적이면 변질되지 않는 상태로 물질을 환경대기에서 포집매체나 분석 장치로 전송한다. 개방형 유입구는 특별한 목적을 위해 제작되었으며 대기 중의 시료를 채취하기 위한 모든 유입구는 비를 막을 수 있는 지붕이 있어야 한다. 유입구 분할관은 유리, 테플론, 스테인리스 혹은 불활성 물질로 만들어지고 장치의 나머지 구성요소들은 유입구 분할관으로부터 되도록 멀리 떨어진 곳에 위치하게 한다.

공기운송장치는 시료 채취 시스템의 마지막에 위치하여 진공이나 낮은 압력을 만들 수 있는 동력을 제공한다. 대부분의 공기운송장치는 펌프다.

시료 채취 시스템을 위한 포집매체는 가스상 물질을 용해하기 위한 액체흡수제 또는 고상흡착제와 입자를 포집하기 위한 막 표면과 분석을 위한 분취공기를 포함하는 챔버로 되어 있다.

유량측정장치에는 질량유속유량계, 로터미터, 임계 오리피스 등이 있다.

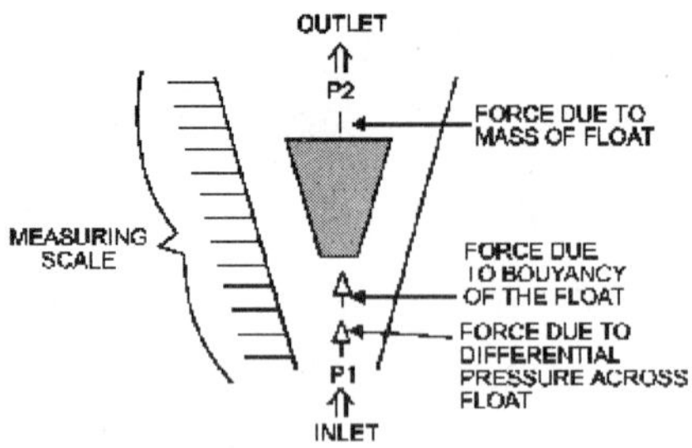

▶그림 II-8◀ 로터미터

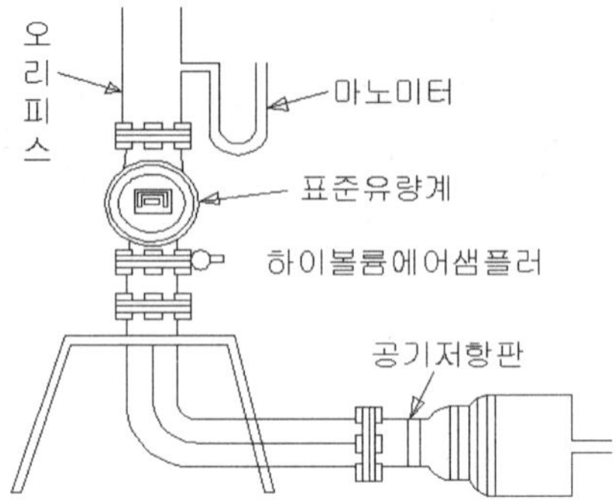

▶그림 II-9◀ 오리피스

시료 채취 장치는 몇 가지 형태를 취할 수 있으며 그림 II-10에 있는 네 가지 구성요소를 모두 가지고 있을 필요는 없다. 그림 II-10-(A)는 실제 실험에서 많이 분취하는 시료 채취 기술의 형태이다. 예를 들어 액체흡수에는 아황산가스를 그리고 고체흡착제에는 방향족 탄화수소를 포집한다. 그림 II-10-(B)는 개구표면 여과포집에 사용되고, 이 경우에는 여과재가 시료를 채취하려는 대기에 직접적으로 노출되어 있다. 그림 II-10-(C)는 화학적 분석을 위해 실험실로 운송되는 공기나 가스를 포집하기 위한 진공용기이다. 예를 들어 스테인리스강 캐니스터는 대기 중의 휘발성 유기 화합물질을 포집하는 데 사용된다. 그림 II-10-(D)는 한 개의 장치에서 시료 채취와 분석 과정을 결합한 많은 자동연속분석기의 기본이 된다. 예를 들면 SO_2, O_3 및 NOx를 위한 연속 대기모니터링 장치들을 들 수 있다.

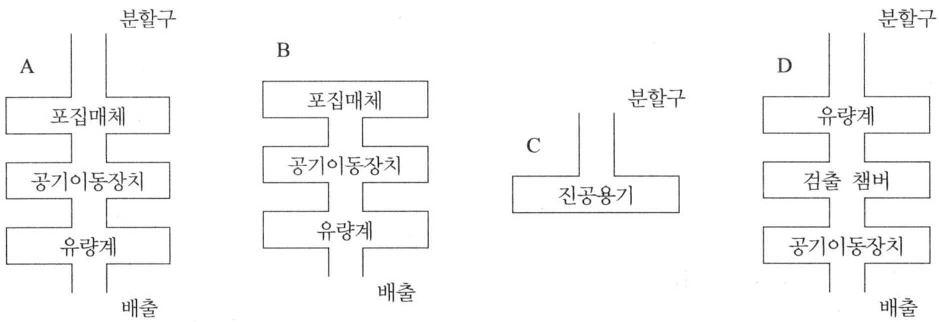

▶그림 II-10◀ 다양한 형태의 대기시료 채취 장치 구성도

채취되는 특정물질이나 구성에 무관하게 다음의 몇 가지 특성은 모든 환경대기 시료채취를 위해 중요하다. 이러한 것들은 포집효율, 시료 안정성, 재현성, 미세한 간섭 및 포집 메카니즘을 포함한다. 이상적으로 볼 때 포집효율, 시료 안정성, 재현성은 100 %가 되어야 하고, 포집할 때 측정대상물질에 대한 간섭과 변화가 없어야 한다.

한 가지 예로 SO_2에 대한 시료 채취를 들 수 있다. SO_2에 대한 액체흡수제는 액체포집매체에서 SO_2의 용해도에 따라 선택된다. 임의 pH에서 어떤 흡수제는 용액의 특성이 변화하여 대기 중의 SO_2를 더 이상 흡수할 수 없는 상태가 될 때까지 SO_2를 100 % 포집할 수 있다. 이러한 환경 하에서 용액으로 전달된 SO_2의 한정된 총 질량에 대해 시료 채취는 100 % 효율이 있고, 이 기술은 시료 채취 용액이 포화되는 시간을 초과하여 시료 채취가 지속되지 않는 한 유효하다.

두 번째 예로는 흡착제의 활성 영역에 각각의 휘발성 유기 화합물질을 물리적으로 흡착시킴으로 인하여 휘발성 탄화수소를 테낙스(tenax)와 같은 고상 흡착제에 흡착시키는 것이다. 포집효율은 활성 영역이 포화되었을 때 급격히 떨어진다.

시료의 안정도는 시료 채취와 분석사이의 시간이 증가될수록 더욱 더 중요하게 된다. 온도, 미량, 오염물질, 화학의 반응효과는 포집된 물질이 포집매체로부터 소실되게 하거나 회수율을 저해하는 변형 따위를 야기할 수 있다. 가변적인 회수율이 정량분석을 방해하기 때문에 거의 100 %의 회수율이 요구된다. 간섭은 최소화되어야 하고, 만약 존재하더라도 해석할 수 있는 것이어야 한다.

3.3 일반적 시료 채취 방법

3.3.1 입자 시료의 채취와 저장

개별 입자에 대한 정보를 알기 위해서 입자는 현미경 조사를 위해 수집되어야 한다. 이는 입자의 모양과 크기를 알아내는 방법이며 입자 크기 분포 조사를 위해서는 많은 양의 시료를 측정해야 한다. 그러나 대기 시료에 대한 화학분석은, 고용량 공기 시료 포집기(하이볼륨에어샘플러)가 사용되는데 공기가 흐르는 전체 부분에 대한 시료 채취를 할 수 있다. 항상 필터의 크기, 유형, 기기 및 시료 채취지역에 대해 기록한다. 입자는 시료의 성질에 따라 필터와 반응하여 증발시키거나 승화시킨다. 시료 채취자는 항상 시료 채취 전에 방법을 숙지하고, 많은 목적에 사용하기 위해서 입자 시료는 오랜 시간 동안 채취해야 한다.

공기 중에 분산된 입자는 일정하지 않기 때문에 지역 선택은 공기 시료 채취에 매우 중요하다. 모든 크기의 입자는 지속적으로 공기 중에 방출된다. 이때 큰 입자는 빠르게 떨어지는 반면 작은 입자는 느린 속도로 떨어진다. 입자의 무게, 바람, 속도, 대기의 난류, 입자크기의 분포정도, 입자가 얼마나 빠르게 정착하는지에 대해 시료 채취 시 조사되어야 한다.

매우 작은 입자는 더 큰 입자에 붙을 가능성이 있다. 에어로솔 시료는 가스 흐름 혹은

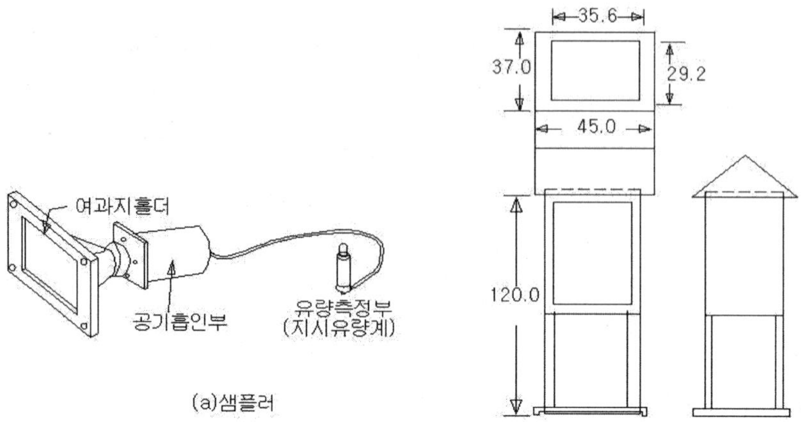

(a)샘플러 (b)보호상자

▶그림 Ⅱ-11◀ 고용량 공기 시료 포집기

대기 중 고체나 액체상에 어떤 물질을 분산시킬 것이다. 입자크기에 따라 고정입자, 떠도는 입자, 농축 혹은 Aitken nuclei(반경 0.005 μm ~ 0.2 μm 사이의 에어로솔 : 에이트켄 핵), 덩어리, 미세입자, 거친 입자(coarse particle)로 나뉜다.

▶표 Ⅱ-11◀ 입자크기에 따른 명칭

입자 크기(μm)	명칭(구분)
0.02~0.1	Aitken nuclei
< 2.5	미세입자
> 2.5	거친 입자
2.5~30	떠도는 입자
> 30	고정입자

3.3.1.1 입자의 등속성(isokinetic) 시료 채취

물리법칙에 의해, 입자의 운동량(momentum)은 질량과 속도의 곱이다. 여기서 크기가 다른 입자는 다른 운동량을 가지게 된다. 등속성 시료 채취는 운동량에 변화 없는 조건에서 시료를 채취하는 것이다. 이는 얇고, 대기 흐름에 중심이 맞춰진 시험관에 시료를 수집하는 것으로 그 지점에서는 공기 흐름이 같은 속력(등속)을 가지고 있다. 이런 조건에서 모든 크기의 입자가 효과적으로 수집된다.

3.3.1.2 입자 시료 채취의 일반적인 규칙

• 시료는 주요 관심 지점에서 채취해야 한다.

- 시료 채취기는 주요 지점으로부터 바람이 불어가는 쪽으로 직접 설치하지 않는다.
- 지표면으로부터 약 1.5 m 상부에 시료 채취기를 위치하게 한다.
- 주요 장애물로부터 바람이 불어가는 쪽으로 장애물 높이의 약 10배의 거리에 위치하게 한다.
- 관심 지역에서 다른 위치별로 몇 개의 시료를 채취한다.
- 가장 관심 있는 날의 시간에 시료를 채취하거나 24시간 동안 시료 채취를 한다.

시료 채취 목적은 방출되는 물질의 대표적인 시료를 수집하기 위한 것으로 시료 채취의 특정 지역은 일반적으로 배출원 혹은 배출 과정을 이해하고 있는 사람과 논의한 후 결정해야 한다. 현장 방문은 일반적으로 최종 선택을 위해 필요한 것으로, 입자 시료 채취는 흐름 지점 끝에 관을 삽입한 프로브(prove)로 수행한다.

온도가 너무 높으면 입자는 증기화되고, 너무 낮으면 고체를 수집할 때 안개처럼 물이나 다른 증기가 발생하여 나쁜 결과를 가져올 수 있다. 각각의 시료는 수집 날짜와 시각, 시료 채취 위치, 시료 유속, 시료 온도, 시료 압력, 이슬점, 작동 조건, 시료 채취자, 시료 채취 시간에 대한 데이터를 첨부해야 한다.

3.3.2 가스, 증기 시료의 채취와 저장

가스와 증기는 확산의 법칙을 따르고 주위 공기와 자유롭게 섞이게 된다. 적절한 시료 채취 절차는 측정대상물질에 의해 선택된다.

3.3.2.1 시료 채취 장비

- 가스 펌프 : 적당한 용량과 성능을 가지고 있어야 한다. 예를 들어 오존 혹은 미량 유기물질과 같이 반응성 가스 시료 채취에서는 테플론으로 안을 피복한 펌프를 기본으로 사용한다.
- 가스 미터링 장치 : 채취된 공기의 전체 부피를 측정하는 것으로 유량계와 유속계가 있다. 유량계는 시료 채취 트레인(sampling train)을 통해 지나간 시료의 총부피를 기록한다. 유속계는 유속을 나타낸다. 시료 프로브(prove)는 유리와 테플론과 같은 삽입 물질이 있어야 가스와 증기 시료의 손실이 없다.

3.3.2.2 농축 되지 않는 가스와 증기의 시료 채취 기술

이 방법에 의한 시료 채취는 낮은 끓는점 화합물인 메테인, 에테인, 프로페인 혹은 질소 가스, 산소 가스 및 일산화 탄소를 대상으로 한다.

• 플라스틱 백 : Scotch 팩, 알루미늄 처리된 Scotch 팩, Mylar, Saran 및 Tedlar와 같은 상표를 이용할 수 있다. 백은 깨끗한 공기로 씻어내고(purging) 가스 찌꺼기가 있는지 점검한 후에 재사용할 수 있다.
• 유리 용기 : 산소, 질소, 메테인, 일산화 탄소 및 이산화 탄소와 같은 가스를 채취하기에 탁월하나 H_2S, 산화질소, SO_3와 같은 반응성 가스에는 적합하지 않다. 펌프는 용기의 한쪽 끝에 부착하고 다른 한쪽에는 시료 채취 프로브(prove)가 부착되어 있으며 시료 채취 시험관 부피의 약 10배가 되는 양의 시료가 그 시스템을 통과하게 된다.
• 금속 용기 : 스테인리스강 용기는 비활성 가스(inert gas) 수집에 탁월하나 반응성 가스에는 적합하지 않다. 크기는 1 L ~ 34 L까지 있다.

3.3.3 추출물, 농축 가스와 증기 시료 채취

3.3.3.1 습식법

습식법(wet collection system)은 기포발생기(bubbler)와 확산기(diffuser)를 가진 시스템으로 임핀저(impinger)에는 흡착제가 들어 있으며 이를 세정용액이라고 한다. 흡착제의 품질, 농도 및 양은 적용되는 시험 방법에 따라 다르다.

3.3.3.2 건식법

건식법(dry collection system)은 흡착제와 같은 다공성 고체의 값을 기초로 활성탄, 실리카겔, 활성 알루미늄을 흡착제로 사용한다. 합성 고분자는 VOCs와 같은 가스 흡수에 사용된다.

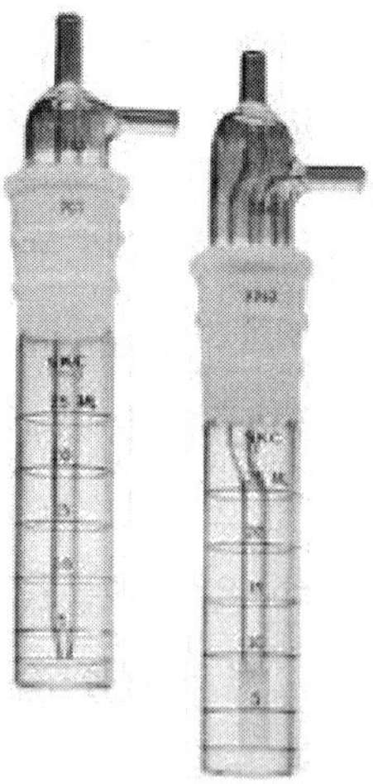

▶그림 II-12◀ 임핀저

가장 많이 사용되는 흡착제는 실리카 겔, charcoal 및 tenax이다. tenax는 2,6-다이 페닐-p-페닐렌옥사이드(2,6-diphenyl-p-phenylene oxide)의 중합체로 실내 공기오염에서와 같이 농도가 낮은 휘발성 유기 화합물의 측정 시에만 사용된다. 활성화 charcoal을 가장 보편적으로 사용하고, tenax 및 고분자 물질은 휘발성 물질의 10^{-9} 단위 혹은 더 낮은 농도에 사용된다. 가스 수집 후에 흡착관을 즉시 봉하고 저장하되 플라스틱 혹은 유리 바이알 안에 저장하는 것이 좋다. 흡착된 가스는 기체 크로마토그래피나 적외선 분광법을 사용해 추출하고 분석한다.

추출에 사용하는 용매는 보통 알코올, 다이메틸설폭사이드 혹은 이황화탄소가 있는 물과 같은 극성 물질을 사용한다. 헬륨가스로 10초 ~ 15초 동안 퍼징하고, 240 °C로 가열하면 열적으로 탈착된다.

3.3.4 시료 채취에 대한 일반적 주의사항

1) 시료를 채취할 때는 되도록 측정하려는 가스 또는 입자의 손실이 없도록 한다. 특히 바람이나, 눈, 비로부터 보호하기 위하여 측정기기는 실내에 설치하고, 채취구를 밖으로 연결할 경우에는 채취관 벽과의 반응, 흡착, 흡수 등에 의한 영향을 최소한도로 줄일 수 있는 재질과 방법을 선택한다.
2) 채취관을 장기간 사용하여 관내에 분진이 퇴적하거나 퇴적된 분진이 가스와 반응 또는 흡착하는 것을 막기 위하여 채취관은 항상 깨끗한 상태로 보존한다.
3) 미리 측정하려고 하는 성분과 이외의 성분에 대한 물리적, 화학적 성질을 조사하여 방해성분의 영향이 적은 방법을 선택한다.
4) 시료 채취 시간은 원칙적으로 그 오염물질의 영향을 고려하여 결정한다. 예를 들어 악취물질은 되도록 짧은 시간 내에 끝내고 입자상 물질중의 금속성분이나 발암성 물질 등은 되도록 장시간 채취한다.
5) 환경기준이 설정되어 있는 물질의 채취 시간은 원칙적으로 법에 정해져 있는 시간을 기준으로 한다.
6) 시료 채취 유량은 규정하는 범위 내에서는 되도록 많이 채취하는 것을 원칙으로 한다. 또 사용하는 유량계는 그 성능을 잘 파악하여 사용하고 채취 유량은 반드시 온도와 압력을 기록하여 표준 상태로 환산한다.
7) 입자상 물질을 채취할 경우에는 채취관 벽에 분진이 부착 또는 퇴적하는 것을 피하고, 특히 채취관은 수평방향으로 연결할 경우에는 되도록 관의 길이를 짧게 하고 곡률반경은 크게 한다. 또한 입자상 물질을 채취할 때에는 가스의 흡착, 유기성분의 증

발, 기화 또는 물질이 변화하지 않도록 주의한다.

4 수질 시료 채취

4.1 시료 채취 계획의 수립

어떤 물을 사용하기 위해서는 그 물의 수질이 사용목적에 알맞아야 한다. 예를 들어 음용수는 농업용수보다 깨끗해야 하며 때로 공업용수의 수질이 음용수보다 더 좋아야 할 때도 있다. 따라서 물이 필요하면 그 목적에 알맞은 수질을 갖추고 있는 수원을 찾아야 하며, 만약 기준에 맞는 수질을 확보할 수 없다면 기준에 적합한 수질을 얻도록 원수를 처리해야 한다. 우리가 상수나 폐수의 수질을 측정 분석하는 이유는 그 물이 용도에 적합한가를 알기 위하여, 그리고 부적합할 경우에는 필요한 처리 방법을 결정하기 위해서다.

수질을 조사하는 목적은 상당히 세분화시킬 수도 있겠으나 다음과 같이 세 가지로 분류할 수도 있다.

- 인간 활동이 수질에 미치는 영향과 용수로의 사용에 적당한지를 평가하기 위하여
- 장래의 용도에 적합한 자연 상태의 수질을 결정하기 위하여
- 특정 유해물질의 발생원과 유통로를 감독할 수 있도록 하기 위하여

위 첫 번째 목적을 위해 선정하는 조사지점을 영향평가지점(impact station)이라고 하며 두 번째 목적을 위한 지점은 자연수질측정지점(base line station)이라고 한다. 세 번째 목적을 위한 지점은 유해물질이 인위적인 것인지 또는 자연적인 것인지에 따라 영향평가지점 또는 자연수질측정지점으로 분류하여 조사하게 된다.

수질조사의 목적 달성 여부는 철저한 조사 계획에 달려 있다. 계획을 수립할 때는 수질조사의 목적을 분명히 하고 조사 결과의 해석과 이용을 염두에 두어야 한다. 한 분야의 조사는 다른 분야의 조사 결과 해석에 이용될 수 있으며 자료 해석에 크게 영향을 줄 수 있다. 예로서 생물자료의 해석에는 물리화학적 요인이 필요한 경우가 많으며 수질 모델링에는 하천의 형태, 유량 등 여러 분야의 자료가 모두 필요하다. 그러므로 가능한 한 자료가 상호 보완적으로 해석에 도움을 줄 수 있도록 계획을 수립해야 한다.

이러한 사항들을 전반적으로 고려할 때, 해당 하천 및 호소 등에 대한 조사계획은 다음과 같은 순서로 수립한다.

- 조사대상 하천 및 호소 등의 조사항목을 설정한다. 이때 여러 가지 조사를 유기적·기능적으로 연관시킨다.
- 조사의 인원과 비용을 감안하여, 조사의 효율성을 제고한다.
- 과거자료를 확보하여 대상 수체(water body)의 성격 및 일반 내용을 숙지한다.
- 조사의 시기, 항목, 지점, 수심, 횟수 등을 설정한다.

조사계획에서 골자가 되는 것은 조사의 시기, 항목, 지점, 수심, 주기 등의 설정이며 계획수립에 유의할 점은 대기시료 채취 시 유의할 점과 동일하다.

4.2 일반적인 조사지점의 선정

4.2.1 시료 채취 위치 선택

수질조사지점은 그 대상수역에 따라 선정 방법이 상이하나 이를 공통적으로 적용할 수 있는 사항으로는 다음과 같다.

- 수질보전상 수질향상 및 상태의 파악이 필요한 지점
- 수질의 유지 또는 향상을 위한 통제수단의 효율성을 결정하기 위한 지점
- 일정기간에 걸친 수질변화를 측정함으로써 수질변동의 경향파악 및 예측되는 행위를 제한하기 위한 지점
- 수체(waterbody)에 유입되는 유입물질의 변화와 그 영향을 평가하기 위한 지점
- 담수와 해수의 혼합지점에서 강으로부터의 오염물질 부하를 평가하기 위한 지점
- 수역별 오염물질의 부하량과 그 영향을 파악하기 위한 지점

이러한 수질조사지점은 대체적인 위치가 결정되었다 할지라도 정확한 지점 결정에는 다음과 같은 사항이 고려되어야 한다.

- 대표성 : 시료는 그 물의 성질을 대표할 수 있는 것이어야 한다. 시료의 측정치가 시료채취 장소 및 시간에 존재했던 수체의 값과 같아야 한다. 호수에서는 수평혼합은 비교적 잘 일어나지만 수직혼합은 성층현상이 있어 잘 일어나지 않는다. 강의 경우 강 하류의 유속, 와류 그리고 크기에 따라 방류수나 지천의 수평분산이 상당히 지연될 수도 있다. 그러나 대표성을 갖는 지점은 대체로 강의 단면에 걸쳐 수질의 균일성이 있다.
- 유량측정 : 강으로부터 시료를 채취하는 경우에는 여러 항목들의 배출량을 계산할 수

있도록 측정지점에서의 유량을 확실히 알 필요가 있다. 수질조사지점은 가능한 한 유량조사지점 또는 그 근처에 정해야 한다. 유량조사지점은 수질조사지점과 일치하는 것이 가장 이상적이지만 유량 변화가 크게 일어나지 않는다면 수질조사지점 상류 또는 하류에 위치할 수도 있다.

- 접근가능성 : 통상 채취하는 시료는 2 L 정도이며 필요에 따라 더 많은 양을 채취하기 때문에 조사지점으로의 접근이 쉬워야 한다. 또한 일과시간 동안에 많은 지점에서 채취하기 위해서도 조사지점으로의 접근은 용이해야 한다.
- 안전성 : 기후나 일기가 나쁘거나 유량이 많은 경우 위험이 수반되므로 안전을 고려한 지점을 선정해야 한다.
- 방해되는 영향 : 강에 있어서 조사지점 상류나 하류에 수질에 영향을 주는 요소가 있으면 그 시료는 대표성을 확보할 수 없다. 예를 들어 시료 채취 지점이 보(洑) 바로 하류에 위치한다면 DO가 증가할 것이고 상류에 위치한다면 DO가 감소될 것이다. 그러므로 제방, 해변 등 육지와 물간의 경계지역은 피하는 것이 좋다.

1) 강

강의 시료 채취 위치는 단일시료를 채취하는 장소는 충분히 잘 섞인 장소여야 한다. 그러나 폐수 유출 혹은 지류 흐름의 측면 또는 수직면으로의 혼합이 느릴 수 있다. 특히 강의 흐름이 층류(laminar flow)이고, 물의 온도가 다르다면 매우 느리다. 어떤 물이 유입된 후 완전히 혼합되는 위치의 값은 계산하여 얻을 수 있으며 그 값은 표 II-12에 나타내었다.

강의 유속이 빠르거나 폭포일 경우 대표 시료는 그 보다 하류에서 채취한다. 그러나 용존산소 측정을 위한 시료 채취는 폭포 혹은 유속이 빠른 강에서의 난류(turbulence flow)는 산소를 포화시키는 원인이 되기 때문에 그 보다 상류에서 채취한다.

시료 채취 지점이 적당한 곳인지를 검증하기 위해서 여러 곳에서 채취한 시료를 가지고 검증한다. 일반적으로 더 여러 곳에서 시료 채취 할수록 더 대표적인 혼합시료가 된다. 3곳~5곳에서 시료 채취하는 것이 적당하고, 좁거나 얕은 곳에서는 그 보다 적은 수로 채취해도 무방하다. 각각 다른 크기의 강 및 다른 유속에 알맞은 시료 채취 지점의 수와 지점의 수심에 따른 채수 위치를 표 II-13에 나타내었다.[94]

94) WHO, GEMS/water Operational Guide, 1987

▸표 II-12◂ 강의 너비와 수심에 따른 혼합된 위치 계산값

평균 너비(m)	평균 수심(m)	계산된 혼합 위치(km)
5	1	0.08 ~ 0.7
	2	0.05 ~ 0.3
	3	0.03 ~ 0.2
10	1	0.3 ~ 2.7
	2	0.2 ~ 1.4
	3	0.1 ~ 0.9
	4	0.08 ~ 0.7
	5	0.07 ~ 0.5
20	1	1.3 ~ 11.0
	3	0.4 ~ 4.0
	5	0.3 ~ 2.0
	7	0.2 ~ 1.5
50	1	8.0 ~ 70.0
	3	3.0 ~ 20.0
	5	2.0 ~ 14.0
	10	0.8 ~ 7.0
	20	0.4 ~ 3.0

▸표 II-13◂ 강의 크기 및 유속에 따른 시료 채취 지점의 수

평균 유량(m^3/s)	시냇물 혹은 강의 유형	시료 채취 지점 수	지점별 수심에 따른 시료 채취 위치 수
< 5	작은 시내	2	1
5~140	시내	4	2
150~1,000	강	6	3
≥ 1,000	큰 강	≥ 6	4

하천에서 조사 지점이 정해지면 그 지점에서의 구체적인 채수 위치는 하천의 구조 및 크기에 따라 별도로 정해지게 된다. 그림 II-13처럼 하천의 단면에서 수심이 가장 깊은 수면의 지점과 그 지점을 중심으로 하여 좌우로 수면 폭을 2등분한 각각의 지점의 수면으로부터 수심이 2 m 미만일 때에는 수심의 1/3에서, 수심이 2 m 이상일 때에는 수심의 1/3 및 2/3에서 각각 채수한다. 각 위치에서 채취한 시료를 분석한 결과를 종합하여 그 지점의 수질로 하거나 각 위치에서 채취한 시료를 혼합하여 하나의 시료로서 그 지점의 수질을 분석할 수도 있다.[95)]

95) 수질오염공정시험기준 ES 04130.1d

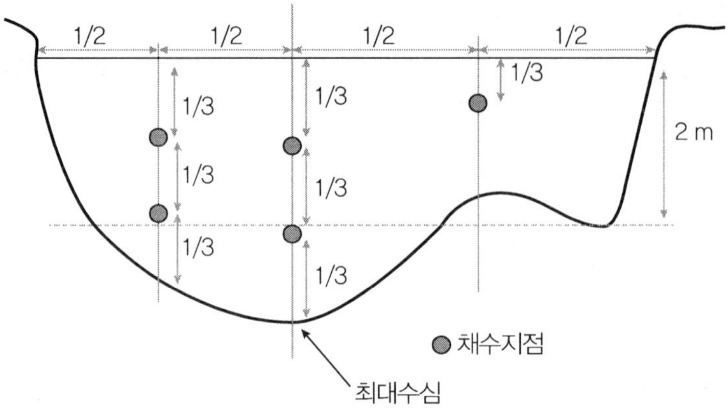

▶그림 Ⅱ-13◀ 하천 단면에서의 시료 채취 위치

2) 호수 및 저수지

호수 및 저수지의 경우, 시간마다 장소마다 다양한 수질을 가지게 된다. 그러므로 수체의 대표성을 제대로 나타낼 수 있는 시료 채취 위치를 정하기 위해 예비 조사가 신중하게 실시되어야 한다. 지류 혹은 방류수가 호수 혹은 저수지로 들어오는 장소는 주요 수체와 충분히 혼합되기 전이기 때문에 농도가 높다. 고립된 만입부(bay)와 호수의 입구는 잘 혼합되어 있지 않고 호수 표층수와 수질이 다른 물이 혼합되어 있을 수 있다. 또한 호수의 모양 및 바람의 방향은 수질의 균일성을 변화시킬 수 있다.

수평으로 잘 혼합된 장소는 호수에서 가장 수심이 깊은 지역으로 이곳은 보통 오랜 기간 동안의 수질 경향을 모니터링 하는 데 적합하다. 하지만 호수가 크다면, 지역을 추가해 시료 채취하는 것이 좋다. 호수가 불규칙적인 경계를 가진 경우, 시료 채취 장소의 수를 결정하기 전에 수질이 다른 곳을 결정하기 위한 예비 조사를 실시하는 것이 좋다.

호수 및 저수지에서 수질변화의 가장 큰 특징은 수직 성층(vertical stratification) 또는 열적 성층(thermal stratification)으로 수심에 따라 수질이 다르다. 시료 채취 위치에서 성층은 수표면 1 m 아래의 온도를 측정하여 감지한다. 표면과 바닥의 온도 차이가 확연하다면(약 3 °C 이상) 수온약층(thermocline)으로 깊이에 따라 급속히 온도가 감소하는 층이다. 이에 따라 호수 혹은 저수지는 성층이 되고 수온약층 위와 아래의 물질 변화가 발생한다. 결론적으로 성층 호수는 수심에 따라 1개 이상의 시료를 채취해 조사해야 한다.

10 m 깊이 이상의 호수 혹은 저수지의 경우 수온약층의 위치에서는 먼저 water column을 통해 규칙적으로 공간별 온도를 측정해 평균을 구해야 한다. 수질분석을 위한 시료는 수온약층의 위치 및 깊이에 따라 채취해야 하고 최소한 아래의 시료는 포함되어야 한다.[96]

---

96) WHO, GEMS/water Operational Guide, 1987

- 수표면 바로 아래 시료
- 수온약층 위 시료
- 수온약층 아래 시료
- 심층 중간부 시료
- 바닥 침전물 위 1 m 시료

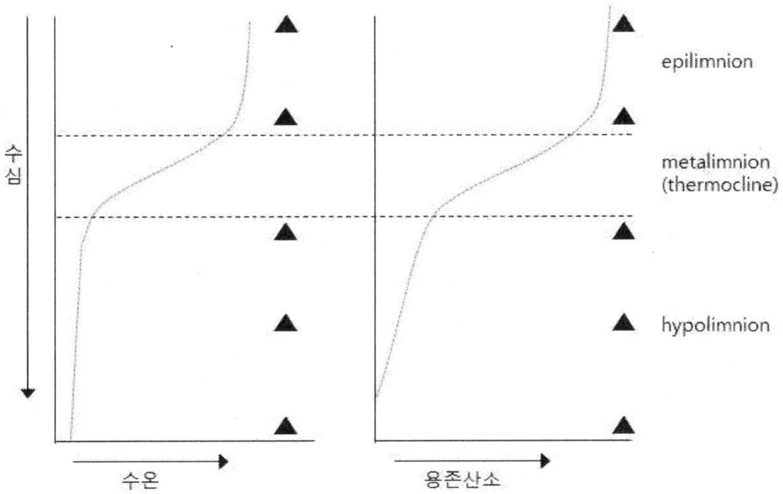

▶그림 II-14◀ 성층화된 호수에서의 시료 채취 위치

수온약층이 수 m 깊이로 넓게 있다면, 깊이에 따른 수질의 변화를 완전히 분석하기 위해서는 수온약층 내에서 추가적인 시료 채취도 필요할 수 있다.

따뜻한 기후와 상대적으로 얕은 호수 및 저수지에서의 수온약층의 가능성을 표면과 바닥까지의 온도 변화로서 조사한다.

▶표 II-14◀ 전도 횟수에 따른 호소 구분

구분	전도 횟수	지역 구분
단회성(monomictic) 호소	일년에 1회	온대지방의 얼지 않는 호소
이회성(dimictic) 호소	일년에 2회	온대지방의 어는 호소
다회성(polymictic) 호소	일년에 수회	온대지방 또는 열대지방의 얕은 호소
비순환성(amictic) 호소	혼합이 약함	열대지방의 호소
불완전혼합성(meromictic) 호소	불완전한 혼합	주로 비순환성 호소이나 때로는 깊은 단회성 또는 이회성 호소

3) 폐수

폐수에 대한 시료 채취는 생산공정에서 발생된 폐수가 처리시설을 거쳐 적절히 처리되었는지 그리고 방류수가 방류되는 수역의 물에 영향을 얼마나 미칠 수 있을 것인지를 확인하기 위해 행한다. 때문에 대개는 처리시설로 유입되는 지점과 최종 처리 후 방류되기 직전의 지점에서 시료가 채취된다.

- 유입수(influents)
  시료를 채취하기 가장 좋은 지점은 시료가 가장 잘 섞여 있는 흐름이 매우 빠른 곳으로 대개 폐수처리장으로 유입되는 지점이다.
- 유출수(effluents)
  가장 대표성 있는 위치는 지표수와 혼합되기 전의 토출구로서 중력에 의해 아래로 흐르는 곳에서 채취하는 것이 가장 좋다. 일반적으로는 염소소독 과정이 포함되기도 하나 생태독성을 평가하기 위해서 염소소독 이전에 시료가 채취되기도 한다.

4.2.2 시료 채취 횟수와 시간

시료 수집 동안의 시간간격은 수체에 따라 다르고 분석 물질에 따라 다르다. 장기간 동안의 수질을 분석하기 위해서는 한 달 주기로 시료를 채취하여도 좋으며 하천관리, 배출원 관리 등의 목적을 위해서는 일주일 간격으로 시료를 채취하는 것이 적당하다.

표 II-15는 수체의 종류에 따른 시료 채취 횟수를 나타내었다.

▶표 II-15◀ 수체에 따른 시료 채취 횟수

수체	시료 채취 횟수	
시냇물	최소	1년에 4회
	최적	1년에 24회(2주 간격) : 총 부유 고체물질은 매주 실시
상류에 위치한 호수	최소	1년에 1회 호수 출구에서 시료 채취
강	최소	큰 배수 지역(대략 100 000 km^2)에 대해 1년에 12회
	최대	작은 배수 지역(대략 10 000 km^2)에 대해 1년에 24회
강/저수지	부영양화(eutrophication) 제외 :	
	최소	1년에 1회
	최대	1년에 1회, 최대 온도 성층에서 1회
	부영양화의 경우 :	
	1년에 12회(하절기(7월 ~ 9월)동안은 한 달에 2회 포함)	
지하수	최소	크고 안정된 대수층의 경우 1년에 1회
	최대	작고, 충적(alluvial) 대수층의 경우 1년에 1회

호수나 저수지에서의 수질조사 시기 또는 기간은 다음과 같은 기본적인 사항들을 고려한다.

① 1년을 주기로 하는 계절적 현상을 조사할 경우 월 1회의 관측을 원칙으로 한다. 그러나 월 1회의 관측에서 수질현상을 간과할 수 있는 경우도 있다. 따라서 홍수기 동안에 호소의 물질순환, 특히 영양염류, 유기물, SS 등의 유입과 유출에 관련된 수지분석을 하고자 한다면 매일 수질을 조사해야 할 수도 있다.

② 수 년 혹은 그 이상의 장기적인 관측(long-term monitoring)을 원칙으로 한다. 수 년을 주기로 발생하는 홍수와 가뭄과 같은 장기적 기상조건의 변화, 호수 주변 유역에서의 인간 활동의 변화에 따른 영향을 연구하는 경우에는 긴 기간 동안 지속적으로 수질조사를 해야 한다.

③ 조사시각은 특별히 지정하지 않지만, 플랑크톤 활동의 일반적 변화 등을 고려하여 비교적 안정된 조사 결과를 얻는다는 이유에서 바람이 약한 오전 또는 이른 아침에 조사를 실시하는 것이 좋다. 또한 조사시간을 기록해 두어야 한다. 조사항목에 따라서는 일 주기변동을 보일 뿐 아니라 하루 중의 기상변화에도 상당히 영향을 받을 수도 있다.

4.3 일반적인 시료 채취 시설 및 장비

4.3.1 지표수 시료 채취 기법

4.3.1.1 수동 시료 채취

자동 시료 채취기가 부족한 경우 또는 즉시 현장 분석을 위해 채취해야 하는 경우, 시료를 용기로 바로 채취한다. 시료를 용기에 바로 채취할 수 없다면, 대체 용기를 사용한다. 대체 용기는 시료 용기처럼 깨끗하고 시료에 따라 다른 재질로 만들어진 것이어야 한다. 시료 채취 시 사용되는 밧줄, 막대기 등은 깨끗한 것을 사용해야 하며 이들을 이용하여 더 깊은 수심에서 시료를 채취할 수 있다. 채취 용기는 채취 지점의 시료를 3번 이상 헹군 후 채취해야 한다. 그러나 VOCs, 오일, 그리스, TRPHs, 추출해야 하는 오염물질 및 미생물용 시료 채취 시에는 채취 용기를 미리 세척해서는 안 된다.

4.3.1.2 자동 시료 채취기를 사용한 시료 채취

자동 시료 채취기는 폭넓게 이용할 수 있다. 넓은 범위의 지역에서 시료를 채취할 때 그리고 장시간에 걸쳐 계속적으로 시료를 채취하거나, 혼합시료를 만들기 위해 일정기간 동안 주기적으로 시료를 채취해야 하는 경우에 자동 시료 채취기를 사용하는 것이 더 실

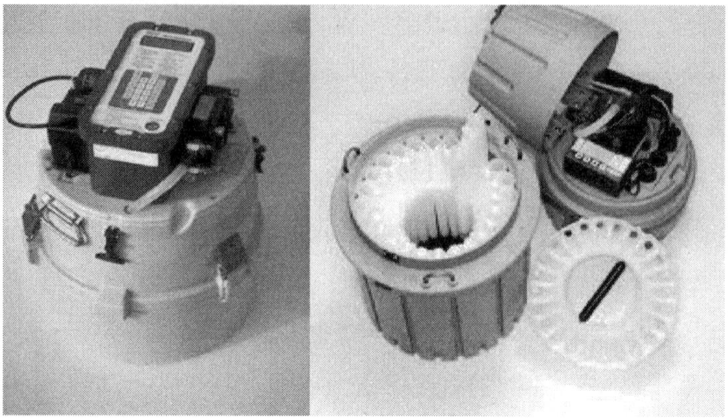

▶그림 Ⅱ-15◀ 수질 자동 시료 채취기

용적이고 오차를 줄이는 데 도움이 된다. 자동 시료 채취기를 이용한 시료 채취 시 튜브나 파이프에 시료가 닿았을 경우, 분석 항목에 따라서는 시료의 오염을 유발할 수 있기 때문에 각별한 주의가 필요하다.

4.3.1.3 시료 채취 시설

지표수 시료 채취 지점에서 시료를 채취하는 데 도움을 주는 시설에는 여러 가지가 있으며 지역 사정에 따라 이용 가능성에 제한이 있다.

1) 교량 : 교량은 시료 채취를 위한 가장 신속하고 경제적이며 좋은 시설이다. 교량은 접근이 용이하고 시료 채취 지점을 정확히 식별할 수 있으며 시료 채취를 위한 수평 및 수직 위치를 통제할 수 있을 뿐만 아니라 모든 기후, 유량조건에서 안전하게 채취할 수 있기 때문이다. 다만 교통에 의한 사고의 위험이 있다.
2) 배 : 배를 이용하면 더 융통성이 있어서 강이나 호수의 길이 방향 및 가로 방향, 어느 지점에서나 채취가 용이하다. 하지만 호소가 큰 경우는 위치 식별이 어렵다는 단점이 있다. 이런 경우는 지상의 지형지물을 이용하기도 하지만 근래에는 GPS (global positioning system)를 이용하기도 하는데 GPS를 이용하는 경우는 시료 채취자가 바뀌거나 수질조사 주기가 길어도 동일한 지점에서 채취할 수 있다는 장점이 있다. 그러나 수심이 얕은 경우는 선박의 운행으로 바닥 퇴적물의 교란이 일어날 수 있으며 기상조건이 좋지 않은 경우는 선박의 운행이 불가능한 것과 날씨에 따라 위험이 따르며 이동시간이 많이 소요되므로 많은 시료를 채취할 수 없다는 단점이 있다.
3) 도보 : 강이 충분히 얕은 곳에서는 직접 걸어 들어가서 채취할 수 있다. 채취 시 하

상이 교란되어 대표성을 얻지 못하는 경우가 있으므로 주의하고, 상류를 향하여 보고 채취해야 한다. 유속이 빠른 경우는 위험하다.

4) 제방기슭 : 이런 경우는 대안이 없는 경우에만 사용해야 한다. 시료는 가능한 한 와류가 있는 곳에서 또는 제방이 굽어진 맨 바깥쪽의 물이 빠르고 깊은 곳에서 채취해야 한다.

5) 헬리콥터 : 경제적인 측면에서 가장 비싼 시료 채취 방법이지만 단시간에 많은 지점의 시료를 채취할 수 있으며 조사 위치까지의 접근이 용이하다는 장점이 있다

시료 채취를 위한 장비는 하천과 호수 또는 폐수에 대해 달리 적용될 수 있으며 시료채취 방법(단일시료 채취, 혼합시료 채취, 연속시료 채취 등)에 따라 달라진다.

지표수를 채수하는 경우에는 폴리에틸렌 용기를 사용하여 손으로 채수하거나 긴 막대기 끝에 용기를 달아 물가에서 떨어진 곳의 시료를 채취한다. 다리 위에서는 두레박 모양의 용기를 사용하여 쉽게 표층수를 채수할 수 있다. 심층수를 채수하는 경우는 특정 수심의 채수가 가능한 채수기가 필요하다.

채수기는 일반적으로 PVC, 아크릴, 금속, 고무 등의 재질로 만들어져 있으나 미량성분의 측정과 미생물의 채집을 목적으로 하는 경우에는 특별한 선택이 필요하다. 채수기는 사용 전에 잘 세척하고 약 1주일간 물에 담가두어 재질로부터 용출되는 방해물질을 제거한 다음 사용한다.

특별한 경우, 항목에 따른 채수용기의 선택에 대해서는 표 II-2를 참고하기 바란다.

• Hydroth 채수기

얕은 심도의 시료를 채취하는데 적합하며, 막대기 끝에 채수병을 달아 이 병에 직접 채수하므로 멸균한 병을 사용하는 세균시험용 채수에 적합하다. 그러나 용기 내의 공기와 시료가 접촉하므로 용존가스나 Fe^{2+} 등의 환원물질을 측정하는 경우는 적합하지 않다.

• Van Dorn 채수기

가장 널리 쓰이고 있다. 채수기의 마개가 열린 채로 원하는 수심에 넣고 메신저를 떨어뜨려 마개를 닫는 구조를 가지고 있다. 일반적으로 호수에서는 2리터 ~ 5리터 용량이 많이 사용되고 있다. 재질은 PVC와 투명아크릴의 두 가지가 널리 쓰이고 있으며, 투명아크릴은 속을 들여다볼 수 있는 장점이 있는 반면에 추운 날씨에는 충격에 깨어질 수도 있다.

• Ekman 채수기

Ekman 채수기 또는 Nansen water bottle이라고 한다. 메신저를 떨어뜨리면 채수기의

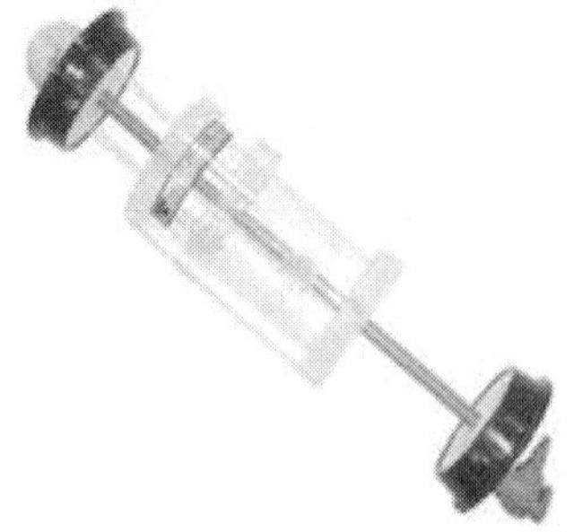

Kemmerer water sampler

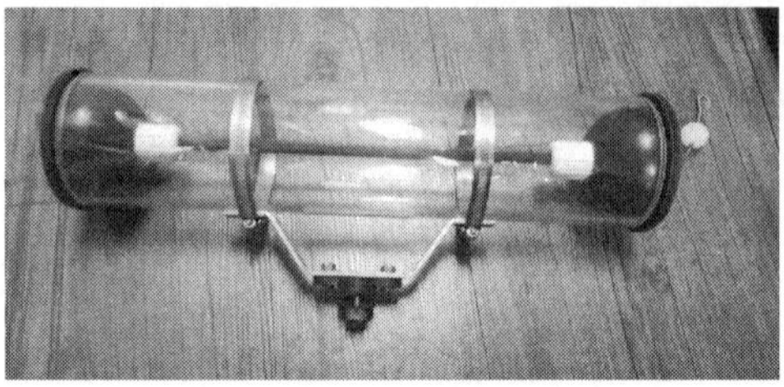

Van Dorn water sampler

▶그림 II-16◀ 각종 수질 시료 채취 도구

위아래가 뒤집어지면서 채수기의 마개가 닫히는 구조이다. 수은주가 끊어져 현장온도가 보존되는 전도온도계를 달아서 채수기가 뒤집어질 때 채수와 동시에 심층에서의 현장수온을 정확히 보존하여 측정할 수 있다는 점이 특징이다. 금속제와 플라스틱제가 있으며, 수심이 깊은 해양에서 채수와 수온 측정에 많이 사용된다.

• 펌프 사용

전동 또는 수동식 물 펌프에 호스를 연결하고 호스를 원하는 수심에 넣어 채수하는 방법이다. 얕은 호수에서 다량의 시료를 채취해야 하는 경우, 성층이 강한 얕은 호수에서 10 cm 정도의 수심 간격으로 채수하는 경우, 퇴적물 바로 위의 시료를 채취하는 경우 등에 적합하다. 수심이 깊으면 호스 내에서의 저항이 커져서 펌프에 의한 채수가 어려워진다.

4.3.2 지하수 시료 채취 기법

지하수는 토양 속에서 흐르고 있는 지표 아래의 물을 말한다. 대수층(aquifer)은 침투 가능한 바위, 모래 혹은 자갈의 물이 있는 층에 저장된 물로 다공성과 침투성으로 인해 저장과 운반이 가능하다. 대수층은 경계(confined)와 비경계(unconfined) 대수층으로 나뉜다. 경계(혹은 water table) 대수층은 대기압 하에서 물을 포함하고 있는 것이고 비경계(혹은 artesian) 대수층은 상대적으로 침투하지 못하는 물질의 층(암석)으로 둘러싸여 있는 것이다.

지하수는 일정하게 중력, 압력, 마찰에 반응한다. 중력과 압력은 물을 이동시키고 압력은 흐름을 조정할 수 있다. 지하수의 유속은 오염 이동을 조사하는 데 매우 중요하다. 지하수 흐름이 지표수보다 더 느리기 때문에 다공성 매체를 통한 유체의 흐름은 Darcy의 법칙을 따르게 된다. 즉 다공성 매체를 통한 유속은 수압 변화(hydraulic gradient)에 비례한다.

$$V = K(h_1 + z_1) - (h_2 + z_2) / L$$

여기서, V = Darcy 유속(L/t)
K = 매체의 유속 전도도(L/t)
h_1 = 1지점에서의 압력(L)
z_1 = 1지점에서 높이(L)
h_2 = 2지점에서의 압력(L)
z_2 = 2지점에서의 높이(L)
L = 1지점과 2지점 사이에 흐름의 길이

지하수는 상대적으로 질소와 이산화 탄소의 압력이 높기 때문에 지하수 시료는 매우 조심스럽게 다루어야 한다. 시료 채취 지점과 시료 채취 절차는 전문적인 시료 채취자가 실시하여 분석 결과의 문제점을 최소화해야 한다.

일반적으로 시료는 밀폐된 관측정에서 펌핑된 물의 pH, 전도도, 온도를 측정한 후에 채취한다.

시료 채취 활동 전에 적절한 시료 채취 장비의 선택, 시료 채취 장비의 오염 제거, 시료병의 선택, 보존용액, 현장 분석 기기의 준비와 교정, 시료라벨과 인수인계 양식 및 현장 기록부와 같은 문서가 미리 준비되어야 한다.

4.3.2.1 시료 채취장비로서의 펌프

지하수에 대한 대표성을 확보한 시료를 수집하기 위해서는 시료 채취 전에 관측정을 퍼징(퍼내어 깨끗이 함)해야 한다. 고인 물은 화학적 변화가 발생할 수 있기 때문에 비정상적인 분석 데이터가 나올 수 있다. 고인 물을 퍼징하는 것은 다양한 장비를 가지고 실시하며, 장비의 선택은 분석하고자 하는 물질, 관측정의 지름, 수위, 기타 현장 조건에 따라 다르다. 지하수 퍼징과 시료 수집에 가장 보편적으로 사용되는 장비는 원심 펌프(centrifugal pump), 전기 수중 펌프(electric submersible pump), hand pump, peristaltic pump, air-lift pump, gas operated pump, bailer가 있다.

- 원심 펌프 : 분당 7.6 L ~ 37.8 L의 용량을 가진 5 cm 또는 10 cm의 지름의 관측정을 퍼징하는 데 사용한다. 물의 깊이는 6.5 m 이하일 때 사용한다.
- 전기 수중 펌프 : 10 cm 이상의 지름을 가진 관측정을 퍼징하는 데 사용한다. 펌프는

스테인리스강 재질로 되어 있고, 시료 운반용 호스의 재질은 분석 목적에 알맞은 것을 사용한다.

- Hand Pump : 정지된 물이 너무 깊어서 원심 혹은 연동(peristaltic) 펌프를 사용할 수 없는 경우, 5 cm 정도의 지름의 관측정을 퍼징하는 데 사용한다.
- Peristaltic pump : 적은 용량의 관측정을 퍼징하는 데 사용된다. 물의 깊이는 6.5 m 이하일 때 사용한다.
- Air-lift Pump : 관측정에 공기압력을 가해주어 물이 밀려나가도록 하는 장치다. 상대적으로 휴대가능하고 저렴하지만 이 방법은 시료의 가스를 없애는 효과로 인해 미량 화학물질 분석을 위한 수질 시료 채취 방법에는 적절하지 않다.
- Gas operated Pump : 지름이 25.4 mm 정도인 관측정에 사용된다. 다양한 분석 대상 물질에 이용 가능하고 상대적으로 운반이 용이하나, 가스 공급과 많은 양의 가스가 사용된다. 깊은 관측정을 퍼징할 때는 오랜 시간 동안 작동할 필요가 있다.
- Bailer : 다양한 지름의 관측정, 다양한 물질에서 사용할 수 있다. 운반과 청소가 용이하고 저렴하다. 시료병으로 물을 운반할 때 산소가 필요하게 되는데, 이런 경우 케이싱 벽을 통해 오염이 가능하다. Bailer는 서로에게 영향을 주지 않는 물질(테플론, 스테인리스강)에 사용해야 하고, 꼼꼼하게 세척해주어야 한다.

4.3.2.2 시료 채취 장비의 재질

관측정 퍼징(purging), 시료 수집, 취급, 저장할 때 사용되는 재질의 선택은 매우 중요하다. 분석 결과에 영향을 미칠 수 있는 화학물질이 흡착되거나 녹아들면 안 된다. 또한 선택된 재질은 쉽게 닦이고 오염제거가 쉽고 운반이 간단해야 한다.

1) 스테인리스강 316 혹은 304

금속을 제외한 모든 분석물질의 시료 채취에 사용하고 특히 유기물질일 때 사용하는 것이 좋다. 질산 헹굼 작업을 수행하지 않아도 오염을 제거하기 쉽다. 높은 염도의 물과 물이 특히 산성 조건일 때, 장비 표면이 부식될 수 있다.

2) 테플론

대부분의 물질에 대한 지하수와 토양 모니터링에 사용된다.

3) 폴리프로필렌, 폴리에틸렌

유기 용매 분석용 시료 채취에 유용하고, 테플론에 비해 부식되지 않는다.

4) PVC(polyvinyl chloride), 비톤(viton), tygon, neoprene, 실리콘

유기물질 시료 채취에는 적당하지 않다.

▶그림 II-17◀ 원심 펌프

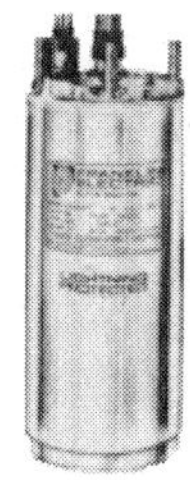

▶그림 II-18◀ 전기 수중 펌프

▶그림 II-19◀ Peristaltic pump

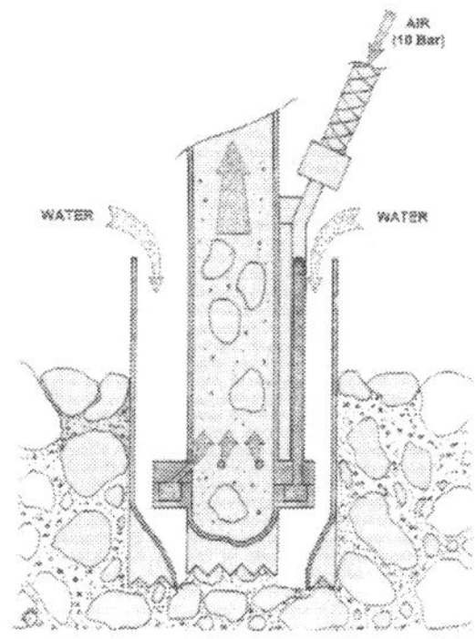

▶그림 II-20◀ Air-lift Pump

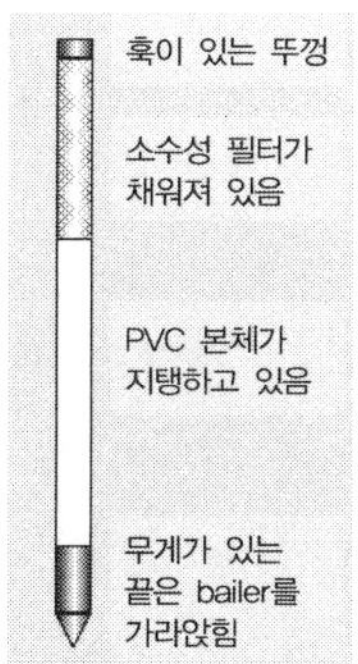

▶그림 II-21◀ Bailer

4.3.2.3 시료 채취 전에 퍼징된 물의 양 결정

시료 채취 전에, 관측정 내에 고여 있는 물을 적당량 제거한다. 관측정 안에 고여 있는 물은 화학적으로 땅 근처의 물과 다르기 때문에 pH, 전도도 온도의 변화가 없을 때까지 제거한다. 펌핑되어 나온 물의 부피와 경과시간은 현장 기록부에 작성하고, 관측정으로부터 퍼징 6시간 안에 채취해야 한다.

4.3.2.4 수위(water level) 측정

수위는 전자 프로브(electronic probe), 초크칠 된(chalked) 테입을 사용하여 측정한다.

전자 프로브를 사용하여 수위를 측정할 때는 프로브가 물에 닿으면 회로가 닫혀 수위를 확인할 수 있어야 한다.

초크칠 된 테입을 사용한다면 장치를 잡아당기거나 밀어 넣을 때 와이어가 비틀리거나 구부러지면서 다소 길이에 변화가 생기는 문제점을 제거하기 위해, 선은 관측정에 걸어놓고 사용한다. 깊이를 표시하는 물질은 일반적으로 약 1.5 m 간격으로 선에 부착한다. 강철 테입을 사용할 때, 납 무게는 바닥에 부착되고 테입의 0.6 m ~ 0.9 m보다 더 낮은 곳은 건조시키고 측정하기 전에 초크로 코팅한다. 테입을 관측정 아래로 내려 깊이를 측정하되 테입의 젖은 부분까지의 길이를 측정하면 된다.

4.3.2.5 시료 용기의 준비

용기는 시료와 반응하지 않는 것을 사용하고, 부서지거나 새는 곳이 있으면 안 되며 분석목적에 적절한 양을 채취할 수 있는 용량이어야 한다. 플라스틱 용기는 무기시료에 가장 좋고, 그 용기는 나선 모양의 뚜껑(screw cap)이 있는 것으로 꽉 조여서 사용해야 한다. 테플론(teflon)으로 된 뚜껑을 가진 유리와 테플론 용기는 유기물질 분석에 많이 사용한다. 퍼지 유기시료의 경우 나선 모양의 뚜껑과 테플론으로 안을 감싼 실리콘 격막(septum)이 있는 붕규산염(borosilicate) 유리 바이알(vial)을 사용한다.

4.3.2.6 지하수 시료 채취 기술

1) Bailer 사용

대부분의 bailer에서 bailer의 윗부분은 열려 있고, 바닥에는 간단한 체크 밸브(check valve)가 있다. 시료를 얻기 위해 bailer는 줄을 이용해 관측정 아래로 내리며 이 줄은 어떤 재질이어도 상관없으나, 특정 오염물질을 수집하는 경우 스테인리스강 혹은 테플론처럼 오염을 일으키지 않는 재질을 사용한다.

- 시료 채취자는 시료 오염을 막기 위해 라텍스 고무장갑을 착용한다.
- 관측정으로 천천히 bailer를 내린다. 관측정의 물 속으로 천천히 내릴 때, 체크 밸브는 계속 열어두면 bailer를 통해 물이 지나가게 된다.
- 원하는 깊이에 다다르면, bailer를 내리는 것을 멈춘다.
- bailer를 들어 올릴 때, bailer 안에 물의 무게에 의해 밸브가 잠기게 되고 시료가 안에 갇히게 된다.

• bailer가 회수되면 시료를 적절한 시료병에 옮긴다.

2) VOC 분석용 지하수 채취

• 먼저 40 mL 바이알이 깨지거나 새는 부분이 없는지 확인하고, 문제가 있는 바이알은 폐기한다.
• 시료 수집자는 관측정으로부터 지하수를 퍼내기 위해 천연 라텍스 고무장갑을 착용하여 바이알의 뚜껑을 제거하되 이때 격막을 만지면 안 된다.
• 시료로 바이알을 채우고 바이알 입구의 수면이 볼록해질 때까지 시료를 채우되 공기가 유입되지 않도록 채워야 한다.
• 빠르게 격막을 그 위에 얹고 메니스커스 위로 뚜껑을 놓고 안전하게 닫는다.
• 시료를 주입하고 공기 방울을 점검하기 위해 뒤집어 본다. 공기 방울이 있다면, 전체 시료 및 바이알을 폐기하고 새로운 시료를 수집한다.
• 이중시료가 필요하다면 수집한다.
• 시료 라벨을 붙이고, 깨지지 않도록 바이알을 감싼 후 지퍼가 있는 플라스틱 백에 넣는다.
• 아이스박스에 바이알을 넣어 4 °C가 유지되도록 한다(VOC는 별도의 아이스박스 사용).
• 인수인계 양식을 작성하고, 모든 활동을 유성잉크로 현장기록부에 문서화한다.

3) 추출해야 하는 유기물 분석용 지하수 시료 채취

• 뚜껑 안쪽에 테플론 격막이 있는 1 L 유리병에 시료를 채취한다.
• 시료가 농약일 경우, 시료는 황산 혹은 수산화소듐을 이용해 pH 5 ~ 9로 적정하여 보관한다.
• 천연 라텍스 고무장갑(nature latex rubber gloves)을 착용하고 관측정으로부터 지하수를 퍼낸다(purging). 채취 용기의 뚜껑을 제거한 후 시료를 가득 채운다. 이때 테플론 격막을 만지지 않도록 주의한다.
• 시료 뚜껑을 닫는다.
• 병에 라벨을 붙이고, 인수인계 양식을 작성한다.
• 현장 기록부에 시료 채취에 대한 모든 데이터를 기록한다.
• 플라스틱 백에 시료를 감싸 넣고, 아이스박스에 보관해 4 °C가 유지되도록 한다.

4) 금속 분석용 지하수 시료 채취

• 폴리에틸렌 용기에 시료를 모은다.
• 천연 라텍스 고무장갑을 착용하고 물을 퍼낸다.
• 병에서 뚜껑을 제거하고 물로 시료병을 헹군다(미리 세척되어 보존된 용기일 경우, 병

을 헹구지 않는다.).

- 시료를 채울 때 맨 위까지 채우지 않는다. 즉, 보존용액과 혼합 할 수 있을 정도의 공간을 남겨둔다
- pH 2 이하가 되도록 1 L당 50 % 질산 3 mL 혹은 진한 질산 1.5 mL를 첨가한다.
- 현장 기록부에 보존용액 첨가량과 pH 값을 기록하고, 시료 라벨에도 기록한다.
- 장비 바탕시료(equipment blank)를 채취하였다면 이 바탕시료에도 시료에 사용한 보존용액과 같은 양의 보존용액을 첨가한다. 첨가한 보존용액을 가진 시료는 시료와 같은 양의 산으로 분리된 바탕용액을 가지고 있어야 한다.
- 시료 라벨을 붙이고, 인수인계 양식을 작성한다. 모든 시료 채취 데이터를 현장 기록부에 기록한다.
- 이동하는 동안 냉장보관할 필요는 없다.
- 6가크로뮴의 경우, 다른 금속 측정용 시료와 구분하여 채취하고, 시료에 산성 보존제를 첨가하지 않는다. 가능한 빨리 실험실로 운반한다. 산성 보존제를 첨가하지 않은 경우에는 라벨에 분명히 명시해야 하며, 보존 기간은 24시간이다.
- 용해 금속과 부유 금속(suspended metal) 측정을 위한 시료는 보존 전에 여과한다. 시료를 현장에서 여과할 경우, 관측정으로부터 나온 물을 바로 여과한다. 여과된 후에 금속 분석용 시료와 같은 방식으로 보존한다. 부유 금속(suspended metal)의 필터는 실험실로 가지고 온다. 시료가 현장에서 여과되지 않았을 경우, 보존 없이 가능한 빨리 실험실로 운반하여 실험실에서 여과하고 여과한 후에 질산으로 보존한다. 모든 지하수 시료는 침전물로부터의 오염을 피하기 위해 보존 전에 현장에서 여과하는 것을 권장한다.

5) 오일, 그리스 및 TRPHs에 대한 지하수 시료 채취

- 시료를 1 L 유리 용기에 수집한다. 혼합시료로 수집하지 않는다.
- 시료 수집 전에 시료로 시료 용기를 헹구지 않는다.
- 시료 채취 동안에는 천연 라텍스 장갑을 착용하고, 시료 용기를 거의 채운다.
  1 L당 염산 5 mL를 추가하여 보존하고 뚜껑을 닫는다.
- 시료 라벨을 작성하여 부착하고, 인수인계양식과 현장 기록부를 작성한다.
- 플라스틱 재질의 보관함에 시료를 넣고 4 °C를 유지하여 운반한다.

6) 무기 비금속에 대한 시료 채취

- 천연 라텍스 고무장갑을 착용하고 지하수를 퍼낸다. 병에서 뚜껑을 제거한 후 시료로 시료 용기를 헹구어 내고 조심스럽게 용기에 시료를 가득 채운다. 미리 세척되어 보존

된 시료병은 현장에서 물로 헹구지 않는다.

- 필요하다면 보존용액을 넣고, 같은 양의 보존용액을 장비 바탕시료에도 첨가한다.
- 용기를 닫고, 시료 라벨을 부착하고, 인수인계 양식을 작성하고 현장 기록부에 데이터를 기록한다.
- 냉동보관하고 빛을 차단한다.

4.3.3 먹는 물 시료 채취 기법[97)]

먹는 물의 수질분석을 위한 시료 채취 시, 지하수 시료 채취와 같이 퍼징해야 한다. 압력탱크의 용량(capacity of the pressure tank)을 알지 못할 경우, 약 15분~20분 정도 퍼징한다. 퍼징 후, 대략 500 mL/min 정도로 유속을 감소시킨다. 시료 채취 전에 보존된 시료 용기를 정제수로 시료 용기를 헹군다. VOC와 TOX(total organic halogen) 분석을 위한 시료 채취 외에는 시료병에 시료를 가득 채우고 시료를 보존한 후에 적절히 라벨하고, 인수인계 양식과 현장 기록부에 기록한다. 플라스틱 가방에 시료병을 담고 바로 운반한다.

시료에 잔류 염소가 있을 경우 어떤 항목의 분석에 방해가 될 수 있으므로 염소의 반응을 방지하기 위하여 시료 수집 직후 시료에 0.008 % $Na_2S_2O_3$를 첨가하고 병을 봉한 후 라벨을 붙이고 운반한다.

수도꼭지(faucet)로부터 시료를 수집하려 할 때, 수도꼭지는 깨끗하고 오염물질이 없어야 한다. 시료는 과도한 먼지, 비, 눈 혹은 다른 오염원이 없는 곳에서 수집해야 하고, 수도꼭지를 일반적으로 2분~3분 정도 틀어놓아야 한다(수온이 변하는 것을 확인할 수 있음). 그런 후에 욕조, 지표의 벽에 튀지 않도록 유속을 조절하여 시료를 수집한다. 대부분의 시료들은 가득 채우지 말고 4 cm~5 cm정도 남겨두고 채취한다.

1) 미생물 시험 시료

총대장균군, 분원성 대장균군, *E. coli.* Enterococci, Heterotrophic Bacteria 등을 위한 시료를 채취할 때는 장갑을 끼고 뚜껑이 있는 밀폐된 용기에 미생물 시료를 채취한다. 현장의 물로 채취 용기를 헹구지 않으며 용기와 뚜껑은 멸균처리된 것을 사용한다. 용기 뚜껑을 신속히 열어 시료를 채취하며, 시료를 채취하는 동안 용기 내부를 만지지 말고 다른 한손으로 뚜껑을 잡는다. 시료 채취 후 즉시 뚜껑을 닫고 10 °C 이하로 유지되는 용기에 넣어 보관, 운송한다. 잔류 염소가 있다면, $Na_2S_2O_3$으로 시료를 보존한다.

---

97) US EPA, Quick Guide to Drinking Water Sample Collection, 2nd Edition, 2016

총대장균군, *E. coli.*를 분석하기 위해 수돗물을 채취하는 경우 수도꼭지에 있는 각종 장치를 제거하고 5 ~ 6분간 물을 흘러보낸 후 채취한다. 현장의 물로 채취 용기를 헹구지 않으며 용기와 뚜껑은 멸균처리된 것을 사용한다. 용기 뚜껑을 신속히 열어 시료를 채취하며, 시료를 채취하는 동안 용기 내부를 만지지 말고 다른 한손으로 뚜껑을 잡는다.

Giardia, *Cryprospordium* 분석을 위한 시료는 통상 10 L 부피의 플라스틱 용기를 사용하며 장갑을 끼고 시료를 채취하되 시료 채취 전에 현장의 물로 용기를 세 번 정도 헹군 후 시료를 용기에 가득 채운다. 시료는 냉장시설에 넣어 가능한 한 즉시 1 °C ~ 10 °C가 유지되도록 한다.

2) 영양염류, 음이온 등의 시료

Acidity, Alkalinity, Bromate, Chloride, Chlorite, Color, Conductivity, Fluoride, Foaming Agents, Nitrate, Nitrite, Odor, o-Phosphate, Silica, Sulfate, Surfactants, Turbidity 등을 위한 시료는 분석항목을 살펴 적절한 시료량을 확인한다. 시료를 채취할 때 장갑을 끼고 보호안경을 착용한다. 현장의 물로 용기와 뚜껑을 3회 정도 헹구고 시료를 입구로부터 3 ~ 5 cm 정도까지 채운 후 4 °C 이하의 냉장시설에 보관한다.

3) 암모니아, TKN 등의 시료

Ammonia, 질산염+아질산염, TKN, 총인 등을 위한 시료는 시료의 오염과 황산처리 시 피부를 보호하기 위하여 장갑을 끼고 채취한다. 용기 내에 보존제가 들어 있는 경우는 용기를 현장의 물로 헹구지 않으며, 보존제가 들어 있지 않은 경우는 용기와 뚜껑을 현장의 물로 3회 정도 헹군 후 용기 입구로부터 3 ~ 5 cm 정도까지 시료를 채취하고 작업지시서에 따라 보존제를 조심스럽게 주입한다. 시료는 일반적으로 보존제(황산)를 주입하여 pH 2 미만으로 하여 보존한다.

4) 사이안(CN) 시료

시료의 황산처리 또는 기타 보존제 처리 시 피부를 보호하기 위하여 장갑을 끼고 눈을 보호하기 위하여 보호안경을 착용한다. 용기 내에 보존제가 들어 있는 경우는 용기를 현장의 물로 헹구지 않으며, 보존제가 들어 있지 않은 경우는 용기와 뚜껑을 현장의 물로 3회 정도 헹군 후 용기 입구로부터 3 ~ 5 cm 정도까지 시료를 채취하고 작업지시서에 따라 보존제를 조심스럽게 주입한다. 시료는 일반적으로 보존제(NaOH)를 주입하여 pH 12 이상으로 한 후 4 °C 이하에서 보존하며 잔류염소가 있다면, 아스코빈산($C_6H_8O_6$, ascorbic acid) 0.6 g을 첨가하여 보존하되 14일간 보존 가능하다. 황화물이 있다면 시료는 현장에서 전처리하거나 실험실로 가져와 24시간 내에 4 °C에서 분석한다. 황화물은 납 아세테이트 종이로 현장에서 점검한다. 황화물이 있다면 종이가 검은색으로 변하고 카드뮴 황화물의 노란 침전물이 나타낼 때까지 cadmium nitrate를 첨가한다. 이러한 시료는 수산화소듐을 pH 12가 될 때까지 첨가하고 여과한다. 가능하다면 시료 채취 팀 중 한명이 모든 노트, 라벨병, 작성된 문서, 보존 시료를 갖고 가고 다른 팀원은 계속 시료를 채취한다.

5) Haloacetic Acids(HAA5s) 시료

Monochloroacetic Acid, Dichloroacetic Acid, Trichloroacetic Acid, Monobromoacetic Acid, Dibromoacetic Acid 등 HAA5s 시료 채취 시에는 산 및 보존제 처리 시 피부를 보호하기 위하여 장갑을 끼고 눈을 보호하기 위하여 보호안경을 착용한다. 현장의 물로 용기를 헹구지 않으며, 용기 내에 보존제가 들어 있지 않은 경우는 작업지시서에 따라 보존제를 조심스럽게 주입한다. 시료 채취용기는 유리병을 사용하여야 하며, 용기 입구로부터 3 ~ 5 cm 정도까지 시료를 채취하고 4 °C 이하 어두운 곳에서 보존한다.

6) 금속성분 등의 시료

Antimony, Arsenic, Barium, Beryllium, Cadmium, Calcium, Total chromium, Magnesium, Manganese, Mercury, Nickel, Selenium, Sodium, Silver, Thallium, Lead, Copper, Zinc 시료 채취 시에는 산으로부터 피부를 보호하기 위하여 장갑을 끼고 눈을 보호하기 위하여 보호안경을 착용한다. 용기에 보존제가 들어 있으면 현장의 물로 용기와 뚜껑을 헹구지 않으며, 용기 내에 보존제가 들어 있지 않은 경우는 현장의 물로 3회 정도 헹군다. 시료 채취 용기는 플라스틱과 유리 재질 어느 것이나 상관없지만 플라스틱 재질을 추천하며, 용기 입구로부터 3 cm ~ 5 cm 정도까지 시료를 채우고 작업지시서에 따라 조심스럽게 질산을 보존제로 주입하여 pH를 2 이하로 한 후 수은은 28일까지, 그 외 금속 성분은 6개월간 보존 가능하다.

7) 방사성 시료

Gross Alpha, Gross Beta, Strontium-89, Strontium-90, Radium-226, Radium-228, Cesium-134, Iodine-131, Tritium, Uranium, Photon emitters 시료 채취 시에는 산과 기타 보존제로부터 피부를 보호하기 위하여 장갑을 끼고 눈을 보호하기 위하여 보호안경을 착용한다. 용기에 보존제가 들어 있으면 현장의 물로 용기와 뚜껑을 헹구지 않으며, 용기 내에 보존제가 들어 있지 않은 경우는 현장의 물로 3회 정도 헹군다. 시료 채취 용기는 플라스틱과 유리 재질 어느 것이나 상관없지만 플라스틱 재질을 추천하며, 용기 입구로부터 3 ~ 5 cm 정도까지 시료를 채우고 작업지시서에 따라 조심스럽게 염산 또는 질산을 보존제로 주입하여(Iodine-131, Tritium은 제외. Cesium-134는 염산만 보존제로 사용 가능) Iodine-131은 8일간, 그 외 방사성 시료는 6개월간 보존 가능하다.

8) 합성유기 화합물 시료

Alachlor, Atrazine, PAHs, Carbofuran, Chlordane, 2,4-D, Dalapon, 1,2-Dibromo-3Chloropropane(DBCP), 2-ethylhexyladipate, 2-ethylhexylphthalate, Dinoseb, Endrin, Ethylene Dibromide, Heptachlor, Heptachlor Epoxide, Hexachlorobenzene, Hexa-chlorocyclopentadiene, Lindane, Methoxyxhlor, Oxamyl, Pentachlorophenol, PCBs, Simazine, Toxaphene, 2,4,5-TP, Diquat, Endothall, Glyphosate, Dioxine 시료 채취 시는 산과 기타 보존제로부터 피부를 보호하기 위하여 장갑을 끼고 눈을 보호하기 위하여 보호안경을 착용한다. 시료 채취 용기는 유리 재질을 사용하여야 하며 현장의 물로 헹구지 않는다. 시료를 채취하는 방법과 보존하는 방법은 시험 방법에 따라 다르므로 적용하고자 하는 시험 방법의 규정에 따르도록 한다. 시료는 채취 후 즉시 4 ℃ 이하로 냉장 보관하며 보존 기간은 시험 방법에 따라 다르므로 시험 방법에 따르거나 실험실에 문의하여 확인하여야 하지만 대체로 보존 기간이 짧다.

9) TOC 시료

시료 채취 시에는 산과 기타 보존제로부터 피부를 보호하기 위하여 장갑을 끼고 눈을 보호하기 위하여 보호안경을 착용한다. 용기에 보존제가 들어 있으면 현장의 물로 용기와 뚜껑을 헹구지 않으며, 용기 내에 보존제가 들어 있지 않은 경우는 현장의 물로 3회 정도 헹군다. 시료 채취 용기는 유리 재질이나 플라스틱 재질 모두 가능하나 유리 재질을 추천하며, 용기 입구로부터 3 cm ~ 5 cm 정도까지 시료를 채우고 작업지시서에 따라 조심스럽게 염산, 황산 또는 인산을 보존제로 주입하여 pH 2 이하로 한다. 시료는 4 ℃ 이하로 하여 28일간 보존 가능하다.

10) VOC 시료

Bezene, Carbon Tetrachloride, o-Dichlorobenzene, p-Dichlorobenzene, 1,2-Dichloroethane, 1,1-Dichlocoethylene, Dichloromethane, Rthylbenzene, Mono-chlorobenzene, Styrene, Toluene, Vinyl Chloride, Xylene 등의 시료는 운반에 따른 오염과 변질 여부 확인을 위하여 각 시료 채취 지점마다 이중시료를 채취한다. 시료 채취 용기는 뚜껑 내에 테플론 격막이 있는 투명하거나 갈색의 VOC 분석용 용기를 사용하고, 시료 채취 시에는 산과 기타 보존제로부터 피부를 보호하기 위하여 장갑을 끼고 눈을 보호하기 위하여 보호안경을 착용한다. 시료 채취 용기는 뚜껑에 테플론 격막이 있는 투명하거나 갈색인 VOCs용 유리병을 사용하여야 하며, 시료를 용기에 주입하기 전에 보존제를 넣어야 하는 경우에는 채취 용기를 헹구지 않는다(보존제 주입 여부는 사전에 확인). 용기의 벽면을 따라 시료를 천천히 흘러보내어 채취하되 용기 입구까지 시료가 볼록하게(메니스커스) 되도록 채취한다. 뚜껑을 닫았을 때 용기 내에 기포가 존재하지 않아야 하며, 시료가 넘치지도 않아야 한다. 시료 용기를 여러 번 뒤집어서 기포의 존재 여부를 확인해야 하며, 기포가 없다면 4 °C 이하로 보존한다.

수도꼭지에서 시료를 채취하는 경우는 먼저 수도꼭지를 3분 ~ 5분 정도 틀어놓는다. 수도꼭지에서 신선한 물이 나오고 있는 것을 확인하려면 물의 온도에 변화가 있는지 확인한다. 유속을 줄인 후, 시료 바이알로부터 뚜껑과 격막을 제거하고 용기에 물을 담는다. 이때 기포가 생기는 것을 최소화하기 위해 병의 내벽 쪽으로 물이 흘러 내려가도록 하되 시료 용기를 헹구지 않는다. 용기를 가득 채우되 넘치지 않도록 주의하고 뚜껑과 격막을 닫고 단단히 조여 준다.

잔류염소가 있다면, 싸이오황산소듐($Na_2S_2O_3$, sodium thiosulfate)을 용기에 먼저 첨가한 후, 그 용기에 시료를 반 정도 채우고 염산을 추가하여 pH 2 이하로 한다(즉, 싸이오황산소듐을 제일 먼저 넣고, 시료-산 순서로 넣는다. 두 보존제가 섞이지 않도록 해야 한다). 그러나 적용하고자 하는 시험 방법에 규정된 보존제를 사용하여야 하며, 이렇게 보존된 시료는 14일간 보존 가능하다.

11) 총 THMs 시료

Bromodichloromethane, Dibromochloromethane, Tribromomethane(Bromoform), Trichloromethane(Chloroform) 등의 시료는 운반에 따른 오염과 변질 여부 확인을 위하여 각 시료 채취 지점마다 이중시료를 채취한다. 시료 채취 용기는 뚜껑 내에 테플론 격막이 있는 투명하거나 갈색의 VOC 분석용 용기를 사용하고, 시료 채취 시에는 산과 기타 보존제로부터 피부를 보호하기 위하여 장갑을 끼고 눈을 보호하기 위하여 보호안경을 착용한다. 시료를 용기에 주입하기 전에 보존제를 넣어야 하는 경우에는 채취 용기를 헹구지 않는다(보존제 주입 여부는 사전에 확인). 용기의 벽면을 따라 시료를 천천히 흘러보내어 채취하되 용기 입구까지 시료가 볼록하게(메니스커스) 되도록 채취한다. 뚜껑을 닫았을 때 용기 내에 기포가 존재하지 않아야 하며, 시료가 넘치지도 않아야 한다. 시료 용기를 여러 번 뒤집어서 기포의 존재 여부를 확인해야 하며, 기포가 없다면 보존제를 넣은 후 4 °C 이하로 보존한다. 시료의 보존방법은 적용하고자 하는 시험 방법에 규정된 바에 따라야 하지만 일반적으로는 잔류염소가 있는 시료는 싸이오황산소듐($Na_2S_2O_3$, sodium thiosulfate)을 용기에 먼저 첨가한 후 그 용기에 시료를 반 정도 채우고 염산을 가하여 pH 2 이하로 한다. 이 경우 시료는 14일간 보존 가능하다.

12) 석면 시료

시료는 일반적으로 1 L 정도 채취하며(플라스틱 재질 또는 유리 재질의 용기에 채취할 수 있지만 플라스틱 재질을 추천), 시료 채취 시에는 장갑을 끼고 보호안경을 착용한다. 현장의 물로 용기를 3회 정도 헹군 후 용기 입구로부터 3 cm ~ 5 cm 정도까지 시료를 채운다. 시료는 즉시 4 °C 이하로 보존하되 48시간 보존 가능하다.

4.4 일반적인 수질 시료 채취 기법

4.4.1 중금속

시료를 채취하고 50 % 질산 3 mL 혹은 진한 질산 1.5 mL를 첨가하여 보존한다. 알칼리성이 높은 시료에는 pH 미터(meter)를 이용하여 산을 첨가하여 pH 2 이하로 하되 바탕시료에도 첨가하고 문서화한다. 시료의 보존시간은 6개월이다.

4.4.2 용해성 금속

시료를 보존하기 전에 0.45 μm 셀룰로오스 아세테이트 멤브레인(cellulose acetate membrane) 필터를 통해 여과시킨다. 그 후에 산을 첨가한다. 가능한 한 현장에서 시료를 여과하며 시료 수집 후 가능한 빨리 실험실로 시료를 운반하는 것이 좋다.

4.4.3 부유성 금속(suspended metal)

보존되지 않은 시료는 0.45 μm 멤브레인 필터를 통해 여과시키고, 그 필터는 뒤에 분석을 위해 남겨둔다. 시료는 현장 혹은 실험실에서 여과한다. 그러나 시료는 가능한 실험실로 바로 운반한 뒤 여과하며 필터는 산으로 씻고 말린다.

4.4.4 VOC

민감한 기기는 미량 유기화학분석과 유기 화합물의 낮은 농도 분석에 사용되기 때문에 VOC 등 미량 유기분석을 위한 시료를 수집할 때는 휘발되지 않도록 특별히 주의를 기울여야 한다.

뚜껑 안쪽에 테플론 격막이 있는 40 mL 유리 바이알로 시료를 채취하며, 시료 채취 동안에 시료를 용기에 담고 봉하는 절차는 다음과 같다.

- 시료를 시료병에 넘치도록 천천히 채운다.
- 조심스럽게 시료병 입구를 수면에 위치하게 한다.
- 격막을 시료병 입구의 물이 볼록한 위에 올린다.
- 나선모양의 뚜껑으로 시료를 봉한다.
- 시료가 완전히 봉해졌는지 확인하기 위해 시료가 담긴 용기를 뒤집어 놓는다. 용기 안에 공기방울이 없다면 잘 봉해진 것이다. 공기방울이 생긴다면, 그 시료는 버리고 똑같은 방식으로 시료를 재수집하되 먼저 사용하였던 시료병을 재사용하여서는 안 된다.
- 시료는 분석까지는 밀봉되어야 된다.
- 분석을 위한 운반과 저장동안에는 시료가 4 °C를 유지해야 한다.
- 수돗물을 시료로 채취하는 경우는 먼저 수도꼭지를 틀어 물을 3~5분간 흘려보내어 공급관을 깨끗이 한 후 채취한다. 수도꼭지로부터의 물이 신선한 물인지 확인하는 방법은 수온이 바뀌는 것으로 알 수 있다. 이때 물의 양을 줄여 약 500 mL/min으로 흐르게 하고, 용기의 뚜껑과 격막을 제거한 후 공기방울의 형성을 최소화하도록 하기 위하여 물이 용기 내벽을 부딪치게 하면서 즉시 용기를 채운다. 단, 시료로 병을 헹구지 말고, 가장자리까지 용기를 채우되 물이 과도히 넘치지 않게 한다. 테플론 격막을 부드럽게 옆으로 하여 올려놓고 뚜껑을 단단히 잠근다.

보존처리 된 시료의 보존시간은 14일이다. 공기방울이 생겼다면, 시료를 폐기하고 새로운 시료를 수집해 공기방울을 점검해야 한다.

VOC 시료는 절대로 혼합시료를 만들 수 없으며, 반드시 분석할 때까지 4 °C에서 냉장보관해야 한다.

4.4.4.1 Purgeable Halocarbon

Purgeable Halocarbon 시료를 수집할 때 잔류 염소가 있다면, 시료 바이알에 $Na_2S_2O_3$를 첨가한 후 시료를 채우고 봉한다.

4.4.4.2 Purgeable Aromatics

Purgeable Aromatics 시료를 수집할 때 잔류 염소가 있다면, 시료 바이알에 $Na_2S_2O_3$를 첨가한 후 시료를 최소한 반 정도를 채운 후 50 % 염산으로 pH 2 정도로 맞춘다. 마지막으로 시료를 채우고 봉한다.

4.4.4.3 Acrolein과 Acrylonitrile

잔류 염소가 있다면, 시료 바이알에 $Na_2S_2O_3$를 첨가한 후 시료를 최소한 반 정도 채운 후 50 % 염산으로 pH 4~5정도로 맞춘 후 마지막으로 시료를 채우고 봉한다.

4.4.5 추출해야 하는 유기물질(extractable organic)

유리 용기에 단일시료로 수집(grab sampling) 한다. 수집 전에 용기를 시료로 미리 헹굴 필요는 없으며 자동 시료 채취 장비는 다른 유기물질에 의한 오염이 없어야 한다. 뚜껑 안쪽에 테플론 격막이 있는 1 L 좁은 입 유리병에 시료를 수집하되 플라스틱 병이나 고무로 된 뚜껑은 사용할 수 없다. 모든 시료는 일주일 내에 추출해야 하고, 추출 후 40 일 이내에 분석해야 한다.

4.4.5.1 페놀(Phenol)

시료는 추출할 때까지 4 °C에서 냉장보관되어야 한다. 시료 채취 위치에서 시료 채취 용기를 채우고, 염소처리 된 시료의 경우 시료 1 L당 80 mg $Na_2S_2O_3$를 첨가한다.

4.4.5.2 벤지딘(Benzidine)

시료는 추출할 때까지 4 °C에서 냉장보관되어야 한다. 벤지딘(benzidine)과 다이클로로벤지딘(dichlorobenzidine)은 유리 염소 같은 물질에 의해 쉽게 산화되므로 염소처리된 폐수의 경우, 수집 즉시 시료 1 L당 80 mg $Na_2S_2O_3$를 첨가한다. 1,2-diphenylhydrazine이 있다면, 벤지딘의 재배열을 막기 위해 시료를 pH 4.0 ± pH 0.2가 되도록 적정한다.

모든 시료는 7일 안에 추출해야 하고, 추출물질을 공기 중에 노출시켰다면 7일 내에 분석을 완료해야 한다. 추출물질은 빛을 피해야 한다.

4.4.5.3 Phthalate ester

시료는 추출할 때까지 4 °C에서 냉장보관되어야 한다. 시료는 일주일 내에 추출해야 하고, 추출 후 40일 이내에 분석을 해야 한다.

4.4.5.4 Nitrosamine

시료는 추출할 때까지 4 °C에서 냉장보관되어야 한다. 잔류염소가 있다면, 시료 1 L당 80 mg $Na_2S_2O_3$를 첨가한다. Diphenylnitrosamine을 분석해야 한다면, 수산화 소듐 또는 황산을 이용해 pH 7~10으로 시료를 적정하여 분석한다. 산 혹은 염기의 첨가한 양을 기록한다. 시료는 7일 안에 추출해야 하고, 추출물질을 공기 중에 노출시켰다면 7일 내에 분석을 완료해야 한다. 추출물질은 어두운 곳에서 보관해야 한다.

4.4.5.5 유기염소계 농약과 polychlorinated biphenyl(PCB)

시료는 추출할 때까지 4 °C에서 냉장보관해야 한다. 시료 수집 후 72시간 내에 바로 추출되지 않았다면, 시료의 pH를 수산화 소듐 또는 황산을 이용해 pH 5 ~ 9의 범위까지 적정한다. 알드린(aldrine)을 분석할 때 잔류 염소가 있다면, 시료 1 L당 80 mg $Na_2S_2O_3$를 첨가한다. 황산을 이용해 pH 5 ~ 9로 맞추어 놓은 시료는 7일 안에 추출해야 하고, 추출물질을 공기 중에 노출시켰다면 7일 내에 분석을 완료해야 한다.

4.4.5.6 유기인계 농약(organophosphorus pesticide)

다이아지논, 파라티온 등 농약 분석을 위한 시료는 7일 안에 추출해야 하고, 추출물질을 공기 중에 노출시켰다면 7일 내에 분석을 완료해야 한다.

4.4.5.7 Nitroaromatics and isophorone

시료는 추출할 때까지 4 °C에서 냉장보관해야 한다. 시료는 7일 내에 추출해야 하고, 추출물질을 공기 중에 노출시켰다면 7일 내에 분석을 완료해야 한다.

4.4.5.8 다중핵 방향족 탄화수소(polynuclear aromatic hydrocarbons(PAHs))

시료는 추출할 때까지 4 °C에서 냉장보관해야 한다. PAH는 빛에 민감하기 때문에 시료, 추출물, 표준물질은 빛으로 인한 분해를 최소화하기 위해 알루미늄 호일로 감싼 병에 저장해야 한다. 시료를 병에 채우고, 잔류 염소가 있다면 시료 1 L당 80 mg $Na_2S_2O_3$를 첨가한다. 시료는 7일 안에 추출해야 하고, 추출물질을 공기 중에 노출시켰다면 7일 안에 분석을 완료해야 한다.

4.4.5.9 Haloether

시료는 추출할 때까지 4 °C에서 냉장보관해야 한다. 시료를 병에 채우고, 잔류 염소가 있다면, 시료 1 L당 80 mg $Na_2S_2O_3$를 첨가한다. 시료는 7일 안에 추출해야 하고, 추출물질을 공기 중에 노출시켰다면 7일 안에 분석을 완료해야 한다.

4.4.5.10 염소처리 된 탄화수소

시료는 추출할 때까지 4 °C에서 냉장보관해야 한다. 시료는 7일 안에 추출해야 하고, 추출물질을 공기 중에 노출시켰다면 7일 안에 분석을 완료해야 한다.

4.4.5.11 2,3,7,8-Tetrachlorodibenzo-p-dioxin

시료는 추출할 때까지 4 °C에서 냉장보관해야 한다. 시료를 병에 채우고, 잔류 염소가 있다면 시료 1 L당 80 mg $Na_2S_2O_3$를 첨가한다. 분석 전까지 시료를 빛으로부터 차단시켜야 한다. 시료는 7일 안에 추출해야 하고, 추출물질을 공기 중에 노출시켰다면 7일 안에 분석을 완료해야 한다.

4.4.5.12 Purgeable(퍼징물질)

시료는 분석할 때까지 4 °C에서 냉장보관해야 한다. 시료는 40 mL VOC 병에 수집하고 시료에 잔류 유리 염소가 포함되어 있다면, 시료를 채취하기 바로 전에 40 mL에 대하여 10 mg $Na_2S_2O_3$를 첨가한다.

벤젠, 톨루엔, 에틸벤젠 같은 방향족 화합물은 특정 환경조건에서 빠르게 생물학적 분해가 발생한다. 폐수의 경우, 이들 물질을 보존하기 위해 일주일 이상 냉장하는 것은 적절하지 못하다. 이러한 이유로, 분리된 시료를 수집하고 방향족을 분석하기 전에 50 % 염산을 사용해 pH 2가 되도록 적정한다. 시료 바이알에 $Na_2S_2O_3$를 첨가한 후 시료를 최소한 반 정도 채운 후 50 % 염산으로 pH 2 정도로 맞춘다. 마지막으로 시료를 채우고 봉한다. 시료는 수집 14일 이내에 분석해야 한다.

4.4.5.13 염기/중성, 산성, 농약

시료는 추출할 때까지 4 °C에서 냉장보관 되어야 하고, 빛을 차단시켜야 한다. 시료에 잔류 염소가 있다면, 시료 1 L당 80 mg $Na_2S_2O_3$를 첨가한다. 시료는 7일 안에 추출해야 하고, 추출물질을 공기 중에 노출시켰다면 7일 안에 분석을 완료해야 한다.

4.4.6 영양물질, BOD, COD, 비금속 무기물질, 물리적 성질 분석

이들 물질의 채취용기 종류 및 양, 보존 방법 등은 표 II-16에서 주어진 지시사항을 따른다. 일반적인 시료 수집 지시사항을 지키고, 실험실로 즉시 운반한다.

특히 클로로필 a(Chlorophyll a)는 시료를 수집한 후에 24시간 이내에 실험실에서 여과하고, 탄산마그네슘($MgCO_3$, magnesium carbonate)을 마지막 시료가 필터를 통과하는 동안 첨가하고, 여과 후에 여과지는 냉동시킨다. 여과는 진공 여과기로 실시한다.

4.4.7 미생물 분석

밀폐된 용기에 시료를 수집하고 분석 전에 혼합하기 위해 병에 공간을 남겨두고(최소한 2.5 cm), 혼합 전까지 시료를 밀봉한다. 뚜껑을 제거하고, 시료 채취 동안에는 용기의 뚜껑 및 용기 목 부분을 만지면 안 된다. 시료로 헹굼 없이 병을 채우고 즉시 뚜껑을 닫는다. 수돗물에서 시료를 채취할 때 뚜껑을 완전히 열고 물을 2~3분 가량 틀어 흘러 보낸 후 채취한다.

염소처리된 시료는 채취 후 밀폐하기 전 같은 병에 충분한 $Na_2S_2O_3$를 첨가한다. 120 mL 용기에 10 % $Na_2S_2O_3$ 0.1 mL를 첨가해야 한다.

미생물 시험을 위한 시료는 혼합해서는 안 되며 시료 채취 6시간 안에 실험실로 운반해야 한다. 보존시간은 6시간이다.

4.4.8 오일, 그리스 및 TRPHs

혼합 시료(composite sample)는 사용할 수 없다. 시료 채취 전에 현장에서 시료 용기를 헹구지 않는다. 오일, 그리스 및 TRPHs 시료는 수표면(water surface)에서 채취하지 않고, 잘 혼합된 위치(well-mixed area)에서 채취한다. 1 L 유리 용기에 시료를 수집하고 황산으로 pH 2 이하가 되도록 적정한 후, 냉장보관한다. 시료는 7일 안에 추출해야 하며, 추출 후 40일 내에 분석해야 한다.

4.5 수질 시료 보존 방법

수질 시료의 종류에 따른 시료 채취 용기 및 시료량, 보존 방법, 최대 보존 기간은 US EPA,[98] WHO,[99] 수질오염공정시험기준[100] 등에 잘 규정되어 있으며 그것을 정리하여 표 II-16에 나타내었다.

▶표 II-16◀ 수질 시료의 보존 방법과 보존 기간

시료(시험대상항목)	부피 mL	용기	보존 방법	보존 기간
물리적 성질				
색도	50	P, G	4 °C	48시간
전도도	100	P, G	4 °C	28일
경도	100	P, G	질산 이용 pH<2	6개월
냄새	200	G only	4 °C	24시간
pH(수소 이온 농도)	25	P, G	필요 없음	즉시 측정

98) US EPA, Handbook for sampling and sample preservation of water and wastewater, 1982
99) WHO, GEMS/water Operational Guide, 1987
100) 수질오염공정시험기준 ES 04130.1d

▶표 Ⅱ-16◀ 수질 시료의 보존 방법과 보존 기간(계속)

시료(시험대상항목)	부피 mL	용기	보존 방법	보존 기간
물리적 성질				
여과된 잔류물질	100	P, G	4 °C	48시간
여과되지 않은 잔류물질	100	P, G	4 °C	일주일
휘발성 잔류물질	100	P, G	4 °C	일주일
고정될 수 있는 물질	1000	P, G	4 °C	일주일
온도	1000	P, G	필요 없음	즉시 측정
탁도	100	P, G	4 °C	48시간
금속				
용해 금속1)	200	P, G	현장에서 여과. 질산(70 %m/V)으로 pH<2	6개월
suspended -	200	P, G	현장에서 여과. 질산(70 %m/V)으로 pH<2	6개월
Total -	100	P, G	질산(70 %m/V)으로 pH<2	6개월
6가 크로뮴	200	P, G	4 °C	24시간
비금속 무기물				
산성	100	P, G	4 °C	14일
알칼리성	100	P, G	4 °C	14일
브로민이온	100	P, G	필요 없음	28일
염화물	100	P, G	필요 없음	28일
염소	1000		필요 없음	즉시 측정
사이안화물	500	P, G	4 °C, NaOH (40 %m/V)로 pH>12	14일
플루오린화물	300	P	필요 없음	28일
아이오딘화물	100	P, G	4 °C	24시간
질소, 암모니아	400	P, G	4 °C, 황산 pH<2	28일
Kjeldahl	500	P, G	4 °C, 황산 pH<2	28일
질산염	100	P, G	4 °C	48시간
아질산염	50	P, G	4 °C	48시간
용존산소	300	G 병과 뚜껑	필요 없음	즉시 측정
Winkler	300	G 병과 뚜껑	현장에서 어두운 곳에 보관	8시간
녹아있는 phosphorus ortho-P	50	P, G	4 °C	48시간
Hydrolyzable	50	P, G	4 °C, 황산 pH<2	28일
실리카	50	P only	4 °C	28일

▶표 II-16◀ 수질 시료의 보존 방법과 보존 기간(계속)

시료(시험대상항목)	부피 mL	용기	보존 방법	보존 기간
황화물	500	P, G	4 °C, 2 mL zinc acetate + 2N NaOH(40 %m/V)로 pH>9	일주일
아황산염	100	P, G	필요 없음	즉시 측정
황산염	100	P, G	4 °C	28일
BOD	100	P, G	4 °C	48시간
COD	50	P, G	4 °C	28일
오일과 그리스	1000	G only	4 °C, 황산 pH<2	28일
유기 탄소	50	P, G, 갈색 G	4 °C, 황산 pH<2	28일
phenolics	500	G only	4 °C, 황산 pH<2	28일
계면활성제	500	P, G	4 °C	48시간
purgeable halocarbon	40	G, 테플론으로 감싼 격막	4 °C, 0.008 % $Na_2S_2O_3$	14일
유기물				
purgeable aromatic	40	G, 테플론으로 감싼 격막	4 °C, 0.008 % $Na_2S_2O_3$ 염산 pH<2	14일
acrolein과 acrylonitrile	40	G, 테플론으로 감싼 격막	4 °C, 0.008 % $Na_2S_2O_3$ pH 4~5	14일
페놀	1000	G, 테플론으로 감싼 격막	4 °C, 0.008 % $Na_2S_2O_3$	일주일내 추출. 추출 후 40일내 분석
phthalate esters	1000	G, 테플론으로 감싼 격막	4 °C, 0.008 % $Na_2S_2O_3$	일주일내 추출. 추출 후 40일내 분석
nitrosamine	1000	G, 테플론으로 감싼 격막	4 °C, 0.008 % $Na_2S_2O_3$	일주일내 추출. 추출 후 40일내 분석
PCB	1000	G, 테플론으로 감싼 격막	4 °C	일주일내 추출. 추출 후 40일내 분석
nitroaromatic과 isophorone	1000	G, 테플론으로 감싼 격막	4 °C 어두운 곳에 저장	일주일내 추출. 추출 후 40일내 분석
polynuclear aromatic hydrocarbon	1000	G, 테플론으로 감싼 격막	4 °C 어두운 곳에 저장	일주일내 추출. 추출 후 40일내 분석

▶표 II-16◀ 수질 시료의 보존 방법과 보존 기간(계속)

시료(시험대상항목)	부피 mL	용기	보존 방법	보존 기간
다이옥신	1000	G, 테플론으로 감싼 격막	4 °C, 0.008 % $Na_2S_2O_3$	일주일내 추출. 추출 후 40일내 분석
염소처리 된 탄화수소	1000	G, 테플론으로 감싼 격막	4 °C	일주일내 추출. 추출 후 40일내 분석
농약	1000	G, 테플론으로 감싼 격막	4 °C, pH 5~9	일주일내 추출. 추출 후 40일내 분석
토양, 침전물, 슬러지				
추출해야 하는 유기물	30	입구 넓은 G 테플론으로 감싼 격막	4 °C	가능하면 바로
휘발성 유기물	30	입구 넓은 G 테플론으로 감싼 격막	4 °C	가능하면 바로
금속	500	P	4 °C	6개월
fish sample	30	Al 호일로 싼 P	냉동	가능하면 바로
chemical waste	100	살균한 P, G	없음	가능하면 바로
박테리아	1000	P, G	4 °C, 0.008 % $Na_2S_2O_3$	6시간

1) 용해 금속(dissolved metal) : 알루미늄, 비소, 칼슘 같은 금속이 용해 형태로 있을 경우
P : 폴리에틸렌(polyethylene), G : 유리

▶표 II-17◀ 먹는물 시료의 보존 방법 및 보존 기간[101)]

시료(시험대상항목)	부피 mL	용기	보존 방법	보존 기간
석면	1000	P(G도 가능)	≤ 4 °C	48시간
생물학적 분석(총대장균군, 분원성 대장균군, *E. coli.* 등)	125 / 150	G(멸균)	< 10 °C (염소로 소독되었다면 Sodium Thiosulfate 첨가)	원수 : 8시간 음용수 : 30시간 coliphage 시료 : 48시간
생물학적 분석 (*Giardia, Cryptospordium*)	10000	P(멸균)	≤ 10 °C (염소로 소독되었다면 Sodium Thiosulfate 첨가)	96시간

101) US EPA, Quick Guide to Drinking Water Sample Collection, 2nd Edition, 2016

▶표 II-17◀ 먹는물 시료의 보존 방법 및 보존 기간(계속)

시료(시험대상항목)	부피 mL	용기	보존 방법	보존 기간
Acidity, Alkalinity, Bromate, Chloride, Chlorite, Color, Conductivity, Fluoride, Foaming Agents, Nitrate, Nitrite, Odor, o-Phosphate, Silica, Sulfate, Surfactants, Turbidity		P(G도 가능)	≤ 4 °C	가능한 한 빨리
Ammonia, TKN, 총인		P(G도 가능)	황산 첨가 후 pH 2 이하	28일
Cyanide		P(G도 가능)	– 염소로 소독되었다면 0.6 g Ascorbic Acid 첨가 – NaOH 첨가 후 pH 12 이상으로 하여 ≤ 4 °C에서 보관	14일
자유염소, 결합염소, 총 염소, 클로라민(비색법)		G(test tube)	없음	현장에서 즉시 측정
Monochloroacetic Acid, Dichloroacetic Acid, Trichloroacetic Acid, Monobromoacetic Acid, Dibromoacetic Acid		G	Ammonium Chloride 첨가 후 ≤ 4 °C, 어두운 곳에서 보관(동결 금지)	14일
Antimony, Arsenic, Barium, Beryllium, Cadmium, Calcium, Total chromium, Magnesium, Manganese, Mercury, Nickel, Selenium, Sodium, Silver, Thallium, Lead, Copper, Zinc	1000	P(G도 가능)	Nitric Acid(HNO_3) 첨가 후 pH 2 이하	6개월 (수은은 28일)
Gross Alpha, Gross Beta, Strontium-89, Strontium-90, Radium-226, Radium-228, Cesium-134, Iodine-131, Tritium, Uranium, Photon emitters		P(G도 가능)	HCl 또는 HNO_3 첨가 (Iodine-131, Tritium 제외. Cesium은 HCl만 사용)	6개월 (Iodine-131은 8일)

▶표 Ⅱ-17◀ 먹는물 시료의 보존 방법 및 보존 기간(계속)

시료(시험대상항목)	부피 mL	용기	보존 방법	보존 기간
Alachlor, Atrazine, PAHs, Carbofuran, Chlordane, 2,4-D, Dalapon, 1,2-Dibromo-3Chloropropane(DBCP), 2-ethylhexyladipate, 2-ethylhexylphthalate, Dinoseb, Endrin, Ethylene Dibromide, Heptachlor, Heptachlor Epoxide, Hexachlorobenzene, Hexachlorocyclopentadiene, Lindane, Methoxyxhlor, Oxamyl, Pentachlorophenol, PCBs, Simazine, Toxaphene, 2,4,5-TP, Diquat, Endothall, Glyphosate, Dioxine		G (병 뚜껑은 분석항목에 따라 요구조건이 다름)	시험 방법에 따른 후 ≤ 4 °C에서 보관(동결 금지)	시험 방법에 따름(대개 보관기간이 짧음)
TOC		G(P도 가능)	시험 방법에 따르나 일반적으로 다음과 같이 하기도 함. HCl 또는 H_2SO_4 또는 H_3PO_4를 가하여 pH를 2 이하로 한 후 ≤ 4 °C에서 보관(동결 금지)	28일
Bezene, Carbon Tetrachloride, o-Dichlorobenzene, p-Dichlorobenzene, 1,2-Dichloroethane, 1,1-Dichlocoethylene, Dichloromethane, Rthylbenzene, Monochlorobenzene, Styrene, Toluene, Vinyl Chloride, Xylene		G(뚜껑에 테플론 격막이 있는 휘발성 유기 화합물 분석용 갈색병)	시험 방법에 따르나 일반적으로 다음과 같이 하기도 함. 염소처리가 된 경우는 Sodium Thiosulfate 또는 Ascorbic Acid를 첨가하고 HCl을 가하여 pH를 2 이하로 한 후 ≤ 4 °C에서 보관(동결 금지)	14일

▶표 Ⅱ-17◀ 먹는물 시료의 보존 방법 및 보존 기간(계속)

시료(시험대상항목)	부피 mL	용기	보존 방법	보존 기간
total THMs		G(뚜껑에 테플론 격막이 있는 휘발성 유기 화합물 분석용 갈색병)	시험 방법에 따르나 일반적으로 다음과 같이 하기도 함. 염소처리가 된 경우는 Sodium Thiosulfate 또는 Ascorbic Acid를 첨가하고 HCl을 가하여 pH를 2 이하로 한 후 ≤ 4 °C에서 보관(동결 금지)	14일

시료를 현장에서 보존하려 할 때, 다음 사항을 지켜야 한다.

- 보존제(preservative)는 각각의 시료 용기에 피펫을 사용하여 첨가한다.
- 보존제는 시약 등급이나 더 높은 등급의 것을 사용한다.
- 보존제 첨가 후, 잘 섞고 pH 값을 확인한다.
- 첨가한 보존제와 같은 양만큼의 보존제를 모든 바탕시료를 첨가한다.
- 산성 보존제(acid preservative)는 시료 개봉 후에 산성 연기 혹은 독성 가스가 발생하는 것을 막기 위해 환기가 잘되는 곳에서 개봉한다. 특이한 반응은 현장 문서에 기입한다.
- 산이 튀거나 쏟아지지 않도록 유의하고, 쏟는 즉시 닦고 충분한 양의 물을 뿌린다.
- 모든 화학물질은 따로 분리해서 저장한다. 산은 산 전용 보관함에, 용매는 용매 전용 보관함에 보관한다.

보존제를 작은 바이알에 담아 잘 봉한 후 플라스틱 가방에 넣어 공급해야 한다. 보존제가 첨가된 바이알에는 보존제 종류와 양, 보존제 유효기간, 시료군(batch) 번호와 필요한 경우 위험 경고에 대한 정보가 라벨로 적혀 있어야 한다.

5 토양 시료 채취

토양 시료 채취의 목적은 토양의 대표적인 성질을 파악하는 데 있다. 시료는 자연적으로 식물이 죽어 있거나 시들어있거나 또는 화학물질로 오염된 곳에서 채취한다.

5.1 시료 채취 계획의 수립

시료 채취 계획 수립에 있어서 가장 먼저 할 일은 조사대상 지역의 선정과 시료의 채취 방법이다. 예를 들어 광화된 지역(마그마가 엉기어 굳을 때 나오는 고온의 기체가 다른 암석에 작용하여 보통 돌이 유용한 광석으로 된 지역)의 지질학적 원인에 의한 자연적 오염원(natural source)의 조사와 인간의 활동에 의한 인위적 오염원(anthropogenic source)을 조사하고자 한다면 계획적이고 체계적인 조사지점의 선정과 시료 채취 작업이 선행되지 않은 경우에는 시료 채취 이후의 분석 작업, 자료처리 및 결과의 해석에 치명적인 오류가 발생된다. 그러므로 처음부터 그 목적에 맞는 면밀한 계획수립이 필요하다.

토양 시료를 채취하기 위한 기본적인 계획에서는 조사목적, 조사지역의 규모, 지형, 지질, 기후 등에 따라 다를 수 있지만 표 II-18에 제시된 고려사항을 준수하여 시료 채취 계획을 수립하는 것이 바람직하다. 즉, 토양을 활용한 자원의 탐사에서는 광화지역과 비광화지역의 지구화학적 대비(geochemical contrast)가 크도록 시료 채취 위치를 선정하고, 탐사의 지침이 되는 지시원소(指示元素, 특정원소가 특정 광상의 존재를 나타내는 일이 있는데, 이것을 지시원소라 함)를 선정하고, 잔류토양인지 이동토양인지를 구분하여 채취해야 한다. 또한 광화작용 또는 인위적 활동에 의해 오염된 토양의 조사에서는 오염원의 위치에서 지형과 지질 등을 고려하여 오염원의 분산 상태 및 분포특성을 잘 반영할

▶표 II-18◀ 토양 시료 채취 계획에서 고려해야 할 사항들

자원탐사에서 고려해야 할 사항	환경오염조사에서 고려해야 할 사항
1) 광화지역과 비광화지역을 포함시켜 지구화학적 대비(geochemical contrast)가 크도록 한다. 2) 탐사의 지침이 되고 분산 정도가 넓은 지시원소를 선정한다. 3) 잔류토양인지 이동토양인지를 확인하고 그 이동 정도를 조사한다(주변의 지형, 지질, 배수, 식물상 분포, 암석의 종류 등을 관찰). 4) 시료 채취를 위한 적정 심도 및 최대 심도 등을 결정한다. 5) 적절한 분석법을 선정한다. 6) 광화지역의 규모, 품위 및 분산을 유추할 수 있도록 격자상 또는 선형상으로 시료 채취 위치를 선정한다.	1) 오염지역과 비오염지역을 포함시켜 오염의 수준을 평가할 수 있도록 한다. 2) 오염지역에서 발생될 수 있는 유독성 원소들을 선정한다. 3) 오염된 토양의 분산이 가능한 지형과 분포형태를 고찰한다(주변의 지형, 지질, 배수, 식물상 분포, 암석의 종류 등을 관찰). 4) 시료 채취를 위한 적정 심도 및 최대 심도 등을 결정한다. 5) 주변 식생 및 수계의 오염영향을 조사한다. 6) 주민들의 건강 상태, 환경문제에 대한 설문조사 또는 상담을 한다.

수 있도록 계획을 세우는 것이 좋다. 그리고 두 경우 모두 토양의 특성을 잘 반영할 수 있는 지점을 선정하는 것이 중요하다. 또한, 지형에 따라 토양층의 발달이 좋은 곳이 있고 그렇지 못한 곳이 있으므로 이들을 고려한 시료 채취계획을 수립해야 한다.

시료를 채취하기 전에는 채취 당시의 상황을 정확하게 기록해 두어야 이후의 과정에서 유용한 자료로 활용될 수 있다. 이러한 계획에서 채취물질에 대한 정보, 지형에 대한 정보 및 토양심도에 따른 정보 등을 고려해야 한다.

5.2 일반적인 토양 시료 채취 방법

토양 시료를 채취할 때의 일반적 절차와 방법은 아래와 같다.

- 천연 라텍스 고무장갑을 착용한다.
- 적절한 시료 채취 장비를 선택한다.
- 필요한 분석항목에 적절한 시료 용기를 선택한다.
- 토양 시료를 채취하여 시료의 일부분을 덜어 사용한다.
- VOC 분석의 경우, 덜어낸 부분을 즉시 40 mL 유리 바이알로 옮긴다.
- 다른 분석의 경우, 스테인리스강 판에서 채취한 토양을 섞고, 적절한 시료 용기로 옮긴다.
- 시료 용기 외벽에 라벨을 부착하며, 인수인계 양식과 현장기록부를 작성한다.
- 플라스틱 가방에 시료 용기를 옮기고, 운반을 위해 아이스박스에 넣는다.
- 시료를 넓은 지역으로부터 수집할 때, 시료 수를 줄이기 위해 토양 시료를 혼합한다. 혼합시료를 조제할 경우, 스테인리스강이나 유리 용기를 사용한다. 혼합할 시료의 근원(source)과 시료 크기는 현장기록부에 문서화하고, VOC 분석을 하고자 하는 토양 시료는 절대 혼합하면 안 된다.

5.2.1 지표 토양 시료 채취

유기 물질에 대한 시료 채취기 재질은 스테인리스강이 좋다. 스테인리스강으로 된 스푼을 사용하여 시료를 채취한다.

먼저 시료 채취 지점을 선정하고 부삽을 이용하여 토양을 채취한 후 표면의 잡초, 유기물 등의 이물질을 제거한다. 시료의 양은 조사의 목적에 따라 다르지만 보통 0.5 kg ~ 1.0 kg이면 충분하다.

토양 시료 채취에 있어 고려해야 될 사항은 토양 자체는 불균일하기 때문에 한 지점에서만 채집하면 편향된 결과를 얻을 수 있다는 것이다. 그러므로 이를 보완하기 위하여 중간지점과 약 5 m 거리로 동서남북 각 방향에서 시료를 채취하여 총 5개의 부시료(sub-sample)를 하나의 혼합시료(composite sample)로 하는 방법을 이용한다. 또한 한 지점에서 밭 전(田)자 모양을 가상하여 각각 2 m ~ 5 m의 간격으로 총 9개의 부시료를 채취하여 대표 시료가 되도록 하는 방법도 이용된다.

5.2.1.1 얕은 지표 밑 토양 시료 채취

얕은 지표 밑의 토양 시료를 얻기 위해 스테인리스강 삽으로 구멍을 파거나 굴착용 나사(auger)를 사용한다. 어떤 토양은 응집력이 약해서, 구멍을 파낼 경우 무너지는 경우가 있다. 이러한 문제를 막기 위해 구멍에 PVC 지지체를 삽입시킨다. 시료를 수집한 후에 PVC 지지체를 제거하고 구멍을 다시 채운다. 그림 II-22은 굴착용 나사(auger)를 나타내고 있다.

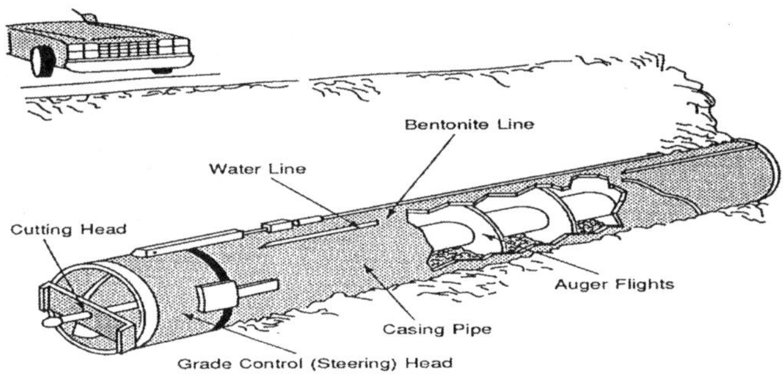

▶그림 II-22◀ 굴착용 나사(Auger)

5.2.1.2 깊은 지표 밑 토양 시료 채취

더 깊은 토양 시료는 토양 표면 아래 460 cm 이상 구멍을 파서 채취한다. 바위나 단단한 토양일 경우 시료 채취 장비 머리 부분에 작은 다이아몬드를 가지고 있어 단단한 지표를 뚫을 수 있어야 한다.

5.2.2 침전물(퇴적물) 시료 수집

5.2.2.1 침전물 시료 채취

침전물 시료 채취에 사용되는 방법과 장비는 원하는 침전물에 따라 다르다. 또한 침전물의 정량 측정을 위한 시료 채취 방법은 정성을 위한 측정과의 시료 채취 방법과 다르다. 그 이유는 침전물의 양은 깊이에 따라 다르게 분포되어 있는 모래의 크기에 따라 다르지만, 정성을 위한 것은 깊이와 상관없는 슬릿과 진흙을 포함하기 때문이다.

바다 침전물의 경우, 침전물의 수직적 분포가 매우 중요하기 때문에 침전물 표면에 있는 미세한 물질의 손실을 최소화하여 수집해야 한다. 깊은 물에서는 grab sampler 혹은 corer(core sampler)를 사용하고, 얕은 물은 약주걱(spatular)을 사용한다.

5.2.2.2 장비

침전물 시료는 지표수 시료의 한 부분으로서 채취한다. 모든 지표수 시료는 침전물 수집 전에 채취한다. 침전물 시료 채취에 사용하는 장비는 시료 채취 위치, 물의 깊이, 침전물 입자 크기, 점성, 분석물질에 따라 다르다.

- 대형 삽
  대형 삽은 수심이 얕은 호안에서 시료를 채취할 때 유용하다. 보트 혹은 호안으로부터 시료를 채취할 때, 대형 삽에 막대기를 부착하여 사용한다.
- 코어 샘플러
  코어 샘플러(core sampler)는 실트(silt), 점토 등의 부드러운 침전물을 채취할 때 사용한다. 침전물 속에 코어 샘플러를 집어넣고 돌려 채취한다.
- Ponar dredge sampler
  모래, 자갈, 진흙 속의 생물체를 시료 채취하는 데 널리 이용된다. 이 자가 운반 시료 채취(self-tripping sampler)의 특징은 삽(jaw)과 그것을 고정시켜주는 핀이 있어 시료 채취기가 바닥에 닿으면 핀을 풀어 시료를 채취한다.
- 기타 장비
  가장 많이 사용하는 장비는 Peterson, Ekman, Ponar 시료 채취기가 있다. Peterson과 Ponar는 단단한 암석 침전물에 적당하고, Ekman은 모래, 슬릿, 진흙 침전물에 사용한다.

5.2.3 침전물 시료의 보관

실험실로 운반된 침전물 시료는 단단하게 마개된 통에 보관하여 이후에 있을 분석에 대비해야 한다. 영양염류나 미량의 중금속 등을 분석하기 위해서는 폴리에틸렌(PE) 또는 폴리스타이렌(PS) 통에 보관하는 것이 적절하며, 1회용 플라스틱 제품은 이러한 물질의 분석을 위한 보관 용기로는 적절하지 않을 때도 있다.

다음 표에 분석물질별 보관용기와 보관온도 및 보관기간을 추천하고 있다.

▶표 II-19◀ 퇴적물 시료의 보관 용기 및 기간

분석항목	보관 용기	보관 온도	보관 기간
영양염	PE, PS	−20 °C	1개월
미량 금속	PE, PS	−20 °C	1년
미량 유기물질	Glass	−20 °C	1~6개월
210Pb	PE, PS	−20 °C	1년
Redox	PE, PS	즉시 분석	−
137Cs	PE, PS	−20 °C	6개월
유기 탄소	PE, PS	−20 °C	6개월
입자 크기	PE, PS	+4 °C	−

PE : polyethylene, PS : polystyrene

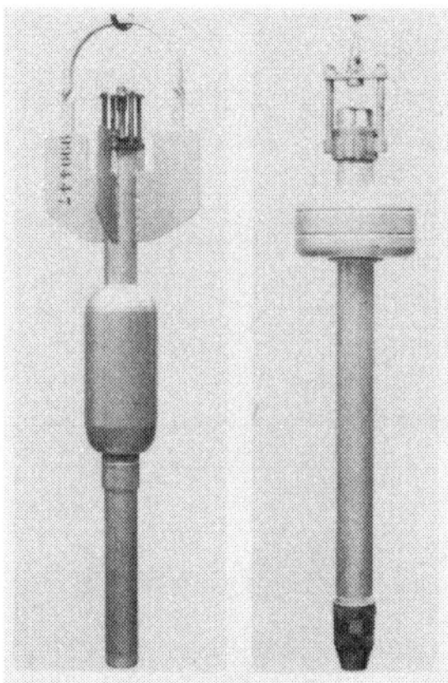

▶그림 II-23◀ Core sampler

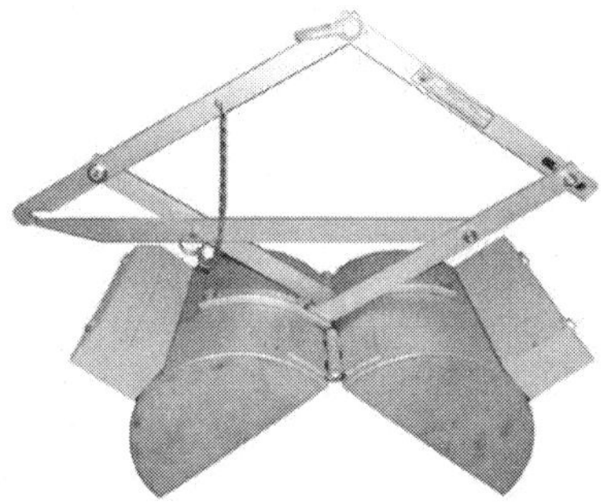

▶그림 II-24◀ Peterson sampler

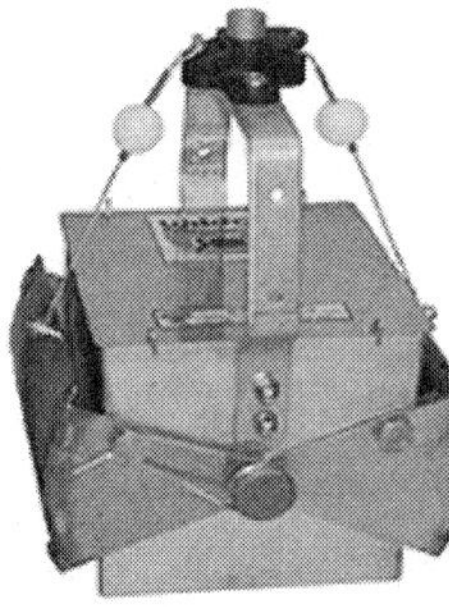

▶그림 II-25◀ Ekman sampler

▶그림 II-26◀ Ponar sampler

5.2.4 토양 및 침전물 시료의 건조, 분쇄 및 체질

실험실로 운반된 토양 시료는 보통 수 % ~ 수십 %의 수분을 함유하고 있으므로 분석을 위해 건조시킨다. 종이봉투에 담긴 토양은 봉투의 상부 부분을 개봉하여 건조시키며, 폴리에틸렌봉지에 담긴 토양은 개봉하여 고르게 펼쳐서 건조시킨다.

건조 방법은 건조기를 이용하는 방법과 자연건조 방법이 이용된다. 건조기를 이용하여 건조하는 경우에는 보통 50 °C ~ 70 °C에서 건조시키며 대부분 72시간이면 완전히 건조된다. 그러나 비소, 수은 등과 같이 휘발성이 강한 원소는 60 °C 정도에서 휘발이 될 수 있으므로 30 °C ~ 40 °C 정도의 저온에서 5일 이상 건조시킨다. 자연건조는 실험실에서 건조시키는 방법으로써 상온(20 °C ~ 25 °C)에서 10일 이내에 완전 건조되며, 가끔씩 시료를 섞어주어 빨리 건조되도록 한다. 물론 자연건조에서는 지나친 통풍에 의해 오염물질이 유입되지 않도록 조심한다.

현장에서 채취한 토양 시료에는 자갈, 모래, 실트 및 점토들이 혼합되어 있으며, 보통 토양이라고 하면 자갈을 제외한 2 mm 이하의 입도를 갖는 것이다. 그러므로 건조단계를 거친 시료에서 순수한 토양입자를 얻기 위해서는 표준망체를 이용하여 체질을 한다. 주로 토양의 물성을 측정하기 위해서는 2 mm 이하의 토양입자를 이용하므로 10 mesh 정도의 체를 이용하여 체질을 한다. 그리고 화학분석에 사용되는 토양은 10 mesh, 80 mesh, 100 mesh, 200 mesh 등 다양한 입도를 이용하여 목적에 맞게 체질을 한다. 표 II-20은 미국시험재료협회(ASTM, American Society for Testing Materials)에서 제시한 표준망체(standard sieve)의 번호와 구멍의 길이(aperture, μm)를 정리한 것이다.[102] 특별한 경우를 제외하면 대부분의 토양은 입도가 작을수록 단면적 상승효과에 의해 원소들의 함량이 증가하는 경향을 보이므로 국제적으로는 주로 70 mesh ~ 80 mesh(<180 μm)이하의 입도를 갖는 토양을 화학분석에 이용한다. 그러나 금속들이 모래질 입자에 흡착되어 있거나 물에 의해 풍화된 금속의 경우는 80 mesh를 이용하는 것이 좋으며, 미립자의 점토 또는 실트 토양에 흡착된 금속의 경우는 200 mesh에 가까운 표준망체를 이용하기도 한다.

또한 조사의 목적에 따라 10 mesh의 토양을 이용하기도 하며, 우리나라의 토양오염공정시험기준에서도 10 mesh의 토양을 0.1 N HCl(Cd, Cu, Pb) 또는 1 N HCl(As)로 추출하는 방법을 사용하고 있다. 그러나 입도의 차이가 크거나 밀도가 높은 입자의 혼입에 의해 시료 채취량에 차이가 생길 수 있는 경우에는 막자사발과 막자를 이용해서 분쇄하

102) ASTM C136 / C136M - 14, Standard Test Method for Sieve Analysis of Fine and Coarse Aggregates, 2014

여 100 mesh(<150 μm) 체를 통과한 시료를 화학분석에 이용하기도 한다.

▶표 II-20◀ ASTM에 의한 표준망체 규격

표준망체 번호	구멍의 길이(μm)	표준망체 번호	구멍의 길이(μm)
10	2,000	80	180
18	1,000	100	150
20	850	120	125
40	450	140	106
45	355	170	90
50	300	200	75
60	250	230	63
70	212	270	53

시료의 분쇄와 체질의 과정에서 발생되는 이물질의 혼입을 방지하기 위하여 각 시료의 처리는 가능한 한 오염물질이 유입되지 않도록 해야 한다. 보통 토양 시료의 분쇄는 막자사발 및 막자를 이용하지만 경우에 따라 아게이트(agate), 텅스텐-카바이드 볼밀(ball-mill), 크로뮴 강(steel), 디스크밀(disk-mill) 등을 이용하기도 한다. 그리고 표준망체의 주요 재질인 놋쇠 또는 스테인리스강으로부터의 오염을 방지하기 위하여 나일론을 이용하지만, 분석 결과에서 알루미늄 함량이 중요하지 않을 때는 알루미늄으로 제작된 표준망체를 사용하기도 한다.

6 위해성 폐기물 시료 채취

6.1 시료 채취 계획의 수립

위해성 폐기물이 누설될 경우 지하수의 많은 양이 오염되므로 위해성 폐기물의 대표 시료를 채취하기 위해 시료 채취 계획이 필요하다. 이 계획은 채취해야 할 시료 수와 시료 손상을 최소화하는 방법에 대해 생각해야 한다. 위해성 물질은 기체, 액체, 고체, 점토, 슬러지 형태일 수 있다. 시료를 채취하는 동안 성질이 변하지 않도록 해야 한다. 예를 들어 고체상에 VOC가 포함되어 있다면 시료를 용기에 넣자마자 닫는다. 휘발성 유기물은 용기의 맨 위에 가스 공간으로 이동하게 되고, 시료를 용기에서 옮길 때 VOC의 일부분을 손실하게 된다. 그리고 빛이나 온도로 인한 시료의 반응은 위해성 폐기물 시료 채취 동안에 매우 심각하게 고려해야 하는 부분이다.

6.1.1 위해성 폐기물 시료 수집 시 안전사항

시료 채취자는 이 시료가 위해성 물질임을 알아야 하고, 특별히 조심해서 다루어야 한다. 채취한 물질은 가연성, 독성 혹은 반응성이 매우 높을 수 있으므로 폐기물에 대한 정보와 알맞은 안전 주의사항을 지켜야 한다.

채취할 물질에 대해 전혀 알지 못할 경우 보호 장비 즉, 보호 장갑, 마스크, 안전모를 착용한다.

가연성과 타기 쉬운 물질일 경우 면적이 좁은 곳은 소화기를 이용하고, 많은 양의 물질이 있다면 소방차가 대기해 있어야 한다.

높은 증기압이나 낮은 발화점을 가진 가연성 물질의 시료 채취 시에는 모든 장비가 땅에 있어야 하고, 발화시킬 수 있는 모든 원인을 제거해야 한다.

폭발성, 휘발성, 혹은 독성 물질을 다룰 경우, 시료 채취 전에 그 지역의 위해성을 시료 채취자들에게 알려야 한다. 시료를 채취하는 동안 담배를 피거나 음식을 섭취해서는 안 된다. 위해성 물질을 채취할 때, 특별한 안전 의복, 신발, 모자를 착용해야 하고 시료 채취 후에는 착용한 안전장구를 폐기한다. 석면과 같은 시료를 채취한 시료 채취자는 항상 손과 노출된 부분을 씻어야 한다.

6.2 일반적 조사지점의 선정

6.2.1 무작위 시료 채취(random sampling)

시료의 정확성과 대표성을 얻기 위해 무작위 시료 채취가 필요하다. 위해성 물질 시료 채취에 적용이 되는 무작위 시료 채취는 크게 3가지가 있다.

- 단순 무작위 시료 채취 : 적절한 수의 시료를 무작위로 선택할 때
- 층화 무작위 시료 채취(stratified random sampling) : 층들을 확인하고 각각의 층 안에서 단순 시료 채취를 할 때
- 시스템 무작위 시료 채취(systematic random sampling) : 첫 번째 시료는 무작위로 선택하고 그 뒤 시료는 고정된 시간이나 공간 간격을 선택할 때. 예를 들어 폐기물 장소를 1,000개의 정사각형으로 나눈 후, 첫 번째 시료 채취 장소를 무작위로 선택하고, 그런 후 10번째, 15번째, 20번째 등등 정사각형마다 시료 채취를 하는 것

다양한 시료 채취 계획은 폐기물 현장의 크기와 위치에 따라 다르다. 폐기물은 용기, 배럴, 탱크, 개펄, 연못, 호수, 파이프를 통해서 조재할 수 있다. 폐기물이 몇 개의 용기에 있다면 그 용기를 시료 채취 한다. 용기 또한 무작위로 선택할 수 있다.

- 3차원 시료 무작위 시료 채취 : 지표를 격자모양으로 나누고, 시료 채취 지점을 무작위로 선택한다. 매립지와 개펄은 종종 이 방법에 의해 시료를 채취한다.
- 2차원 시료 무작위 시료 채취 : 지표에서 선택된 시료 채취 지점을 수직관(vertical column)의 전체 깊이에 따라 시료를 채취한다.

6.3 일반적 시료 채취 장비

6.3.1 시료 채취 장비 및 채취 방법

폐기물 시료 채취에 사용하는 장비는 coliwasa, weighted bottle sampler, thief sampler, sampling trier가 있으며, 액체와 고체 폐기물 시료 채취 시에 사용한다.

- Coliwasa

  자유롭게 흐르는 액체와 슬러리를 채취할 때 사용한다. Coliwasa는 유리, 플라스틱 혹은 금속 튜브로 되어 있고, 끝부분에 개폐장치가 있어 열고 닫을 수 있다. 폐기물 아래로 집어넣을 때는 개폐장치를 열어 튜브에 폐기물을 채우고 꺼낼 때는 뚜껑을 닫는다.
- Trier

  고체 혹은 부드러운 토양에서 사용하고 trier는 튜브로 끝이 예리하게 세로로 잘려 있어 고체 시료를 자를 수 있다. 깨끗한 trier에 폐기물 시료를 채취한 후, 시료를 용기에 옮긴다.
- Sampling Thief

  벌크한 물질, 입자 물질에 유용하다. Sampling Thief는 튜브 중심에 2개의 구멍이 있고, 구리나 스테인리스강으로 만들어졌다. 시료 채취를 하기 위해서는 위의 손잡이 부분을 잡아당기면 튜브 중심의 구멍이 열리고 여기에 시료를 집어넣고 용기를 흔들어주면 용기 안으로 시료가 집어넣고 닫은 후 튜브를 제거하면 시료가 용기로 옮겨진다.
- Auger

  Auger는 단단한 금속 칼럼(column)에 부착되어 있는 예리한 나선모양의 칼날이 있어 단단하고 쌓여 있는 폐기물과 고체 시료 채취에 유용하다. Auger를 원하는 시료 채취 깊이까지 삽입하고, 빼내어 시료를 채취한다.

- Weighed bottle

  Weighed bottle은 액체와 흐름이 자유로운 슬러리 시료 채취에 사용된다. Sinker, stopper, 아래위로 움직이는 데 사용되는 줄로 된 유리병 혹은 플라스틱 병이다. 병마개를 열고 시료 안으로 병을 내려 시료가 완전히 채워지게 한 후 올린다.

- Dipper

  Dipper는 액체와 흐름이 자유로운 슬러리 시료 채취에 사용된다. 긴 막대기 끝에 비커가 있는 것으로 시료를 채운 후 들어올리고, 시료용기에 시료를 옮긴다.

- 삽

  입자 혹은 파우더 형태의 물질을 시료 채취할 때 사용하는 것으로, 시료 채취 장비와 용기의 재질이 폐기물 시료와 반응하는 것을 사용하면 안 된다.

플라스틱은 유기물질에 사용하면 안 되고, 금속 장비는 산성 폐기물 혹은 염기성 폐기물 시료 채취에 사용하면 안 된다. 유리는 어떤 반응이나 오염을 피하기에 가장 좋으나 시료에 플루오르화수소(HF) 혹은 플루오르가 포함되어 있다면 사용해서는 안 된다. 테플론은 미량 유기 분석용 시료 채취에 사용하는 것이 좋다.

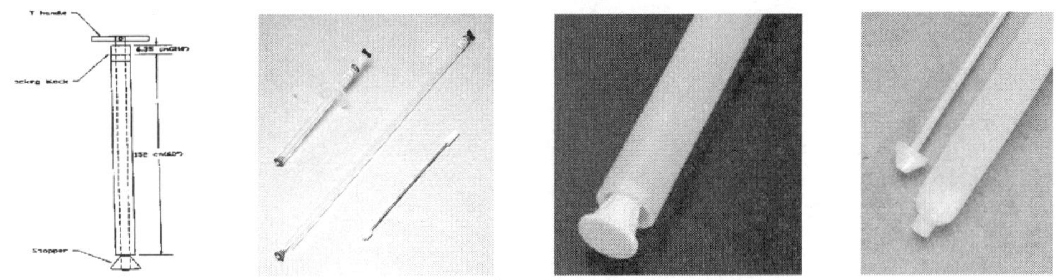

▶그림 II-27◀ Coliwasa

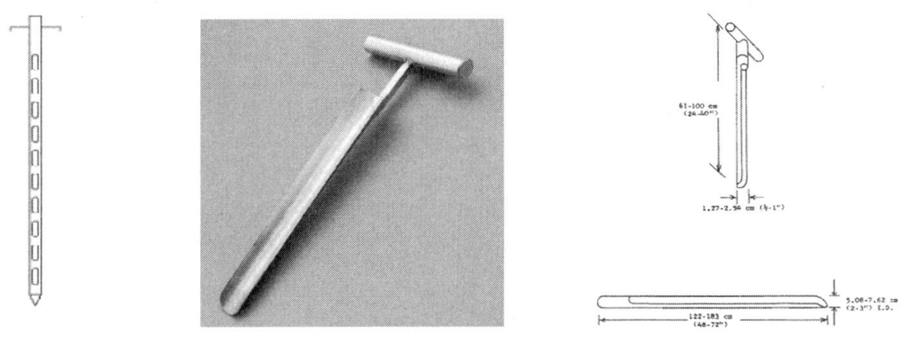

▶그림 II-28◀ Trier

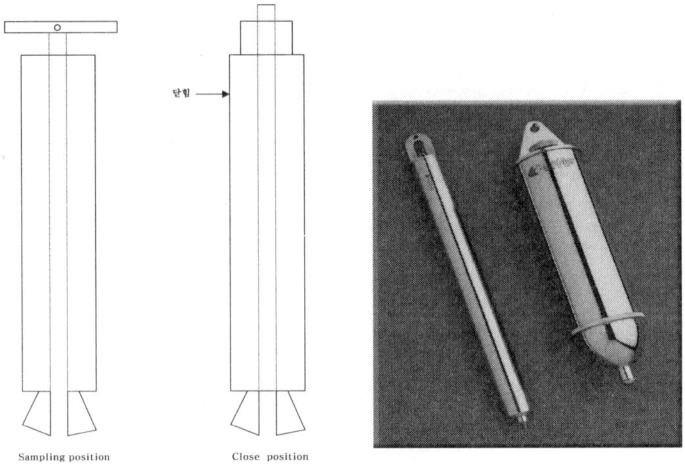

▶그림 II-29◀ Sampling Thief

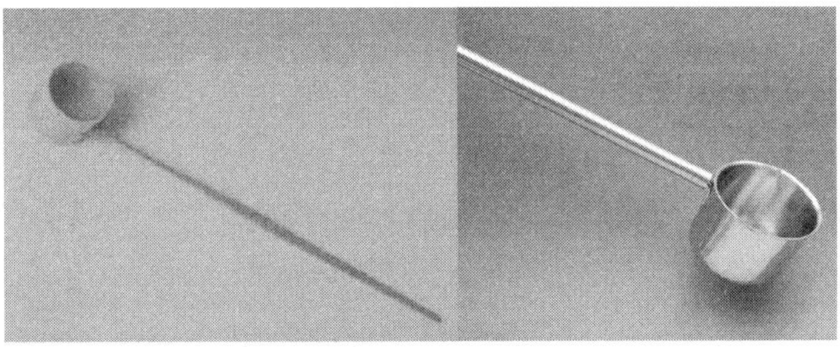

▶그림 II-30◀ Dipper

6.4 유해성 물질 포장과 라벨링

- 인화성 물질 : 빨간색 바탕에 불꽃 표시를 한다.
- 산화성 물질 : 노란색 바탕에 알파벳 “O”를 적고, 불꽃 표시를 한다.
- 독성 물질 : 흰색 바탕에 두개골과 뼈를 엇갈리게 한 기호를 표시한다.
- 폭발성 물질 : 오렌지 바탕에 폭파 모양을 표시한다.
- 부식성 물질 : 손이나 벽돌 혹은 다른 물질을 시험관과 함께 그리고, 흰색과 검은색 라벨에 “부식”이라고 적는다.
- 생물의학 물질 : 감염성 물질
- 고압가스 : 초록색 바탕에 흰색 또는 검은색 실린더를 표시한다.

「화학물질의 분류·표지에 관한 세계 조화 시스템(GHS, Globally Harmonized System

of Classification and Labelling of Chemicals)」에서 규정된 유해화학물질 그림문자와 「유엔 위험물 운송에 관한 권고, 모델규칙(UN Recommendations on the Transport of Dangerous Goods, Model Regulations)」에서 규정된 유해화학물질 운송에 관한 그림문자를 나타내었다. 또한, 화학물질 보관용기에 사용되는 GHS 라벨링에 필요한 표지요소로는 화학물질의 명칭, GHS 그림문자, 신호어, 유해위험문구, 예방조치문구, 응급조치요령, 공급자 정보 등이 있다.

▶그림 II-31◀ GHS 유해화학물질 그림문자

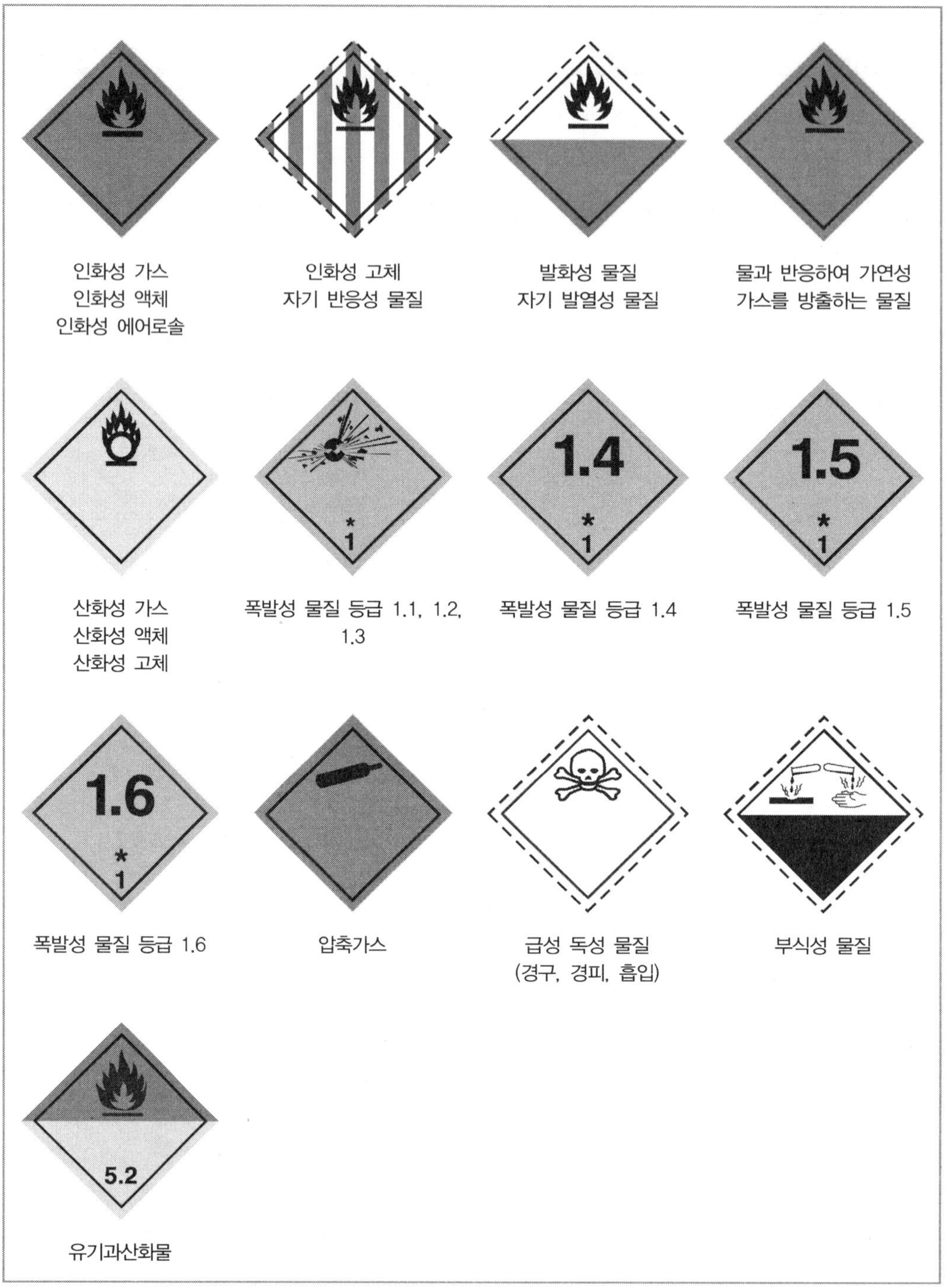

▶그림 II-32◀ 유해화학물질 운송에 관한 그림문자

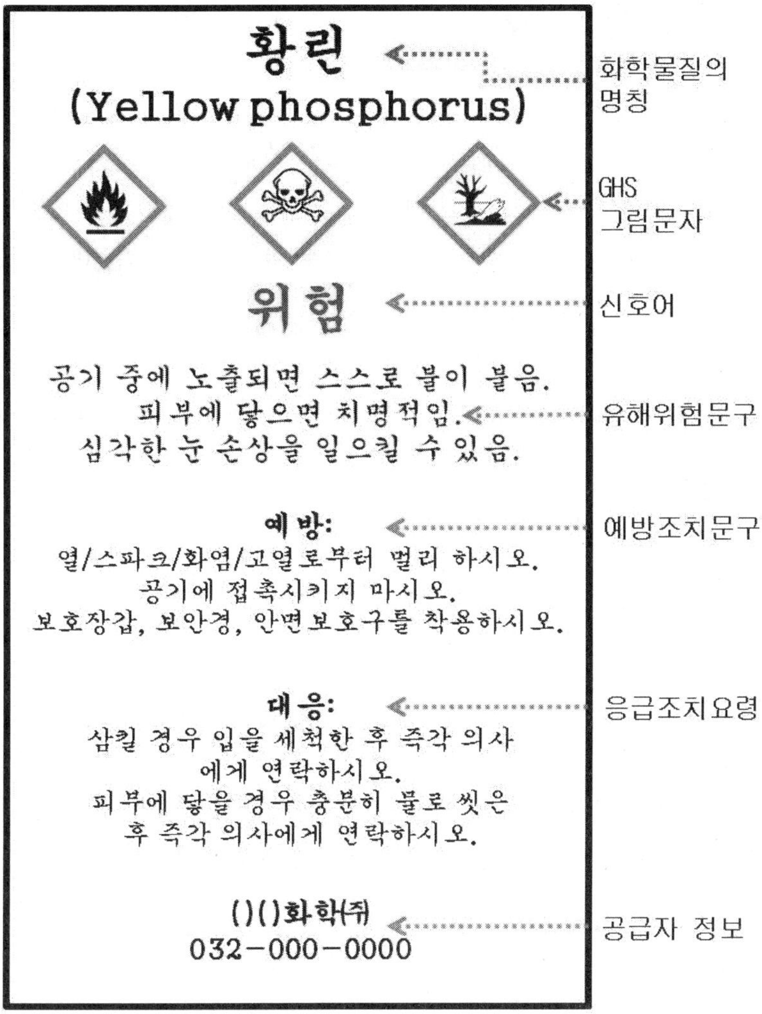

▸그림 II-33◂ 화학물질 라벨링 작업에 포함되는 구성요소

6.5 위해성 폐기물 검증

실험실에서 위해성 폐기물을 확인하기 위해 시료는 보존제를 첨가하지 않고 수집해야 한다. 확인절차는 다음 실험실 시험을 기본으로 한다.

6.5.1 부식성

부식성은 일반적으로 금속 디스크의 표면을 얼마나 부식시키는지 측정한다. 부식성이 강한 물질은 일반적으로 pH가 매우 낮거나 높아 부식 범위는 pH 2 이하거나 12 이상이다. 부식성 폐기물은 용기를 파괴하고, 토양과 지하수를 오염시키거나 다른 물질과 반응해 독성 가스를 배출하며 인간의 세포조직과 수중 생물에 위험을 끼치게 된다.

6.5.2 반응성

반응성은 폐기물의 사이안(cyanide) 및 그 화합물과 황의 함량을 조사하면 된다. 시료는 탄산가스 유입(aeration)이 최소화되도록 수집해야 한다. 시료 수집 시 시료병을 완전히 채우고 뚜껑을 닫는다. 시료는 분석 전까지 시원하고 어두운 곳에 보관하고, 가능한 한 즉시 분석한다. 사이안(cyanide) 및 그 화합물과 황의 양에 따라 위해성 폐기물로 지정된다.

6.5.3 인화성 혹은 가연성

발화점을 측정한다. 인화성 폐기물은 발화점이 60 °C 이하인 물질을 말한다.

6.5.4 독성

지하수로 유출되었거나 물 또는 공기와 접촉하였을 때, 폐기물의 영향을 측정한다. 침출수 시험의 기본 개념은 현장의 조건을 가정하는 것이다. 침출액 시험의 가장 일반적인 방법은 추출 과정 독성 시험(EP Toxicity, extraction procedure toxicity test)과 독성 특성 침출액 절차(TCLP, toxicity characteristic leachate procedure)이다.

EP 독성 시험은 24시간 동안 추출한 후에, 그 추출물을 0.45 μm 멤브레인 필터(membrane filter)로 여과하고 그 여과액의 독성 중금속(비소, 바륨, 카드뮴, 납, 수은, 셀레늄, 은), 살충제(엔드린, 린데인, 톡사펜, 메톡시클로)와 제초제(2,4-D와 2,4,5-T)를 분석한다. 최대 오염수준(MCL, maximum contaminant level)은 수질 기준의 약 100배 이상이다.

TCLP 시험은 EP 독성 시험 물질에 38개의 유기 물질이 추가된 것으로 폐기물에 있는 오염물질의 이동경로를 조사하기 위한 것이다. TCLP 시험대상 오염물질은 다음과 같다.

아크릴로나이트릴(Acrylnitrile), 아이소뷰틸 알코올(2-methyl propanol), 비소, 납, 베릴륨, 린단, 벤젠, 수은, Bis(2-chloroethyl)ether, 메톡시클로, 카드뮴, 염화 메틸렌, 이황화 탄소, 에틸 메틸 케톤, 테트라클로로메테인, 나이트로벤젠, 클로르단, 펜타클로로페놀, 클로로벤젠, 피리딘, 클로로폼, 셀레늄, 크로뮴, 은, σ-크레솔, 1,1,1,2-테트라클로로에테인, m-크레솔, 1,1,2,2-테트라클로로에테인, ρ-크레솔, 테트라클로로에틸렌, 2,4 D, 2,3,4,6-테트라클로로페놀, 1,2-다이클로로벤젠, 톨루엔, 1,4-다이클로로벤젠, 톡사펜, 1,2-

다이클로로에테인, 1,1,1-트라이클로로에테인, 1,1-다이클로로에틸렌, 1,1,2-트라이클로로에테인, 2,4-다이나이트로톨루엔, 트라이클로로에틸렌, 엔드린, 2,4,5-트라이클로로페놀, 헵타클로로, 2,4,6-트라이클로로페놀, 헥사클로로벤젠, 2,4,5-TP, 헥사클로로뷰타다이엔, 염화 바이닐, 헥사클로로에테인.

7 미생물 시료 채취

7.1 조사 지점의 선정

시료 채취 위치 및 횟수는 사용되는 생물학적 시료 채취 방법의 특정 요건에 따라 다르다.

전형적으로, 생태학적 방법은 같은 장소에서 1년에 한 번씩 시료를 채취해 생물학적 수질에 대한 평가를 하는 데 사용한다. 기본적인 생태적 수질을 평가하는 집중적인 조사는 유기체에 대한 계절에 따른 변화를 측정하기 위해 1년에 여러 번 실시하되 유기체의 생활주기(life cycle) 및 분포 정도를 고려해야 한다.

많은 생물학적 검증 기술은 정상적인 것과 차이가 있는 생물학적 응답을 감지하는 데 사용되기 때문에 부가적인 현장을 찾아 관리해야 한다. 즉 오염이 안 된 곳, 유기체가 환경 스트레스를 받지 않는 시료를 채취하여 분석해야 한다.

사고로 인한 오염을 모니터링하기 위해서는 시료 채취 횟수가 많아야 한다. 그리고 영향의 심각성 및 기간을 조사하기 위해서는 매주 시료를 채취해야 한다.

7.2 일반적 시료 채취 방법

가장 많이 사용되는 소형 생물 시료에 대한 시료 채취 기술에 대해 표 II-21과 II-22에 비교하였다.

생태학적 방법은 정성 수집(직접 마이크로 피펫 사용), 준-정성 방법(표준화된 채집망을 사용해 물속 유기체 수집), 완전 정량 기술(물 속 유기체에 대한 플랑크톤 혹은 단일 시료를 위한 병시료 사용) 등 많은 시료 채취 방법이 있다.

7.2.1 저서성 대형 무척추동물의 시료 채취

7.2.1.1 수심 50 cm 이하 하천

얕고, 흐르는 물 속의 무척추동물을 수집하기 위한 가장 간단하고, 저렴한 방법은 표준화된 채집망을 사용하는 것이다. 이 채집망의 사용 절차는 아래와 같다.

1) 채집망 입구가 상류를 향하도록 하고 강 혹은 시냇물에 수직으로 편다.
2) 얕은 물속에서 채취자는 채집망을 상류 방향으로 돌 위에 펼쳐놓는다. 움직이고 있는 유기체는 물의 흐름에 의해 채집망 속으로 옮겨진다.
3) 정해진 지역의 돌을 조사하고 채집망으로 잡힌 유기체에 부착물이 없는지 조사한다.
4) 채집망의 부품을 흐르는 물로 씻어내고, 채집망에 부착된 유기체는 직접 시료 용기로 옮긴다.
5) 유기체를 확인하고, 보존한다.
6) 보존 및 저장에 필요한 시료의 부피를 줄이기 위해, 시료를 500 μm의 망체를 이용해 씻어내고, 물이 담긴 접시에 놓아둔다.
7) 채집망은 다음 시료 채취 전까지 완전히 세척하여 보관한다.

하천에서의 시료 채취에는 최소한 두 사람의 인력이 필요하다. 조사는 하류에서부터 상류로 거슬러 올라가며 실시한다. 그 이유는 수계가 짧고 조사지점이 조밀한 경우는 상류의 조사 시 하상의 교란으로 하류 조사 시 영향을 줄 수 있기 때문이다.

한 사람은 물이 흘러오는 방향으로 Surber 시료 채취기(그림 II-34, 정량분석을 위한 시료는 Surber 시료 채취기를 이용하여 유속이 10 cm/s 이상인 물속에서 채취함)를 놓고 방형구 프레임을 내린 후 방형구 내의 하상을 채취한다. 방형구를 놓을 때는 흐름 방향에 직각으로 하되 가능하면 프레임에 걸치는 돌이 없게 위치를 잡는다. 이때 특별이 보존이 필요한 시료는 보존제가 담긴 표본병에 별도 보관한다.

잔석 이상의 입도를 가진 돌에는 수서곤충류 중 몸이 납작한 하루살이류나 강도래류, 몸이 길거나 돌, 나뭇잎 등으로 집을 지어 고착되어 있는 날도래류, 실을 내어 부착되어 있는 먹파리류, 가는 몸체로 돌의 굴곡 부분의 틈 사이에 끼어 있는 깔다구류 등이 주로 나타난다. 모래 이하의 입도를 가진 하상은 손갈퀴로 깊이 10 cm까지 긁어 시료 채취기의 망에 생물이 걸리게 한 이후 시료 채취기를 수거하여 채집망에 들어 있는 내용물을 흰색 쟁반에 붓고 물을 넘치지 않게 담고 핀셋으로 골라내어 시료 통에 넣는다. 이 상태에서 시료 채취기의 채집망에는 아직 많은 생물이 붙어 있으므로 넘치지 않게 물이 담긴 또 다른 흰색 쟁반에 채집망을 담그고 역시 핀셋으로 생물을 골라내어 시료통에 담는다.

한 조사지점에서 조사 정점의 수는 하천의 규모에 따라 대형 Surber 시료 채취기의 경우 2 ~ 4회 정도, 소형 Surber 시료 채취기의 경우 3 ~ 6회 정도 시료 채취하는 것을 원칙으로 한다. 각 조사지점에서 위에 언급된 방법으로 채취와 생물시료의 선별이 끝나면 시료통에 하천명과 조사지점 및 조사정점 및 시료 채취기의 규격(대형 혹은 소형)을 기록한다.

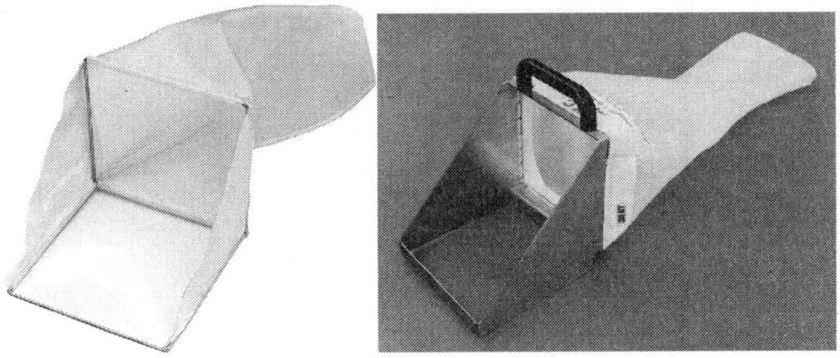

▸그림 II-34◂ Surber 시료 채취기

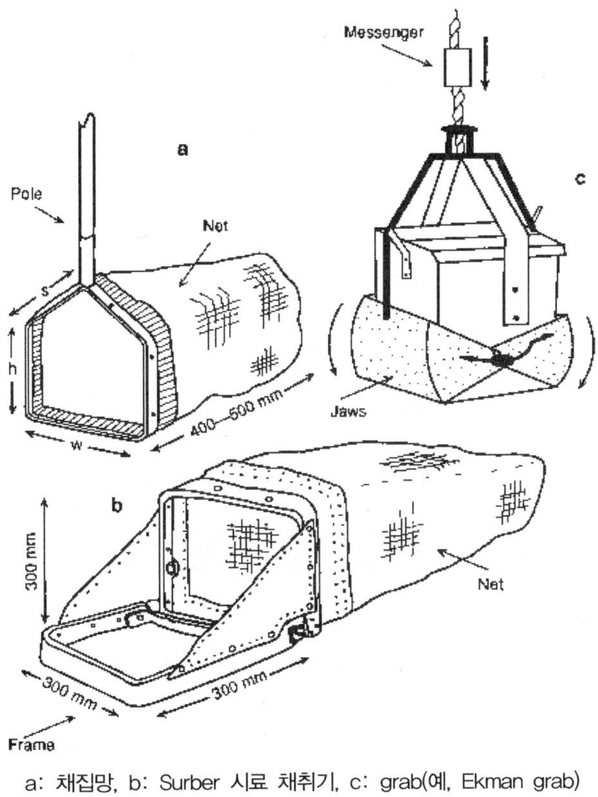

a: 채집망, b: Surber 시료 채취기, c: grab(예, Ekman grab)

▸그림 II-35◂ 저서성 무척추동물 시료 채취에 사용되는 다양한 방법

7.2.1.2 수심 50 cm 이상 하천 및 호소

막대를 사용하여 구조를 변경한 Ekman grab으로 하상을 채취하여 내용물을 1 mm 체에 담아 넘치지 않을 정도로 물속에 담그고 조심스럽게 체질한다. 충분한 체질이 끝나면 걸림물을 시료통에 담고 체에 붙어 있는 생물을 핀셋으로 채취하여 시료통에 붓고 보존제를 첨가한다. 이때 보존제는 퇴적물이 많이 섞여 있는 경우는 Formalin 20 %를, 점토덩어리나 부식질이 적어 생물시료가 비교적 잘 선별된 경우에는 Kahle's fluid를 사용한다. 한 조사지점에서 조사정점의 수는 4회를 표준으로 한다. 각 조사정점에서 위에 언급된 방법으로 채취와 생물시료의 선별이 끝나면 시료통에 하천명과 조사지점 및 조사정점을 기록한다.

▶표 II-21◀ 소형 생물 시료의 보존 방법 및 저장 방법

유기체	용기 유형	보존 방법	보존된 시료의 저장
확인 및 카운팅			
저서 대형 무척추동물	P or G[1]	70 % 에탄올. 5 % 폼알데하이드	1년
어류	P or G	리터당 3 g의 sodium borate decahydrate 및 60 mL 글리세롤에 10 % 폼알데하이드 추가	1년 이하 가능한 빨리 분석
Macrophytes	P or G	5 % 폼알데하이드 추가	1년
Periphyton	P or G	5 % 폼알데하이드 추가	어두운 곳에서 6개월
Phytoplankton	P or G	5 % 폼알데하이드 추가 또는 mentholate Lugol's iodine solution	어두운 곳에서 6개월
Zooplankton	P or G	5 % 폼알데하이드 추가, Lugol's solution	1년
Fresh weight			
어류	P or G	적용 안 됨	현장에서 무게 측정 안함
다른 그룹	P or G	2 °C ~ 5 °C 냉각	24시간
Dry or ash weight			
모든 그룹	P or G	Filter(필요한 경우) −20 °C까지 냉각	6개월
클로로필 분석(Chlorophyll analyses)			
Phytoplankton	P	즉시 여과, 여과 마지막에 0.2 mL $MgCO_3$ 용액 추가(100 mL 증류수에 1.0 $MgCO_3$), −20 °C까지 냉각	어두운 곳에서, 냉동의 경우 몇 주. 가능한 빨리 분석
화학분석			
동·식물조직*		−20 °C까지 냉각	1년

[1] P : polyethylene, G : glass

* 동식물 조직의 저장 및 운반용기는 조직의 분석 내용에 따라 다르다.

▶표 II-22◀ 소형 생물 시료 채취 기술

시료 채취/시료 채취 방법	가장 적당한 유기체	가장 적당한 수체	장점	단점
직접 수집	대형생물, 접착성 유기체	강, 호숫가, 얕은 물, 돌이 있는 강	저렴. 장비 필요 없음	정량만 가능. 유기체 손실 가능. 특정 유기체만 수집 가능
막대 있는 손 채집망(c. 500 mm mesh)	저서성 무척추동물	얕은 강, 호숫가	저렴. 간편	준 정량. 이동성 유기체가 채집망에 피해 가능
플랑크톤 채집망	Phytoplankton (c. 60 mm mesh), Zooplankton	주로 호수	저렴. 간편 시료당 유기체의 농도 높음. 큰 부피 시료 가능	단지 정성만 가능. mesh 크기에 따라 선택적 유기체에 손상 가능
병시료(e.g. Friedinger, Van Dom, Ruttner)	Phytoplankton, Zooplankton (inc. protozoa), micro-organisms	지하수	정량. 분리된 깊이로부터 시료 수집 가능. 유기체 손상 없음	고가. 시료당 유기체의 밀도 낮음. 채취된 시료의 총 부피 작음
수중 펌프	Phytoplankton, Zooplankton(Inc. protozoa), micro-organisms	지하수	정량. 큰 부피 시료 빠른 수집,	고가. 전력 필요, 시료를 여과하거나 원심분리해야 함, 유기체 손상 가능
Grab (e.g. Ekman, Peterson, Van Veen)	침전물 속에 사는 물속의 무척추동물 Macrophytes, 접착성 유기체	모래 침전물, 해초 지역	정량 시료. 시료에 영향 적음	고가. 윈치(winch) 필요함
Dredge-type	주로 수면에 사는 무척추동물	강 및 호수의 바닥 침전물	시료 채취기에 따라 정성분석 혹은 정량분석 가능	고가. 이동성 유기체는 시료 채취기에 피해 가능
Corer(e.g. Jenkins or made in-house)	microorganism, 침전물 속에 사는 무척추동물	미세한 침전물, 호수	분리가능. 정량분석	고가. 적은양의 시료 채취
인공 물질(e.g. glass slides plastic baskets)	Epiphytic algae, 접착성 무척추동물, 물속에 사는 무척추동물	강 및 호수, 해초 지역, 바닥 물질	정량분석. 저렴	"인공적 채집지"는 진정한 대표집단이 아님
Poisons (e.g. rotenone)	어류	작은 연못	시료 채취지역에 어류 총 수집가능	파괴적인 기술
Fish net/trap	어류	강, 호숫가	저렴. 파괴없음	선택적. 정성
Electrofishing	어류	강, 호숫가	정량가능. 파괴없음	선택적 기술, 고가, 작동 중 위험 발생 가능

7.2.2 자연 기질의 시료 채취

보통 하천의 흐름이 안정된 기간 동안에 부착조류를 시료로 채취한다. 빠른 물살은 하천 바닥을 긁어내어 부착조류를 하류로 떠내려 보낸다. 기질이 재형성되는 것은 물 흐름이 약해진 이후 영양염이 풍부해질 때 빠르게 일어날 수 있다.

자연적인 기질의 시료 채취 방법에는 다음과 같이 두 가지로 나뉠 수 있다.

1) 복수서식지 시료 채취(multi-habitat sampling)는 해당 지역에서 저서성 조류 연구에 가장 좋은 방법이지만, 연구대상 지역 간의 서식지 차이 때문에 결과의 동질성을 반영하기는 어렵다.
2) 단일서식지 시료 채취(single-habitat sampling)는 하나의 서식지에서의 집단 종조성과 하천 내 수질차이를 반영하기 때문에 복수서식지 시료 채취보다 정밀하지만, 다른 서식지의 영향을 간과할 수 있다.

하천의 길이를 고려한 시료 채취는 연구의 목적, 예산 및 예상되는 결과에 따라 달라질 수 있다. 복수서식지 시료 채취는 하천 내에 존재하는 서식지의 다양성으로 인해 연구 규모에 따라서 수행되어야 한다. 단일서식지를 선택하는 것이 일반적이기 때문에 짧은 길이의 하천은 복수서식지 시료 채취보다는 단일서식지 시료 채취로 실시해야 한다.

7.2.2.1 부착조류 현장 시료 채취 장비

필요한 장비는 긴 철제 티스푼, 칫솔, PVC 파이프(지름 10 cm, 길이 20 cm ~ 30 cm, 고무마개), 현장기록부, 펜, 연필, 비닐 지퍼백(연한 퇴적물 시료 채취용), 핀셋, suction bulb, 증류수, 보존용액(Lugol's solution, 4 % buffered formalin, “M3” 보존제 또는 2 % Glutaraldehyde) 등이 있다.

7.2.2.2 복수서식지 시료 채취(multi-habitat sampling) 방법

1) 저서성 대형 무척추동물 프로토콜에서 같이 적용할 수 있는 복수서식지를 확정한다. 대부분의 경우, 부착조류 시료 채취는 실제적으로 많은 서식지에서 수행되므로 대형 무척추동물이나 어류 시료 채취와 같은 양(하천 횡단폭 당 30~40개)의 샘플이 요구된다.
2) 채집에 앞서, 부착조류 현장 기록부를 완성한다.
시각적인 판단이나 정량적인 횡단면 평가는 각 기질 타입이 차지하는 퍼센트(%)를 결정하고, 수생식물, 사상성 부착조류, 규조류, 기타의 조류 등과 생물상에 대한 상대적인 풍부도를 판단할 수 있게 한다.

3) 이용할 수 있는 모든 기질과 서식지로부터 조류를 시료 채취한다.
이 목적은 연구지역에서 존재하는 부착조류 군집에 대한 대표적인 하나의 조성 샘플을 모으는 것으로 연구지역에서 넓이에 따른 모든 기질과 서식지(여울, 얕은 웅덩이, 연안지역)에서 시료 채취한다. 하천 내 빛, 수심, 기질 및 물살의 속도는 부착조류 집단의 종조성에 영향을 미친다. 서식지 내 조류 종조성의 변화는 부착조류의 색깔이나 구조 변화의 증거가 된다. 각 서식지에서 보조시료(subsample)의 양은 적은 양(약 5 mL)으로 충분하다. 그 연구지역에서 상대적으로 풍부도에 따른 대형조류(예, 사상성 조류)의 표본을 손으로 채취한다. 모든 시료를 용기에 담는다.
4) 모든 시료를 물이 새지 않고 깨지지 않는 용기에 담는다.
시료는 100 mL ~ 120 mL 정도면 충분하다.
5) 시료 용기에 하천 또는 호소 이름, 장소, 지점번호, 날짜, 시료 채취자 명, 보존제 종류 등을 기록한 라벨을 부착한다.
6) 시료 채취 후, 모든 라벨과 양식의 기록된 정보가 정확하고 완벽한지 확인하다.
7) 모든 솔 및 제거도구에 잔류물이 있나 확인한 다음 시료 채취 장소에 가기 전 또는 보관하기 전에 제거도구들을 증류수 등으로 씻는다.
8) 시료를 차고 어두운 곳에 보관하여 실험실로 옮기고 분석하기 전까지 모든 시료를 어두운 곳에 보관한다. 시료(시험생물)가 운반 중에 약해지지 않도록 반드시 잘 정리한다. 저장할 경우 보존제를 몇 주마다 체크한다.
9) 들여온 시료를 기록한다.

7.2.2.3 단일 서식지 시료 채취(single-habitat sampling)

하천 내 서식지의 차이 때문에 발생하는 변이는 연구지역의 특성을 나타낼 수 있는 부착조류의 단수기질 또는 서식지 조합의 방법으로 줄어들게 된다. 결과의 비교 때문에 같은 단수기질 및 서식지의 조합은 모든 대조구와 실험 하천에서 시료가 채취되어야 한다. 단일 서식지 시료 채취는 부착조류의 생체량을 평가할 때 이용되어야 한다.

1) 채집지역을 선정한다. 단일 서식지 시료 채취로 채취하는 면적이 복수서식지 시료 채취보다는 좁다.
2) 시료 채취 전에 현장기록부를 완전히 작성한다. 서식지의 평가는 복수서식지 시료 채취 방법으로 완성해야 한다. 이 방법은 시료가 채취된 서식지의 상대적 중요성을 특성화시킬 수 있게 해 준다.

3) 일반적으로 채집하는 기질/서식지 조합은 유속이 10 cm/s ~ 50 cm/s 정도인 얕은 여울에서 얻는 자갈을 이용하는 것이 좋다. 이러한 서식지에서 얻은 시료는 실트(silt)를 조금 포함하고 있기 때문에 느린 유속을 가진 서식지보다 분석이 용이하다. 얕은 여울에서는 거의 없지만 완만한 경사의 하천에서는 꺾어진 나뭇가지 위 또는 퇴적층 서식지에서 조류 시료를 채취해야 한다.

4) 움직이는 모래는 모래 위의 종조성이 미미하고 하층이 불안정한 상태이므로 대상 기질로서는 적합하지 않다. 크고 완만한 경사를 가진 하천에서는 식물플랑크톤을 부착조류의 대안으로 고려해야 한다.

5) 기질/서식지 조합(substrate/habitat combination)에서 얻는 몇 개의 보조시료(subsample)는 하나의 용기에 넣고 혼합한다. 3개 또는 그 이상의 보조시료(subsample)를 각 지역이나 연구 하천에서 채취해야 한다.

6) 만일 단위면적당 생물량(클로로필 a)이 측정되어야 한다면 시료가 채취된 지역의 면적을 측정해야만 한다.

7) 만일 클로로필 a에 대한 채집계획이 있으면, 보조시료(subsample)를 채취하기 전까지 시료에 보존제를 넣으면 안 된다.

표 II-23 하천에서의 부착조류 시료 채취 방법을 요약하였다.

▶표 II-23◀ 하천에서의 부착조류 시료 채취 방법

기질(substrate) 종류	채취 방법
제거 가능한 딱딱한 기질 : 자갈류, 나무 조각	물에서 대표기질을 제거, 솔 등으로 표면의 조류를 긁어 시료 채취 용기에 담는다.
제거 가능한 부드럽거나 연한 기질 : 이끼류, 대형조류, 식물체 줄기, 잎 및 뿌리	약간의 물과 식물을 병, 통, 비닐봉지 등의 용기에 넣은 다음, 많이 흔들고 조류를 조심스럽게 긁어낸다. 시료 용기에서 식물은 제거한다.
제거 불가능한 큰 기질 : 바위, 큰 돌, 기반암, 나무 덩어리, 큰 나무 등	밀착이 가능한 날개가 붙어있는 PVC 파이프를 기질에 대해 밀봉이 되도록 기질 한 쪽 끝에 위치시킨다. 파이프에 있는 조류를 칫솔, 손톱브러시, 스크래퍼 등을 이용해서 제거한다. 파이프에 있는 조류를 피펫으로 이용하여 제거한다.
연한 퇴적층 : 모래, 실트, 미세 유기물, 진흙	퇴적물 위에 페트리디쉬를 뒤집는다. 약주걱 등을 이용해 퇴적물을 담는다. 하천으로부터 퇴적물을 제거하고 시료 용기에 씻어 넣는다. 조류 시료는 퇴적물이 가라앉으면 스푼, 핀셋, 피펫 등으로 시료를 채취한다.

7.2.2.4 클로로필 a(chlorophyll-a) 보조시료(subsample) 채취 방법

1) 클로로필 a는 가능하면 바로 보조시료(subsample)를 채취해야 한다(시료 채취 후

12시간 내). 일반적으로 채집한 그날 실험실로 가져와 보조시료(subsample)를 만들 수 없다면, 현장에서 실시해야 한다.

2) 시료를 균일화해야 하기 때문에 현장에서 격렬하게 흔들고, 실험실에서는 조직균질기를 이용한다.
3) 부착조류 시료의 초기 용량을 기록한다.
4) 시료를 자석 교반기를 이용하여 젓는다.
5) 보조시료(subsample)를 만들 때에는 적어도 각각의 시료에서 2개의 보조시료(subsample)를 얻어야 한다(2개의 보조시료는 하나보다 대표성을 제공). 보조시료의 용량을 기록한다.
6) 클로로필 a 보조시료를 유리섬유 필터로 농축한다.(예, Whatman GF/C 필터)
7) 필터를 접고 알루미늄 호일로 싼다.
8) 필터를 차가운 곳에 보관한다.

7.2.3 인공 기질(artificial substrate)의 시료 채취

깊고, 유속이 빠른 곳에서 전통적인 방법을 사용하여 시료를 수집해야 하는 경우와 비슷한 물리적 특성을 가진 장소를 찾기 힘들 경우에는 인공 기질이 적당하며, 건너기 어려운 대하천이나 얕지만 여울이 없는 강, 늪지, 정수 서식지의 연안 등에서 특히 유용하다.

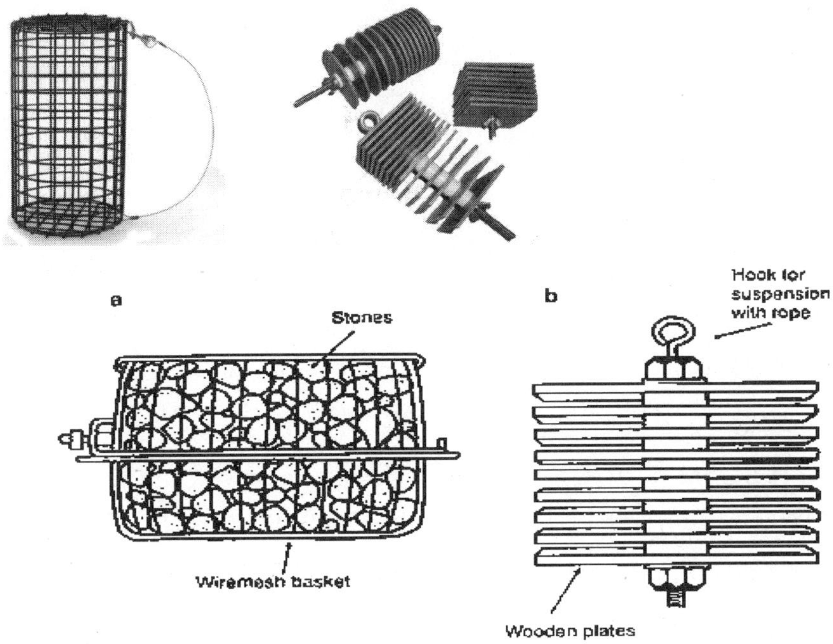

▶그림 II-36◀ 수중 유기체의 시료 채취를 위한 인공 기질의 2가지 종류

유기체의 다른 그룹에 대해 많은 유형의 인공 기질이 있으며 무척추동물에 대한 인공 기질에는 2가지 종류가 있다.

단위(unit)의 크기는 의도한 생태지에 따라 선택되고, 생태지로 옮길 유기체의 종류에 따라 선택된다. 먼저 예비 실험을 실시해 유기체의 충분한 수를 인공 단위크기로부터 수집한다. 인공기질은 표준화된 시료 채취 단위로 생태지보다 더 높은 정밀도를 가져야 한다. 인공기질은 몇 가지의 장점을 가지고 있지만, 안정성을 시험해 보아야 한다. 안정적으로 옮기기 위해서는 몇 주가 걸리고, 특정 종은 기질이 옮겨지는 기간이 길 경우 변화할 수도 있다. 인공기질은 특정 유기체에 대해 선택적으로 실시되어야 하고, 다른 시료 채취 기술의 결과와 직접적으로 비교할 수 없다. 하지만 수질의 기본이 되는 특정 수중 생활의 잠재적 평가에 사용할 수 있다.

7.2.3.1 인공기질 이용 방법

1) 마이크로 슬라이드를 periphytometer(그림 II-37, 슬라이드글라스 여러 개를 같이 세트로 만들어 부착조류가 부착되게 하며 또한 반복 분석을 가능하도록 만든 장치)에 놓기 전에 반드시 깨끗이 닦는다. 슬라이드를 아세톤으로 씻고 실험실용 종이 등으로 깨끗이 닦는다.
2) 유리 슬라이드, 유리봉, 점토 타일, 휘어지기 쉬운 플라스틱 조각 또는 이와 유사한 기질로 만든 periphytometer를 대상 지역의 바닥 또는 표면에 놓는다. 부착조류가 착생하고 군집을 형성하도록 2~4주 정도 둔다.
3) 공간적 변이를 고려하여 각 정점마다 최소 3개의 periphytometer를 놓는다. Periphytometer의 총 수는 연구 계획과 목적에 따라 결정한다. 시료들은 조합하거나 또는 개별적으로 분석할 수 있다.
4) Periphytometer를 하천 바닥에 두고 철근을 넣어 고정하거나 다른 안정된 구조물에 부착시킨다. Periphytometer는 교란이나 부서짐 등을 최소화하기 위해 반드시 잘 숨겨야 한다. Periphytometer가 떠버릴 수 있는 상당한 세기의 흐름이 있는 하천이나 위락행위에 이용되는 하천 등을 피해야 한다. Periphytometer는 상류 쪽으로 앞면이 보이도록 설치해야 한다.
5) 만약 배양 기간 동안 범람 또는 이와 유사한 기질을 긁는 일이 발생하면, 수체에 평행하게 하거나 periphytometer를 깨끗한 슬라이드로 재설치 한다.
6) 배양기간(2 ~ 4주)이 끝나면 기질을 모은다. 고무주걱이나 칫솔, 면도날 등으로 부착조류를 제거한다. 부드럽고 끈적거리는 느낌에서(심지어 조류가 보이지 않을 때도) 끈적거리지 않거나 거친 표면으로 변화되는 것으로 기질에서 부착조류가 제거

되었다는 것을 판단할 수 있다.

7) 인공기질을 사용하는 것의 장점 중 하나는 현장에서 긁을 필요가 없는 인공기질을 담을 수 있는 용기를 구입할 수 있다는 것이다. 현미경적 분석과 클로로필 분석에 맞게 기질을 만들 수도 있다. 그러한 다음 조류와 기질은 시료 용기에 담고, 분석을 위해 보존하거나 냉장 시설 내에 넣어둔다. 만일 운반 및 보유시간이 12시간 이하가 되면, 실험실에 돌아오기 전까지 조류를 제거할 필요는 없다.

7.2.3.2 인공기질의 부착조류 시료 채취에 필요한 현장 장비

Periphytometer, 마이크로 슬라이드 또는 다른 유사한 기질(예, 점토 타일, plexiglass 판, 나무 또는 아크릴 판), 작은 sledge hammer, 칫솔, 면도날, 기타 긁을 수 있는 도구, 증류수, 유성펜, 알루미늄 호일, 시료 용기, 라벨, 현장 기록부, 보존용액 등이 필요하다.

▶그림 II-37◀ Periphytometer

III

결과 보고

1 시험 검사 결과의 보고

1.1 원자료의 분석

원자료(raw data)는 분석에 의해 발생된 자료로 QC 점검이 포함된 것이다. 보고 가능한 데이터 혹은 결과는 원자료로부터 수학적, 통계학적 계산을 한 결과를 말한다. 계산을 시작하기 전에 기기로부터 나온 모든 산출 값이 올바르고, 선택된 식이 적절한지 확인해야 한다. 사용된 모든 식과 계산은 지워지지 않는 펜으로 기입하고 기입한 내용은 절대 삭제하거나 지울 수 없으며, 틀린 곳이 있다면 틀린 곳에 한 줄을 긋고 수정하여 날짜와 서명을 해야 한다. 원자료와 모든 관련 계산에 대한 기록은 관련 법령이나 규정에 따라 보관되어야 한다.

1.2 최종값에 대한 계산의 예

분석 과정에서 얻은 원자료를 보고할 수 있는 최종 결과로 바꿔야 한다. 분석자는 적절한 식을 사용하여 최종값을 계산하고 실험실 결과 시트를 등록하거나 실험실 컴퓨터 시스템에 입력한다.

1.2.1 올바른 pH 값을 위한 온도 보정

pH 미터는 항상 자동적으로 원하는 온도로 보정된다. 이 보정이 행해지지 않았다면 pH값은 시료의 온도에 따라 수정되어야 한다. 온도가 보고서에 명시되지 않았다면 보통 25 °C이다.

1.2.2 전도도를 위한 온도 보정

전기 전도도는 온도가 증가함에 따라 증가한다. 시료 온도가 25 °C 이하라면 온도당 측정값의 약 2 %를 추가하고, 온도가 25 °C 이상이라면 온도당 측정값의 약 2 %를 뺀다.

25 °C일 때, 온도 보정에 대한 식은 다음과 같다.

$$\text{전도도}(\mu S/cm) = \text{측정된 전도도} \ / \ [1 + 0.019(t - 25)]$$

항상 25 °C에서 전도도 측정값을 보고한다.

1.2.3 고체물질, 습도, 재(ash) 계산

고체물질, 습도, 재의 측정단위는 mg/L 또는 %(퍼센트)로 나타낸다. 총고형물질(TS, total solid), 부유물질(SS, suspended solid), 총용존고형물질(TDS, total dissolved solid)과 같은 고형물질은 mg/L 또는 %(퍼센트)로, 습도 및 재는 %(퍼센트)로 나타낸다.

1) 고형물질

$$고형물질(mg/L) = [(A - B) / 시료량(mL)] \times 10^6$$

여기서, A = TS : 105 °C에서 건조시킨 접시와 잔류물의 무게(g)
B = 접시 무게(g)

$$고형물질(\%) = [(A - B) / 시료량(mL)] \times 100$$

고형물질(%)은 또한 계산된 고형물질(mg/L)로부터 값을 10000으로 나눠 계산 가능하다.

$$고형물질(\%) = 고형물질\ 농도(mg/L)\ /\ 10000$$

2) 수분

어떤 고형물질의 수분은 105 °C 실험실 오븐 안에서 골고루 섞인 시료의 알고 있는 양을 건조시켜 계산한다. 건조된 고형물질의 무게를 다음 식을 사용해 %(퍼센트)로 계산한다.

$$수분\ 함량\ (\%) = \frac{시료\ 무게\ (g)\ -\ 건조\ 후\ 시료\ 무게\ (g)}{시료\ 무게\ (g)} \times 100\%$$

3) 재

고체의 재는 1000 °C 머플 회화로(muffle furnace)에서 골고루 섞인 시료를 태우고 탄 양을 측정하여 계산한다.

알고 있는 원래 시료의 무게와 재로 남은 무게를 측정하고 아래의 식을 사용하여 %(퍼센트)로 계산한다.

$$재(\%) = \frac{회화\ 후\ 재\ 무게\ (g)}{원래\ 시료의\ 무게\ (g)} \times 100\%$$

4) 고체 시료의 합성(composition) 퍼센트

- 위에서 명시된 105 °C에서 습도를 퍼센트로 계산한다.
- 위에서 언급한 남아있는 찌꺼기를 1000 °C의 머플 회화로에서 불에 태운다. 불에 타고 남은 물질의 무게와 건조한 고체의 무게 차이가 그 시료에 있는 휘발성 및 유기 화합물의 양이다. 이것 또한 퍼센트로 계산한다.
- 남은 찌꺼기는 재 혹은 무기물이다.
- 습도 퍼센트, 유기물 퍼센트, 재 퍼센트의 총합은 100 %이다. 계산된 값이 100 %가 아닐 경우, 계산 값을 점검하고 위의 과정을 반복하여 다시 계산한다.

1.2.4 적정법과 관련된 계산법

적정법 계산의 일반적인 방법은 아래와 같다.

$$mg/L = (mL \times N \times Eqw \times 1000) / 시료량(mL)$$

여기서, mL = 사용한 적정 용액의 부피
N = 적정 용액의 노말 농도
Eqw = 측정된 물질의 분자량

적정값의 결과를 퍼센트로 나타낼 수도 있다.

$$\% = (mL \times N \times mEqw \times 1000) / 시료량(mL)$$

여기서 mL = 사용한 적정 용액의 부피
N = 적정 용액의 노말 농도
mEqw = 측정된 물질의 밀리 분자량(Eqw / 1000)

시험 동안 희석용액을 사용하는 경우, 적정의 계산 값은 희석 요소를 곱하여 결과를 산출한다.

1.2.5 고체 매질에 대한 결과의 계산

고체 매질의 경우, 최종보고서에서 mg/kg 또는 μg/kg의 단위를 사용하여 결과를 보고한다. 결과에 대한 공식은 다음과 같다.

$$wet\ base의\ 농도(mg/kg) = C \times V / M$$

여기서 C = 분해물 중 분석물질 농도(mg/L)

V = 처리 후 시료의 최종 부피(mL)

M = 시료무게(g)

dry base 농도(mg/kg) = wet base의 농도(mg/kg) / 건조 고체의 백분율

예를 들어, 토양 시료 5 g의 시료를 납 분석을 위해 분해(digest)하였다. 준비 과정 후에 분석시료의 최종 부피는 100 mL이다. 이때 분해물의 납 양이 0.56 mg/L이라면, 100 mL 안에는 0.056 mg이다. 고체 시료 5 g에 납 0.056 mg이 들어 있으므로 고체 시료 1 kg 안에는 11.2 mg이 들어 있는 셈이다.

wet base의 납 농도(mg/kg) = 0.56 × 100/5 = 11.2 mg/kg

'wet base'는 원래의 토양 혹은 침전물 시료에 다양한 양의 수분을 가지고 있는 것을 의미한다. 토양의 무게에는 수분의 무게도 포함되어 있으므로, 토양의 무게는 결과적으로 올바르지 않다. 그러므로 토양의 수분함량의 무게를 가지고 분석자는 필요한 수정을 해야 한다. 이 토양의 수분 함량은 12 %이라고 가정하면, 건조 토양은 88 %이다.

dry base의 납 농도(mg/kg) = 11.2 mg/kg × 0.88 = 9.86 mg/kg

1.2.6 총용존고형물질(TDS, Total Dissolved Solid)의 계산

TDS의 측정값의 검증은 다음 공식에 의해 검증한다.

TDS = 0.6(알카리성) + Na + K + Ca + Mg + Cl + SO_4 + SiO_3 +(NO_3−N) + F

측정된 농도 단위는 mg/L이다. 측정된 TDS 농도는 계산된 TDS 농도보다 높아야 한다. 이유는 일부 특정 성분이 계산에는 포함되지 않기 때문이다. 측정된 농도가 더 낮다면 시료는 재분석되어야 한다. 반면, 측정된 고형물질 농도가 계산된 농도보다 20 % 정도 높다면, 계산에 사용한 자료들을 재검토해야 한다. 측정값과 계산값의 허용 비율은 다음과 같다.

1.0 < 측정된 TDS / 계산된 TDS < 1.2

TDS(mg/L로 표현)과 전도도(μmΩ/cm)의 비율은 0.55와 0.7 사이의 값을 가져야 한다. 비율이 이 값을 벗어난다면, 측정된 TDS 및 전도도 값을 의심해야 하고 재분석해야 한다.

1.2.7 양이온 – 음이온 균형

양이온과 음이온의 합은 중성을 이루어야 한다. 이 시험은 양이온의 합과 음이온의 합의 퍼센트 차로 나타낸다.

% 차 = [(양이온의 합 – 음이온의 합) / (양이온의 합 + 음이온의 합)] × 100 %

허용 범위는 양이온의 합에 따라 다르다(표 III-1).

▶표 III-1◀ 양이온의 합에 따른 이온 농도 허용 범위

양이온 합(mEq/L)	허용 범위(%)
0 ~ 3.0	± 0.2 mEq/L
3.0 ~ 10.0	± 2 %
20.0 ~ 800	± (2~5) %

표 III-2에서 mg/L의 값을 me/L의 값으로 전환하기 위한 상수값과 그 반대의 경우에

▶표 III-2◀ mg/L의 값과 me/L의 값 환산 상수값

양이온	상수 mg/L x =me/L	상수 me/L x =mg/L	음이온	상수 mg/L x =me/L	상수 me/L x =mg/L
Al^{3+}	0.1112	8.994	BO^{2-}	0.02336	42.81
B^{3+}	0.2775	3.6.3	Br^{-}	0.01257	79.90
Ba^{2+}	0.01456	68.67	Cl^{-}	0.02821	35.45
Ca^{2+}	0.04990	20.04	CO_3^{2-}	0.03333	30.00
Cr^{3+}	0.05770	17.33	CrO_3^{2-}	0.01724	58.00
Cu^{2+}	0.03147	31.77	F^{-}	0.05264	19.0
Fe^{2+}	0.03581	27.92	HCO_3^{-}	0.01639	61.02
Fe^{3+}	0.05372	18.62	$H_2PO_4^{-}$	0.02084	47.99
H^{+}	0.9922	1.008	HPO_4^{3+}	0.01031	69.99
K^{+}	0.02558	39.10	HS^{-}	0.03024	33.07
Li^{+}	0.1441	6.941	HSO^{3-}	0.01234	81.07
Mg^{2+}	0.08229	12.15	HSO^{4-}	0.01030	97.07
Mn^{2+}	0.03640	27.47	I^{-}	0.00788	126.9
Mn^{4+}	0.07281	13.73	NO_2^{-}	0.02174	46.01
Na^{+}	0.04350	22.99	NO_3^{-}	0.01613	62.0
NH^{4+}	0.05544	18.04	OH^{-}	0.05880	17.01
Pb^{2+}	0.009653	103.6	PO_4^{3-}	0.03159	31.66
Sr^{2+}	0.02283	43.81	S^{2-}	0.06238	16.03
Zn^{2+}	0.03059	32.69	SO_4^{2-}	0.02082	48.03

대한 상수를 나타내었다. 이 상수는 원자가 및 원자량 또는 이온의 화학식량으로부터 유도되었다. 분석된 이온의 mg/L 값을 me/L의 값으로 바꿀 경우, mg/L 값에 이 상수값을 곱하면 된다.

예를 들어, 소듐 이온은 1가 이온이고 원자량은 22.9897이다. 사용된 상수는 1/22.9897 = 0.043 49이다. 황산 이온의 경우 2가 이온이고, 화학식량은 96.0636이므로 상수값은 2/96.0636 = 0.020 82이다. me/L의 값을 mg/L로 바꿀 때 상수는 원자량 혹은 화학식량을 원자로 나누어 유도되었다. 예를 들어 Na의 경우, 22.9897/1 = 22.9897이고, 황산의 경우 96.0636/2 = 48.03이다.

따라서 Na 20 mg/L를 me/L로 바꾼다면, (20 × 0.043 49) = 0.8698 me/L이고, 0.8698 me/L의 Na은 (0.8698 × 23) = 20 mg/L가 된다.

1.3 원자료 및 계산된 자료의 기록

원자료 및 보고된 결괏값과 관련된 모든 기록[103)]은 일정한 서식으로 작성되고 쉽게 찾을 수 있으며, 언제나 열람 가능해야 한다.

1.3.1 현장기록부

현장기록부는 시료 채취 동안 발생하는 모든 자료를 기록하는 것으로 시료인수인계 양식, 시료 라벨, 현장 노트북(field notebook), 보존제 준비기록부(preservative preparation log)등이 있다.

현장기록부는 직엽식(loose-leaf)[104)]인 것을 사용한다. 크기는 업무하는 데 적당한 것을 사용한다. 첫 페이지는 차례 페이지로 페이지 번호와 제목을 열거할 수 있도록 남겨두어야 한다. 기록부 페이지에 번호를 붙이지 않는다면, 분석자는 위쪽 코너에 각각의 페이지 번호를 붙여야 한다. 각각의 페이지에는 자료를 확인할 때 편리하도록 제목을 적고, 날짜를 기입한다. 모든 데이터는 지워지지 않고 얼룩이 지지 않는 잉크를 사용하여 기록한다. 모든 원자료와 관찰사항을 기록부에 적고, 어떤 것도 지우면 안 된다. 고쳐야 할 경우, 줄을 한 줄 긋고 서명과 날짜를 적은 다음 수정 내용을 적는다.

103) 기록물이란 품질시스템의 실행 또는 시험업무 수행으로 나타난 결과물로서 시료 채취기록부, 시험일지 등이 해당된다. 참고로, 문서란 다른 어떤 것을 뒷받침하거나 이행 또는 정보를 가진 서류를 말하며 통상 품질매뉴얼, 품질절차서, 품질지시서 등이 해당된다.

104) 낱장의 용지를 자유롭게 바꿔 넣을 수 있도록 된 공책 등. 통상 링 파일 등으로 보관한다.

1.3.2 시험일지(work sheet)

시험일지는 시료 채취 현장과 실험실에서 행해지는 모든 분석 활동에 대한 것을 기록한 기록물이며 모든 분석에는 시험일지를 작성한다. 분석자는 시료(ID 번호, 시료 유형, 매질, 소스 등), 분석 방법 혹은 참고한 시험 방법 번호, 방법 검출한계(MDL, method detection limit), 기기, 분석자료와 QC 원자료, 계산된 값 및 단위와 관련된 모든 사항을 시험일지에 기록한다. 시험일지는 분석 과정의 유효화에 필요한 모든 정보를 명확하게 포함하고 있어야 한다. 현장시험(pH, 전도도, 용존산소, 잔류염소 측정)에 대한 시험일지도 가지고 있어야 한다.

전도도에 대한 시험일지 서식을 비롯한 현장시험에 대한 시험일지 서식과 각 매질에서 다양한 방법으로 수행한 분석시험일지 서식 사례를 다음에 표로 나타내었다.

▶표 III-3◀ 전도도 측정에 대한 시험일지(예시)

시험법 번호 : ____________________ 날짜 : ____________________

참고 시험법 : ____________________ 분석자 : ____________________ (서명)

측정기 모델명 : ____

시료 확인 번호	시료 설명	시료 온도 (℃)	측정값 (mΩ/cm)	측정값 (μmΩ/cm)	25 °C 결과값	특이사항
	0.01 M KCl 표준용액					
	QC 시료					
	이중시료					

〈QC 시료 참값〉

정밀도[1](RPD) : 허용한계값 :

정확도[2](% R) : 허용한계값 :

1) RPD(relative percent difference) = (A − B) / [(A + B) / 2] × 100 %. A, B : 이중시료의 측정값

2) % R(% recovery) = 측정값 / 참값 × 100 %

25 °C에서 0.01 M KCl의 전도도 값은 1413 μmΩ/cm이다.

온도 보정 : 시료 온도가 25 °C 이하라면 온도당 측정값의 2 %를 더하고, 25 °C 이상이라면 온도당 측정값의 2 %를 뺀다.

▶표 Ⅲ-4◀ 용존산소량 측정에 대한 시험일지(예시)

시험법 번호 : 참고 시험법 :

측정기 모델 : 날짜 : 측정자 : (서명)

싸이오황산소듐의 노말 농도 : 날짜 : 측정자 : (서명)

시료 확인 번호	시료 설명	측정값 (mg/L)	시료량 (mL)	적정액 (mL)	DO (mg/L)	특이사항
	이중시료					

정밀도(RPD) : 허용 한계값 :

RPD(relative percent difference) = (A − B) / [(A + B) / 2] × 100 %. A, B: 이중시료의 측정값

아이오딘 적정법에 대한 계산

DO(mg/L) = [적정 용액(mL) × N × 8000] / 시료량(mL)

N = 싸이오황산소듐 적정 용액의 노말 농도,

8000 = 산소의 원자량 × 1000

▶표 Ⅲ-5◀ 잔류염소 측정을 위한 시험일지(예시)

시험법 번호 : (아이오딘 적정법)

싸이오황산소듐($Na_2S_2O_3$)의 노말 농도 :

현장 측정 날짜 : 측정자 : (서명)

아이오딘적정법 날짜 : 측정자 : (서명)

시험법 확인 번호	시료 설명	Cl_2 측정값 (mg/L)	시료량 (mL)	적정 용액 (mL)	Cl_2 (mg/L)	특이사항
	이중시료					

RPD : 허용한계값 :

RPD(relative percent difference) = (A − B) / [(A + B) / 2] × 100 %. A, B : 이중시료의 측정값

적정 용액 방법의 계산

Cl_2(mg/L) = [(A − B) × N × 35 450] / 시료량(mL)

여기서 A = 시료에 대한 적정 용액(mL),

B = 바탕시료에 대한 적정 용액(mL),

N = $Na_2S_2O_3$의 노말 농도,

35 450 = 염소의 원자량 × 1000

▶표 Ⅲ-6◀ 적정법 절차에 대한 시험일지(수질 시료, 예시)

분석물질 : 시험법 번호 : 참고시험법 :

MDL(method detection limit) :

표준화된 적정 용액 및 노말 농도 :

측정자 : (서명) 날짜 :

ID 번호	시료 확인	시료 유형	시료량 (mL)	적정 용액 (mL)	결과 (mg/L)	특이사항
	바탕시료					
	QC 시료					
	이중시료					
	첨가시료					

<QC 관련 정보>

QC 시료의 참값 : 이중시료 확인(ID) :

첨가시료 ID 번호 : 첨가한 시료량(mL) :

첨가 저장용액의 농도 :

첨가한 첨가 저장용액의 부피(mL) : 첨가한 첨가물질값 :

RPD :

정확도(% R) :

첨가물질의 회수율(% R) :

감독관 승인 : (서명) 날짜 :

▶표 III-7◀ 분광학적 분석을 위한 시험일지(수질 시료, 예시)

분석물질 : 　　　　　　　　　　시험법 번호 : 　　　　　　　　　　참고시험법 :

MDL(method detection limit) :

분광기 모델명 : 　　　　　　　　　　　　　　　　파장 :

교정곡선의 상관계수 :

분석자 : 　　　　　　　　　　(서명) 　날짜 :

ID 번호	시료 확인	시료 확인	시료량 (mL)	흡광도	희석	결과 (mg/L)	특이사항
	바탕시료						
	표준시료 1						
	표준시료 2						
	표준시료 3						
	표준시료 4						
	CCS						
	CCV						
	이중시료						
	첨가시료						
	바탕시료						

<QC 관련 정보>

연속교정표준물질(CCS)의 회수율(% R) :

교정검증표준물질(CVS)의 참값 :

교정검증표준물질(CVS)의 회수율(% R) : 　　　　　　이중시료의 ID :

첨가시료의 ID 번호 : 　　　　　　　　　　　　　　첨가한 시료량(mL) :

첨가 저장용액의 농도 : 　　　　　　　　　　　　　첨가한 첨가물질 값 :

RPD :

정확도(% R) :

첨가물질의 회수율(% R) :

감독관 승인 : 　　　　　　　　　　(서명) 　날짜 :

▶표 III-8◀ 분광학적 분석에 의한 시험일지(고체 시료, 예시)

분석물질 : 시험법 번호 : 참고시험법 :

MDL(method detection limit)

분광기 모델명 : 파장 :

교정곡선의 상관계수 :

분석자 : (서명) 날짜 :

ID 번호	시료 확인	g	최종 (mL)	시험 (mL)	흡광도	희석	결과 (mg/L)	습도	rep wet (mg/kg)	rep dry (mg/kg)
	바탕시료									
	표준시료 1									
	표준시료 2									
	표준시료 3									
	표준시료 4									
	CCS									
	CVS									
	이중시료									
	첨가시료									
	바탕시료									

<QC 관련 정보>

연속교정표준물질(CCS)의 회수율(% R) :

교정검증표준물질(CVS)의 참값 :

교정검증표준물질(CVS)의 회수율(% R) :

이중시료의 ID :

첨가시료의 ID 번호 : 첨가한 시료량(mL) :

첨가 저장용액의 농도 : 첨가한 첨가물질 값 :

RPD :

정확도(% R) :

첨가물질의 회수율(% R) :

감독관 승인 : (서명) 날짜 :

▶표 Ⅲ-9◀ 이온선택전극에 대한 시험일지(수질 시료, 예시)

이온 분석기 모델명 : 　　　　　　　　　　　　분석물질 :

시험법 : 　　　　　　참고법 : 　　　　　　MDL :

기준전극 : 　　　　　　single junction : 　　　　　　double junction :

기준전극 충전용액 :

기울기 : 　　　　　　분석자 : 　　　　　　날짜 :

ID 번호	시료 확인	시료 유형	시료량 (mL)	측정값 (mg/L)	희석	결과 (mg/L)	특이사항
	표준시료 1 mg/L						
	표준시료 10 mg/L						
	QC 시료						
	CCS						
	CCS						
	QC 시료						
	이중시료						
	첨가시료						

<QC 관련 정보>

연속검정표준물질(CCS)의 회수율(% R) :

QC 시료의 참값 : 　　　　　　QC 시료의 회수율(% R) :

이중시료의 ID : 　　　　　　정밀도(RPD) :

첨가시료의 ID : 　　　　　　첨가한 시료량(mL) :

첨가 저장용액 농도 : 　　　　　　첨가한 저장용액의 부피(mL) :

첨가한 첨가물질 값 : 　　　　　　첨가물질 회수율(% R) :

감독관의 승인 : 　　　　　　날짜 :

▶표 Ⅲ-10◀ 이온선택전극의 시험일지(고체 시료, 예시)

이온 분석기 모델명 : 　　　　　　　　분석물질 :

시험법 : 　　　　참고법 : 　　　　MDL :

기준전극 : 　　　　single junction : 　　　　double junction :

기준전극 충전용액 :

기울기 : 　　　　분석자 : 　　　　날짜 :

ID 번호	시료 확인	g	최종 (mL)	시험 (mL)	측정값 (mg/L)	희석	결과값 (mg/L)	습도 (%)	rep wet (mg/kg)	rep dry (mg/kg)
	표준시료 1 ppm									
	표준시료 10 ppm									
	QC 시료									
	CCS									
	CCS									
	QC 시료									
	이중시료									
	첨가시료									

<QC 관련 정보>

연속교정표준물질(CCS)의 회수율(% R) :

QC 시료의 참값 : 　　　　QC 시료의 회수율(% R) :

이중시료의 ID : 　　　　정밀도(RPD) :

첨가시료의 ID : 　　　　첨가한 시료량(mL) :

첨가 저장용액 농도 : 　　　　첨가한 저장용액의 부피(mL):

첨가한 첨가물질 값 : 　　　　첨가물질 회수율(% R) :

감독관의 승인 : 　　　　(서명) 　　　　날짜 :

1.3.3 실험실 기록부

실험실 기록부는 시작날짜, 종료날짜, 문서제목, 분석그룹, 분석물질에 대해 기록되고 저장되어야 한다. 보관지역은 기록물을 정상적으로 유지하도록 충분히 넓은 곳을 사용하고 쉽게 찾을 수 있어야 한다. 크로마토그램 등의 차트(chart), 문서화된 교정곡선 및 수집된 원자료는 파일 캐비닛에 저장되거나 전자파일로 변환하여 저장되어야 한다.

저장해야 할 기록물은 다음과 같다.

- 크로마토그램, 차트, 기기 감응기록
- 교정곡선
- QC 관리차트 및 MDL
- 정밀도 및 정확도 자료에 대한 요약 작성 양식
- 시험일지
- 저장용액 수령과 관련된 기록
- 교정용 표준물질의 준비
- 실험실 운영에 필요한 모든 기록물, 자료 양식
- 실험실 인수인계 보고서(보존시간, 시료 전달 양식, 시료 저장 양식, 시료 폐기 양식)
- 시료 결과와 관련된 모든 계산 자료 및 QC 한계값에 대한 통계적 계산 자료
- 최종보고서 사본
- 현장기록부, 현장시험자료, 현장기록양식과 같은 현장기록

1.4 분석 자료의 평가와 승인

1.4.1 분석 QC 점검의 유효화

QC는 분석 측정의 결과를 점검하는 것으로, 보고된 값이 정확하고 수용할 수 있는 것인지 결정하는 데 도움을 준다. 문제가 발생했을 때에는 문제를 상세히 조사하여 유효하고 보고 가능한 값으로 수정해야 한다. QC 문제가 확인되었을 때, 문제가 해결될 때까지 분석을 진행할 수 없으며, 책임자는 QC 점검의 허용 범위, 문제 발생원인, 취해야 할 상세한 시정조치를 확인하고 검토해야 한다. QC 점검은 바탕시료, 교정 과정, QC 점검표준물질, QC 점검시료, 인증표준물질(CRM), 매질과 분석용 정제수 첨가물, 이중시료, 대체표준물질, 내부표준물질, 적정물질의 표준화, 기기의 성능, 첨가시료, 실험실 정제수의 수질과 같은 QC 측정을 포함한다.

1.4.2 분석 자료의 승인

1.4.2.1 허용할 수 없는 바탕시료(blank samples) 값의 원인과 수정

분석 바탕시료는 오염정도를 측정하는 것으로, 방법 바탕시료(method blank sample), 시약 바탕시료(reagent blank sample), 교정곡선 바탕시료(calibration blank sample), 기구 바탕시료(equipment blank sample), 운반 바탕시료(trip blank sample) 등이 있다. 바탕시료값은 방법 검출한계(MDL)보다 낮은 값을 가진다.

1) 오염된 시약

시약 바탕시료의 오염은 시험에 사용하는 시약의 화학적 접촉에 의해 발생될 수 있다. 그 원인 파악을 위해 화학물질과 시약의 유효날짜, 시약 조제날짜와 조제된 시약의 유효날짜를 확인한다. 더 많은 문제가 발생하는 것을 막기 위해 오래된 시약은 폐기한다. 용매, 희석물질 또는 다른 실험실에서 사용하는 정제수는 바탕시료 오염의 가장 큰 원인이 되며 이는 정제수의 점검을 통해 해결한다.

2) 오염된 유리제품 또는 시료 용기

오염된 기구 및 유리 제품의 오염을 확인하기 위해 기구 바탕시료로 세척 과정을 점검한다.

3) 환경 조건으로부터의 오염

바탕시료는 분석 상황, 시료 수집, 깨끗하지 못한 시료 취급으로부터 오염될 수 있다. 분석자의 의복에 의해서도 바탕시료에 영향을 줄 수 있다. 그러므로 항상 청결한 환경 관리는 이러한 오염을 막을 수 있다.

4) 오염된 정제수

시약 등급수(reagent grade water)는 분석 방법에 방해가 되는 물질이 없어야 한다. 분석용 정제수 수질에 대한 조건은 유기, 무기, 미생물 성분 분석에 따라 각각 다르다. 오염을 확인하기 위해 오염원인과 저장 조건을 확인한다.

1.4.2.2 허용할 수 없는 교정 범위의 확인 및 수정

초기 교정에서 교정곡선의 계산된 상관계수 값이 0.9998 이상일 때 용인된다.[105] 수시교정 표준물질과 원래의 교정 표준물질과의 편차가 무기물의 경우 ± 5 % 이내, 유기물의

105) 환경오염공정시험기준 각 항목별 시험 방법에 의하면 "초기교정은 결정계수가 0.98 이상이어야 한다." 그러나 분석 대상물질에 따라 허용되는 결정계수가 다르며 0.99 이상인 경우도 있다.

경우 ± 10 % 이내여야 한다. 교정검증표준물질 혹은 QC 점검표준물질의 허용 범위는 무기물의 경우 참값의 ± 5 % 이내, 유기물은 참값의 ± 10 % 이내이다.[106)]

1) 부적절하게 조제된 저장용액 및 표준용액

저장물질 및 표준물질에 대한 조제기록을 확인하고, 계산, 희석 방법, 조제에 사용된 화학물질에 문제점이 없었는지 확인한다.

새로운 표준물질을 준비하거나 혹은 다시 구입하여 교정을 반복한다.

2) 오래된 저장물질과 표준물질

모든 저장물질과 표준물질은 모두 유효날짜가 명시되어야 한다. 이 날짜가 지난 용액은 즉시 폐기해야 한다.

3) 잘못되거나 유효날짜가 지난 QC 교정검증표준물질(CVS)

날짜가 지났다면 즉시 폐기하고, 잘못된 CVS 표준물질에 의한 문제점은 확인하고 교정에 따른 조치를 취한다.

4) 부적절하게 저장된 저장용액, 표준용액 및 시약

규정에 따라 적절하게 저장되지 않은 용액, 표준용액 또는 시약 등이 있다면 즉시 폐기한다.

5) 부적절하게 세척된 유리제품, 용기의 오염 또는 깨끗하지 않은 환경에 의한 오염

세척 과정, 세척 유리제품의 보관 및 불결한 실험실 시설로부터의 오염 가능성을 점검한다. 세척 과정은 실험실 표준작업절차서(SOPs) 및 QA/QC 프로그램에 명시된 것을 정확하게 따라야 한다. 분광기 셀을 점검하고 셀에 긁힌 자국이 있다면 사용하지 않는다.

6) 부적절한 부피측정용 유리제품의 사용

분석자는 실험실 기본 기술을 잘 알고 있어야 한다. 부절적한 부피측정용 유리제품을 사용하면 분석 시험을 망칠 수 있다.

7) 잘못된 기기의 응답

기기 수행 검사를 실시하여, 기기에 문제가 발견되었다면 문제를 확인하고 해결한다.

---

106) 환경오염공정시험기준 각 항목별 시험 방법에 의하면 대개 다음과 같이 규정되어 있다. "시료 10개의 분석이 끝날 때마다 검정곡선 작성용 표준용액 중 1개의 농도를 측정하여 처음 측정값의 ± 15 % 이내에 들어야 한다." 그러나 검증 허용기준은 분석 대상물질에 따라 다르며 대개 ± 10 % ~ ± 25 % 범위에 있다.

1.4.2.3 허용할 수 없는 정밀도 값의 원인과 수정[107)]

이중시료는 현장 이중시료, 실험실이중시료 혹은 매질첨가 이중시료가 있다. 계산된 정밀도에 대한 허용한계값은 실험실, 시험 방법, 분석물질에 따라 다르다. 측정된 값과 계산된 값의 정밀도가 허용한계값을 벗어났을 경우 원인을 찾아 시정해야 한다.[108)]

1) 현장 이중시료에 대한 시료 채취 오류

시료 수집과 보존 방법을 검토하고, 시료 준비 과정을 검토한다. 필요하다면 이중시료의 준비와 활용에 대한 과정을 반복하고 재분석한다.

2) 실험실이중시료에 대한 준비 오류

실험실에서 가장 범하기 쉬운 오류로, 시료를 확인하지 않고 사용함으로써 발생한다. 분석 전에 반드시 시료에 대해 점검하고 확인한다.

3) 오염에 의한 오류

이중시료분석에 대해 다른 결과가 발생하였다면, 보관된 유리제품 및 장비의 오염 때문일 수 있다. 세척 과정을 점검하고, 오염이 발생하지 않도록 전 과정에서 주의를 기울인다.

4) 계산에 의한 오류

데이터와 관련된 모든 계산을 검토하고 문제점을 찾아 해결한다.

1.4.2.4 허용할 수 없는 첨가 물질 회수율의 원인과 수정

모든 첨가물질 데이터는 각각의 항목에 대해 첨가물질 정확도 한계값(spike accuracy limit)과 일치해야 한다.

1) 부적절하게 조제되거나 저장된 첨가 저장용액

모든 조제 기록과 사용한 화학물질을 검토한다. 필요하다면 보존조건 및 저장조건을 점검한다. 점검 후에도 오류원인을 발견하지 못했다면, 오래된 첨가 저장용액(stock solution)을 폐기하고 다시 준비한다.

---

107) 이들 오류를 점검하고도 허용값 안에 들지 않았다면, 전체 분석 과정을 다시 시작한다. 그리고 새로운 표준물질과 교정을 준비한다.

108) 환경오염공정시험기준에 의하면 정밀도는 상대표준편차백분율(%RSD)로 나타내며 분석 대상물질에 따라 다르나 대개 15 % ~ 25 % 범위에 있다.

2) 유효날짜가 지난 첨가 저장용액 혹은 표준용액

유효날짜를 확인하고, 유효날짜가 지난 것은 폐기한다.

3) 첨가물질에 대한 오류

계산을 확인하고 첨가된 양을 계산한다. 마이크로 피펫(micro-pipet)의 잘못된 사용으로 문제가 발생할 수 있다.

1.4.2.5 잘못된 표준 적정 용액의 원인 및 수정

적정분석은 사용하는 기구가 깨끗한 것을 사용해야 한다. 적정 용액은 특별한 주의를 기울여 준비해야 하고, 사용 전에 매번 정확한 노말 농도로 표준화한다. 제일 먼저 점검해야 하는 것은 적정 용액의 준비 과정과 표준화 확인이다.

적정 용액의 노말 농도는 각각의 시험법에 의해 주어진다. 잘못된 노말 농도는 잘못된 결과를 가져오게 된다.

좋은 적정 용액의 허용한계는 QC 검증표준용액의 참값과 ± 5 % 차이까지이다. 모든 QC 검증표준용액은 허용한계 내에 있어야 한다. 적정 과정이 이 범위에 있지 않다면 문제의 원인을 발견하여 수정한다.

1) 잘못된 적정 용액

- 준비 오류 : 조제기록부 및 화학물질을 점검
- 희석 과정 오류 : 조제기록부 확인
- 날짜가 지난 저장 적정 용액 사용 : 원인, 조제 날짜, 저장용액의 유효날짜, 적절한 저장 방법을 점검한다. 저장용액은 항상 냉장고에 저장하고, 사용 전에 실온에 오랫동안 두지 않는다. 희석된 저장용액은 부정확할 수 있다.
- 표준화의 오류 : 저장용액의 정확한 노말 농도는 올바른 분석 실행과 결과를 얻기 위해서 매우 중요하다. 표준화 과정과 관련 계산을 점검한다.

2) 오염되거나 유효날짜가 지난 시약 혹은 지시약

시약병에 적힌 유효기간 날짜를 점검한다. 유효날짜가 지난 시약은 폐기하고 분석은 새로 반복한다.

3) 오염된 유리제품 및 실험실 시설

세척 과정, 저장 방법을 점검한다.

4) 부적절하게 사용된 부피 측정기구

부피 측정기구는 조심스럽게 다루어져야 한다. 주기적인 교정 여부를 확인하고 오차를 최소화하기 위하여 20 °C에서 부피를 측정한다.

5) 종말점 읽음의 오류

지시약에 의한 종말점 측정은 많은 경험이 필요하다. 이 문제가 발생했다면, 훈련과 경험을 쌓기 위한 교육이 분석자에게 제공되어야 한다.

1.4.3 분석 시스템 실행 점검

분석 시스템 혹은 측정 과정을 유효화하기 위해, 실험실은 기준 표준시료를 사용한다. 내부표준물질은 실험실에서 자체적으로 준비하고, 외부표준물질은 외부에서 준비한다.

허용 범위에 들지 않은 경우, 그 내용에 따라 점검 및 수정을 한다.

- 계산 오류: 계산 점검
- 부적절한 시료 준비: 시료 준비 기술 및 방법을 검토한다. 잘못된 시료 채취 및 관리는 잘못된 분석 결과를 가져오게 된다.
- 부적절한 분석: 시료준비 및 분석과 관련된 모든 프로토콜의 오류를 찾아 검토한다.
- 오염: 오염을 막기 위한 활동을 점검한다.

1.4.4 분석 결과의 검증

각각의 분석물질에 대해 승인되고 검증된 분석 결과는 실험실 보고서 서식에 옮겨 적는다. 실험실 보고서는 모든 분석 과정에 대한 결과 데이터가 포함되어 있어야 하며 선택된 분석 결과를 비교해 보면서 시료분석의 정확성을 검증한다.

1.5 분석 자료의 보고 시 필요한 기록물

승인이 필요한 기록물 및 보고 자료는 다음과 같다.

- 시료 수집 및 확인에 관한 기록: 시료 채취 계획, 시료 수집 방법, 시료확인, 인수인계, 현장기록부 및 현장시험문서, 상세 현장 QC 활동
- 분석실행에 관한 기록: 사용한 시험 방법, 방법 검출한계(MDL), 기기(제조사, 모델, 성능점검(performance check), 유지 기록), 교정자료(초기, 수시), 상세 분석업무(업무일

지, 표준물질, 시약준비, 계산), 분석날짜 및 분석자 이름

- QA/QC 기록 및 자료: 바탕시료의 분석, 정밀도 및 정확도 자료, QC 차트, 분석항목에 대한 정확도 및 정밀도의 허용범위, 첨가물질 준비 방법, 대체물질 준비 방법, 세척 과정
- 분석 데이터의 점검 및 유효화: 문서, 데이터, 점검 및 유효화 방법, 시정조치, 각각의 분석항목에 대한 분석 결과 보고승인을 위한 서명 및 날짜, 최종분석보고서의 승인을 위한 날짜 및 서명

1.6 결과의 기록 – 국제단위계

시험·검사 결과의 기록 방법은 국제단위계(SI, The International System of Units)를 기본으로 하고 있으며, 이는 국립환경과학원 예규로 제정되어 있는 「환경오염공정시험기준심의 위원회 운영 규정」에도 포함되어 환경오염공정시험기준의 작성에 있어 단위를 표현하는 기준으로 삼고 있다. 국제단위계는 세계 대부분의 나라에서 공식적으로 채택하여 이용하고 있으며 우리나라도 계량법에 의거하여 1964년부터 국제단위계의 사용을 법적으로 규정하였으며 또한 국가표준기본법에도 국제단위계의 사용을 명문화하고 있다.

따라서 국제단위계에 따른 측정분석 결과의 정확한 표현으로 상호간에 측정 결과값에 대한 오해가 없도록 해야 한다.

국제단위계에 대한 자세한 내용은 '환경시험검사에서의 단위체계 사용에 대한 지침서'(국립환경과학원, 2011)를 참고할 수 있으며 아래에 그 내용을 요약하여 설명하였다.

- 시험·검사 결과 값의 수치와 단위는 한 칸 띄어 쓴다.
  3g (×) → 3 g (○), 12m (×) → 12 m (○)
- °C와 %도 단위이므로 수치와 한 칸 띄어 쓴다.
  20℃ (×) → 20 °C (○), 100% (×) → 100 % (○)
- 약어를 단위로 사용하지 않으며 복수인 경우에도 바뀌지 않는다. 단, 구두법상 문장의 끝에 오는 마침표는 예외로 한다.
  초 : sec (×) → s (○)
  시간 : hr (×) → h (○), 5 hr (×) → 5 h (○)
- 접두어 기호와 단위기호는 붙여 쓰며, 접두어 기호는 소문자로 쓴다.

밀리리터 : mL, 센티미터 : cm, 킬로미터 : km

단, Y(요타, 10^{24}), Z(제타, 10^{21}), E(엑사, 10^{18}), P(페타, 10^{15}), T(테라, 10^{12}), G(기가, 10^{9}), M(메가, 10^{6})는 대문자로 쓴다.

• 범위로 표현되는 수치에는 단위를 각각 붙인다.

10~20% (×) → 10 %~20 % (○)

20±2℃ (×) → 20 °C ± 2 °C (○) 또는 (20 ± 2) °C (○)

• 부피를 나타내는 단위 리터(liter)는 “L” 또는 “l”로 쓴다.

5 ℓ (×) → 5 L (○) 또는 5 l (○)

※ 환경오염공정시험기준과 환경시험 · 검사에서는 숫자 “1”과의 혼돈을 피하기 위해 “l” 보다는 “L”로 표기하는 것을 권장함

• ppm, ppb, ppt 등은 특정국가에서 사용하는 약어이므로 정확한 단위로 표현하거나 백만 분율, 십억 분율, 일조 분율 등의 수치로 표현한다.

5 ppb (×) → 5 μg/kg (○) 또는 5×10^{-9} (○)

2 ppt (×) → 2 ng/kg (○) 또는 2×10^{-12} (○)

• 양의 기호는 이탤릭체(기울임체)로 작성한다.

면적 A (×) → 면적 *A* (○)

시간 t (×) → 시간 *t* (○)

온도 T (×) → 온도 *T* (○)

• 수는 아라비아 숫자로서 작성하며 ‘보통 두께’의 직립체로 쓸 것을 권장한다.

3.01, *3.01*, 3.01, 3.01 (허용) → 3.01 (권장)

• 수에서 천 단위의 구분은 소수점을 중심으로 세 자리마다 빈칸을 넣어 구분한다.

76,438,522 (×) → 76 438 522 (○)

43,279.136,21 (×) → 43 279.136 21 (○)

다만, 소수점 앞 또는 소수점 아래 숫자가 네 자리 일 때는 붙여 쓸 수 있다.

1 234.5 (○), 1234.5 (○), 0.123 4 (○), 0.1234 (○)

• 영문장에서는 접두어와 단위 명칭 사이를 한 칸 띄지도 않고 연자부호(hyphen)를 넣지도 않는다. “megohm”, “kilohm”, “hectare”의 세 가지 경우는 접두어 끝에 있는 모음이 생략된다. 이 외의 모든 단위 명칭은 모음으로 시작되어도 두 모음을 모두 써야 하며 발음도 모두 해야 한다.

kilo-meter(×) → kilometer(○)

• 복합 단위의 배수를 형성할 때는 한 개의 접두어를 사용해야 하며 두 개나 그 이상

의 접두어를 나란히 붙여 쓸 수 없다. 이때 접두어는 통상적으로 분자에 있는 단위에 붙여야 하며, kg이 분모에 올 경우는 예외로 한다.

1 mμm(×) → 1 nm(○)　　　　　　　　kJ/g(○) 또는 MJ/kg(○)

- 어떤 양을 한 단위와 수치로 나타낼 때 보통 수치가 0.1과 1 000 사이에 오도록 접두어를 선택한다. 다만, 다음의 경우는 예외로 한다.
  - 넓이나 부피를 나타낼 때 헥토, 데카, 데시, 센티가 필요할 수 있다.
  - 같은 종류의 양의 값이 실린 표에서나 주어진 문맥에서 그 값을 비교하거나 논의할 때에는 0.1이나 1 000의 범위를 벗어나도 같은 단위를 사용하는 것이 좋다.
  - 어떤 양은 특정한 분야에서는 관례적으로 특정한 배수가 사용된다.

  12 300 mm(×) → 12.3 m(○)　　　0.00123 μm(×) → 1.23 nm(○)

  제곱헥토미터(hm^2), 세제곱센티미터(cm^3)

  기계공학 도면에서는 0.1 ~1 000의 범위를 많이 벗어나도 mm를 사용

- 곱하기 기호와 나누기 기호가 함께 사용되어 표현이 복잡한 경우는 음의 지수나 괄호를 사용하며, 두 개 이상의 단위가 곱하여지는 경우는 각 단위 간에 가운뎃점을 사용하며 전체를 괄호로 묶을 수 있다. 곱하기와 나누기를 쓸 때 기호와 단어를 혼용할 수 없으며 숫자 간의 곱하기 기호는 가운뎃점으로 대신 사용할 수 없다.

  $m \cdot kg/s^2 \cdot mol$(×) → $(m \cdot kg)/(s^2 \cdot mol)$(○),　$m \cdot kg \cdot s^{-2} \cdot mol^{-1}$(○)

  joules/kg(×), joules/kilogram(×) → $J \cdot kg^{-1}$(○), joules per kilogram(○)

  $2 \cdot 10^{-6}$(×) → 2×10^{-6}(○)

2 오차와 불확도

2.1 측정 오차(measurement error 또는 experiment error)

2.1.1 유효숫자(significant figures)[109]

유효숫자란 정확도에 영향을 주는 숫자 또는 정확도를 잃지 않으면서 과학적 표기 방법

109) 오른쪽 끝에 있는 하나의 숫자만이 확실하지 않도록 측정값을 나타낼 때, 그 측정값들의 숫자를 유효숫자라고 한다. 측정값의 정밀도는 유효숫자의 수로 나타내는데, 유효숫자는 확실한 숫자들과 불확실성을 내포하는 마지막 자릿수 하나를 더한 숫자다. 만일 유효숫자의 자릿수가 많고 서로 조금 밖에 다르지 않다면 그 측정값은 정밀하다.

으로 측정 자료를 표시하는 데 필요한 최소한의 자릿수로 정의된다.

유효숫자를 결정하기 위해 다음의 법칙이 존재한다.

- '0'이 아닌 숫자는 유효숫자다.
- '0'이 아닌 숫자 앞에 있는 '0'은 유효숫자가 아니다.

  예) 0.0025란 수에서 '0.00'은 유효숫자가 아닌 자리수를 나타내기 위한 것이므로 이 숫자의 유효숫자는 2개이다.
- '0'이 아닌 숫자 사이에 있는 '0'은 항상 유효숫자이다.

  예) 1.008이란 수는 4개의 유효숫자를 가지고 있다.
- 곱하거나 더하여 결과를 계산할 때, 계산하는 숫자 중에서 가장 작은 유효숫자 수에 맞춰 결과 값을 적는다.

예) 4.56 × 1.4 = 6.38에서 가장 적은 유효숫자는 '1.4'로서 2개이고 그 결과값도 유효숫자가 2개여야 하므로 6.4로 반올림하여 적는다.(계산하는 숫자 4.56과 1.4에서 1.4가 작으므로 가장 작은 유효숫자는 2자리). 다른 예로서 12.11 + 18.0 + 1.013 = 31.123에서는 최소 유효숫자(18.0의 3개)를 적용하여 31.1로 적는다.

유효숫자는 과학적 표기 방법으로 나타낼 때 분명해진다. 예를 들면,

$$0.216 \rightarrow 2.16 \times 10^{-1} \quad (\text{유효숫자 3개})$$

$$185.6 \rightarrow 1.856 \times 10^{2} \quad (\text{유효숫자 4개})$$

$$0.02340 \rightarrow 2.340 \times 10^{-2} \quad (\text{유효숫자 4개})$$

유효숫자에서 취급이 까다로운 것이 "0" 인데, 유효숫자에 포함되지 않는 "0"은 단지 소수점을 나타내기 위한 "0" 뿐이다.

측정값의 마지막 유효숫자는 항상 어느 정도의 불확도(uncertainty)를 가지며 최소의 불확도는 마지막 유효숫자에서 ± 1이 될 것이다. 측정기기에서 마지막 유효숫자는 측정기기의 눈금에 의해 결정되며 가장 작은 눈금과 눈금 사이를 10등분하여 가장 근접한 값을 선정한다. 측정값이 변동되지 않는 디지털 눈금을 가진 측정 기기라고 할지라도 어떤 측정값이든지 불확도를 갖는다.

2.1.1.1 측정 데이터의 계산된 결과의 반올림 규칙

측정 데이터의 계산된 결과는 보고하기 전에 적절한 방법으로 반올림해야 한다. 반올림할 때 5 미만은 버리고 5 이상의 경우 반올림한다. 그러나 반올림해야 할 수가 정확하게 5인 경우, 예를 들어 반복 측정에 의해 얻어진 결과 즉 61.60, 61.46, 61.55 및 61.61의

평균값은 61.555이고 표준편차가 0.069라면 5를 반올림하는 가장 좋은 방법은 바로 윗자리의 수를 항상 가까운 짝수가 되도록 하는 것이다. 이렇게 하면 한쪽 방향으로만 반올림하려는 경향성을 없애준다. 그러므로 결과는 61.56 ± 0.07과 같이 보고해야 한다.

유효숫자의 수가 4개인 몇 가지 반올림의 예를 보면

$$\begin{array}{lcl} 21.5450 & \rightarrow & 21.55 \\ 21.545 & \rightarrow & 21.54 \\ 21.555 & \rightarrow & 21.56 \\ 21.565 & \rightarrow & 21.56 \end{array}$$

2.1.1.2 덧셈과 뺄셈 계산에서의 유효숫자

같은 자릿수를 갖는 수를 더하거나 뺄 때, 결과는 각각의 숫자와 마찬가지로 같은 소수점(decimal point)을 갖는다.

$$\begin{array}{r} 2.324\times 10^{-3} \\ +\,3.455\times 10^{-3} \\ \hline 5.779\times 10^{-3} \end{array}$$

결과의 유효숫자의 수는 원래의 측정값의 유효숫자의 수보다 많거나 적을 수 있다.

$$\begin{array}{r} 6.725 \\ +\,7.634 \\ \hline 14.359 \end{array} \qquad \begin{array}{r} 8.234 \\ -\,7.843 \\ \hline 0.391 \end{array}$$

2.1.1.3 곱셈과 나눗셈 계산에서의 유효숫자

곱셈과 나눗셈에서 일반적으로 가장 적은 유효숫자를 갖는 수의 자릿수에 의해서 제한된다.

$$\begin{array}{r} 3.26\times 10^{-5} \\ +\,1.78 \qquad \\ \hline 5.80\times 10^{-5} \end{array} \qquad \begin{array}{ll} \;\;4.3179 & \times 10^{12} \\ +\,3.6 & \times 10^{-19} \\ \hline \;\;1.6 & \times 10^{-6} \end{array} \qquad \begin{array}{r} 34.60 \\ \div\;\; 2.46287 \\ \hline 14.05 \qquad \end{array}$$

10의 지수항은 남겨야 될 자릿수에 전혀 영향을 주지 않는다.

2.1.1.4 대수(logarithm)와 음의 대수(antilogarithm) 계산에서의 유효숫자

진수의 유효숫자 수에 맞게 그 결과값 가수의 유효숫자를 맞춘다.

밑이 10인 n의 대수(logarithm) 계산값이 a라면

$$\log n = a \quad \Leftrightarrow \quad 10^a = n$$

여기서 n은 a의 음의 대수(antilogarithm)라고 한다.

대수는 가수(mantissa)와 지표(characteristic)로 구성되며 지표는 정수부분이고 가수는 소수부분이다.

$\log 345 = 2.5378...$	지표 = 2	가수 = 0.5378...
$\log(3.45 \times 10^{-3}) = -2.462...$	지표 = −2	가수 = 0.462...

$\log n$ 의 가수에 있는 유효숫자의 수는 n의 유효숫자의 수와 같아야 한다.

$$\log\left(\underbrace{5.403}_{4자리} \times 10^{-8}\right) = -7.\underbrace{2674}_{4자리}$$

다른 방법으로 알아보면,

$$\log(5.403 \times 10^{-8}) = 0.73263... - 8$$

이므로 5.403의 자릿수 4개에 맞춰 0.73263...을 0.7326으로 표기하고 8을 뺀 −7.2674로 표기한다.

음의 대수(antilog)에서 유효숫자의 수는 가수의 자릿수와 같아야 한다.

$$antilog\left(-3.\underbrace{42}_{2자리}\right) = 10^{-3.\underbrace{42}_{2자리}} = \underbrace{3.8}_{2자리} \times 10^{-4}$$

2.1.1.5 유효숫자를 정한 상태에서의 표기

측정값의 유효숫자가 원하는 유효숫자의 수보다 더 많다면 측정값을 대략적으로 표기한다.

어떤 결과값이 1234에서 3개의 유효숫자를 원하는 경우;

$$1234 \quad \rightarrow \quad 1230$$
$$(1.234 \times 10^3) \qquad (1.23 \times 10^3)$$

그러나 3개의 유효숫자를 원한다고 하여 1230에서 마지막의 '0'을 삭제하여 123이라 표기하지 않는다. 또한 0.0456에서 2개의 유효숫자를 원한다면 0.046이라 표기한다.

2.2 오차(error)의 종류

오차는 학자에 따라 분류하는 방법이나 표현이 다소 다르기는 하나 대개 계통오차(systematic error)와 우연오차(random error)로 구분되며, 계통오차는 가측오차(determinate error)라고도 하고 우연오차는 불가측오차(indeterminate error) 또는 비재현성오차(non-repeatability error)라고도 한다.

2.2.1 계통오차(systematic error) 또는 가측오차(determinate error)

계통오차의 종류에는 4가지가 있다. 측정 장치의 불완전성, 잘못된 검정 및 전력 공급기의 불안정성에 의해 발생하는 기기오차(instrumental error), 분석 장치의 비이상적인 화학적 및 물리적인 영향에 의해 발생하는 방법오차(method error), 실험하는 사람의 부주의, 무관심, 개인적인 한계 등에 의해 생기는 개인오차(personal error) 및 온도, 습도, 진동, 전자파 등 분석환경으로부터 발생하는 환경오차(environmental error)가 있다.

2.2.1.1 기기오차

유리로 만들어진 부피 측정기구(뷰렛, 피펫, 부피 플라스크)는 부피를 나타내는 눈금과 약간 차이가 나는 부피를 가질 수 있다. 이러한 차이는 검정온도와는 다른 온도에서 사용하거나 건조하는 동안에 가열에 의해서 용기의 벽이 뒤틀리거나 내부 표면이 오염됨으로서 발생될 수 있다. 이런 종류의 계통오차는 교정을 통하여 보정할 수 있다.

전자측정기기도 계통오차를 수반할 수 있는데 배터리를 이용하는 기기의 경우 전력공급기의 전압이 시간이 지남에 따라 오차를 유발할 수 있다. 또한 기기에 대한 교정이 잘못되거나 자주 교정을 하지 않음으로서 오차를 유발할 수 있다. 온도변화는 많은 전자 부품에 대하여 변동성을 유발하여 오차를 유발하며 교류전압에 의한 잡음의 영향을 받아 정밀도와 정확도에 영향을 미치게 된다. 이러한 오차는 검출이 가능하며 보정할 수도 있다.

2.2.1.2 방법오차

분석의 기초원리가 되는 반응과 시약의 비이상적인 화학적 또는 물리적 반응은 방법오차의 발생 원인이 될 수 있다. 이런 비이상적인 반응의 원인에는 느린 반응속도, 반응의 불완결성, 화학종의 불안정성, 대부분의 시약의 비선택성, 측정 과정을 방해하는 간섭작용 등이 있다.

어떤 시험 방법에 존재하는 본질적인 오차는 검출하기 어렵기 때문에 4가지 계통오차 중에서 가장 심각하다.

2.2.1.3 개인오차

많은 측정은 개인적인 판단을 요구하기도 한다. 예를 들면 두 눈금 사이에 있는 지시침의 위치를 정할 때, 적정의 종말점에서 용액의 색깔을 구별할 때, 또는 액체의 눈금을 뷰렛과 피펫에 있는 눈금에 맞출 때 등이다.

또한 어떤 사람은 지시침의 위치를 항상 큰 값으로 읽고, 다른 사람은 타이머의 작동을 약간 늦게 하기도 하고, 또 다른 사람은 색깔변화에 대해 민감하지 못할 수도 있다. 색의 변화에 민감하지 못한 분석자는 부피분석에서 과량의 시약을 첨가하는 경향이 있다. 분석자의 알려진 신체적 장애로 인한 오차를 최소화할 수 있도록 분석 과정에 대한 수정을 해야 한다.

개인오차의 일반적인 원인은 편견, 즉 개인적인 선입관에서 온다. 우리들 대부분은 아무리 정직하다고 할지라도 한 무리의 결과에 대한 정밀도를 증가시키려는 방향으로 눈금을 읽으려고 하는 자연스러운 경향성을 가지고 있다. 또는 측정의 참값을 미리 마음 속에 정해놓은 경우도 있다. 개인마다의 차이는 심하지만, 숫자에 대한 편견은 또 다른 개인오차의 원인이 된다. 눈금 위의 바늘의 위치를 읽을 때 생기게 되는 가장 흔한 선입관은 숫자 0과 5를 선호한다는 것이다. 또한 큰 수보다는 작은 수를, 홀수보다는 짝수를 더 선호하는 편견도 가지고 있을 수도 있다.

2.2.1.4 환경오차

환경오차는 실험실이 갖는 외적 환경조건에 의해 발생하는 오차로서 대개 압력, 온도, 습도, 전자파, 중력, 기압 등에 의해 오차가 발생한다. 그러므로 실험실의 온도와 습도를 일정하게 하고 기기 주변에 전자적 영향을 주거나 자성을 발생하는 외적 요인이 없어야 그 오차를 감소시킬 수 있다.

2.2.1.5 계통오차를 검출하는 방법

1. CRM 등과 같은 조성을 알 수 있는 표준물질을 분석한다. 적용하는 분석 방법으로 알고 있는 값을 재현할 수 있어야 한다.
2. 분석 성분이 들어 있지 않은 바탕시료(blank)를 분석한다. 만일 측정 결과가 "0"이 되지 않으면 오차가 발생한 것이므로 얻고자 하는 값보다 더 큰 값을 얻게 될 것이다.
3. 같은 양을 측정하기 위하여 여러 가지 다른 방법을 이용한다. 만일 각각의 방법에서 얻은 결과가 일치하지 않으면 한 가지 또는 그 이상의 방법에 오차가 발생한 것이다.

4. 같은 시료를 각기 다른 실험실이나 다른 실험자(같은 방법 또는 다른 방법의 이용)에 의해서 분석한다. 예상한 우연오차 이외에 일치하지 않는 결과는 계통오차이다.

2.2.2 우연오차(random error) 또는 불가측오차(indeterminate error)

우연오차 또는 불가측오차는 측정할 때 조절하지 않은(그리고 조절할 수 없는) 변수 때문에 발생한다. 우연오차는 양의 값을 가지거나 음의 값을 가질 확률은 같으며, 항상 존재하고 보정할 수 없기 때문에 비재현성 오차(non-repeatability error)라고도 한다.

대부분의 우연오차의 원인들을 확실하게 찾아내기는 어렵다. 만일 불확도를 일으키는 원인을 확실히 찾아낸다고 하더라도, 대부분은 그 불확도가 너무 작아서 개별적으로 검출할 수 없다. 개개의 불가측오차의 축적된 효과는 한 무리의 반복 측정으로부터 얻은 결과값이 평균 주위에 불규칙하게 분포되어 나타나게 된다. 만일 검출할 수 없는 작은 불확도가 검출할 수 있는 우연오차를 만든다고 가정하면 정성적인 개념을 얻을 수 있다.

단지 네 개의 작은 우연오차가 모여서 총괄 오차를 만드는 상황에 대해 생각해 보자. 각 오차는 같은 확률을 가지고 일어나고, 그리고 각 오차가 최종 결과로 하여금 일정한 양 $\pm 4U$의 편차를 나타내는 조합은 한 경우뿐이고, 4개의 조합이 $+2U$의 편차를 갖고 있고, $0U$의 편차를 갖는 조합은 6개가 있다. 음의 오차를 갖는 조합의 수도 마찬가지이다. 1 : 4 : 6 : 4 : 1의 비는 각 크기의 편차를 나타낼 수 있는 확률의 척도가 된다. 매우 많은 개개의 오차에 적용하였을 때 종모양의 곡선을 얻게 된다. 이러한 곡선을 Gauss 곡선(Gaussian curve) 또는 정규오차곡선(normal error curve)이라고 한다.

▶표 III-11◀ 똑같은 크기를 갖는 4가지 불확도의 가능한 조합

불확도의 조합	우연오차의 크기	조합 수	상대 빈도수
$+U_1+U_2+U_3+U_4$	$+4U$	1	1/16 = 0.0625
$-U_1+U_2+U_3+U_4$ $+U_1-U_2+U_3+U_4$ $+U_1+U_2-U_3+U_4$ $+U_1+U_2+U_3-U_4$	$+2U$	4	4/16 = 0.250
$-U_1-U_2+U_3+U_4$ $+U_1+U_2-U_3-U_4$ $+U_1-U_2+U_3-U_4$ $-U_1+U_2-U_3+U_4$ $-U_1+U_2+U_3-U_4$ $+U_1-U_2-U_3+U_4$	0	6	6/16 = 0.375

▶표 Ⅲ-11◀ 똑같은 크기를 갖는 4가지 불확도의 가능한 조합(계속)

불확도의 조합	우연오차의 크기	조합 수	상대 빈도수
$+U_1-U_2-U_3-U_4$ $-U_1+U_2-U_3-U_4$ $-U_1-U_2+U_3-U_4$ $-U_1-U_2-U_3+U_4$	$-2U$	4	4/16 = 0.250
$-U_1-U_2-U_3-U_4$	$-4U$	1	1/16 = 0.0625

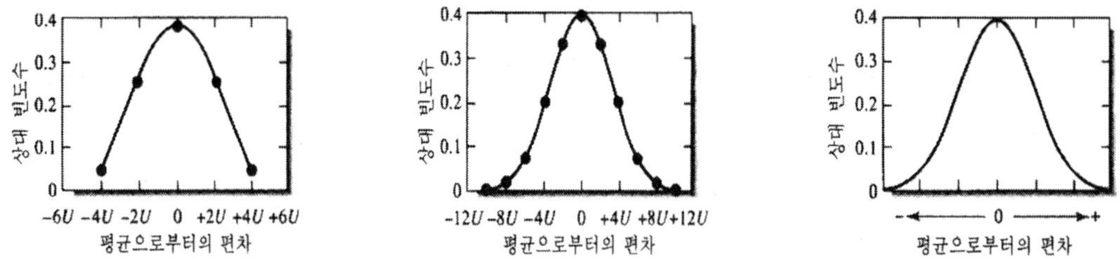

▶그림 Ⅲ-1◀ Gauss 곡선. 좌측: 4개의 우연 불확도, 중앙: 10개의 우연 불확도, 우측: 매우 많은 우연 불확도를 포함하고 있는 측정 빈도수의 분포

2.3 정확도(accuracy)와 정밀도(precision)

정확도(accuracy)는 측정값(measured value)이 참값(true value)에 얼마나 가까운지를 나타내며, 정밀도(precision)는 결과에 대한 재현성(reproducibility)을 나타낸다.

2.3.1 정확도의 표현 방법

정확도를 나타내기 위한 방법으로는 회수율(recovery), 절대오차(absolute error), 상대오차(relative error) 및 상대정확도(relative accuracy)가 있다.

2.3.1.1 회수율(recovery)

회수율은 분석을 위하여 주입한 시료 중의 분석대상물질의 양이 분석 결과로서 나타난 양과의 백분율로 표시하는 정확도를 나타내는 한 방법이다. 분석 결과 값이 참값 또는 분석을 위해 주입한 물질의 농도와 차이가 나지 않을 때 이 분석은 정확하다고 할 수 있다. 정확도는 정제수 또는 시료 매질로부터 % 회수율(% R)을 측정하여 평가한다.

$$\%R = \frac{측정값}{참값} \times 100\ \%$$

$$= \frac{첨가된\ 시료의\ 질량 - 첨가되지\ 않은\ 원시료의\ 질량}{첨가물질의\ 질량} \times 100\ \%$$

2.3.1.2 절대오차(absolute error)

참값에서 측정값을 뺀 수치의 절댓값으로서 측정값의 단위와 동일한 단위로 표현된다.

$$절대오차(absolute\ error) = |참값(true\ value) - 측정값(measured\ value)|$$

또한 여러 측정값의 평균을 사용할 경우 평균오차(mean error)라고 한다.

$$평균오차(mean\ error) = |참값(true\ value) - 측정값들의\ 평균(mean\ of\ measured\ values)|$$

평균절대오차(MAE, mean absolute error)는 각 측정값의 절대오차값의 합을 측정 횟수로 나눈 값이다.

$$MAE = \frac{\sum_{i=1}^{n} |y_i - x_i|}{n}$$

2.3.1.3 상대오차(relative error)

상대오차는 절대오차나 평균오차를 참값의 비(ratio)로 나타내며, 상대오차백분율(percent relative error) 또는 상대오차천분율(parts per thousand)로도 나타낸다. 상대오차를 상대불확도(relative uncertainty) 또는 근사오차(approximation error)라고도 한다.

$$상대오차(relative\ error) = \frac{절대오차\ 또는\ 평균오차}{참값} = \frac{|참값 - 측정값|}{참값}$$

$$상대오차백분율(percent\ relative\ error) = \frac{절대오차\ 또는\ 평균오차}{참값} \times 100\ \%$$

$$상대오차천분율(parts\ per\ thousand) = \frac{절대오차\ 또는\ 평균오차}{참값} \times 100\ ppt$$

2.3.1.4 상대정확도(relative accuracy)

측정값이나 평균값을 참값에 대한 백분율로 나타내는 방법이다.

$$\text{상대 정확도(relative accuracy)} = \frac{\text{측정값 또는 평균값}}{\text{참값}} \times 100\%$$

2.3.2 정밀도의 표현 방법

정밀도를 나타내기 위한 방법으로는 표준편차(standard deviation)가 가장 일반적으로 사용되며, 평균의 표준오차(standard error), 분산(variance), 변동계수(coefficient of variance), 상대범위(relative range), 상대표준편차(relative standard deviation), 상대차이 백분율(RPD, relative percent difference) 및 퍼짐(spread) 또는 범위(range)가 있다.

2.3.2.1 표준편차(standard deviation)

모집단의 표준편차(σ, population standard deviation)는

$$\sigma = \sqrt{\frac{\sum_{i=1}^{N}(x_i - \mu)^2}{N}}$$

여기서 N : 모집단을 이루고 있는 반복 데이터의 수

σ : 모집단의 표준편차

μ : 모집단의 평균

표본의 표준편차(s, sample standard deviation)는

$$s = \sqrt{\frac{\sum_{i=1}^{N}(x_i - \overline{x})^2}{N-1}} \quad \text{또는} \quad s = \sqrt{\frac{\sum_{i=1}^{N} x_i^2 - \frac{\left(\sum_{i=1}^{N} x_i\right)^2}{N}}{N-1}}$$

여기서 N : 표본을 이루고 있는 반복 데이터의 수

s : 표본의 표준편차

$\overline{x}$: 표본의 평균

일반적으로 $N \geq 20$ 이면 $\overline{x} \rightarrow \mu$ 로 수렴하고 $s \rightarrow \sigma$ 에 수렴한다고 볼 수 있다.

2.3.2.2 평균의 표준오차(s_m, standard error of mean)

각각 N개의 데이터를 포함하는 일련의 반복시료들이 모집단의 데이터로부터 마구잡이로 선택되었다면 각 무리의 평균은 N이 증가함에 따라 점점 더 적게 흩어질 것이며 각

평균의 표준편차를 표준오차(s_m, standard error of mean)라고 한다.

$$s_m = \frac{s}{\sqrt{N}}$$

표준오차는 평균을 계산하는 데 사용된 데이터의 수 N의 제곱근에 역비례한다.

2.3.2.3 분산(s^2, variance)

분산은 표준편차의 제곱으로 나타낸다.

$$s^2 = \frac{\sum_{i=1}^{N}\left(x_i - \bar{x}\right)^2}{N-1} \quad \text{또는} \quad s^2 = \frac{\sum_{i=1}^{N} x_i^2 - \frac{\sum_{i=1}^{N}(x_i)^2}{N}}{N-1}$$

2.3.2.4 상대표준편차(RSD, relative standard deviation)

상대표준편차는 표준편차를 그 무리의 데이터 평균으로 나눈 것이다.

$$\mathrm{RSD} = \frac{\mathrm{s}}{\bar{\mathrm{x}}}$$

상대표준편차는 그 값이 작기 때문에 일반적으로 백분율 또는 천분율로 나타낸다.

$$\text{상대표준편차백분율} \qquad \%\mathrm{RSD} = \frac{\mathrm{s}}{\bar{\mathrm{x}}} \times 100\ \%$$

$$\text{상대표준편차천분율} \qquad \mathrm{ppt\ RSD} = \frac{\mathrm{s}}{\bar{\mathrm{x}}} \times 1000\ \mathrm{ppt}$$

2.3.2.5 상대차이백분율(RPD, relative percent difference)

상대차이백분율은 두 측정값(X_1, X_2 ; $X_1 > X_2$)의 차이를 그 평균으로 나누어 백분율로 표시한 값으로 다음과 같이 계산된다.

$$\mathrm{RPD} = \frac{X_1 - X_2}{\bar{X}} \times 100\%$$

2.3.2.6 변동계수(CV, coefficient of variance)

백분율로 나타낸 상대표준편차는 통계적으로는 변동계수라고 한다.

$$CV = \frac{s}{\bar{x}} \times 100\,\%$$

2.3.2.7 퍼짐(spread) 또는 범위(range)

한 무리의 반복 측정한 결과의 정밀도를 나타내는 데 사용되며, 그 무리의 가장 큰 값과 가장 작은 값 사이의 차이(W)로 나타낸다.

$$W = X_{(\text{가장 큰 값})} - X_{(\text{가장 작은 값})}$$

2.4 절대 불확도(absolute uncertainty)와 상대 불확도(relative uncertainty)

2.4.1 절대 불확도(absolute uncertainty)

절대 불확도(absolute uncertainty)는 측정에 따르는 불확도의 한계에 대한 표현이며, 측정계기의 눈금이나 숫자를 읽는데 추정되는 불확도가 ± 0.04라면 읽기와 관련된 절대 불확도는 ± 0.04가 된다.

2.4.2 상대 불확도(relative uncertainty)

상대 불확도(relative uncertainty)는 절대 불확도를 갖는 측정의 크기와 절대 불확도의 비(ratio)로써 나타낸다.

$$\text{상대불확도(relative uncertainty)} = \frac{\text{절대불확도}}{\text{측정의 크기}} \text{ 또는}$$

$$\text{상대불확도(relative uncertainty) 백분율 (\%)} = \frac{\text{절대불확도}}{\text{측정의 크기}} \times 100\ \%$$

2.5 계산된 결과의 불확도의 전파

각각의 불확도를 알고 있는 두 개 이상의 실험 데이터로부터 계산된 결과의 불확도를 알 필요가 있다. 계산의 종류에 따라 불확도는 다르게 전파된다.

2.5.1 덧셈과 뺄셈에 대한 불확도의 전파

덧셈과 뺄셈의 계산된 결과에 대한 불확도의 전파는 다음과 같다.

$$y(\pm e_y) = x_1(\pm e_{x_1}) + x_2(\pm e_{x_2}) - x_3(\pm e_{x_3})$$

여기서 e : 절대 불확도

y 의 분산, 즉 e_y^2 은 $e_y^2 = e_{x_1}^2 + e_{x_2}^2 + e_{x_3}^2$ 이 된다. 그러므로 y 의 절대 불확도(e_y)는

$$e_y = \sqrt{e_{x_1}^2 + e_{x_2}^2 + e_{x_3}^2}$$

2.5.2 곱셈과 나눗셈에 대한 불확도의 전파

곱셈과 나눗셈의 계산된 결과에 대한 불확도의 전파는 다음과 같이 상대 불확도를 이용한다.

$$y(\pm e_y) = x_1(\pm e_{x_1}) \times \frac{x_2(\pm e_{x_2})}{x_3(\pm e_{x_3})}$$

그러므로 $\left(\frac{e_y}{y}\right)^2 = \left(\frac{e_{x_1}}{x_1}\right)^2 + \left(\frac{e_{x_2}}{x_2}\right)^2 + \left(\frac{e_{x_3}}{x_3}\right)^2$ 이므로

$$\frac{e_y}{y} = \sqrt{\left(\frac{e_{x_1}}{x_1}\right)^2 + \left(\frac{e_{x_2}}{x_2}\right)^2 + \left(\frac{e_{x_3}}{x_3}\right)^2}$$

y 의 절대 불확도(e_y)는

$$e_y = y \times \sqrt{\left(\frac{e_{x_1}}{x_1}\right)^2 + \left(\frac{e_{x_2}}{x_2}\right)^2 + \left(\frac{e_{x_3}}{x_3}\right)^2}$$

2.5.3 지수식에 대한 불확도의 전파

지수식의 계산된 결과에 대한 불확도의 전파는 지수는 불확도가 없다고 하고 단지 x에 대해서만 불확도를 갖는다면 다음과 같이 상대 불확도를 이용한다.

$$y(\pm e_y) = [x(\pm e_x)]^a$$

y 의 절대 불확도(e_y)는

$$\frac{e_y}{y} = a \times \left(\frac{e_x}{x}\right) \qquad \therefore e_y = xy \times \left(\frac{e_x}{x}\right)$$

2.5.4 대수(logarithm) 식에 대한 불확도의 전파

만일 y 가 밑수 10인 x 의 대수라고 하면

$$y(\pm e_y) = \log \ x(\pm e_x)$$

y 의 절대 불확도(e_y)는

$$e_y = \left(\frac{1}{\ln 10}\right)\left(\frac{e_x}{x}\right) \simeq 0.43429 \times \left(\frac{e_x}{x}\right)$$

2.5.5 자연 대수(natural logarithm) 식에 대한 불확도의 전파

x 의 자연 대수(natural logarithm, ln)는 $x = e^y$ 이고 $e(= 2.71828...)$는 자연 대수의 밑수가 된다.

$$y(\pm e_y) = \ln x(\pm e_x)$$

y 의 절대 불확도(e_y)는

$$e_y = \frac{e_x}{x}$$

2.5.6 anti-logarithm 식에 대한 불확도의 전파

$y(\pm e_y) = antilog \ x(\pm e_x)$ 은 $y(\pm e_y) = 10^{x(\pm e_x)}$ 라고 할 수 있고

$$\frac{e_y}{y} = (\ln 10) e_x \simeq 2.3026 \, e_x$$

그러므로 y 의 절대 불확도(e_y)는

$$e_y = 2.3026 \, y \, e_x$$

예제

pH = 5.21 ± 0.03일 때 수소 이온 농도[H^+]와 불확도를 구하시오(pH = −log[H^+]이다).

풀이

pH = − log[H$^+$] = 5.21 ± 0.03이므로 [H$^+$] = $10^{-(5.21 \pm 0.03)}$이 된다.

여기서, [H$^+$] = $10^{-5.21} = 6.17 \times 10^{-6}$이고,

anti-logarithm 식에 의한 절대 불확도(e_y)는

$$\frac{e_y}{[H^+]} = (\ln 10)\, e_x = (2.3026)(0.03) = 0.0691$$

$e_y = 0.0691\,[H^+] = 0.0691\,(6.17 \times 10^{-6}) = 4.26 \times 10^{-7}$이다.

그러므로 수소 이온의 농도는

$$[H^+] = [\,6.17 \times 10^{-6} \pm 4.26 \times 10^{-7}\,]\,\text{M}$$
$$= 6.17\,(\pm 0.426) \times 10^{-6}\,\text{M} = 6.2\,(\pm 0.4) \times 10^{-6}\ \text{M}$$이다.

2.5.7 e^x 식에 대한 불확도의 전파

만일 $y = e^x$이라면 y의 상대 불확도는 x의 절대 불확도와 같다.

$$y = e^x$$

y 의 상대 불확도는 $\frac{e_y}{y} = e^x$ 이므로 y 의 절대 불확도(e_y)는

$$e^y = y\ e^x$$

3 Gauss 곡선

3.1 Gauss 곡선의 성질

평균으로부터 벗어나는 어떤 편차들이 상대빈도수 y 를 평균으로부터의 편차의 함수로 표시한 두 개의 Gauss 곡선을 그림 III-2의 (a)에서 보여주고 있다. 가장자리에서 보여준 것과 같이 이런 곡선은 단지 두 개의 파라미터, 즉 모집단 평균(population mean) μ 와 모집단 표준편차(population standard deviation) σ 만을 포함한 식으로 나타낼 수 있다.

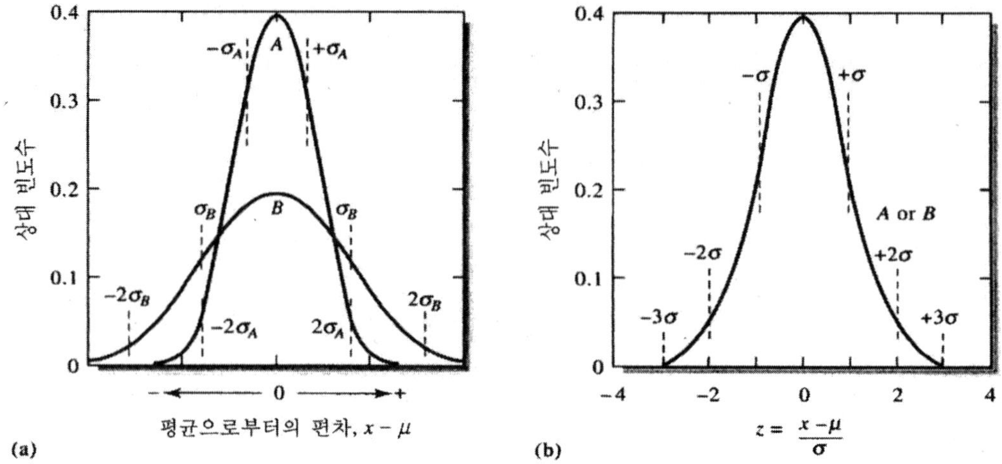

▶그림 III-2◀ 정규오차곡선

$$y = \frac{1}{\sigma\sqrt{2\pi}}\, e^{-(x-\mu)^2/2\sigma^2}$$

다른 형태의 정규오차곡선(normal error distribution)으로써 가로 좌표를 새로운 변수 z 로 나타내면 정규분포오차곡선의 식은 다음과 같이 되며 그림 III-2의 (b)와 같이 주어진다.

$$\frac{(x-\mu)}{\sigma} \equiv z \text{ 로 정의하면} \qquad y = \frac{1}{\sigma\sqrt{2\pi}}\, e^{-z^2/2}$$

그림 III-2의 (a)의 경우, 곡선 B의 표준편차는 곡선 A의 표준편차 2배이다(즉, $\sigma_B = 2\sigma_A$). 그리고 가로 좌표는 측정 단위로서 평균으로부터 편차로 나타내었다. 그러나 그림 III-2의 (b)의 경우, 가로 좌표는 s 단위로 표시된 평균으로부터의 편차이다. 즉, 두 곡선 A와 B는 여기에서는 같게 된다.

여기서 z 는 표준편차 단위로 나타낸 데이터 평균의 편차가 된다. 즉,

$$z = \frac{(x-\mu)}{\sigma} \text{ 이므로} \qquad x-\mu = z\sigma$$

Gauss의 오차곡선의 식은

$$y = \frac{1}{\sigma\sqrt{2\pi}}\, e^{-(x-\mu)^2/2\sigma^2} = \frac{1}{\sigma\sqrt{2\pi}}\, e^{-z^2/2}$$

평균으로부터의 편차($x-\mu$)를 적용한 모든 Gauss 오차곡선들(그림 III-2(a))의 두 곡

선(A 와 B)은 z를 적용하면 하나의 Gauss 오차곡선(그림 III-2(b))이 된다.

정규오차곡선은 다음과 같은 몇 가지 일반적인 특성을 갖는다.

(1) 평균은 최대 빈도수에서 나타난다.

(2) 최고점을 중심으로 양과 음의 편차는 대칭으로 분포한다.

(3) 편차의 크기가 커짐에 따라 빈도수는 지수함수로 감소한다.

따라서 작은 우연 불확도(우연오차)들은 매우 큰 우연 불확도(우연오차)들 보다 훨씬 더 많이 관찰된다.

3.2 Gauss 곡선의 신뢰구간 면적

Gauss 오차곡선의 신뢰구간 면적을 구하기 위해서는 Gauss 오차곡선의 식을 원하는 $-\sigma$ 에서 $+\sigma$ 까지 유한적분에 의해 얻어진다.

$$\text{면적} = \int_{-\sigma}^{+\sigma} \frac{1}{\sigma\sqrt{2\pi}} e^{-(x-\mu)^2/2\sigma^2} dx$$

변수 z를 사용하면 $z = \dfrac{(x-\mu)}{\sigma}$ 이므로 편미분하면 $dz = \dfrac{1}{\sigma}dx$ 가 되므로 $dx = \sigma\, dz$ 이다. 그러므로

$$\text{면적} = \int_{-z}^{+z} \frac{1}{\sqrt{2\pi}} e^{-z^2/2} dz$$

z를 -1 에서 $+1$ 까지를 적분한 면적은

$$\text{면적} = \int_{-1}^{+1} \frac{1}{\sqrt{2\pi}} e^{-z^2/2} dz = 0.683$$

z를 -2 에서 $+2$ 까지를 적분한 면적은

$$\text{면적} = \int_{-2}^{+2} \frac{1}{\sqrt{2\pi}} e^{-z^2/2} dz = 0.954$$

z를 -3 에서 $+3$ 까지를 적분한 면적은

$$\text{면적} = \int_{-3}^{+3} \frac{1}{\sqrt{2\pi}} e^{-z^2/2} dz = 0.997$$

z 를 $-\infty$ 에서 $+\infty$ 까지를 적분한 면적은

$$\text{면적} = \int_{-\infty}^{+\infty} \frac{1}{\sqrt{2\pi}}\, e^{-z^2/2}\, dz = 1$$

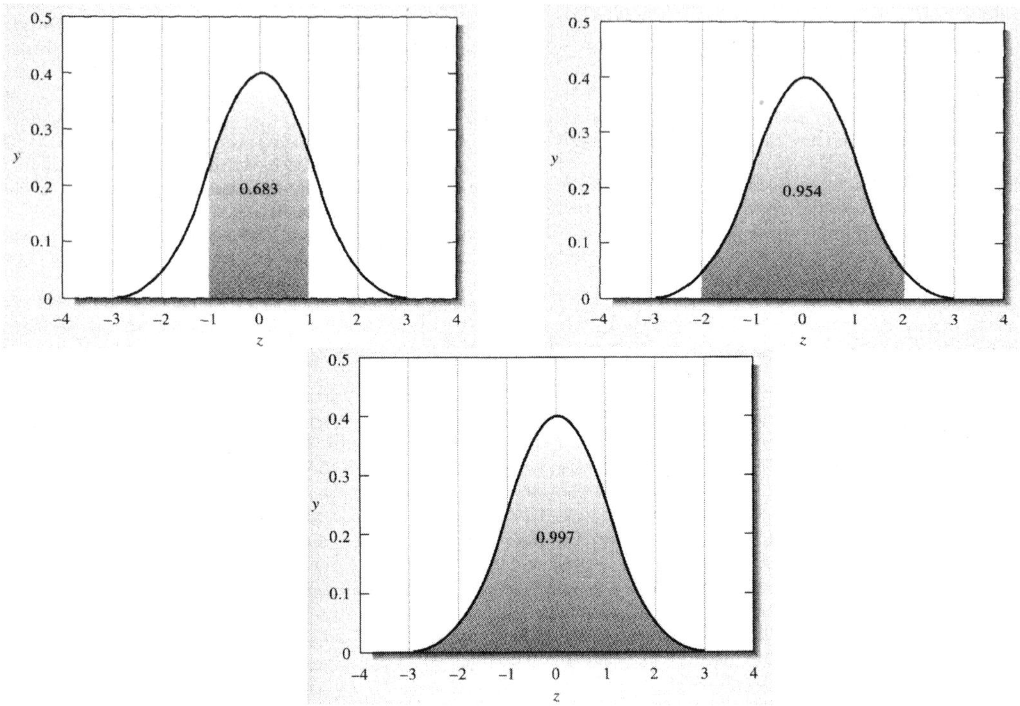

▶그림 Ⅲ-3◀ z값에 따른 Gauss 곡선의 신뢰구간 면적

3.3 신뢰구간(confidence interval)

- 평균에 대한 신뢰구간(CI, confidence interval) : 실험적으로 얻은 평균($\bar{x}$) 주위에 모집단 평균 μ 가 어떤 확률로 존재할 값의 범위.
- 평균에 대한 신뢰한계(confidence limit) : 실험적으로 얻은 평균($\bar{x}$) 주위에 모집단 평균 μ 가 어떤 확률로 존재할 한계 값.
- 신뢰수준(CL, confidence level) : 실험적으로 얻은 평균($\bar{x}$) 주위에 모집단 평균 μ 가 존재할 확률을 의미하며 %로 나타냄.
- 유의수준(α , significance level) : 결과가 신뢰수준 밖에 존재할 확률. 예를 들어, 신뢰수준이 95%라면 유의수준은 0.05, 즉 $\alpha = 0.05$ 이다.

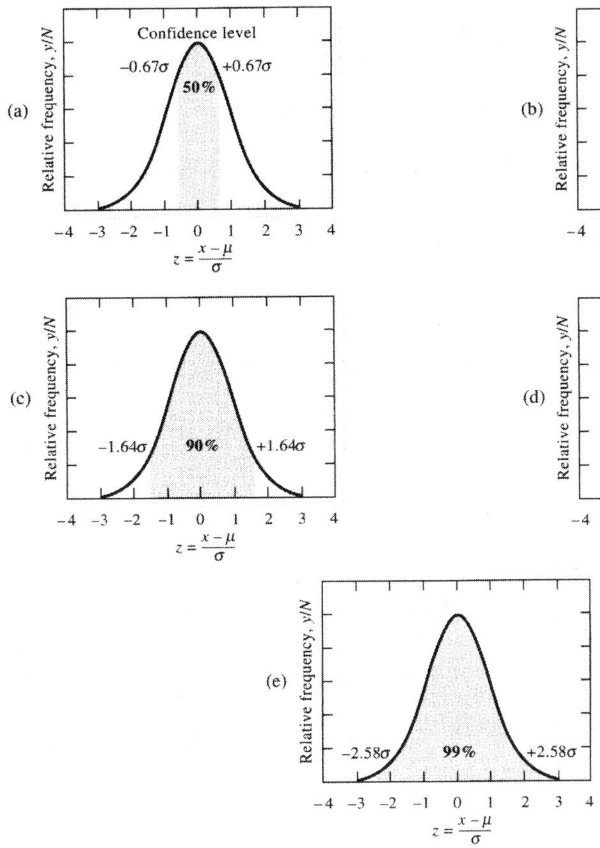

▶그림 III-4◀ 여러 가지 ± z값에 대한 정규오차곡선의 신뢰수준 (a) z = ± 0.67; (b) z = ± 1.29; (c) z = ± 1.64; (d) z = ± 1.96; (e) z = ± 2.58

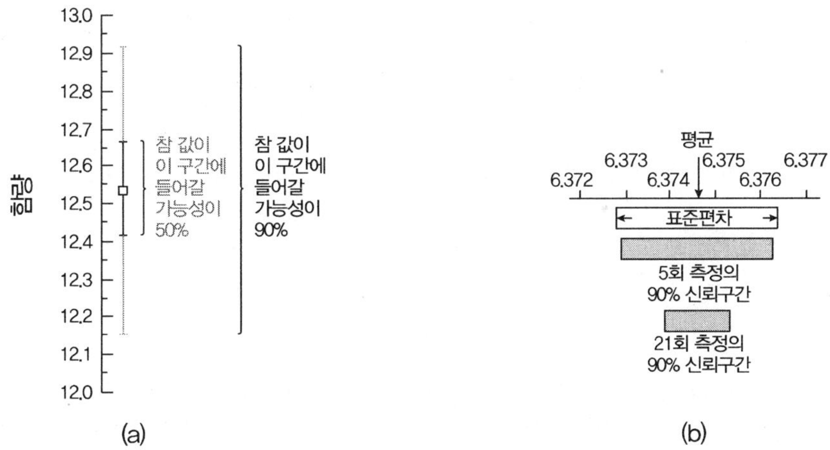

▶그림 III-5◀ 신뢰수준 구간. (a): 신뢰수준(확률)에 따른 참값이 속할 수 있는 구간, (b): 같은 신뢰수준에서 측정 횟수에 따른 표준편차의 크기

3.3.1 신뢰구간 구하기

3.3.1.1 σ 가 알려져 있거나 s 가 σ 의 좋은 근사값일 때의 신뢰구간 구하기

잘 알려진 σ 값을 가진 분포로부터 얻은 하나의 측정값 x 에 대하여 참 평균값이 $x \pm z\sigma$ 에 존재할 확률은 z 값에 따라 달라진다. 즉,

$$\mu\text{의 신뢰구간(CI)} = \mathrm{x} \pm \mathrm{z}\sigma$$

그러나 단 하나의 측정값으로부터 참 평균(true mean, μ)을 구하는 경우는 거의 없다.

잘 알려진 σ 값을 가진 분포에서 N 번 측정한 값을 사용하게 되면 측정 평균값 $\bar{x}$ 와 평균의 표준오차(s_m)는 $\dfrac{\sigma}{\sqrt{N}}$ 가 되므로 μ 의 신뢰구간은 다음과 같이 주어진다.

$$\mu\text{의 신뢰구간(CI)} = \bar{\mathrm{x}} \pm \frac{\mathrm{z}\sigma}{\sqrt{\mathrm{N}}}$$

3.3.1.2 σ 를 알 수 없을 때의 신뢰구간 구하기

한정된 시간이나 이용할 수 있는 시료 양의 제한 때문에 정확하게 σ (측정 횟수 $N \geq 20$ 일 경우 $s \rightarrow \sigma$ 수렴한다고 볼 수 있음)를 계산하지 못하는 경우에는 몇 개의 반복 측정값들로부터 평균과 정밀도를 계산해야 한다. 적은 데이터를 갖는 무리로부터 계산된 s는 매우 불확실할 수 있다.

s 의 가변성을 설명하기 위해서 중요한 통계학적 매개변수 t 를 사용한다.[110] 단 한 개의 측정값에 대한 t 는

$$t = \frac{x-\mu}{s} \text{ 이므로 } \quad \mu = x - ts$$

$$\mu\text{의 신뢰구간}(CI) = x \pm ts$$

N 번 측정한 값을 사용하게 되면, 측정 평균값 $\bar{x}$ 와 평균의 표준오차(s_m)는 $\dfrac{s}{\sqrt{N}}$ 가 되므로 $t = \dfrac{\bar{x}-\mu}{\dfrac{s}{\sqrt{N}}} = \dfrac{(\bar{x}-\mu)\sqrt{N}}{s}$ 이 된다.

110) t-통계법은 Student-t라고 부르기도 한다. student라는 이름은 W.S. Gossett가 Biometrika, 1908, 6, 1에 발표한 고전적인 논문에서 사용된 용어이다. Gossett는 Guinness Brewery에 고용되어 그 회사 상품의 알코올 함량에 대한 결과를 통계적으로 분석하는 임무를 부여 받았다. 이 작업의 결과로 그는 적은 수의 데이터에 대한 통계처리법을 연구하게 되었다. 고용주 회사의 비밀이 알려지는 것을 방지하기 위하여 Gossett는 그 논문의 저자를 student라는 이름으로 발표하였다.

그러므로 N 번 측정한 값에서의 μ 의 신뢰구간은 다음과 같이 주어진다.

$$\mu \text{의 신뢰구간} = \bar{x} \pm \frac{ts}{\sqrt{N}}$$

여기에서 상한신뢰한계(UCL, upper confidence limit)는 $\bar{x} + \frac{ts}{\sqrt{N}}$ 이며, 하한신뢰한계(LCL, lower confidence limit)는 $\bar{x} - \frac{ts}{\sqrt{N}}$ 이 되므로 신뢰구간은 LCL ~ UCL이 된다.

예제

기기분석을 통하여 어떤 오염물질을 분석한 결과가 12.3 mg/L, 12.9 mg/L, 12.4 mg/L로 나타났다. 90 % 신뢰수준에서 참값의 최대치(상한신뢰한계)를 추정하면 그 농도는 얼마가 되는가? 단, 90 % 신뢰수준에서 자유도(df)에 따른 t값은 다음과 같다.

$$t_{(df=1)} = 6.314, \quad t_{(df=2)} = 2.920, \quad t_{(df=3)} = 2.353$$

풀이

σ 를 알 수 없을 때의 신뢰구간은 다음의 식으로 구할 수 있다.

$$\mu \text{의 신뢰구간(CI)} = \bar{x} \pm \frac{ts}{\sqrt{N}}$$

문제에서 주어진 세 측정값의 평균($\bar{x}$)은 12.53 mg/L, 표준편차(s)는 0.321 mg/L이며, 측정값(N)이 3개이므로 이로부터 얻는 t값은 $t_{(df=2)} = 2.920$.

따라서 이들 값을 신뢰구간을 구하는 식에 대입하면

$$\text{상한신뢰한계} = \bar{x} + \frac{ts}{\sqrt{N}} = 12.53 + \frac{2.920 \times 0.321}{1.732} = 13.071(\text{mg/L})$$

참고로,

$$\text{하한신뢰한계} = \bar{x} - \frac{ts}{\sqrt{N}} = 12.53 - \frac{2.920 \times 0.321}{1.732} = 11.989(\text{mg/L})$$

4 가설검정에 대한 통계학적 도움

많은 과학적 혹은 공학적 연구는 가설시험을 근거로 이루어진다. 즉, 관찰된 사실을 설명하기 위해서 가설모형을 만든 후, 실험적으로 테스트하여 그것의 타당성을 결정한다. 만일 이 실험들로부터 얻은 결과가 모형을 뒷받침하지 못한다면 그 모형은 버리고 새로운 가설을 찾아야 한다. 만일 그 모형이 받아들여지면 그 가설모형은 많은 다른 실험들의 기초가 되며 충분한 실험 데이터가 얻어질 때까지 유용한 이론으로 인정받게 된다.

실험 결과가 이론적 모형에 의해 예상되는 결과와 정확히 일치하는 경우는 거의 없다. 그러므로 과학자와 공학자는 숫자적 차이가 모든 측정에서 필연적으로 생기는 우연오차에 의한 것인지 혹은 계통오차의 결과인지를 판단해야 한다. 이 판단들을 분명히 하기 위하여 통계학적 시험법을 사용하는 것이 유용하다.

이런 종류의 시험법은 귀무가설(혹은 영가설, null hypothesis)을 이용하는데, 이 귀무가설은 비교되는 수적인 양들이 사실상 같다고 가정하는 것이다. 그런 후에 확률분포를 이용하여 우연오차의 결과로 인해 측정값에 차이가 발생할 확률을 계산한다. 만일 관찰된 차이가 100번 중 5번(0.05 유의수준) 발생할 수 있는 차이보다 같거나 크다면, 귀무가설은 문제점이 있는 것으로 간주되고 그 차이는 상당한 것으로 볼 수 있다. 판단하는 데 요구되는 확실성에 따라 0.01(1 %)나 0.001(0.1 %) 등의 유의수준을 이용할 수도 있다. 소수로 표현될 때, 유의수준의 기호 α는 CL = (1 − α) × 100 %과 관계가 있다.

4.1 알려진 값과 실험 평균의 비교

알려진 값이란 많은 실험을 통해 얻은 참값이나 혹은 인정된 값이다. 가설시험을 이용하여 많은 실험을 통해 얻어진 모집단 평균 μ와 알려진 값 μ_o와의 유사성을 결정하게 된다. 이러한 유의성을 결정하기 위해서는 통계적 시험법을 이용해야 한다.

통계적 시험을 위하여 시험 과정이 수행되어야 하며 시험 과정의 가장 중요한 요소는 적당한 시험 통계를 구성하고 버릴 수 있는 영역을 확인하는 것이다. 시험통계는 H_o를 받아들일 것인지 아니면 버릴 것인지를 결정하는 데 기초가 되는 데이터들로부터 만들어진다.

버리는 영역이란 H_o를 버리게 되는 모든 시험통계 값을 포함하는 영역이다. 시험통계 값이 버리는 영역(유의수준)에 속하면 귀무가설을 버린다. 하나 또는 두 개의 평균에 관한 시험에 있어서는, 측정을 여러 번 하거나 또는 모집단 표준편차 σ 값이 알려져 있다면 z 시험법을 이용하여 시험통계를 구할 수 있다. 이와는 반대로, σ 값을 모르거나 측정을 여러 번 할 수 없는 경우는 t 시험법(t-test)을 이용하여 시험통계를 할 수 있다. 어느 것을 사용할 것인지 망설여지면 t 시험법을 이용하는 것이 좋다.

4.1.1 많은 수의 시료와 z-test

많은 수의 시료로부터 얻은 표본의 표준편차 s가 모집단의 표준편차 σ의 근사값인 경우에는, z-test를 사용할 수 있다. 그 과정을 요약하면 다음과 같다.

1. 귀무가설을 정의한다. $H_o : \mu = \mu_o$
2. 시험통계를 정의한다. $z = \dfrac{\overline{x} - \mu_o}{\sigma / \sqrt{N}}$
3. 대안가설, H_a를 정의하고, 버리는 영역을 결정한다.

$H_a : \mu \neq \mu_o$ 의 경우, $z \geq z_{crit}$ 혹은 $z \leq -z_{crit}$ 이면 H_o를 버린다.

$H_a : \mu > \mu_o$ 의 경우, $z \geq z_{crit}$ 이면 H_o를 버린다.

$H_a : \mu < \mu_o$ 의 경우, $z \leq -z_{crit}$ 이면 H_o를 버린다.

95 %의 신뢰수준에서 버리는 영역을 그림 III-6에 나타내었다. 대안가설, H_a가 $\mu \neq \mu_o$인 경우, 임곗값을 벗어나는 양의 z 값이나 혹은 음의 z 값 모두를 버릴 수 있다는 것을 명심하라. 이것을 양쪽꼬리시험(two-tailed test) 또는 양쪽 시험(two-sided test)이라고 한다.

95 %의 신뢰수준[111)]에서 z 값이 임곗값(z_{crit})을 초과할 확률은 각각 0.025로 전체적으로는(양쪽꼬리시험에서는) 0.05이며, 따라서 우연오차로 인하여 z 값이 $z \geq z_{crit}$ 혹은 $z \leq -z_{crit}$가 될 확률은 단지 5 %에 지나지 않는다. 유의수준은 전체적으로 $\alpha = 0.05$이다. 이 경우 여러 신뢰수준에서의 z 값(표 III-12)으로부터 임곗값(z_{crit})이 1.96임을 알 수 있다.

H_a가 $\mu > \mu_o$ 인 경우는 한쪽꼬리시험(one-tailed test) 또는 한쪽 시험(one-sided test)이라고 하며, $z \geq z_{crit}$ 인 경우에만 버린다. 따라서 95 %의 신뢰수준에서 z가 임곗값(z_{crit})을 초과하는 확률은 5 %이며, 양쪽꼬리시험에서는 10 %이다. 따라서 전체 유의수준은 $\alpha = 0.10$ 이며, 신뢰수준에서의 z 값(표 III-12)으로부터 임곗값(z_{crit})은 1.64이다. 비슷한 방법으로 대안가설이 $\mu < \mu_0$ 인 경우에는 $z \leq z_{crit}$ 인 경우에만 버리게 되고, 이 한쪽꼬리시험(one-tailed test)에서의 임곗값(z_{crit})도 역시 1.64이다.

111) 신뢰수준이라 함은 일반적으로 한쪽꼬리시험에서의 신뢰수준을 의미한다. 따라서 양쪽꼬리시험에서의 신뢰수준이란 표현이 없다면 한쪽꼬리시험에서의 신뢰수준으로 이해해야 한다.

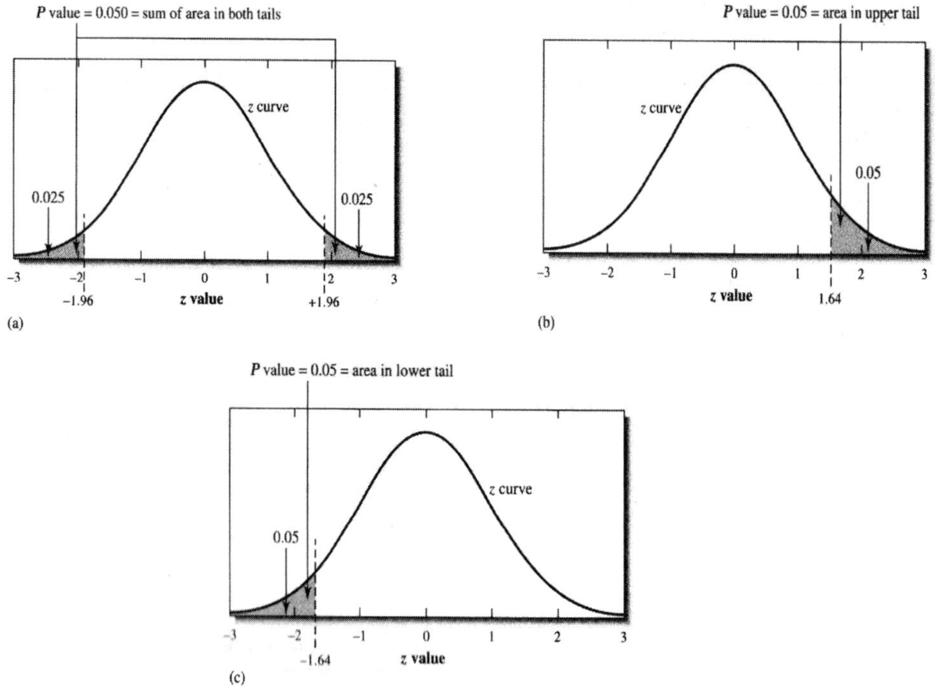

▶그림 Ⅲ-6◀ 95% 신뢰수준에서의 버리는 영역(유의수준)

(a) $H_a: \mu \neq \mu$ 에 대한 양쪽꼬리시험. z 의 임곗값은 1.96임.

(b) $H_a: \mu > \mu_o$ 에 대한 한쪽꼬리시험. z 의 임곗값은 1.64이며 전체 면적의 95 %는 z_{crit} 의 왼쪽에 위치하여 오른쪽 면적은 5 %임.

(c) $H_a: \mu < \mu_o$ 에 대한 한쪽꼬리시험. z 의 임곗값은 또한 1.64이며 전체 면적의 5 %는 $-z_{crit}$(= −1.64)의 왼쪽에 위치함.

95% 신뢰수준
양쪽꼬리시험 유의수준 $\alpha = 0.05$

97.5% 신뢰수준
한쪽꼬리시험 유의수준 $\alpha = 0.025$

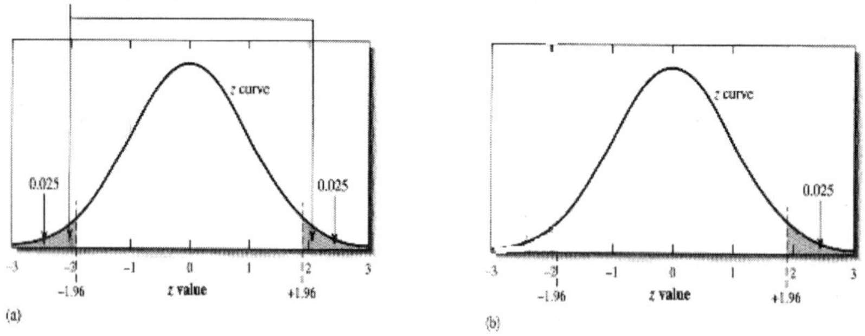

▶그림 Ⅲ-7◀ 95 %, 97.5 % 신뢰수준에서의 유의수준 [양쪽꼬리시험에서의 95 % 신뢰수준(유의수준 $\alpha = 0.05$)에서의 t 값과 한쪽꼬리시험에서의 97.5 % 신뢰수준(유의수준 $\alpha = 0.025$)에서의 t 값은 같다.]

▶표 III-12◀ 각 신뢰수준에서의 Student-t values 및 z-values

one sided test 신뢰수준	75%	80%	85%	90%	95%	97.5%	99%	99.5%	99.75%	99.9%	99.95%
two sided test 신뢰수준	50%	60%	70%	80%	90%	95%	98%	99%	99.5%	99.8%	99.9%
1	1.000	1.376	1.963	3.078	6.314	12.71	31.82	63.66	127.3	318.3	636.6
2	0.816	1.061	1.386	1.886	2.920	4.303	6.965	9.925	14.09	22.33	31.60
3	0.765	0.978	1.250	1.638	2.353	3.182	4.541	5.841	7.453	10.21	12.92
4	0.741	0.941	1.190	1.533	2.132	2.776	3.747	4.604	5.598	7.173	8.610
5	0.727	0.920	1.156	1.476	2.015	2.571	3.365	4.032	4.773	5.893	6.869
6	0.718	0.906	1.134	1.440	1.943	2.447	3.143	3.707	4.317	5.208	5.959
7	0.711	0.896	1.119	1.415	1.895	2.365	2.998	3.499	4.029	4.785	5.408
8	0.706	0.889	1.108	1.397	1.860	2.306	2.896	3.355	3.833	4.501	5.041
9	0.703	0.883	1.100	1.383	1.833	2.262	2.821	3.250	3.690	4.297	4.781
10	0.700	0.879	1.093	1.372	1.812	2.228	2.764	3.169	3.581	4.144	4.587
11	0.697	0.876	1.088	1.363	1.796	2.201	2.718	3.106	3.497	4.025	4.437
12	0.695	0.873	1.083	1.356	1.782	2.179	2.681	3.055	3.428	3.930	4.318
13	0.694	0.870	1.079	1.350	1.771	2.160	2.650	3.012	3.372	3.852	4.221
14	0.692	0.868	1.076	1.345	1.761	2.145	2.624	2.977	3.326	3.787	4.140
15	0.691	0.866	1.074	1.341	1.753	2.131	2.602	2.947	3.286	3.733	4.073
16	0.690	0.865	1.071	1.377	1.746	2.120	2.583	2.921	3.252	3.686	4.015
17	0.689	0.863	1.069	1.333	1.740	2.110	2.567	2.898	3.222	3.646	3.965
18	0.688	0.862	1.067	1.330	1.734	2.101	2.552	2.878	3.197	3.610	3.922
19	0.688	0.861	1.066	1.328	1.729	2.093	2.539	2.861	3.174	3.579	3.883
20	0.687	0.860	1.064	1.325	1.725	2.086	2.528	2.845	3.153	3.552	3.850
∞ z-value (z_{crit})	0.674	0.841	1.04	1.282	1.645	1.960	2.326	2.576	2.807	3.091	3.291

예제

어떤 교실의 30명의 학생들이 특정 화학반응의 활성화 에너지에 대한 평균값과 표준편차를 각각 27.7 kcal/mol과 5.2 kcal/mol로 결정하였다. 이 데이터는 문헌값인 30.8 kcal/mol과 (1) 95%의 신뢰수준과 (2) 99%의 신뢰수준에서 일치하는가? 문헌값과 동일한 값을 구할 확률을 구하라.

풀이

측정값들의 수가 충분하므로 s가 σ에 대한 좋은 근사값이라고 할 수 있다. 귀무가설(H_o)은

$\mu = 30.8\,\text{kcal/mol}$ 이고 대안가설(H_a)은 $\mu \neq 30.8\,\text{kcal/mol}$ 이다. 이 경우는 양쪽꼬리시험으로, 표 III-12로부터 95 %의 신뢰수준의 $z_{crit} = 1.96$ 과 99 %의 신뢰수준에서 $z_{crit} = 2.58$ 임을 알 수 있으며 주어진 값에서 시험 통계값은 다음과 같이 계산된다.

$$z = \frac{\bar{x} - \mu_o}{\sigma / \sqrt{N}} = \frac{27.7 - 30.8}{5.2/\sqrt{30}} = -3.26$$

시험 통계값인 z값(= −3.26)은 95%의 신뢰수준에서의 $z_{crit} = -1.96$ 보다 작으므로 귀무가설(H_o)을 버릴 수 있다. 또한 시험 통계값인 z값(= −3.26)은 95%의 신뢰수준에서의 $z_{crit} = -2.58$ 보다도 작으므로 귀무가설(H_o)를 버릴 수 있다. 평균값으로 $\mu = 30.8\,\text{kcal/mol}$ 을 얻을 수 있는 확률을 계산하고 이로부터 z 값이 3.26을 얻게 되는 확률을 계산해야 한다. 표 III-12로부터 우연오차로 인하여 이렇게 큰 z값을 얻게 될 확률은 단지 0.2 %에 지나지 않는다. 이러한 결과들로부터 학생들의 평균값은 문헌값과 우연오차에 의해서 서로 다른 값이란 결론을 내릴 수 있다.

4.1.2 적은 수의 시료와 t-test

적은 수의 결과들에 대해서는 z-test 대신에 t-test를 이용한다. 귀무가설, H_o 이 $\mu = \mu_o$ 인 경우에 대한 과정은 다음과 같다. 여기서 μ_o 는 μ 의 특수한 값으로 인정되는 값, 이론값, 혹은 한계값 등이다.

1. 귀무가설을 정의한다. $H_o : \mu = \mu_o$
2. 시험통계를 정의한다. $t = \dfrac{\bar{x} - \mu_o}{s / \sqrt{N}}$
3. 대안가설, H_a 를 정의하고, 버리는 영역을 결정한다.

   $H_a : \mu \neq \mu_o$ 의 경우, $t \geq t_{crit}$ 혹은 $t \leq -t_{crit}$ (양쪽꼬리검정)이면 H_o 를 버린다.

   $H_a : \mu > \mu_o$ 의 경우, $t \geq t_{crit}$ 이면, H_o 를 버린다.

   $H_a : \mu < \mu_o$ 의 경우, $t \leq -t_{crit}$ 이면 H_o 를 버린다.

예를 들어 성분을 정확히 알고 있는 시료를 분석하는 분석 방법에서의 계통오차를 시험하는 경우를 생각해 보자. 시료를 분석하면 모집단 평균의 근사값인 실험 평균을 구할 수 있다. 만일 분석 방법에 계통오차나 편향(bias)이 전혀 없다면 우연오차의 발생은 그림 III-8의 곡선 A와 같이 분포한다. 방법 B에 μ_B 의 근사값인 $\bar{x}_B$ 는 인정되는 값 μ_o

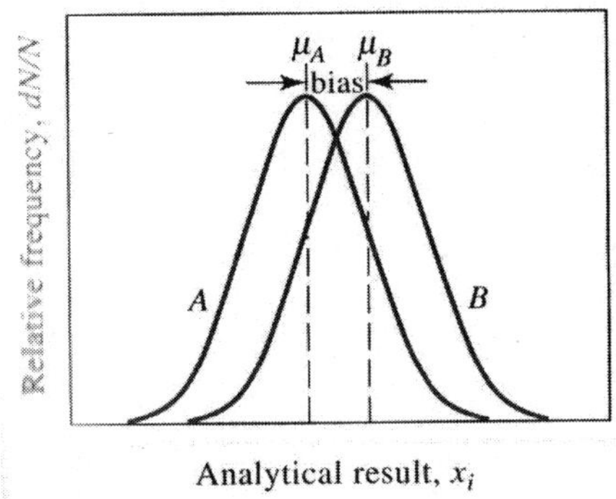

▶그림 Ⅲ-8◀ 분석 방법에서 계통오차 유무를 검정하기 위한 곡선

와 일치하지 않는 얼마간의 계통오차를 갖게 된다.

$$\text{편향}\,(bias) = \mu_B - \mu_o$$

편향을 시험할 때, 처음에 우리는 실험 평균값과 인정되는 값 사이의 차이가 우연오차의 결과인지 혹은 실제 계통오차의 결과인지 알지 못한다. 그 차이의 원인을 알아내기 위하여 t 시험법을 사용한다.

곡선 A 는 편향이 없는 방법에서의 인정된 값의 빈도분포이다. 곡선 B 는 상당한 편향을 가지고 있는 방법에 의한 결과값의 빈도분포를 나타낸다.

예제

황(S)의 함유량이 0.123 %($\mu_o = 0.123$) 인 등유시료에 대하여 함유된 황의 양을 빠르게 정량하는 새로운 방법으로 시험·검사하였다. 그 결과는 S(%) = 0.112, 0.118, 0.115, 0.119이었다. 이 방법에 의해 얻어진 데이터는 편향(bias)을 포함하고 있는가?

풀이

귀무가설, H_o 는 $\mu = 0.123\,\%$이고, 대안가설, H_a 는 $\mu \neq 0.123\,\%$ 이다.

$$\sum x_i = 0.112 + 0.118 + 0.115 + 0.119 = 0.464$$

$$\bar{x} = 0.464\,/\,4 = 0.116\ \%$$

$$\sum x_i^2 = 0.012544 + 0.013924 + 0.013225 + 0.014161 = 0.53854$$

$$s = \sqrt{\frac{0.053854 - (0.464)^2/4}{4-1}} = \sqrt{\frac{0.000030}{3}} = 0.0032\,\%$$

시험 통계량은 다음과 같이 계산할 수 있다.

$$t = \frac{\overline{x} - \mu_o}{s / \sqrt{N}} = \frac{0.116 - 0.123}{0.032 / \sqrt{4}} = -4.375$$

$t_{표} > t_{계산}$ 또는 $t_{표} < -t_{계산}$: 두 값(주어진 황 함유량과 측정으로 얻은 평균값)에는 차이(bias)가 있는 것이고 $-t_{표} < t_{계산} < t_{표}$: 두 값에는 차이가 없는 것이다.

표 III-12로부터 95 % 신뢰수준에서 자유도 3에 대한 t 의 임곗값은 $t_{crit} = \pm 3.18$ 임을 알 수 있으며, t계산(−4.375) ≤ -3.18 이므로 95 %의 신뢰수준에서 두 방법에는 상당한 차이가 존재하며 따라서 바이아스가 존재한다고 할 수 있다. 만일 99 %의 신뢰수준에 대한 동일한 시험을 한다면, $t_{crit} = \pm 5.84$ (표 III-12 참조)이고 −5.84(t표) < −4.375(t계산) < 5.84(t표)이므로, 99 % 신뢰수준에서 귀무가설을 받아들일 수 있고 실험값과 인정된 값 사이에는 차이가 없다고 결론을 내릴 수 있다.

이 경우 결과가 사용되는 신뢰수준에 의존하는 것을 명심하라. 신뢰수준에 대한 선택은 결과에서 허용되는 오차에 대한 우리의 의지와 밀접한 관계가 있다. 즉, 유의수준 ($\alpha = 0.05$ 혹은 0.01)은 귀무가설을 버릴 때 오차가 도입될 확률이다.

4.2 두 실험 평균의 비교

(1) 두 무리의 측정값의 평균 사이에서 차이가 있는지 혹은 우연오차의 결과인지를 판단해야 한다.
(2) 화학분석의 결과를 이용하여 두 물질이 동일한 것인지를 판단하기도 한다. 또
(3) 두 분석 방법이 같은 결과를 얻게 되는지 혹은 같은 방법을 사용하는 두 분석자가 같은 평균값을 얻게 되는지를 판단하기도 한다.

이러한 과정에서 한 쌍의 데이터를 사용할 수 도 있다. 한 쌍으로 얻어진 데이터에서 그들 사이의 차이를 이용하여 변동성의 원인을 제거할 수도 있다.

4.2.1 평균값의 차이에 대한 t-test($N_1 \neq N_2$)

두 데이터 모두가 많은 측정을 통해서 얻어졌다면, t-test를 이용하여 두 데이터를 비교할 수 있다. 그러나 많은 경우 두 데이터 집합이 단지 몇 개의 결과만을 포함하고 있으면 t 시험법을 해야 한다. 예를 들어 분석자 1이 N_1 번 반복 측정하여 얻은 평균을 1이라고

하고, 같은 방법으로 분석자 2가 N_2 번 반복 측정하여 얻은 평균을 2라고 하자. 귀무가설에 의하면 두 평균이 동일한 것이며 차이가 있다면 그것은 우연오차의 결과라고 할 수 있다.

1. 귀무가설을 정의한다. $H_o : \mu_1 = \mu_2$
2. 대안가설, H_a 를 정의하고, 버리는 영역을 결정한다.

$H_a : \mu \neq \mu_o$ 의 경우, $t \geq t_{crit}$ 혹은 $t \leq -t_{crit}$ (양쪽꼬리검정)이면 H_o 를 버린다.

$H_a : \mu > \mu_o$ 의 경우, $t \geq t_{crit}$ 이면, H_o 를 버린다(한쪽꼬리검정).

$H_a : \mu < \mu_o$ 의 경우, $t \leq -t_{crit}$ 이면 H_o 를 버린다(한쪽꼬리검정).

여기서는 양쪽꼬리시험을 사용하기로 한다.

만일 데이터를 동일한 방법으로 얻었고 두 분석자 모두가 사려 깊다고 가정하면, 두 무리의 측정값들에 대한 표준편차는 같다고 가정할 수 있다. 따라서 s_1 과 s_2 둘 다 모집단 표준편차 σ 값을 얻기 위하여 합동표준편차(pooled standard deviation, s_{pooled})를 사용할 수도 있다. 분석자 1의 평균의 표준오차는 $s_{m1} = s_1 / \sqrt{N_1}$ 이고 분산은 다음과 같다.

$$s_{m1}^2 = \frac{s_1^2}{N_1}$$

비슷한 방법으로 분석자 2에 대한 분산은 다음과 같이 구할 수 있다.

$$s_{m2}^2 = \frac{s_2^2}{N_2}$$

t-test를 위하여 두 평균값의 차이인 $\overline{x}_1 - \overline{x}_2$ 를 계산해야 한다. 두 평균의 차이에 대한 표준오차 s_{md}^2 는 다음과 같다.

$$s_{md}^2 = s_{m1}^2 + s_{m2}^2 \quad \text{이므로} \quad \frac{s_d}{\sqrt{N}} = \sqrt{\frac{s_1^2}{N_1} + \frac{s_2^2}{N_2}}$$

만일 합동 표준편차 s_{pooled} 가 두 s_1 과 s_2 의 보다 더 좋은 σ 의 근사값이라고 하면 두 s_1 과 s_2 대신에 합동 표준편차(s_{pooled})를 이용할 수 있다.

$$s_{md} = \frac{s_d}{\sqrt{N}} = \sqrt{\frac{s_1^2}{N_1} + \frac{s_2^2}{N_2}} = \sqrt{\frac{s_{pooled}^2}{N_1} + \frac{s_{pooled}^2}{N_2}}$$

$$= s_{pooled}\sqrt{\frac{1}{N_1} + \frac{1}{N_2}} = s_{pooled}\sqrt{\frac{N_1 + N_2}{N_1 N_2}}$$

합동 표준편차(s_{pooled})는

$$s_{pooled} = \sqrt{\frac{\sum(x_{1i} - \bar{x}_1)^2 + \sum(x_{2i} - \bar{x}_2)^2}{N_1 + N_2 - 2}}$$

그런데 $s_1 = \sqrt{\frac{\sum(x_{1i} - \bar{x}_1)^2}{N_1 - 1}}$ 이므로 $s_1^2 = \frac{\sum(x_{1i} - \bar{x}_1)^2}{N_1 - 1}$ 이다. 그러므로

$$\sum(x_{1i} - \bar{x}_1)^2 = s_1^2\,(N_1 - 1)$$

또한 $s_2 = \sqrt{\frac{\sum(x_{2i} - \bar{x}_2)^2}{N_2 - 1}}$ 이므로 $s_2^2 = \frac{\sum(x_{2i} - \bar{x}_2)^2}{N_2 - 1}$ 이다. 그러므로

$$\sum(x_{2i} - \bar{x}_2)^2 = s_2^2\,(N_2 - 1)$$

그러므로 합동표준편차(s_{pooled})는

$$s_{pooled} = \sqrt{\frac{\sum(x_{1i} - \bar{x}_1)^2 + \sum(x_{2i} - \bar{x}_2)^2}{N_1 + N_2 - 2}} = \sqrt{\frac{s_1^2(N_1 - 1) + s_2^2(N_2 - 1)}{N_1 + N_2 - 2}}$$

$t-$시험($t-test$)는 다음과 같이 계산될 수 있다.

$$t = \frac{|\bar{x}_1 - \bar{x}_2|}{s_{pooled}\sqrt{\frac{N_1 + N_2}{N_1 N_2}}}$$

시험 통계값을 표 III-12로부터 특정 신뢰수준에 해당하는 t 의 임곗값과 비교한다. 표 III-12에서 t 의 임곗값(t_{crit})을 찾기 위한 자유도는 $N_1 + N_2 - 2$ 이다.

만일 $t < t_{crit}$ 이면, 귀무가설을 받아들이며 두 평균 사이에 큰 차이는 없다고 볼 수 있다.

만일 $t \geq t_{crit}$ 이면, 두 평균 사이에 차이가 있음을 의미한다.

III

결과 보고

예제

두 용기의 포도주가 다른 원료로부터 만들어졌는지를 알아보기 위해서 그들의 알코올 함량을 분석하였다. 첫 번째 용기의 포도주를 6번 분석한 알코올의 평균함량은 12.61 %이었고, 두 번째 용기의 포도주를 4번 분석한 알코올의 평균함량은 12.53 %이었다. 열 번 분석하여 얻은 합동 표준편차, s_{pooled}은 0.0710 %이다. 데이터로부터 두 포도주가 차이가 나는지를 지적할 수 있는가?

풀이

귀무가설은 $\mu_1 = \mu_2$ 이고, 대안가설은 $\mu_1 \neq \mu_2$ 이다. t 값을 계산하면 다음과 같다.

$$t = \frac{|\bar{x}_1 - \bar{x}_2|}{s_{pooled}\sqrt{\dfrac{N_1 + N_2}{N_1 N_2}}} = \frac{|12.61 - 12.53|}{0.07\sqrt{\dfrac{6+4}{6 \times 4}}} = 1.771$$

자유도 8(=6+4−2) 그리고 95 %의 신뢰수준에서의 $t_{crit} = \pm 2.31$ 이다. 따라서 $t_{계산}(= 1.771) < t_{표}(= 2.31)$ 이므로, 95 %의 신뢰수준에서 귀무가설을 받아들이고 두 와인의 알코올 함량에는 차이가 없다는 결론을 얻을 수 있다.

두 포도주 사이의 현저한 차이는 95 % 확률 수준에서 검출되지 않았다. 이 말은 어떤 신뢰수준에서 μ_1과 μ_2가 동일하다고 말하는 것과 같다. 그러나 두 포도주가 동일한 원료로부터 만들어졌다는 근거는 없다. 실제로, 하나는 적포도주이고 다른 하나는 백포도주일 수도 있다. 두 포도주가 동일한 원료로부터 만들어졌다는 타당한 가능성을 갖기 위해서는 타타르산, 설탕, 그리고 미량 원소의 함량과 더불어 맛, 색, 향기 그리고 굴절률 등과 같은 특성도 폭넓게 시험해 보아야 한다. 만일 중요한 차이가 이들 모든 시험법에서라도 중요한 차이를 발견한다면 분명히 두 포도주는 다르다는 것을 보여주는 것이 된다. 즉, 한 시험법에 의해 중요한 차이가 있다는 것을 밝히는 것이 차이가 없다는 것을 밝히는 것보다 훨씬 더 많은 의미를 가진다.

두 데이터 집단에 대한 표준편차가 다르다는 좋은 이유가 있다면, 이 표본 t-test(two sample t-test)를 수행한다. 그러나 이런 t-test에 대한 유의수준이란 단지 대략적인 것에 지나지 않으며, 자유도를 구하는 일도 쉬운 것이 아니다.

4.2.2 짝 데이터(paired data)에 대한 t-test($N_1 = N_2$)

짝 데이터에 대한 t 검정은 데이터 쌍을 사용한다는 것을 제외하면 일반 t-test 과정과 동일한 과정을 사용하며, 평균의 차이에 대한 표준편차를 이용한다.

1. 귀무가설을 정의한다. $H_o : \mu_1 = \mu_2$, 즉 $\mu_d = 0$
2. 대안가설, H_a 를 정의하고, 버리는 영역을 결정한다.

$H_a : \mu_d \neq 0$ 의 경우, $t \geq t_{crit}$ 혹은 $t \leq -t_{crit}$ (양쪽꼬리검정)이면 H_o 를 버린다.

$H_a : \mu_d > 0$ 의 경우, $t \geq t_{crit}$ 이면, H_o 를 버린다(한쪽꼬리검정).

$H_a : \mu_d < 0$ 의 경우, $t \leq -t_{crit}$ 이면 H_o 를 버린다(한쪽꼬리검정).

귀무가설은 $\mu_d = 0$ 이다. 시험 통계값은 다음과 같다.

$$t = \frac{\bar{d}}{s_d / \sqrt{N}}$$

$\bar{d}$ 는 $\sum d_i / N$ 과 같은 차이값의 평균이다.

대안가설은 $\mu_d \neq 0$, $\mu_d > 0$ 혹은 $\mu_d < 0$ 중 하나가 될 수 있다.

예제

혈청에 포함된 글루코스의 함량을 정하는 새로운 자동화 과정(방법 A)을 이미 사용되고 있는 방법 B와 비교하고자 한다. 환자마다의 변동성을 제거하기 위하여 두 방법 모두 동일한 여섯 명의 환자로부터의 혈청에 대하여 분석을 수행하였다. 다음의 결과로 95 %의 신뢰수준에서 두 방법에 차이가 있다고 말할 수 있는가?

	환자1	환자2	환자3	환자4	환자5	환자6
방법A 글루코스, mg/L	1044	720	845	800	957	650
방법B 글루코스, mg/L	1028	711	820	795	935	639
차이, mg/L	16	9	25	5	22	11

풀이

적당한 가설을 시험해 보자. 만일 μ_d 를 두 방법에서의 실제 차이라고 정의하면,

1. 귀무가설을 정의한다. $H_o : \mu_1 = \mu_2$ 즉, $\mu_d = 0$

III

결과 보고

2. 대안가설, H_a 를 정의하고, 버리는 영역을 결정한다.

H_a : $\mu_d \neq 0$ 의 경우, $t \geq t_{crit}$ 혹은 $t \leq -t_{crit}$ (양쪽꼬리검정)이면 H_o 를 버린다.

H_a : $\mu_d > 0$ 의 경우, $t \geq t_{crit}$ 이면, H_o 를 버린다.(한쪽꼬리검정)

H_a : $\mu_d < 0$ 의 경우, $t \leq -t_{crit}$ 이면 H_o 를 버린다.(한쪽꼬리검정)

시험통계는 다음과 같이 계산된다.

$$t = \frac{\bar{d} - 0}{s_d / \sqrt{N}}$$

$$N = 6$$

$$\sum d_i = 16 + 9 + 25 + 5 + 22 + 11 = 88$$

$$\sum d_i^2 = (16)^2 + (9)^2 + (25)^2 + (5)^2 + (22)^2 + (11)^2 = 337 + 81 + 625 + 25 + 484 + 121 = 1592$$

$$\bar{d} = \frac{\sum d_i}{N} = \frac{88}{6} = 14.67 \text{ (차잇값에 대한 평균)}$$

차잇값에 대한 표준편차 s_d 는 다음과 같다.

$$s_d = \sqrt{\frac{\sum d_i^2 - \frac{\sum d_i}{N}}{N-1}} = \sqrt{\frac{1592 - \frac{(88)^2}{6}}{6-1}} = 7.76$$

그리고 t 통계값은 다음과 같다.

$$t = \frac{14.67}{7.76/\sqrt{6}} = 4.628$$

표 III-12로부터 자유도 5에서 95 % 신뢰수준에 대한 $t_{표} = \pm\ 2.57$이다. 따라서 $t_{계산}$ (= 4.628) > $t_{표}$(= 2.57)이므로, 귀무가설은 버리고 두 방법의 결과는 서로 다르다는 결론을 내릴 수 있다.

만일 방법 A의 결과의 평균(A = 836.0 mg/L)과 방법 B의 결과의 평균(B = 821.3 mg/L)을 단순히 비교한다면, 글루코스 함량에 대한 비교적 큰 환자별 변동성으로 인하여 s_A(146.5) 와 s_B(142.7) 값 또한 매우 큰 것에 주목하라. 따라서 환자별 변동성은 관심 있는 방법상의 차이를 가릴 수 있다. 짝 데이터 분석은 차이에 대한 심층 분석을 할 수 있게 한다.

4.3 측정값들의 정밀도 비교(F-test로 표준편차의 비교)

분산 분석에서 F-distribution(F-분포)는 오른쪽으로 치우친 분포(right-skewed distribution)

를 일반적으로 가장 많이 사용한다.

F 시험법은 표준편차의 제곱(s^2, 분산)을 기초로 하여 두 가지 방법 사이에 중요한 차이가 있는지를 알아보는 방법이다.

1. 귀무가설을 정의한다. $H_o : \sigma_1^2 = \sigma_2^2$
2. 대안가설, H_a 를 정의하고, 버리는 영역을 결정한다.

$H_a : \sigma_1^2 \neq \sigma_2^2$의 경우, $F \geq F_{crit}$ 혹은 $F \leq -F_{crit}$(양쪽꼬리검정)이면 H_o를 버린다.

$H_a : \sigma_1^2 > \sigma_2^2$의 경우, $F \geq F_{crit}$ 이면, H_o를 버린다(한쪽꼬리검정).

예제

기체 혼합물 중 일산화 탄소(CO)를 정량하기 위한 표준 방법의 표준편차는 수백 번의 측정을 한 결과들로부터 0.21 mg/m^{3}임을 알게 되었다. 이의 변형된 방법은 12개의 자유도를 갖는 합동데이터 무리에 대하여 표준편차 0.15 mg/m^{3}를 갖는다. 또 다른 변형된 방법은 자유도가 역시 12일 때 표준편차 0.12 mg/m^{3}를 갖는다. 원래의 방법보다 현저히 더 큰 정밀도를 갖는 변형된 방법은 어느 것인가?

풀이

시험할 귀무가설은 $\sigma_{std}^2 = \sigma_1^2$ 로, σ_1^2 는 변형된 방법의 분산이다. 한쪽꼬리시험을 위한 대안가설 (H_a) 는 $\sigma_{std}^2 > \sigma_1^2$ 이다. 변형된 방법이 보다 정밀한 방법이므로 변형 방법들의 분산을 분모에 놓는다. 첫 번째에 대해서는

$$F_1 = \frac{s_{std}^2}{s_1^2} = \frac{(0.21)^2}{(0.15)^2} = 1.96$$

그리고 두 번째에 대해서는

$$F_2 = \frac{s_{std}^2}{s_2^2} = \frac{(0.21)^2}{(0.12)^2} = 3.06$$

표준 과정의 경우 s_{std} 는 σ 의 좋은 근사값이며 분자에 대한 자유도는 무한대의 수를 선택할 수 있다. 표 III-13으로부터 95 % 신뢰수준에 대한 임곗값 $F_{표}$는 2.30임을 알 수 있다.

F_1값이 2.30보다 작으므로 첫 번째 변형 방법에서는 귀무가설을 버릴 수 없으며, 따라서 정밀도의 개선은 없다는 결론을 내릴 수 있다. 그러나 두 번째 변형 방법에서는 F_2 가 2.30보다 크다.

따라서 귀무가설을 버릴 수 있으며 95 % 신뢰수준에서 더 좋은 정밀도를 보인다고 할 수 있다.

만일 두 번째 변형된 방법이 첫 번째 변형된 방법보다 훨씬 더 좋은 정밀도를 주는지 묻는다면 F시험법은 그런 차이가 없다는 것을 나타낸다. 즉,

$$F_{계산} = \frac{s_1^2}{s_2^2} = \frac{(0.15)^2}{(0.12)^2} = 1.56$$

이 경우에, $F_{표}$의 기준값은 2.69이고 $F_{계산}(= 1.56)$은 이보다 작으므로 H_0 를 받아들여야 하며 두 방법은 동일한 정밀도를 나타낸다는 결론을 내릴 수 있다.

▶표 III-13◀ 95 % 신뢰수준에서의 F 분포 임곗값

s_2 자유도 (ν_2)	s_1 자유도(ν_1)													
	2	3	4	5	6	7	8	9	10	12	15	20	30	∞
2	19.00	19.16	19.25	19.30	19.33	19.35	19.37	19.39	19.40	19.41	19.43	19.45	19.50	19.50
3	9.55	9.28	9.12	9.01	8.94	8.89	8.85	8.81	8.79	8.75	8.70	8.66	8.62	8.53
4	6.94	6.59	6.39	6.26	6.16	6.09	6.04	6.00	5.96	5.91	5.86	5.80	5.75	5.63
5	5.79	5.41	5.19	5.05	4.95	4.88	4.82	4.77	4.74	4.86	4.62	4.56	5.50	4.36
6	5.14	4.76	4.53	4.39	4.28	4.21	4.15	4.10	4.06	4.00	3.94	3.87	3.81	3.67
7	4.74	4.35	4.12	3.97	3.87	3.79	3.73	3.68	3.64	3.58	3.51	3.44	3.38	3.23
8	4.46	4.07	3.84	3.69	3.58	3.50	3.44	3.39	3.35	3.28	3.22	3.15	3.08	2.93
9	4.26	3.86	3.63	3.48	3.37	3.29	3.23	3.18	3.14	3.07	3.01	2.94	2.86	2.71
10	4.10	3.71	3.48	3.33	3.22	3.14	3.07	3.02	2.98	2.91	2.84	2.77	2.70	2.54
12	3.89	3.49	3.26	3.11	3.00	2.91	2.85	2.80	2.75	2.69	2.62	2.54	2.47	2.30
15	3.68	3.29	3.06	2.90	2.79	2.71	2.64	2.59	2.54	2.48	2.40	2.33	2.25	2.07
20	3.49	3.10	2.87	2.71	2.60	2.51	2.45	2.39	2.35	2.28	2.20	2.12	2.04	1.84
30	3.32	2.92	2.69	2.53	2.42	2.33	2.27	2.21	2.17	2.09	2.01	1.93	1.84	1.62
∞	3.00	2.60	2.37	2.21	2.10	2.01	1.94	1.88	1.83	1.75	1.67	1.57	1.46	1.00

▶표 Ⅲ-14◀ 90 % 신뢰수준에서의 F 분포 임곗값

s_2 자유도 (ν_2)	s_1 자유도(ν_1)												
	2	3	4	5	6	7	8	9	10	12	15	20	∞
2	9.00	9.16	9.24	9.29	9.33	9.35	9.37	9.38	9.39	9.41	9.43	9.44	
3	5.46	5.39	5.34	5.31	5.29	5.27	5.25	5.24	5.23	5.22	5.20	5.18	
4	4.33	4.19	4.11	4.05	4.01	3.98	3.96	3.94	3.92	3.90	3.87	3.84	
5	3.78	3.62	3.52	3.45	3.41	3.37	3.34	3.32	3.30	3.27	3.24	3.21	
6	3.46	3.29	3.18	3.11	3.06	3.01	2.98	2.96	2.94	2.91	2.87	2.84	
7	3.26	3.07	2.96	2.88	2.93	2.79	2.75	2.73	2.70	2.67	2.63	2.60	
8	3.11	2.92	2.81	2.73	2.67	2.62	2.59	2.56	2.54	2.50	2.46	2.43	
9	3.01	2.81	2.69	2.61	2.55	2.51	2.47	2.44	2.42	2.38	2.34	2.30	
10	2.92	2.73	2.61	2.52	2.46	2.41	2.38	2.35	2.32	2.28	2.24	2.20	
12	2.81	2.61	2.48	2.39	2.33	2.28	2.25	2.21	2.19	2.15	2.11	2.06	
15	2.70	2.49	2.36	2.27	2.21	2.16	2.12	2.09	2.06	2.02	1.97	1.92	
20	2.59	2.38	2.25	2.16	2.09	2.04	2.00	1.97	1.94	1.89	1.85	1.79	
∞													

▶표 Ⅲ-15◀ 99 % 신뢰수준에서의 F 분포 임곗값

s_2 자유도 (ν_2)	s_1 자유도(ν_1)												
	2	3	4	5	6	7	8	9	10	12	15	20	∞
2	99.00	99.17	99.25	99.30	99.33	99.36	99.37	99.39	99.40	99.42	99.43	99.45	
3	30.82	29.46	28.71	28.24	27.91	27.67	27.49	27.35	27.23	27.05	26.87	26.69	
4	18.00	16.69	15.98	15.52	15.21	14.98	14.80	14.66	14.55	14.37	14.20	14.02	
5	13.27	12.06	11.39	10.97	10.67	10.46	10.29	10.16	10.05	9.89	9.72	9.55	
6	10.93	9.78	9.15	8.75	8.47	8.26	8.10	7.98	7.87	7.72	7.56	7.40	
7	9.55	8.45	7.85	7.46	7.19	6.99	6.84	6.72	6.62	6.47	6.31	6.16	
8	8.65	7.59	7.01	6.63	6.37	6.18	6.03	5.91	5.81	5.67	5.52	5.36	
9	8.02	6.99	6.42	6.06	5.80	5.61	5.47	5.35	5.26	5.11	4.96	4.81	
10	7.56	6.55	5.99	5.64	5.39	5.20	5.06	4.94	4.85	4.71	4.56	4.41	
12	6.93	5.95	5.41	5.06	4.82	4.64	4.50	4.39	4.30	4.16	4.01	3.86	
15	6.36	5.42	4.89	4.56	4.32	4.14	4.00	3.90	3.81	3.67	3.52	3.37	
20	5.85	4.94	4.43	4.10	3.87	3.70	3.56	3.46	3.37	3.23	3.09	2.94	
∞													

5 의심스러운 측정값에 대한 검증

5.1 Q-test

한 데이터가 나머지 데이터와 일치하지 않는 것처럼 보일 때가 있다. 그 의심스런 데이터를 버릴 것인지 받아들일 것인지를 결정할 필요가 있다. 이때 Q-test[112]를 사용한다.

예로 살펴보면,

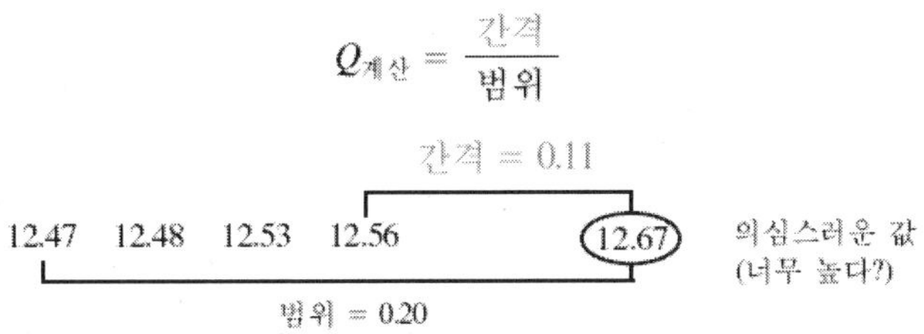

▶그림 III-9◀ Q-test로 허용하는 데이터 결정

여기서 범위(range)는 데이터의 전체분산이고, 간격(gap)은 의심스러운 측정값과 가장 가까운 측정값 사이의 차이이다.

$$Q_{계산}\left(=\frac{간격}{범위}\right) < Q_{표} \quad : \text{의심스러운 값은 받아들임.}$$

$$Q_{계산}\left(=\frac{간격}{범위}\right) > Q_{표} \quad : \text{의심스러운 값은 버림.}$$

위의 예에서 $Q_{계산}$ 를 계산하면

$$Q_{계산}\left(=\frac{간격}{범위}\right) = \frac{12.67-12.56}{12.67-12.47} = \frac{0.11}{0.20} = 0.55$$

표 III-16에서 90 % 신뢰수준의 양쪽꼬리시험 임곗값(Q표)이 0.64이다. $Q_{계산}(=0.55) < Q_{표}(=0.64)$이므로 90 % 신뢰수준에서 의심스러운 측정값 12.67은 받아들인다.

112) D. B. Rorabacher, *Anal Chem*, 63, 139 (1991)

▶표 Ⅲ-16◀ 거부지수에 대한 양쪽꼬리시험 임곗값(Q-test)

신뢰수준 / 측정횟수	80 %	90 %	95 %	96 %	98 %	99 %
3	0.886	0.941	0.970	0.976	0.988	0.994
4	0.679	0.765	0.829	0.846	0.889	0.926
5	0.557	0.642	0.710	0.729	0.780	0.821
6	0.482	0.560	0.625	0.644	0.698	0.740
7	0.434	0.507	0.568	0.586	0.637	0.680
8	0.399	0.468	0.526	0.543	0.590	0.634
9	0.370	0.437	0.493	0.510	0.555	0.598
10	0.349	0.412	0.466	0.483	0.527	0.568
11	0.332	0.392	0.444	0.460	0.502	0.542
12	0.318	0.376	0.426	0.441	0.482	0.522
13	0.305	0.361	0.410	0.425	0.465	0.503
14	0.294	0.349	0.396	0.411	0.450	0.488
15	0.285	0.338	0.384	0.399	0.438	0.475
16	0.277	0.329	0.374	0.388	0.426	0.463
17	0.269	0.320	0.365	0.379	0.416	0.452
18	0.263	0.313	0.356	0.370	0.407	0.442
19	0.258	0.306	0.349	0.363	0.398	0.433
20	0.252	0.300	0.342	0.356	0.391	0.425
21	0.247	0.295	0.337	0.350	0.384	0.418
22	0.242	0.290	0.331	0.344	0.378	0.411
23	0.238	0.285	0.326	0.338	0.372	0.404
24	0.234	0.281	0.321	0.333	0.367	0.399
25	0.230	0.277	0.317	0.329	0.362	0.393
26	0.227	0.273	0.312	0.324	0.357	0.388
27	0.224	0.269	0.308	0.320	0.353	0.384
28	0.220	0.266	0.305	0.316	0.349	0.380
29	0.218	0.263	0.301	0.312	0.345	0.376
30	0.215	0.260	0.298	0.309	0.341	0.372

예제

환경시료를 분석한 결과가 다음과 같다. 그 중 12.72 mg/L는 이웃하는 값과의 차이가 크다. 이 값을 버려야 할 것인지를 90 % 신뢰수준에서 Q-test로 판단하시오. 단, 6회 측정을 위한 90 % 신뢰수준의 양쪽꼬리시험 임곗값은 0.56이다.

12.41 mg/L 12.48 mg/L 12.52 mg/L 12.53 mg/L 12.57 mg/L 12.72 mg/L

풀이

한 데이터가 나머지 데이터와 상당한 차이가 있는 것처럼 보일 때가 있다. 그런 의심스러운 데이터를 받아들일 것인지 아니면 버릴 것인지를 결정하기 위해 Q-test를 사용하여 판단할 수 있다.

주어진 값으로부터

$$Q_{계산}\left(=\frac{간격}{범위}\right)=\frac{12.72-12.57}{12.72-12.41}=\frac{0.15}{0.31}=0.48$$

계산을 통한 값으로부터 다음 조건을 적용하면,

$$Q_{계산}\left(=\frac{간격}{범위}\right)<Q_{표}\ \text{: 의심스러운 값은 받아들임}$$

$$Q_{계산}\left(=\frac{간격}{범위}\right)>Q_{표}\ \text{: 의심스러운 값은 버림}$$

계산을 통한 $Q_{계산}$는 0.48이고, 90 % 신뢰수준에서 $Q_{표}=0.56$로서 $Q_{계산}(=0.48) < Q_{표}(=0.56)$이므로 의심스러운 값 12.72 mg/L를 받아들여야 한다.

5.2 Grubbs test[113)]

Grubbs 시험법은 의심스러운 값을 취할 것인지 또는 버려야 할 것인지를 시험하는 방법이다. 예를 들어, 실험 데이터가 아래 그림과 같을 때

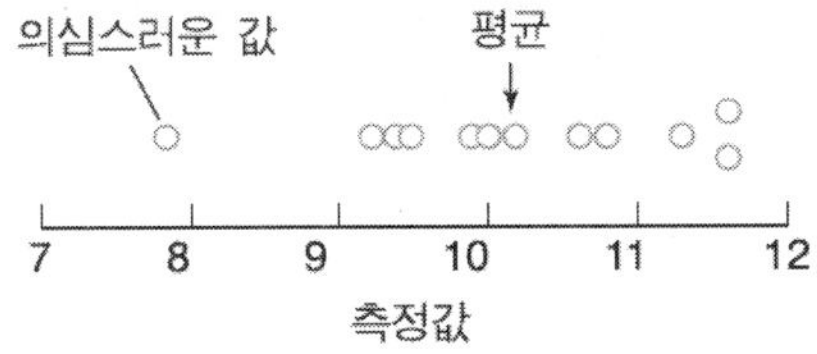

$$Grubbs\ 시험:\quad G_{계산}=\frac{|의심스러운\ 값-\bar{x}|}{s}$$

$G_{계산}>G_{표}$ 이면, 의심스러운 값은 버린다.

$G_{계산}<G_{표}$ 이면, 의심스러운 값은 취한다.

113) ASTM E178-02, Standard Practice for Dealing with Outlying Observations, 2002

▶표 III-17◀ 한쪽꼬리 시험 거부지수에 대한 임곗값(Grubbs-test)

관찰수 n	신뢰수준(%) 99.9	99.5	99	97.5	95	90
3	1.155	1.155	1.155	1.155	1.153	1.148
4	1.499	1.496	1.492	1.481	1.463	1.425
5	1.780	1.764	1.749	1.715	1.672	1.602
6	2.011	1.973	1.944	1.887	1.822	1.729
7	2.201	2.139	2.097	2.020	1.938	1.828
8	2.358	2.274	2.221	2.126	2.032	1.907
9	2.492	2.387	2.323	2.215	2.110	1.977
10	2.606	2.482	2.410	2.290	2.176	2.036
11	2.705	2.564	2.485	2.355	2.234	2.088
12	2.791	2.636	2.550	2.412	2.285	2.134
13	2.867	2.699	2.607	2.462	2.331	2.175
14	2.935	2.755	2.659	2.507	2.371	2.213
15	2.997	2.806	2.705	2.549	2.409	2.247
16	3.052	2.852	2.747	2.585	2.443	2.279
17	3.103	2.894	2.785	2.620	2.475	2.309
18	3.149	2.932	2.821	2.651	2.504	2.335
19	3.191	2.968	2.854	2.681	2.532	2.361
20	3.230	3.001	2.884	2.709	2.557	2.385

예제

아연 도금한 못으로부터 학생들이 아연을 녹여 질량 손실을 측정함으로써 얼마만큼의 아연이 있었는지를 알아내는 실험을 하였다. 세 번씩 실험한 결과는 다음과 같다.

질량 손실(%): 10.2, 10.8, 11.6, 9.9, 9.4, 7.8, 10.0, 9.2, 11.3, 9.5, 10.6, 11.6

값 7.8은 다른 자료와 벗어나는 것 같다. 한쪽꼬리시험 95 % 신뢰수준에서 Grubbs test를 이용하여 다른 값으로부터 멀리 떨어져 있는 의심스러운 값(outlier) 7.8을 포함하여 평균을 얻어야 하는지 아니면 7.8을 버려야 하는지를 판단하라.

풀이

$$Grubbs \text{ 시험}: \; G_{\text{계산}} = \frac{|\text{의심스러운 값} - \bar{x}|}{s}$$

$$\bar{x} = \frac{\sum x_i}{n} = 10.16 \qquad s = \sqrt{\frac{\sum (x_i - \bar{x})^2}{N-1}} = 1.11$$

$$G_{\text{계산}} = \frac{|7.8 - 10.16|}{1.11} = 2.126$$

95% 신뢰수준, 측정횟수 12에서 $G_{\text{표}} = 2.285$이다.

$\therefore\ G_{\text{계산}}(=2.126) < G_{\text{표}}(=2.285)$이므로 의심스러운 값(7.8)을 포함하여 평균을 계산해야 한다.

예제

측정값 116.0, 97.9, 114.2, 106.8, 108.3에 대해 90% 신뢰구간에서 Grubbs test를 적용하여 동떨어진 값 97.9를 버려야 할지 결정하시오.

풀이

$$\text{평균}(\bar{x}) = \frac{\sum x_i}{n} = \frac{116.0+97.9+114.2+106.8+108.3}{5} = 108.6_4$$

$$\text{표준편차}(s) = \sqrt{\frac{\sum (x_i-\bar{x})^2}{n-1}}$$

$$= \sqrt{\frac{(116.0-108.6)^2+(97.9-108.6)^2+(114.2-108.6)^2+(106.8-108.6)^2+(108.3-108.6)^2}{5-1}}$$

$$= \sqrt{\frac{203.94}{4}} = 7.1_4$$

범위 = 가장 큰 값 − 가장 작은 값 = 116.0 − 97.9 = 18.1

90% 신뢰수준에서의 $t = 2.132$ (자유도는 $n-1=5-1=4$ 이다) 값을 표로부터 찾는다.

$$\text{90\% 신뢰수준에서의 평균에 대한 신뢰구간} = \bar{x} \pm \frac{ts}{\sqrt{n}} = 18.6 \pm \frac{2.132 \times 7.140}{\sqrt{5}}$$

$$= 108.6_4 \pm 6.8_1$$

$$\textit{Grubbs}\ \text{시험}:\ G_{\text{계산}} = \frac{|\text{의심스러운 값} - \bar{x}|}{s} = \frac{|97.9-108.64|}{7.14} = 1.504_2$$

90% 신뢰수준에서 $G_{\text{표}} = 1.602$ 이므로

$\therefore\ G_{\text{계산}}(=1.504) < G_{\text{표}}(=1.602)$이므로 의심스러운 값(97.9)은 유지시켜야 한다.

6 선형 최소제곱법(Linear Least-Square Method)

6.1 직선의 식 구하기

측정된 자료들이 직선의 관계가 있다고 가정하면

$$y = mx + b$$

여기서 y : 종속변수(dependent variable)

x : 독립변수(independent variable)

m : 기울기(slope)

b : y 축의 절편(intercept)

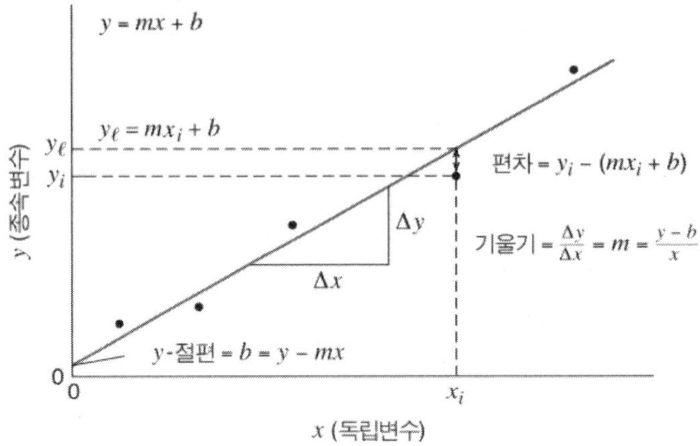

▶그림 Ⅲ-10◀ 독립변수와 종속변수의 직선 관계

일련의 실험의 점들을 통한 가장 좋은 직선은 통계적으로 직선으로부터 각점의 편차의 제곱의 총합이 최소가 되는 직선을 나타내는 것이다. 이것이 최소제곱법(method of least squares)이라고 알려진 방법이다. x 가 고정 변수(예를 들어, 농도)이며, y 가 측정 변수(흡광광도법에서 흡광도, 형광광도법에서 형광의 세기)일 때는 주어진 x_i 의 값에서의 y 값의 직선으로부터의 수직적인 벗어남이 흥미롭다. y_l 이 직선상의 값이면 $mx_i + b$ 와 같다.

$$y_l = mx_i + b$$

따라서 차이의 제곱의 합 S 는 다음과 같이 나타낸다.

$$S = \sum (y_i - y_l)^2 = \sum [y_i - (mx_i + b)]^2$$

이 식에서 독립변수 x 에 대해서는 오차가 없다고 가정하면 S 가 최소가 될 때, 가장 좋은 직선이 된다.

$$S = \sum (y_i - y_l)^2 = \sum [y_i - (mx_i + b)]^2 \rightarrow \min.$$

위의 관계식을 만족하기 위해서, S 를 m 과 b 에 대하여 미분한 것이 각각 “0”이 되어야 한다.

S 를 m 에 대하여 미분하면

$$\frac{\partial S}{\partial m} = 0 = \sum 2(y_i - mx_i - b)(-x_i) = \sum 2(-x_i y_i + mx_i^2 + bx_i)$$

$$\sum 2\left(-x_i y_i + mx_i^2 + bx_i\right) = 2\left(\sum(-x_i y_i) + m\sum x_i^2 + b\sum x_i\right) = 0$$

$$\therefore\ m\sum x_i^2 + b\sum x_i = \sum x_i y_i$$

S 를 b 에 대하여 미분하면

$$\frac{\partial S}{\partial b} = 0 = \sum 2(y_i - mx_i - b)(-1) = \sum 2(-y_i + mx_i + b)$$

$$\sum 2\left(-y_i + mx_i + b\right) = 2\left(\sum(-y_i) + m\sum x_i + \sum_{i=1}^{N} b\right) = 0$$

$$\therefore\ m\sum x_i + bN = \sum y_i$$

$$bN = \sum y_i - m\sum x_i$$

$$b = \frac{\sum y_i - m\sum x_i}{N} = \frac{\sum y_i}{N} - m\frac{\sum x_i}{N} = \overline{y_i} - m\overline{x_i}$$

$$\therefore\ b = \overline{y_i} - m\overline{x_i}$$

이 식을 S 를 m 에 대하여 미분한 식에 대입하면

$$m\sum x_i^2 + b\sum x_i = \sum x_i y_i$$

$$m\sum x_i^2 + \left(\frac{\sum y_i - m\sum x_i}{N}\right)\sum x_i = \sum x_i y_i$$

$$mN\sum x_i^2 + \left(\sum y_i - m\sum x_i\right)\sum x_i = N\sum x_i y_i$$

$$mN\sum x_i^2 + \sum x_i\sum y_i - m\left(\sum x_i\right)^2 = N\sum x_i y_i$$

$$mN\sum x_i^2 - m\left(\sum x_i\right)^2 = N\sum x_i y_i - \sum x_i\sum y_i$$

$$m\left[N\sum x_i^2 - \left(\sum x_i\right)^2\right] = N\sum x_i y_i - \sum x_i\sum y_i$$

$$m = \frac{N\sum x_i y_i - \sum x_i\sum y_i}{N\sum x_i^2 - \left(\sum x_i\right)^2} = \frac{\sum x_i y_i - \frac{\sum x_i\sum y_i}{N}}{\sum x_i^2 - \frac{\left(\sum x_i\right)^2}{N}}$$

$$\therefore\ m = \frac{\sum x_i y_i - \left[\frac{\sum x_i \sum y_i}{N}\right]}{\sum x_i^2 - \left[\frac{\left(\sum x_i\right)^2}{N}\right]}$$

$$\therefore\ b = \overline{y_i} - m\overline{x_i}$$

기울기와 절편의 표준편차: 눈가림시료에 대한 불확실을 결정한다.

최소제곱선 위의 각 자료들의 점은 y 축의 선에 대해 정규(가우스)분포를 나타낸다. 직선으로부터 각 y_i의 편차는 $y_i - y_l = y - (mx + b)$이다. 이들 각 y축 편차들의 표준편차는 기울기와 절편을 정의하는 데 두 개의 자유도가 사용되기 때문에 자유도가 하나 더 적은 식으로 주어진다.

$$s_y = \sqrt{\frac{\sum\left[y_i - (mx_i + b)\right]^2}{N-2}} = \sqrt{\frac{\left[\sum y_i^2 - \frac{\left(\sum y_i\right)^2}{N}\right] - m^2\left[\sum x_i^2 - \frac{\left(\sum x_i\right)^2}{N}\right]}{N-2}}$$

이 값은 회귀 표준편차(standard deviation of regression, sr)라고도 부른다. 최소제곱선의 기울기 m과 절편 b는 각 y값의 불확정성과 관계되기 때문에 m과 b의 불확실성을 얻기 위하여 s_y가 사용될 수 있다.

기울기에 대해서

$$s_m = \sqrt{\frac{s_y^2}{\sum\left(\overline{x} - x_i\right)^2}} = \sqrt{\frac{s_y^2}{\sum x_i^2 - \frac{\left(\sum x_i\right)^2}{N}}}$$

여기서 $\overline{x}$는 모든 x_i값의 평균이다. 절편에 대해서는

$$s_b = s_y\sqrt{\frac{s_y\sum x_i^2}{N\sum x_i^2 - \left(\sum x_i\right)^2}} = s_y\sqrt{\frac{1}{N - \frac{\left(\sum x_i\right)^2}{\sum x_i^2}}}$$

최소제곱직선이 나타내는 눈가림농도 x_i를 계산할 때 y, m, b 의 불확실성들은 모두 전파되며, 그것으로부터 눈가림시료에 대한 불확실성을 구할 수 있다.

부록

부록 1. NELAP의 분야별 숙련도 시험 평가 허용기준

부록 2. 화학물질 분류 및 표지에 관한 세계조화시스템(부속서 1)

부록 3. 물질안전보건자료(MSDS) 작성 양식

부록 1 NELAP의 분야별 숙련도 시험 평가 허용기준

〈먹는물 분야 항목별 숙련도 시험 평가 허용기준[1]〉

항목		허용기준 (acceptance criteria)	농도범위 (mg/L)
일반물질	경도	93 % ~ 110 %	90 ~ 250
	냄새		
	맛		
	색도		
	수소 이온 농도	± 10 %	(5 ~ 10) unit
	탁도	70 % ~ 160 %	(0.5 ~ 8) NTU
	과망가니즈산 포타슘 소비량		
	증발잔류물	63 % ~ 137 %	200 ~ 450
	유리탄산		
	잔류염소	56 %~ 144 %	0.25 ~ 5
	세제		
	페놀		
무기물질	플루오린	± 10 %	1 ~ 8
	사이아나이드	± 25 %	0.1 ~ 0.5
	암모니아성 질소		
	질산성 질소	± 10 %	3 ~ 10
	염화 이온	91 % ~ 108 %	35 ~ 250
	황산 이온	± 20 %	6 ~ 500
중금속	수은	± 30 %	0.0005 ~ 0.01
	6가 크로뮴	± 15 %	0.01 ~ 0.2
	구리	± 10 %	0.05 ~ 2
	납	± 30 %	0.005 ~ 0.1
	망가니즈	87 % ~ 113 %	0.02 ~ 1
	붕소	92 % ~ 112 %	0.4 ~ 2
	비소	87 % ~ 112 %	0.025 ~ 0.15
	셀레늄	± 20 %	0.01 ~ 0.1
	아연	± 9 %	0.4 ~ 3
	알루미늄	83 % ~ 120 %	0.13 ~ 4
	카드뮴	± 20 %	0.002 ~ 0.05
반휘발성 유기 화합물	다이아지논		
	파라티온		
	페나이트로티온		
	카바릴		

1) NELAP 허용기준(acceptable criteria)

항목		허용기준 (acceptance criteria)	농도범위 (mg/L)
휘발성 유기 화합물과 소독부산물	클로랄하이드레이트	25 % ~ 175 %	0.004 ~ 0.03
	다이브로모아세토나이트릴		
	다이클로로아세토나이트릴		
	트라이클로로아세토나이트릴		
	할로아세트산		
	총트라이할로메테인 (클로로폼)	± 20 % (± 20 % 또는 ± 40 %)	0.04 ~ 0.15 (0.002 ~ 0.05)
	다이클로로메테인	± 20 % 또는 ± 40 %	0.005 ~ 0.02
	1,1-다이클로로에틸렌	± 20 % 또는 ± 40 %	0.002 ~ 0.02
	1,1,1-트라이클로로에테인	± 20 % 또는 ± 40 %	0.002 ~ 0.02
	트라이클로로에틸렌	± 20 % 또는 ± 40 %	0.002 ~ 0.02
	테트라클로로에틸렌	± 20 % 또는 ± 40 %	0.002 ~ 0.02
	사염화 탄소	± 20 % 또는 ± 40 %	0.0025 ~ 0.02
	1,2-다이브로모-3-클로로프로페인	± 40 %	0.0001 ~ 0.002
	벤젠	± 20 % 또는 ± 40 %	0.0025 ~ 0.02
	톨루엔	± 20 % 또는 ± 40 %	0.002 ~ 0.02
	에틸벤젠	± 20 % 또는 ± 40 %	0.002 ~ 0.02
	자일렌	± 20 % 또는 ± 40 %	0.002 ~ 0.05
미생물	저온일반세균		
	중온일반세균		
	대장균	음성대조구 $\frac{9}{10}$ 합당	
	분원성대장균	음성대조구 $\frac{9}{10}$ 합당	
	총대장균	음성대조구 $\frac{9}{10}$ 합당	
	분원성연쇄상구균		
	녹농균		
	아황산환원혐기성포자형성균		
	살모넬라		
	쉬겔라		
	여시니아		
바이러스	바이러스		
원생동물	지아디아		
	크립토스포리디움		

〈수질분야 항목별 숙련도 시험 평가 허용기준〉

항목		허용기준 (acceptance criteria)	농도범위 (mg/L)
	냄새		
	노말헥세인추출물질	53 % ~ 134 %	8 ~ 50
	색도		
	수소 이온 농도	97 % ~ 103 %	(5 ~ 10) unit
	온도		
	용존산소		
	온도		
	외관		
일반물질	세제류		
	잔류염소	57 % ~ 143 %	0.15 ~ 5
	전기 전도도	94 % ~ 106 %	(50 ~ 1050) μmhos/cm
	페놀류	31 % ~ 101 %	0.04 ~ 5
	색소		
	산 및 알칼리류		
	탁도		
	투명도		
	생물학적산소요구량	41 % ~ 88 %	15 ~ 250
	화학적산소요구량	56 % ~ 141 %	15 ~ 250
기준항목	부유물질	84 % ~ 116 %	140 ~ 675
	총인	82 % ~ 136 %	0.15 ~ 10
	총질소	80 % ~ 120 %(TKN)	0.35 ~ 35(TKN)
	플루오린	80 % ~ 120 %	0.2 ~ 4
	브로민		
	사이아나이드	79 % ~ 119 %	0.03 ~ 1
	아질산성 질소		
무기물질	암모니아성 질소	85 % ~ 115 %	0.25 ~ 19
	염소	88 % ~ 112 %	0.15 ~ 5
	인산염인	90 % ~ 110 %	0.05 ~ 5.5
	질산성 질소	85 % ~ 113 %	0.25 ~ 40
	황	88 % ~ 109 %	5 ~ 125
	구리	94 % ~ 107 %	0.018 ~ 0.9
	니켈	94 % ~ 108 %	0.08 ~ 3
중금속	납	92 % ~ 108 %	0.07 ~ 3
	망가니즈	93 % ~ 108 %	0.07 ~ 4
	비소	89 % ~ 112 %	0.07 ~ 0.9

항목		허용기준 (acceptance criteria)	농도범위 (mg/L)
	셀레늄	86 % ~ 110 %	0.09 ~ 2
	수은	83 % ~ 117 %	0.0005 ~ 0.03
중금속	아연	92 % ~ 109 %	0.03 ~ 2
	주석	85 % ~ 115 %	1 ~ 5
	철	92 % ~ 109 %	0.03 ~ 4
	카드뮴	90 % ~ 109 %	0.008 ~ 0.75
	6가크로뮴	86 % ~ 110 %	0.015 ~ 1
	크로뮴	91 % ~ 109 %	0.017 ~ 1
반휘발성 유기 화합물	다이아지논		
	말라티온		
	파라티온		
	유기인		
	알킬수은		
	폴리클로리네이티드바이페닐	51 % ~ 125 % (7개 Aroclor 평균)	0.001 ~ 0.015
휘발성 유기 화합물	다이클로로메테인	75 % ~ 125 %	0.008 ~ 0.075
	1,1-다이클로로에틸렌	72 % ~ 135 %	0.01 ~ 0.2
	벤젠	81 % ~ 119 %	0.008 ~ 0.075
	사염화 탄소	74 % ~ 128 %	0.009 ~ 0.075
	테트라클로로에틸렌	76 % ~ 118 %	0.009 ~ 0.075
	1,1,1-트라이클로로에테인	75 % ~ 121 %	0.009 ~ 0.075
	트라이클로로에틸렌	75 % ~ 119 %	0.007 ~ 0.075
미생물	대장균군	평균 ± 3 SD	(20 ~ 2400) CFU/ 100 mL
	분원성대장균군	평균 ± 3 SD	(20 ~ 2400) CFU/ 100 mL
	식물성플랑크톤		
	총대장균군	평균 ± 3 SD	(20 ~ 2400) CFU/ 100 mL
	클로로필 a		

〈폐기물·토양분야 항목별 숙련도 시험 평가 허용기준〉

항목		허용기준 (acceptance criteria)	농도범위 (mg/kg)
일반물질	수소 이온 농도		
	수분 및 고형물		
	폐기물 강열감량 및 유기물함량		
	기름성분		
무기물질	플루오린		
	사이아나이드	평균 ± 3 SD	25 ~ 500
중금속	구리	평균 ± 3 SD	40 ~ 200
	납	평균 ± 3 SD	50 ~ 250
	니켈	평균 ± 3 SD	40 ~ 250
	비소	평균 ± 3 SD	50 ~ 400
	수은	평균 ± 3 SD	1 ~ 50
	아연	평균 ± 3 SD	70 ~ 1500
	카드뮴	평균 ± 3 SD	40 ~ 300
	6가크로뮴	평균 ± 3 SD	40 ~ 300
	크로뮴	평균 ± 3 SD	40 ~ 300
반휘발성 유기 화합물	석유계총탄화수소		
	유기인	평균 ± 3 SD	0.0005 ~ 0.5
	페놀	평균 ± 3 SD	0.5 ~ 16
	폴리클로리네이티드바이페닐	평균 ± 3 SD	0.5 ~ 50
			12 ~ 50
	모노클로로페놀	평균 ± 3 SD	0.5 ~ 10
	다이클로로페놀	평균 ± 3 SD	0.5 ~ 10
	트라이클로로페놀	평균 ± 3 SD	0.5 ~ 10
휘발성 유기 화합물	벤젠	평균 ± 3 SD	0.02 ~ 0.2
	톨루엔	평균 ± 3 SD	0.02 ~ 0.2
	에틸벤젠	평균 ± 3 SD	0.02 ~ 0.2
	자일렌	평균 ± 3 SD	0.02 ~ 0.5
	다이클로로메테인	평균 ± 3 SD	0.02 ~ 0.2
	다이클로로벤젠	평균 ± 3 SD	0.02 ~ 0.2
	1,1-다이클로로에테인	평균 ± 3 SD	0.02 ~ 0.2
	1,2-다이클로로에테인	평균 ± 3 SD	0.02 ~ 0.2
	클로로벤젠	평균 ± 3 SD	0.02 ~ 0.2
	테트라클로로메테인	평균 ± 3 SD	0.02 ~ 0.2
	테트라클로로에틸렌	평균 ± 3 SD	0.02 ~ 0.2
	트라이클로로메테인	평균 ± 3 SD	0.02 ~ 0.2
	1,1,1-트라이클로로에테인	평균 ± 3 SD	0.02 ~ 0.2

항목		허용기준 (acceptance criteria)	농도범위 (mg/kg)
	1,1,2-트라이클로로에테인		
	트라이클로로에틸렌	평균 ± 3 SD	0.02 ~ 0.2
	트라이클로로트라이플루오로에테인		
	트라이클로로플루오로메테인		
다이옥신류	다이옥신 및 퓨란류		
미생물	감염성 미생물		

부록 2 화학물질 분류 및 표지에 관한 세계조화시스템(부속서 1)

(Globally harmonized system of classification and labelling of chemicals(GHS), 6th revised edition(2015), Annex 1)

※ 일부만 게재함

A1.1 폭발성 물질(Explosives)

<table>
<tr><th rowspan="2">등급구분</th><th rowspan="2">판정기준</th><th colspan="3">라벨링</th></tr>
<tr><th>GHS 기호</th><th>신호어</th><th>유해 상태</th></tr>
<tr><td>불안정한 폭발물 (Unstable explosives)</td><td rowspan="7">Explosibility : UN Test Series 2(Section 12 of the UN Recommendations on the Transport of Dangerous Goods, Manual of Tests and Criteria)
Sensitiveness : UN Test Series 3(Section 13 of the UN Recommendations on the Transport of Dangerous Goods, Manual of Tests and Criteria)
Thermal stability : UN Test 3(c)(Sub-section 13.6.1 of the UN Recommendations on the Transport of Dangerous Goods, Manual of Tests and Criteria)</td><td></td><td>위험</td><td>불안정한 폭발물</td></tr>
<tr><td>등급 1.1</td><td>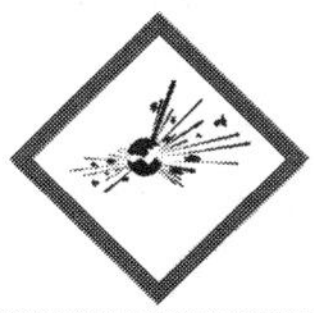</td><td>위험</td><td>폭발물(대폭발 유해성)</td></tr>
<tr><td>등급 1.2</td><td></td><td>위험</td><td>폭발물(심각한 분출위험)</td></tr>
<tr><td>등급 1.3</td><td></td><td>위험</td><td>폭발물(화재, 폭발 또는 분출위험)</td></tr>
<tr><td>등급 1.4</td><td></td><td>경고</td><td>화재 또는 분출위험</td></tr>
<tr><td>등급 1.5</td><td>없음</td><td>위험</td><td>화재 시 대폭발할 수 있음</td></tr>
<tr><td>등급 1.6</td><td>없음</td><td>없음</td><td>없음</td></tr>
</table>

A1.2 인화성 가스(Flammable gases)

등급구분	판정기준	라벨링		
		GHS 기호	신호어	유해 상태
1	표준기압 101.3 kPa와 온도 20 °C에서 가스나 가스혼합물이 다음 각 호 중 하나에 해당되는 경우 (a) 공기 중 부피혼합비율이 13 % 이하에서 연소할 수 있는 물질 (b) 연소할 수 있는 범위의 최소 하한선과 관계없이 인화범위 (flammable range)가 적어도 12 % 이상인 물질		위험	극인화성 가스
2	등급 구분 1에 해당되지 않으며, 표준기압 101.3 kPa와 온도 20 °C에서 공기 중에 혼합되는 동안 인화범위 (flammable range)를 가진 가스나 가스혼합물	없음	경고	인화성 가스
자연발화 가스	54 °C 이하 공기 중에서 자연발화되는 인화성 가스		위험	공기 중에 노출되면 자연적으로 불이 붙을 수 있음
A (화학적으로 불안정한 기체)	표준기압 101.3 kPa와 온도 20 °C에서 화학적으로 불안정한 인화성 가스	추가 기호 없음	없음	공기가 없어도 폭발적으로 반응할 수 있음
B (화학적으로 불안정한 기체)	표준기압 101.3 kPa와(또는) 온도 20 °C 이상에서 화학적으로 불안정한 인화성 가스	추가 기호 없음	없음	증가된 온도와(또는) 압력에서 공기가 없어도 폭발적으로 반응할 수 있음

A1.3 에어로솔(Aerosols)

등급구분	판정기준	라벨링		
		GHS 기호	신호어	유해 상태
1	인화 특성과 연소열에 의해 분류되며, 등급1과 2는 인화성 물질(가스, 액체, 고체)의 함량이 1 % 이상인 경우에 분류		위험	극인화성 에어로솔 가압용기 : 열을 가하면 파열될 수 있음
2			경고	극인화성 에어로솔 가압용기 : 열을 가하면 파열될 수 있음
3		없음	경고	가압용기 : 열을 가하면 파열될 수 있음

A1.4 산화성 가스(Oxidizing gases)

등급구분	판정기준	라벨링		
		GHS 기호	신호어	유해 상태
1	일반적으로 산소를 제공하여 다른 물질의 연소에 공기보다 더 큰 역할을 하거나 연소의 원인이 되는 가스		위험	강렬한 화재를 일으키거나 그 원인이 될 수 있음 : 산화제

A1.5 고압가스(Gases under pressure)

등급구분	판정기준	라벨링		
		GHS 기호	신호어	유해 상태
압축가스	압축되었을 때 −50 °C에서 전부 기체로 존재하는 가스 : −50 °C 이하의 임계온도를 가진 모든 기체		경고	압축된 가스 : 열을 가하면 폭발될 수 있음
액화가스	압축되었을 때 −50 °C 이상에서 부분적으로 액체로 존재하는 가스로 다음과 같이 구분됨. i) 고압액화가스: −50 °C ~ 65 °C 사이에서 임계온도를 가진 기체		경고	압축된 가스 : 열을 가하면 폭발될 수 있음

등급구분	판정기준	라벨링		
		GHS 기호	신호어	유해 상태
액화가스	ii) 저압액화가스: 65 °C 이상에서 임계온도를 가진 기체			
냉동액화가스	패킹되었을 때 저온에 의해 부분적으로 액체로 채워진 기체		경고	냉동액화된 가스 : 극저온 냉화상이나 손상을 입을 수 있음
용해 가스	압축되었을 때 액체 용매에 용존되어 있는 기체		경고	압축된 가스 : 열을 가하면 폭발될 수 있음

A1.6 인화성 액체(Flammable liquids)

등급구분	판정기준	라벨링		
		GHS 기호	신호어	유해 상태
1	인화점 : < 23 °C, 초기끓는점 : ≤ 35 °C		위험	극인화성 액체 및 증기
2	인화점 : < 23 °C, 초기끓는점 : > 35 °C		위험	고인화성 액체 및 증기
3	인화점 : ≥ 23 °C ~ ≤ 60 °C		경고	인화성 액체 및 증기
4	인화점 : > 60 °C ~ ≤ 93 °C	없음	경고	가연성 액체

A1.7 인화성 고체(Flammable solids)

등급구분	판정기준	라벨링		
		GHS 기호	신호어	유해 상태
1	<연소속도시험> 금속분말을 제외한 물질과 혼합물: (a) 습한 공간이 화재를 중단시키지 못하고 (b) 연소시간 45초 미만 또는 연소율 2.2 mm/s 이상 금속분말: – 연소시간 : 5분 이하		위험	인화성 고체
2	<연소속도시험> 금속분말을 제외한 물질과 혼합물: (a) 습한 공간이 화재를 적어도 4분 만에 멈추게 하고 (b) 연소시간 45초 미만 또는 연소율 2.2 mm/s 이상 금속분말: – 연소시간 : > 5분 ~ ≤ 10분		경고	인화성 고체

A1.13 산화성 액체(Oxidizing liquids)

등급구분	판정기준	라벨링		
		GHS 기호	신호어	유해 상태
1	물질과 셀룰로오스의 질량비가 1:1인 혼합물시험에서 스스로 연소하는 물질 또는 혼합물. 또는 물질과 셀룰로오스의 질량비가 1:1인 혼합물시험에서 평균압력상승시간(mean pressure rise time)이 50 % 과염소산용액과 셀룰로오스의 질량비 1:1인 혼합물보다 짧은 물질 또는 혼합물		위험	폭발 또는 화재의 원인이 될 수 있음 : 강한산화제

등급구분	판정기준	라벨링		
		GHS 기호	신호어	유해 상태
2	물질과 셀룰로오스의 질량비가 1:1인 혼합물시험에서 평균압력상승시간(mean pressure rise time)이 40 % 염화소듐수용액과 셀룰로오스의 질량비 1:1인 혼합물보다 짧거나 같은 물질 또는 혼합물. 그리고 유해성 구분 1에 해당하지 않음.		위험	강렬한 화재가 발생할 수 있음 : 산화제
3	물질과 셀룰로오스의 질량비가 1:1인 혼합물시험에서 평균압력상승시간(mean pressure rise time)이 65 % 질산수용액과 셀룰로오스의 질량비 1:1인 혼합물보다 짧거나 같은 물질 또는 혼합물. 그리고 유해성 구분 1과 2에 해당하지 않음.		경고	강렬한 화재가 발생할 수 있음 : 산화제

A 2.14 산화성 고체(Oxidizing solids)

등급구분	판정기준	라벨링		
		GHS 기호	신호어	유해 상태
1	셀룰로오스에 대한 물질(시료)의 질량비가 4:1이거나 1:1인 혼합물시험에서 평균연소시간(mean burning time)이 브로민화포타슘과 셀룰로오스의 질량비 3:2인 혼합물보다 짧게 나타나는 물질 또는 혼합물.		위험	폭발 또는 화재의 원인이 될 수 있음 : 강한산화제
2	셀룰로오스에 대한 물질(시료)의 질량비가 4:1이거나 1:1인 혼합물시험에서 평균연소시간(mean burning time)이 브로민화포타슘과 셀룰로오스의 질량비 2:3인 혼합물보다 짧거나 같게 나타나는 물질 또는 혼합물. 유해성 구분 1에 해당되지 않음.		위험	강렬한 화재가 발생할 수 있음 : 산화제
3	셀룰로오스에 대한 물질(시료)의 질량비가 4:1이거나 1:1인 혼합물시험에서 평균연소시간(mean burning time)이 브로민화포타슘과 셀룰로오스의 질량비 3:7인 혼합물보다 짧거나 같게 나타나는 물질 또는 혼합물. 유해성 구분 1과 2에 해당되지 않음		경고	강렬한 화재가 발생할 수 있음 : 산화제

A1.16 금속부식성 물질(Corrosive to metals)

등급구분	판정기준	라벨링		
		GHS 기호	신호어	유해 상태
1	강철과 알루미늄으로 시험하였을 때, 강철 또는 알루미늄 표면에 대한 부식율이 55 °C에서 1년간 6.25 mm를 넘는 물질		경고	금속에 부식을 일으킬 수 있음

A1.18 급성독성(Acute toxicity)

등급구분		판정기준	라벨링		
			GHS 기호	신호어	유해 상태
1	경구	$LD_{50} \leq 5$ mg/kg		위험	삼키면 치명적
	경피	$LD_{50} \leq 50$ mg/kg			피부와 접촉하면 치명적
	흡입	가스: $LC_{50} \leq 100$ ppmV 증기: $LC_{50} \leq 0.5$ mg/L 먼지, 미스트: $LC_{50} \leq 0.05$ mg/L			흡입하면 치명적
2	경구	5 mg/kg < $LD_{50} \leq$ 50 mg/kg		위험	삼키면 치명적
	경피	50 mg/kg < $LD_{50} \leq$ 200 mg/kg			피부와 접촉하면 치명적
	흡입	가스: 100 ppmV < $LC_{50} \leq$ 500 ppmV 증기: 0.5 mg/L < $LC_{50} \leq$ 2.0 mg/L 먼지, 미스트 : 0.05 mg/L < $LC_{50} \leq$ 0.5 mg/L			흡입하면 치명적
3	경구	50 mg/kg < $LD_{50} \leq$ 300 mg/kg		위험	삼키면 유독성
	경피	200 mg/kg < $LD_{50} \leq$ 1000 mg/kg			피부와 접촉하면 유독성
	흡입	가스 : 500 ppmV < $LC_{50} \leq$ 2500 ppmV 증기 : 2.0 mg/L < $LC_{50} \leq$ 10.0 mg/L 먼지, 미스트 : 0.5 mg/L < $LC_{50} \leq$ 1.0 mg/L			흡입하면 유독성
4	경구	300 mg/kg < $LD_{50} \leq$ 2000 mg/kg		경고	삼키면 유해
	경피	1000 mg/kg < $LD_{50} \leq$ 2000 mg/kg			피부와 접촉하면 유해
	흡입	가스 :			흡입하면 유해

		2500 ppmV < LC_{50} ≤ 20000 ppmV 증기 : 10.0 mg/L < LC_{50} ≤ 20.0 mg/L 먼지, 미스트 : 1.0 mg/L < LC_{50} ≤ 5.0 mg/L			
5	경구	2000 mg/kg < LD_{50} ≤ 5000 mg/kg	없음	경고	삼키면 유해 할 수 있음
	경피	2000 mg/kg < LD_{50} ≤ 5000 mg/kg			피부 접촉 시 유해 가능
	흡입	흡입(가스, 증기 그리고(또는) 먼지/미스트)의 경우, LC_{50}은 경구 또는 경피에서 LD_{50}에 해당하는 범위와 등가이다.(즉, 2000 mg/kg 초과 5000 mg/kg 이하의 범위) – 추가적인 판정기준 (a) 인체 유해한 영향 (b) 유해성 등급구분 4에서 사망이 발생 (c) 유해성 등급구분 4에서 유의한 임상증상 (d) 다른 연구에서의 결과			흡입 시 유해 가능

A1.29(a) 급성 수생환경 유해성(Acute hazards to the aquatic environment)

등급구분	판정기준	라벨링		
		GHS 기호	신호어	유해 상태
급성1	1. 물질과 혼합물 전체로 실험된 경우 : L(E)C_{50} ≤ 1 mg/L 여기서, L(E)C_{50}은 96hr LC_{50}(물고기), 48hr EC LC_{50}(갑각류), 72hr 또는 96hr ErC_{50}(조류나 다른 수생식물)중에 하나이다. 2. 혼합물 전체로 실험한 자료가 없다면 가교 원리(bridge principle)에 따른다. 3. 가교 원리(bridge principle)가 적용되지 않을 경우, (a) 분류된 각 성분으로 혼합물을 적용하려면 덧셈 방법에 따라 [(급성 1 성분들의 농도의 합) × M] ≥ 25 %이면, 급성1 (acute 1)로 분류한다.		경고	수생생물에 심한 독성

	여기서 M은 multiplying factor이다. (b) 시험된 각 성분으로 혼합물을 적용하려면 추가식에 따라 $L(E)C_{50} \leq 1$ mg/L 이면, 급성1(acute 1)로 분류한다. (c) 분류되고 시험된 각 성분으로 혼합물을 적용하려면 결합된 추가식과 덧셈 방법에 따라 [(급성 1 성분들의 농도의 합) × M] ≥ 25 %이면, 급성1(acute 1)로 분류한다. 4. 하나이상의 성분에 대해 이용할 정보가 없는 경우에는 이용 가능한 정보만으로 분류하고"혼합물 중 x %는 수생환경 독성으로 알려지지 않았음."이라는 문구를 추가한다.			
급성2	1. 물질과 혼합물 전체로 실험된 경우 : $1 \text{ mg/L} < L(E)C_{50} \leq 10 \text{ mg/L}$ 여기서, $L(E)C_{50}$은 96hr LC_{50}(물고기), 48hr EC LC_{50}(갑각류), 72hr 또는 96hr ErC_{50}(조류나 다른 수생식물)중에 하나이다. 2. 혼합물 전체로 실험한 자료가 없다면 가교 원리(bridge principle)에 따른다. 3. 가교 원리(bridge principle)가 적용되지 않을 경우, (a) 분류된 각 성분으로 혼합물을 적용하려면 덧셈 방법에 따라 [(급성 1 성분들의 농도의 합 × M × 10) + (급성 2 성분들의 농도의 합)] ≥ 25 %이면, 급성2(acute 2)로 분류한다. 여기서 M은 multiplying factor이다. (b) 시험된 각 성분으로 혼합물을 적용하려면 추가식에 따라 $1 \text{ mg/L} < L(E)C_{50} \leq 10$ mg/L이면, 급성2(acute 2)로 분류한다. (c) 분류되고 시험된 각 성분으로 혼합물을 적용하려면 결합된 추가식과 덧셈 방법에 따라 [(급성 1 성분들의 농도의 합 × M× 10) + (급성 2 성분들의 농도의 합)] ≥ 25 %이면, 급성2(acute 2)로 분류한다.	없음	없음	수생생물에 독성

	4. 하나이상의 성분에 대해 이용할 정보가 없는 경우에는 이용 가능한 정보만으로 분류하고"혼합물 중 x %는 수생환경 독성으로 알려지지 않았음."이라는 문구를 추가한다.			
급성3	1. 물질과 혼합물 전체로 실험된 경우 : 10 mg/L < $L(E)C_{50}$ ≤ 100 mg/L 여기서, $L(E)C_{50}$은 96hr LC_{50}(물고기), 48hr EC LC_{50}(갑각류), 72hr 또는 96hr ErC_{50}(조류나 다른 수생식물)중에 하나이다. 2. 혼합물 전체로 실험한 자료가 없다면 가교 원리(bridge principle)에 따른다. 3. 가교 원리(bridge principle)가 적용되지 않을 경우, (a) 분류된 각 성분으로 혼합물을 적용하려면 덧셈 방법 에 따라 [(급성 1 성분들의 농도의 합 × M × 100) + (급성 2 성분들의 농도의 합 × 10) + (급성 3 성분 들의 농도의 합)] ≥ 25 %이면, 급성3(acute 3)로 분류한다. 여기서 M은 multiplying factor이다. (b) 시험된 각 성분으로 혼합물을 적용하려면 추가식에 따라 10 mg/L < $L(E)C_{50}$ ≤ 100 mg/L 이면, 급성3(acute 3)로 분류한다. (c) 분류되고 시험된 각 성분으로 혼합물을 적용하려면 결합된 추가식과 덧셈 방법에 따라 [(급성 1 성분들의 농도의 합 × M × 100) + (급성 2 성분들의 농도의 합 × 10) + (급성 3 성분들의 농도의 합)] ≥ 25 %이면, 급성3(acute 3)로 분류한다. 4. 하나이상의 성분에 대해 이용할 정보가 없는 경우에는 이용 가능한 정보만으로 분류하고"혼합물 중 x %는 수생환경 독성으로 알려지지 않았음."이라는 문구를 추가한다.	없음	없음	수생생물에 유해

부록 3 물질안전보건자료(MSDS) 작성 양식

부록

(이 자료는 「산업안전보건법」 제41조 규정에 따른 「화학물질의 분류표시 및 물질안전보건자료에 관한 기준」(고용노동부 고시) 제10조제1항의 내용임)

화학물질의 분류표시 및 물질안전보건자료에 관한 기준」(고용노동부 고시 제2016-19호)

제10조(작성항목) ① 물질안전보건자료 작성 시 포함되어야 할 항목 및 그 순서는 다음 각 호에 따른다.

1. 화학제품과 회사에 관한 정보
2. 유해성·위험성
3. 구성성분의 명칭 및 함유량
4. 응급조치요령
5. 폭발·화재 시 대처 방법
6. 누출사고 시 대처 방법
7. 취급 및 저장 방법
8. 노출방지 및 개인보호구
9. 물리화학적 특성
10. 안정성 및 반응성
11. 독성에 관한 정보
12. 환경에 미치는 영향
13. 폐기 시 주의사항
14. 운송에 필요한 정보
15. 법적규제 현황
16. 그 밖의 참고사항

② 제1항 각 호에 대한 세부작성 항목 및 기재사항은 별표 4와 같다. 다만, 물질안전보건자료의 작성자는 근로자의 안전보건의 증진에 필요한 경우에는 세부항목을 추가하여 작성할 수 있다.

〈별표 4〉 물질안전보건자료(MSDS)의 작성항목 및 기재사항(제10조제1항 관련)

1. 화학제품과 회사에 관한 정보

가. 제품명(경고표지 상에 사용되는 것과 동일한 명칭 또는 분류코드를 기재한다) :
나. 제품의 권고 용도와 사용상의 제한 :
다. 공급자 정보(제조자, 수입자, 유통업자 관계없이 해당 제품의 공급 및 물질안전보건자료 작성을 책임지는 회사의 정보를 기재하되, 수입품의 경우 문의사항 발생 또는 긴급시 연락 가능한 국내 공급자 정보를 기재):
- ㅇ 회사명
- ㅇ 주소
- ㅇ 긴급전화번호

2. 유해성 · 위험성

가. 유해성·위험성 분류
나. 예방조치 문구를 포함한 경고 표지 항목
- ㅇ 그림문자
- ㅇ 신호어
- ㅇ 유해·위험 문구
- ㅇ 예방조치 문구

다. 유해성·위험성 분류기준에 포함되지 않는 기타 유해성·위험성(예 : 분진폭발 위험성) :

3. 구성성분의 명칭 및 함유량

화학물질명	관용명 및 이명(異名)	CAS번호 또는 식별번호	함유량(%)

4. 응급조치 요령

가. 눈에 들어갔을 때 :
나. 피부에 접촉했을 때 :
다. 흡입했을 때 :
라. 먹었을 때 :
마. 기타 의사의 주의사항 :

5. 폭발 · 화재 시 대처 방법

가. 적절한 (및 부적절한) 소화제 :
나. 화학물질로부터 생기는 특정 유해성(예, 연소 시 발생 유해물질) :
다. 화재 진압 시 착용할 보호구 및 예방조치 :

6. 누출 사고 시 대처 방법

가. 인체를 보호하기 위해 필요한 조치 사항 및 보호구 :
나. 환경을 보호하기 위해 필요한 조치사항 :
다. 정화 또는 제거 방법 :

7. 취급 및 저장 방법

가. 안전취급요령 :
나. 안전한 저장 방법(피해야 할 조건을 포함함) :

8. 노출방지 및 개인보호구

가. 화학물질의 노출기준, 생물학적 노출기준 등 :
나. 적절한 공학적 관리 :
다. 개인 보호구

○ 호흡기 보호 :
○ 눈 보호 :
○ 손 보호 :
○ 신체 보호 :

9. 물리화학적 특성

가. 외관(물리적 상태, 색 등) :
나. 냄새 :
다. 냄새 역치 :
라. pH :
마. 녹는점/어는점 :
바. 초기 끓는점과 끓는점 범위 :
사. 인화점 :
아. 증발 속도
자. 인화성(고체, 기체)
차. 인화 또는 폭발 범위의 상한/하한
카. 증기압 :
타. 용해도 :
파. 증기밀도 :
하. 비중 :
거. n 옥탄올/물 분배계수 :
너. 자연발화 온도 :
더. 분해 온도 :
러. 점도 :
머. 분자량

10. 안정성 및 반응성

가. 화학적 안정성 및 유해 반응의 가능성 :
나. 피해야 할 조건(정전기 방전, 충격, 진동 등) :
다. 피해야 할 물질 :
라. 분해시 생성되는 유해물질 :

11. 독성에 관한 정보

가. 가능성이 높은 노출 경로에 관한 정보
나. 건강 유해성 정보
○ 급성 독성(노출 가능한 모든 경로에 대해 기재) :
○ 피부 부식성 또는 자극성 :
○ 심한 눈 손상 또는 자극성 :
○ 호흡기 과민성 :
○ 피부 과민성 :
○ 발암성 :
○ 생식세포 변이원성 :
○ 생식독성 :
○ 특정 표적장기 독성 (1회 노출) :
○ 특정 표적장기 독성 (반복 노출) :
○ 흡인 유해성 :

※ 가.항 및 나.항을 합쳐서 노출 경로와 건강 유해성 정보를 함께 기재할 수 있음

12. 환경에 미치는 영향

가. 생태독성 :
나. 잔류성 및 분해성 :
다. 생물 농축성 :
라. 토양 이동성 :
마. 기타 유해 영향 :

13. 폐기 시 주의사항

가. 폐기 방법 :
나. 폐기 시 주의사항(오염된 용기 및 포장의 폐기 방법을 포함함) :

14. 운송에 필요한 정보

가. 유엔 번호 :
나. 유엔 적정 선적명 :
다. 운송에서의 위험성 등급 :
라. 용기등급(해당하는 경우) :
마. 해양오염물질(해당 또는 비해당으로 표기) :
바. 사용자가 운송 또는 운송 수단에 관련해 알 필요가 있거나 필요한 특별한 안전 대책 :

15. 법적 규제현황

가. 산업안전보건법에 의한 규제 :
나. 화학물질관리법에 의한 규제 :
다. 위험물안전관리법에 의한 규제 :
라. 폐기물관리법에 의한 규제 :
마. 기타 국내 및 외국법에 의한 규제 :

16. 그 밖의 참고사항

가. 자료의 출처 :
나. 최초 작성일자 :
다. 개정 횟수 및 최종 개정일자 :
라. 기타 :

저자 소개

최성헌

공학박사

환경측정분석사 제도를 기획하였고, 환경분야 정도관리제도를 현재의 ISO/IEC 17025 개념이 도입된 제도로 전환하고 정착하게 하였다.

「환경시험검사 QA/QC 핸드북」, 「환경실험실 운영관리 및 안전」, 「환경시험검사 용어집」, 「환경시험검사에서의 단위체계 사용에 대한 지침서」, 「정도관리 현장평가 내용 해설」 등을 집필하였으며, 저서로는 「바이오 모니터링」, 「수질오염공정시험기준 해설 및 정도관리」, 「환경측정분석사 시험 대비 정도관리 예상문제」, 「환경실험실 현장평가 가이드」가 있다.

전) 국립환경과학원 근무

현재) 환경 E&C 대표장

홍태기

이학박사

환경분석학회 회장 역임

한서대학교 대학원장 역임

「환경시험검사 QA/QC 핸드북」 의 연구 용역을 담당하였으며, 「분석화학 제7판」, 「현대기기분석 제6판」 등의 역자로 참여하였다.

현재) 한서대학교 교수

환경실험실 QA/QC 가이드

저 자 최성헌 · 홍태기

발 행 인 김지영

발 행 처 자유아카데미

주 소 경기도 파주시 회동길 37-42 파주출판도시

전 화 031-955-1321

팩 스 031-955-1322

홈페이지 www.freeaca.com

전자우편 main@freeaca.com (대표)
editor@freeaca.com (편집)
crm@freeaca.com (영업)

등 록 제406-2003-017호, 1980. 7. 12

제1판1쇄 2019년 9월 10일 발행

정 가 26,000원

저자와의 협의하에 인지생략

ISBN 979-11-5808-224-6 93400